高等职业教育
工程造价专业规划教材
GAODENG ZHIYE JIAOYU
GONGCHENG ZAOJIA ZHUANYE GUIHUA JIAOCAI

建筑结构与识图（第2版）

JIANZHU JIEGOU YU SHITU

主　编 / 陈文元
主　审 / 李　辉

重庆大学出版社

内容提要

本书共8章，主要内容包括建筑结构沿革、建筑结构材料、建筑结构计算基本原则、钢筋混凝土结构、砌体结构、钢结构、结构施工图、抗震构造详图、装配式结构基础等知识与技能，融合了最新的建筑结构规范。

本书可作为高等职业院校及本科院校的二级职业技术学院和民办高校的土建大类专业的建筑结构课程的教材，也可作为专升本考试用书以及有关工程技术人员的参考用书。

图书在版编目(CIP)数据

建筑结构与识图 / 陈文元主编.--2版.--重庆：重庆大学出版社，2018.2(2022.8重印)
高等职业教育工程造价专业规划教材
ISBN 978-7-5624-9850-6

Ⅰ.①建… Ⅱ.①陈… Ⅲ.①建筑结构—高等职业教育—教材②建筑结构—建筑制图—识别—高等职业教育—教材 Ⅳ.①TU3②TU204

中国版本图书馆CIP数据核字(2018)第016513号

高等职业教育工程造价专业规划教材
建筑结构与识图
(第2版)
主　编　陈文元
主　审　李　辉
责任编辑：刘颖果　　版式设计：刘颖果
责任校对：秦巴达　　责任印制：赵　晟
*
重庆大学出版社出版发行
出版人：饶帮华
社址：重庆市沙坪坝区大学城西路21号
邮编：401331
电话：(023) 88617190　88617185(中小学)
传真：(023) 88617186　88617166
网址：http://www.cqup.com.cn
邮箱：fxk@cqup.com.cn (营销中心)
全国新华书店经销
POD：重庆俊蒲印务有限公司
*
开本：787mm×1092mm　1/16　印张：16.75　字数：418千
2018年2月第2版　2022年8月第3次印刷
ISBN 978-7-5624-9850-6　定价：39.00元

前言

“建筑结构与识图”是土建类专业的重要课程之一。该门课程整合了钢筋混凝土结构、砌体结构、钢结构、结构施工图、建筑结构抗震、装配式结构基础五大部分的基本原理和识图及构造措施，具有很强的实用性。特别是将装配式结构的内容融入进来，有利于学生对装配式结构的认识和理解。

编者结合多年的高职教学经验，深感这门课程对学生的难度，编写过程中做到了由浅及深，注重内容的系统性和相互关联性，摒弃烦琐的公式演绎，重点关注基本原理，体现了结构概念性和构造措施。该教材对于土建类专业教学中面临的课程内容多、学习难度大、课时少的问题给予了整体解决方案。

本书的所有内容都参照最新的规范与标准，如《建筑抗震设计规范》（GB 50011—2010，2016 年版）、《混凝土结构设计规范》（GB 50010—2010，2015 年版）、《砌体结构设计规范》（GB 50003—2011）、《钢结构设计规范》（正文）征求意见稿、16G101 系列图集、《建筑物抗震构造详图》（11G329）、《装配式混凝土建筑技术标准》（GB/T 51231—2016）、《装配式混凝土结构表示方法及示例（剪力墙结构）》（15G107—1）、《装配式混凝土连接节点构造》（15G310—1~2）等，确保了内容与新规范相协调。

本书在内容组织上对以往教材进行了适当调整：首先介绍常用结构材料——混凝土、钢材、砌体的性能，然后介绍结构的概率极限状态设计方法，之后介绍混凝土结构、砌体结构、钢结构三大结构运用概率极限状态设计方法进行结构计算的基本原理、构造措施，重点介绍了 16G101 系列图集的识读技巧，简要介绍了地震基本概念、结构概念设计及建筑物抗震构造详图（11G329），最后介绍了装配式结构施工图的识读和节点构造。

本书由四川建筑职业技术学院陈文元主编、四川建筑职业技术学院李辉主审，编写中得到了“2015JY0021”项目的资助。

因经验和水平有限，书中难免有不少缺点或错误，敬请批评指正，以便及时修正。作者联系邮箱：277089629@ qq.com。

陈文元

2017 年 12 月

目录

第1章　绪　论

教学内容：主要介绍了建筑结构发展沿革，混凝土结构、砌体结构、钢结构的优缺点与应用，建筑结构抗震的发展，本课程的主要内容及特点和学习方法。

学习要求：

(1)了解建筑结构发展沿革，混凝土结构、砌体结构和钢结构的应用；

(2)熟悉混凝土结构、砌体结构、钢结构的优缺点；

(3)掌握本课程的主要内容及特点和学习方法。

1.1　建筑结构沿革

·*1.1.1*　建筑结构发展沿革·

结构按承重结构所用的材料分类，可分为混凝土结构(图1.1)、砌体结构(图1.2)、钢结构(图1.3)和木结构(图1.4)等，前三类结构是目前应用最广泛的结构，俗称三大结构。本书只介绍这三大结构的计算、构造等有关内容。

图1.1　混凝土结构

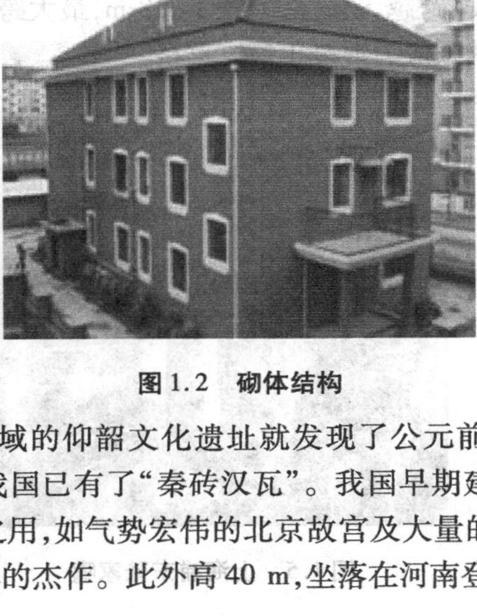

图1.2　砌体结构

土木工程结构有着悠久的历史。我国黄河流域的仰韶文化遗址就发现了公元前5000年—前3000年的房屋结构痕迹。2000多年以前，我国已有了“秦砖汉瓦”。我国早期建筑采用的多为木结构的构架制，砖、石仅作填充维护墙之用，如气势宏伟的北京故宫及大量的民居等。而全长达6 350多千米的万里长城则是砖砌体的杰作。此外高40 m，坐落在河南登封的

图 1.3　钢结构

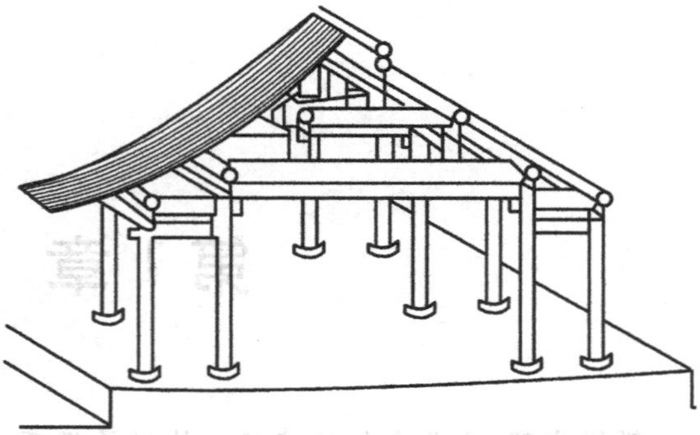

图 1.4　木结构

嵩岳寺塔是现存最古老的砖砌佛塔。金字塔（建于公元前2700—前2600年）、万里长城、赵州桥等都是结构发展史上的辉煌之作。

17世纪工业革命后，资本主义国家工业化的发展推动了建筑结构的发展。17世纪开始使用生铁，19世纪初开始使用熟铁建造桥梁和房屋。自19世纪中叶开始，钢结构得到蓬勃发展。19世纪20年代，美国人发明水泥，钢筋混凝土结构得到了迅猛发展。1861年法国花匠用水泥砂浆制作花盆，其中放置钢筋网增加其强度，从而开创了“蒙氏体系”。随着19世纪末工业的发展，水泥、钢材质量不断提高；随着科学研究的深入，计算理论不断改进；由于施工经验的不断积累、完善，钢筋混凝土结构得到相当广泛的应用。到了20世纪20年代，德国人制造了钢筋混凝土薄壳结构。1928年，法国人就已制成了预应力混凝土构件，预应力混凝土结构的出现使混凝土结构的应用范围更加广泛。

我国在土木工程结构领域也取得了辉煌成就。建筑结构方面，2008年建成矗立于我国上海浦东陆家嘴的上海环球金融中心，高492 m，地上101层，地下3层。上海中心大厦，设计高度632 m，118层，结构高度为580 m，是中国结构第二高楼，如图1.5所示。2008年6月建成了主跨跨径达1 088 m的当时世界第一跨径的苏通斜拉桥，如图1.6所示。2002年中国建成跨度550 m世界最大跨径钢拱桥钢结构大桥——卢浦大桥。1988年建成的飞云江桥，位于浙江瑞安，跨越飞云江，全长1 718 m，最大跨度62 m，桥面宽13 m，混凝土强度等级C60，是我国最大的预应力混凝土简支梁桥。

图 1.5　上海浦东陆家嘴

图 1.6　苏通大桥

·1.1.2 混凝土结构的特点与应用·

钢筋混凝土结构是由钢筋和混凝土这两种物理力学性能完全不同的材料组成共同受力的结构。这种结构能很好地发挥钢筋和混凝土这两种材料不同的力学性能,形成受力性能良好的结构构件。

钢筋混凝土之所以可以共同工作,首先钢筋与混凝土有着近似相同的线膨胀系数,不会因环境不同而产生过大的应力使之破坏;其次钢筋与混凝土之间有良好的黏结力,有时钢筋的表面也被加工成有间隔的肋条(称为变形钢筋)来提高混凝土与钢筋之间的机械咬合,当此仍不足以传递钢筋与混凝土之间的拉力时,通常将钢筋的端部弯起180°弯钩。此外,混凝土中氢氧化钙提供的碱性环境,在钢筋表面形成一层钝化保护膜,使钢筋相对于中性与酸性环境更不易腐蚀。

钢筋混凝土结构在土木工程中被广泛应用,这种结构除了能够很好地利用钢筋和混凝土这两种材料各自的性能外,还具有取材容易,耐久、耐火性好,整体性好,刚度大,可模性好等优点。

钢筋混凝土结构具有以下缺点:自重大,抗裂性能差,施工工期长,工艺复杂,且受环境、气候影响较大,隔热、隔声性能相对较差,并且不易修补与加固。因此,对于限制裂缝宽度的结构,就需要采取专门的结构或工程构造措施。

这些缺点使得钢筋混凝土结构的应用范围受到一些限制,但随着科学技术的发展,上述缺点正在逐步克服和改善之中。如采用轻质高强混凝土,可大大降低结构的自重;采用预应力混凝土,可减少混凝土开裂;采用粘钢或植筋技术等,可解决加固的问题;采用装配式结构工厂化生产的方式,可克服工期长、受环境气候影响大等问题。

钢筋混凝土结构可按不同的分类方法进行分类。

①按受力状态和构造外形,可分为杆件系统和非杆件系统。杆件系统是指受弯、拉、压、扭等作用的基本杆件(如梁、板、柱等);非杆件系统是指大体积结构及空间薄壁结构等。

②按制作方式,可分为整体(现浇)式、装配式、整体装配式三种。整体(现浇)式结构刚度大、整体性好,但施工工期长、模板工程多;装配式结构可实现工厂化生产,施工速度快,但整体性相对较差,且构件接头复杂;整体装配式兼有整体式和装配式这两种结构的优点。

③按有无预应力,分为普通钢筋混凝土结构和预应力混凝土结构。预应力混凝土结构是指在结构受荷载作用之前,人为地制造一种压应力状态,使之能够部分或全部抵消由于荷载作用所产生的拉应力,提高结构的抗裂性能。

在工业与民用建筑工程中,住宅、商场、办公楼、厂房等多层建筑广泛地采用钢筋混凝土框架结构、剪力墙结构、筒体结构等。在大跨度建筑方面,由于广泛采用预应力技术和拱、壳、V形折板等形式,已使建筑物的跨度达100 m以上。

在交通工程中,大部分的中、小型桥梁都采用钢筋混凝土建造,尤其是拱形结构的应用,使得大跨度桥梁得以实现。一些大跨度桥梁常采用钢筋混凝土与悬索或斜拉结构相结合的形式,悬索桥如我国的润扬长江大桥、日本的明石海峡大桥;斜拉桥如我国的杨浦大桥、日本的多多罗桥等,都是极具代表性的中外名桥。

在水利工程中，钢筋混凝土结构也扮演着极为重要的角色。世界上最大的水利工程——长江三峡水利枢纽中高达185 m的拦江大坝，即为混凝土重力坝，坝体混凝土用量达1 527万m^3；此外，在仓储构筑物、管道、烟囱及电视塔等特殊构筑物中也普遍采用了钢筋混凝土和预应力混凝土，如上海电视塔和国家大剧院等。

·1.1.3　砌体结构的特点与应用·

砌体是由砖、石或各种砌块用砂浆砌筑黏结而成的材料。由砌体构成墙、柱作为建筑物主要受力构件的结构称为砌体结构。由普通烧结砖、烧结多孔砖、蒸压灰砂砖、蒸压粉煤灰砖作为块体与砂浆砌筑而成的结构称为砖砌体结构；由天然毛石或经加工的料石与砂浆砌筑而成的结构称为石砌体结构；由普通混凝土、轻骨料混凝土等材料制成的空心砌块作为块体与砂浆砌筑而成的结构称为砌块砌体结构。根据需要在砌体的适当部位配置水平钢筋、钢筋网或竖向钢筋作为建筑物主要受力构件的结构总称为配筋砌体结构。砖砌体结构、石砌体结构、砌块砌体结构以及配筋砌体结构统称为砌体结构，在铁路、公路、桥涵等工程中又称为圬工结构。在我国悠久的历史中，砌体结构应用非常广泛，其中石砌体结构与砖砌体结构更是源远流长。

砌体结构具有下列优点：砌体结构材料如石材、页岩、砂等是天然材料，分布广，易于就地取材，具有较好的耐火性和耐久性，采用砌体结构较现浇钢筋混凝土结构可以节约水泥、钢材和木材，即节约三材。

砌体结构也具有以下缺点：砌体结构自重大，强度不高，砂浆和砖、石、砌块之间的黏结力较弱，砌体结构砌筑工作繁重。

砌体结构具有的优点，使其在村镇建筑中应用广泛，但砌体结构存在的缺点，也限制了其在某些环境中的应用。采用砌体可以建造房屋的承重结构及其他部件，包括基础等。无筋砌体房屋一般可建5～7层，配筋砌块剪力墙结构房屋可建8～18层。在某些产石材的地区，可以用毛石或料石建造低层房屋。采用砌体可以建造特种结构，如烟囱、管道支架、对渗水性要求不高的水池等。在交通运输建设方面，砌体结构可用于桥梁工程、隧道工程、地下渠道、涵洞、挡土墙等。在水利建设方面，可用石材砌筑坝和渡槽等。

·1.1.4　钢结构的特点与应用·

钢结构是以钢板和型钢等钢材，通过焊接、铆接或螺栓连接等方法构筑成的工程结构。

与混凝土结构相比，钢结构具有如下突出优点：强度高，自重轻，材质均匀，可靠性高，工业化程度高，工期短，环境影响小，连接方便，改造容易，重复利用率高，抗震性能好，密封性好。

钢结构也存在以下主要缺点：耐腐蚀性差，耐火性差，稳定问题较突出，价格相对较贵。

钢结构优点突出，应用很广泛，普通钢结构在土木工程中主要应用在以下几方面：

①重型工业厂房：如大型冶金企业、火力发电厂和重型机械制造厂等的一些车间，由于厂房跨度和柱距大、高度高，设有工作繁忙和起重量大的起重运输设备及有较大振动的生产设

备，并需兼顾厂房改建扩建要求，常采用由钢柱、钢屋架和钢吊车梁等组成的全钢结构。

②高层及超高层房屋：房屋越高，所受侧向水平作用如风荷载及地震作用的影响也越大。采用钢结构可减小柱截面，减小结构重量，增大建筑物的使用面积，提高房屋抗震性能。

③大跨度结构：由于受弯构件在均布荷载下的弯矩与跨度的平方成正比，当跨度增大到一定程度时，为减轻结构自重，采用自重较轻的钢结构具有突出的优势。

④高耸结构：电视塔、输电线塔等高耸结构采用钢结构，可大大减少地基处理费用，降低运输费用，当施工现场场地受限时，亦便于施工组织。

⑤密闭结构：密闭性要求较高的高压容器、煤气柜、贮油罐、高炉和高压输水管等，适合采用钢板壳结构。

⑥临时结构：需经常装拆和移动的结构，如各类钢脚手架、塔式起重机和采油井架等。

此外，大跨桥梁结构、水工结构中的闸门、各种工业设备的支架如锅炉支架等，也常采用钢结构。随着我国钢材年产量超过 4 亿 t，除上述采用钢结构的传统领域外，钢结构在高速公路、铁路、物流业乃至游乐设施等领域也得到了越来越广泛的应用。

· 1.1.5 建筑结构抗震的发展 ·

我国是一个多地震国家，历史上曾发生过多次强烈地震，近几十年来更是地震频繁，且在人口稠密的大城市和工业区不断发生。1976 年 7 月 28 日，北京时间凌晨 3 时 42 分，在人口达 100 余万人的工业城市唐山市，发生了里氏 7.8 级的强烈地震。震中位置在市区东南，震源深度约 11 km，有明显的地震断裂带贯通全市，市区地震烈度高达 11 度，房屋建筑普遍倒塌及场地破坏（图 1.7、图 1.8），幸存无恙者甚少。震害遍布唐山外围十余县，波及百余公里外的北京、天津等重要城市。死亡 24 万余人，伤残 16 万人之多，灾情之重，为世界地震史上所罕见。

图 1.7 房屋毁损

图 1.8 场地破坏

2008 年 5 月 12 日 14 时 28 分，发生在四川汶川的里氏 8.0 级特大地震，震源深度 14 km 左右，震中烈度超 12 度。此次地震不仅在震中区附近造成灾难性的破坏，而且在四川省和邻近省市大范围造成破坏，震感更是波及全国绝大部分地区乃至国外，“5 · 12”汶川特大地震使 44 万余平方千米土地、4 600 多万人口遭受灾难袭击。其中，重灾区面积达 12.5 万余平方千米，房屋倒塌 778.91 万间，损坏 2 459 万间（图 1.9 至图 1.12）。这是新中国成立以来破坏力最强、经济损失最大、波及范围最广、救灾难度最大的一次地震灾害。

图 1.9　砌体结构毁损

图 1.10　房框结构楼梯毁损

图 1.11　农房毁损

图 1.12　农房毁损

地震不但造成大量房屋倒塌、破坏，还引起山体崩塌、滚石、滑坡、道路破坏、堰塞湖、火灾等地质灾害和次生灾害，由此造成大量人员伤亡、财产损失、居民无家可归、学生无法正常上课。

研究解析地震的成因及其内在运动规律，认真总结地震的特点和经验教训，从中积累抗御地震的宝贵经验，减少未来大地震给人类可能造成的损失是工程界永恒的课题。地震带给人们灾难的同时，也检验了建筑物的质量和现行设计标准的合理性。

新中国成立以来，我国总结了历次强震的震害经验，形成了一门新的学科，即“抗震防灾学”。“抗震防灾学”是通过工程技术手段，采取各种防范措施，以尽量减轻地震灾害的科学。我国抗震规范充分吸收国内外大地震的经验教训，以及有价值的科学研究成果和工程实践经验，从 1966 年邢台地震以后提出的“基础深一点、墙壁厚一点、屋顶轻一点”的概念，到 1976 年唐山地震以后创造的砖房加“构造柱圈梁”技术，直到今天的“小震不坏，中震可修，大震不倒”的“三水准”抗震设防理论，抗震规范也经历了：1974 年版《工业与民用建筑抗震设计规范》(TJ 11—74)(试行)，这是我国第一本初级的、反映当时技术和经济水平的低设防水平的规范，仅有一些简单的基本规定；1978 年版《工业与民用建筑抗震设计规范》(TJ 11—78)，第一次提出适用于设防烈度 7 ~9 度工业与民用建筑的抗震设计要求，但 6 度区仍为非设防区，也未提出“大震不倒”的设防标准；1989 年版《建筑抗震设计规范》(GBJ 11—89)，增加对 6 度区的抗震设防要求，提出强度验算和变形验算的两阶段设计要求，增加砌块房屋、钢结构单层厂房和土、木、石房屋抗震设计内容；2001 年版《建筑抗震设计规范》（GB 50011—2001），1989 规范和 2001 规范引入弹塑性分析法和时程分析法抗震计算，提出“小震不坏，中震可修，大震不倒”的抗震设防目标；2010 版《建筑抗震设计规范》（GB 50011—2010），从 2010 年 12 月 1 日开始实施，建筑抗震性能设计方法被明确地编入其中，充实了中国特色的“三水准两阶段”抗震设防理念；现行《建筑抗震设计规范》（GB 50011—2010，2016 年版）对 2010 年版进行了局部修订，自 2016 年 8 月 1 日起实施。

随着社会的发展进步，我国抗震设防标准也在不断完善。抗震规范是为实现工程抗震设防目标而制定的工程技术标准。任何一个国家的抗震设计规范都与其当时的工程、材料技术水平和经济发展水平密切相关。我国抗震规范版本的升级，反映了工程抗震科学技术与工程实践的发展和进步。

1.2 课程内容及特点和学习方法

· 1.2.1 本课程的主要内容 ·

本课程属于专业基础课，主要介绍建筑结构中的三大结构——钢筋混凝土结构、砌体结构和钢结构的基本知识，内容包括：钢筋混凝土的材料、结构计算原则、钢筋混凝土基本构件、钢筋混凝土构件的变形和裂缝宽度验算、预应力混凝土结构的基本知识、钢筋混凝土现浇楼盖构造、砌体结构基本知识、钢结构的材料和连接、钢柱和钢梁、结构施工图识读、三大结构抗震设防要求及抗震构造措施等。本课程的教学目的是使学生通过课程学习，能熟知结构相关的基本概念，掌握建筑结构的基本知识和理论，了解现行规范对结构构件计算及构造的有关规定，熟悉结构计算的基本方法和步骤，能识读结构施工图等，进而能运用所获得的基本理论知识解决一般工程中的结构问题。

· 1.2.2 本课程的特点和学习方法 ·

本课程的特点是内容多、符号多、公式多、构造规定也多，在学习中要注意理解概念，忌死记硬背、生搬硬套，要突出重难点的学习，特别是要做好复习总结工作。本课程和许多课程关系密切，互相呼应配合，有的需要先行掌握，有的是后续课程，如建筑材料课程中有关混凝土和钢材的基本知识。要正确理解三大结构的性能，首先必须熟悉混凝土、砌块和钢材的性能，尤其是力学性能。建筑力学课程，如建筑力学课程中对各种结构的内力分析和变形计算，都是结构计算中要用到的，还必须掌握房屋构造课程有关建筑方案、房屋构造方面的知识等。

因此，学习本课程时必须要注意：

①工程项目的建设是国家的重要工作，必须依照国家颁布的规范进行。设计人员必须遵照各种结构类型的设计规范或规程进行设计。各种设计规范或规程是具有约束力的文件，其

目的是使工程结构的设计在符合国家经济政策的条件下，保证设计的质量和工程项目的安全可靠。

②要重视构造要求。结构设计离不开计算，但现行的计算方法一般只考虑荷载效应，其他影响因素如混凝土收缩、温度影响以及地基的不均匀沉降等难以用计算公式来表达。《混凝土结构设计规范》（GB 50010—2010，2015 年版）等根据长期的工程实践经验，总结一些构造措施来考虑这些因素的影响。因此，在学习本课程时，除了对各种计算公式了解和掌握外，对于各种构造措施也必须给予足够的重视。

③由于工程结构类型很多，不同的结构类型有不同的设计规范或规程，但基本理论是一致的，应重点学好基本理论。

本章小结

（1）按照建造材料，常见建筑结构的形式有钢筋混凝土结构、砌体结构、钢结构。三种结构具有各自的优缺点，在工程中都有广泛的应用。

（2）我国抗震规范经过多年的发展，历经多次修订，形成了“三水准两阶段”抗震设防理念，在历次地震中已证明只要按照正规程序建造的建筑物都能满足抗震的需求。

（3）课程内容逻辑性强，计算公式多数为半解析、半经验，因此学习过程中理论与实践结合、书本与规范相结合就尤为关键。

复习思考题

1.1　建筑结构主要有哪几种结构？主要的优缺点是什么？

1.2　钢筋和混凝土结合在一起共同工作的基础有哪些？

1.3　简述我国建筑抗震的发展历程。

1.4　本课程包括哪些内容？它与哪些课程密切相关？学习本课程应注意的要点是什么？

第2章　建筑结构材料

教学内容：主要介绍了混凝土、砌体和钢材三种建筑材料的物理力学性能。

学习要求：

(1)了解三种建筑材料的选用、检测和处理；

(2)熟悉三种建筑材料的分类、组成；

(3)掌握三种材料强度指标。

不断推陈出新的建筑结构用材是建筑结构发展的必然结果，也是建筑结构发展的必须条件之一。近年来，出现了各种材料上的改进，如C80与C100及以上强度等级的混凝土等，新材料的出现为新型结构形式奠定了良好的基础。

2.1　混凝土

·2.1.1　混凝土的组成材料·

1)混凝土的组成

普通混凝土是由水泥、细骨料(砂)、粗骨料(石)与水按一定配合比例，经搅拌、成型、养护而成的人工石材，是一种以固相为主的三相复合材料。混凝土的组成结构既可以从原子、分子层面分析，也可以从宏观分析，因而可将其分为微观结构、亚微观结构和宏观结构。

微观结构的物理力学性能取决于水泥的化学矿物成分、粉磨细度、水灰比和凝结硬化条件等。因此，微观结构决定了混凝土的弹性与塑性力学性能。混凝土中的砂、石、水泥凝胶体中的晶体、未水化的水泥颗粒组成了错综复杂的弹性骨架，主要承受外力，并使混凝土具有弹性变形的特点。而水泥胶体中的凝胶、孔隙和界面初始微裂缝等，在外力作用下使混凝土产生塑性变形。另外，混凝土中的孔隙(图2.1)、界面微裂缝(图2.2)等缺陷又往往是混凝土受力破坏的起源。在荷载作用下，微裂缝(图2.2与图2.3)的扩展对混凝土的力学性能有着极为重要的影响。由于水泥凝胶体需要较长时间才能完成硬化，故混凝土的强度和变形也随时间逐渐增长。

亚微观结构即水泥砂浆结构；宏观结构即砂浆和粗骨料两组分体系。宏观结构与亚微观结构有许多共同点，可以把水泥砂浆看成基相，粗骨料分布在砂浆中，砂浆与粗骨料的界面是结合的薄弱面。骨料的分布以及骨料与基相之间在界面的结合强度也是重要的影响因素。

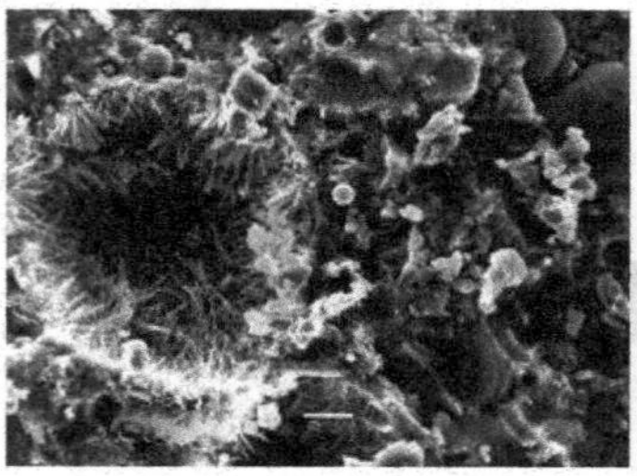

图 2.1　孔隙

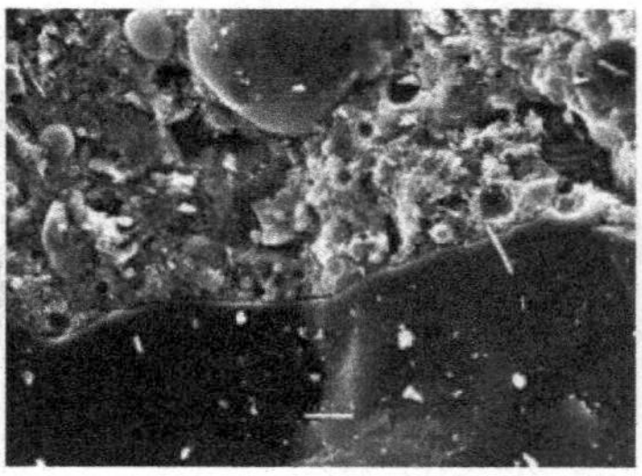

图 2.2　界面微裂缝

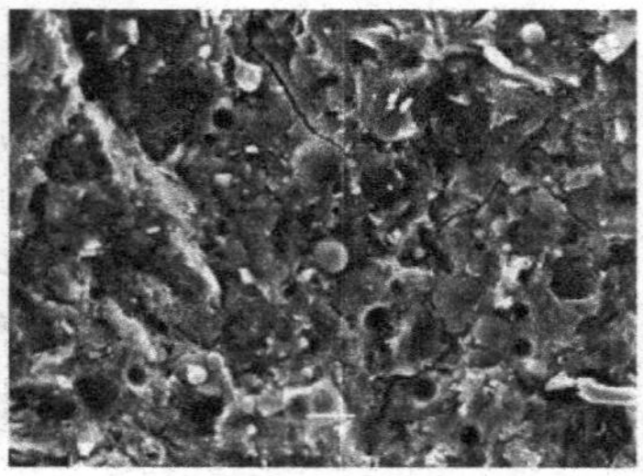

图 2.3　水泥石收缩微裂缝

2）水泥

水泥的种类繁多，但常用水泥主要是六大类，分别是硅酸盐水泥、普通硅酸盐水泥、矿渣硅酸盐水泥、火山灰质硅酸盐水泥、粉煤灰硅酸盐水泥，见表 2.1。

表 2.1　常用水泥的选用原则

<table>
<tr><th colspan="2">混凝土工程特点或所处环境条件</th><th>优先选用</th><th>不得使用</th></tr>
<tr><td rowspan="6">环境条件</td><td>在普通气候环境中的混凝土</td><td>普通硅酸盐水泥</td><td></td></tr>
<tr><td>在干燥环境中的混凝土</td><td>普通硅酸盐水泥</td><td>火山灰质硅酸盐水泥、粉煤灰硅酸盐水泥</td></tr>
<tr><td>在高湿度环境中或永远处在水下的混凝土</td><td>矿渣硅酸盐水泥</td><td></td></tr>
<tr><td>严寒地区的露天混凝土、寒冷地区的处在水位升降范围内的混凝土</td><td>普通硅酸盐水泥</td><td>火山灰质硅酸盐水泥、粉煤灰硅酸盐水泥</td></tr>
<tr><td>严寒地区处在水位升降范围内的混凝土</td><td>普通硅酸盐水泥</td><td>火山灰质硅酸盐水泥、粉煤灰硅酸盐水泥、矿渣硅酸盐水泥</td></tr>
<tr><td>受侵蚀性环境水或侵蚀性气体作用的混凝土</td><td colspan="2">根据侵蚀性介质的种类、浓度等具体条件按专门（或设计）规定选用</td></tr>
<tr><td rowspan="5">工程特点</td><td>厚大体积的混凝土</td><td>普通硅酸盐水泥、矿渣硅酸盐水泥</td><td>硅酸盐水泥、快硬硅酸盐水泥</td></tr>
<tr><td>有快硬性要求的混凝土</td><td>快硬硅酸盐水泥、硅酸盐水泥</td><td>矿渣硅酸盐水泥、火山灰质硅酸盐水泥、粉煤灰硅酸盐水泥</td></tr>
<tr><td>高强（大于 C60）的混凝土</td><td>硅酸盐水泥</td><td>火山灰质硅酸盐水泥、粉煤灰硅酸盐水泥</td></tr>
<tr><td>有抗渗性要求的混凝土</td><td>普通硅酸盐水泥、火山灰质硅酸盐水泥</td><td>不宜使用矿渣硅酸盐水泥</td></tr>
<tr><td>有耐磨性要求的混凝土</td><td>硅酸盐水泥、普通硅酸盐水泥</td><td>火山灰质硅酸盐水泥、粉煤灰硅酸盐水泥</td></tr>
</table>

3）细骨料

细骨料为粒径小于 4.75 mm 的天然砂或机制砂（俗称人工砂）。天然砂为河砂、湖砂、山砂与淡化海砂。其中，河砂质地坚硬且洁净，为配置混凝土的理想材料；海砂质地坚硬但含有可溶性盐等，需清洁除去杂质后使用；山砂坚固性差，常含有黏土及有机杂质；人工砂比较清洁，但细粉、片状颗粒较多，成本高。因此，在配置混凝土时，细骨料质量一般要求：质地坚实、清洁、有害质含杂量少。

4）粗骨料

粗骨料为粒径 >4.75 mm 的岩石颗粒，分为卵石和碎石两类。

卵石（砾石）包括河卵石、海卵石和山卵石等，其中河卵石应用较多。碎石大多由天然岩石经破碎筛分而成。碎石和卵石按技术要求分为Ⅰ类、Ⅱ类、Ⅲ类三种类别。Ⅰ类宜用于强度等级大于 C60 的混凝土；Ⅱ类宜用于强度等级为 C30 ~ C60 及抗冻、抗渗或其他要求的混凝土；Ⅲ类宜用于强度等级小于 C30 的混凝土。

5）水

混凝土拌和及养护用水均宜采用饮用水，地表水与地下水需要检验合格后才能使用，海水与生活污水不宜采用。

6）外加剂

除了水泥、砂、石和水之外，外加剂作为改善混凝土性能、提高经济性的材料，被广泛使用。外加剂的大量使用使之成为混凝土成分中重要的一部分。外加剂按其改善性能，可分为减水剂、早强剂、速凝剂、缓凝剂、膨胀剂、防水剂、防冻剂、加气剂等。

①减水剂：主要用于减少拌和水用量。它是一种表面活性材料，可以改善和易性，从而降低水灰比，增加流动性，有利于混凝土强度的增长，适用于大体积混凝土、泵送混凝土等。

②早强剂：用于加快混凝土的凝结硬化过程，提高早期强度，加快工程进度，缩减工期；但加有早强剂的混凝土含有氯化物，可能腐蚀钢筋，因此不适用于预应力混凝土及大体积混凝土工程。

③速凝剂：用于加速水泥的凝结硬化过程，适用于快速施工、堵漏、喷射混凝土等。

④缓凝剂：用于延长混凝土凝结硬化所需的时间，并对后期强度无影响，适用于大体积混凝土、气候炎热地区的混凝土工程和长距离输送的混凝土。

⑤膨胀剂：使混凝土在水化过程中产生一定的体积膨胀，用于配制补偿收缩混凝土、填充用膨胀混凝土、自应力混凝土。

⑥防水剂：含有水玻璃，不但能使混凝土在凝结硬化后防水，还能加大黏结力和加快混凝土凝结硬化，是配制防水混凝土的方法之一。适用于修补工程和堵塞漏水处。

⑦抗冻剂：可以在一定负温条件下仍然保持混凝土内所含水分不冻结，并促使其凝结硬化，如亚硝酸钠与硫酸盐复合剂，能适用于 −100 ℃环境下的施工。

⑧加气剂：掺入加气剂能使混凝土中产生大量微小、密闭的气泡，既改善混凝土的和易性，减小用水量，提高抗渗、抗冻性能，又能减轻自重，增加保温隔热性能，常用作隔热、隔声的墙体材料。

·2.1.2　混凝土的强度·

1)混凝土的强度等级

我国国家标准《普通混凝土力学性能试验方法标准》(GB/T 50081—2002)规定:以边长150 mm立方体标准试件,在标准养护条件下(20 ℃ ±3 ℃,≥90%相对湿度)养护28 d,用标准试验方法[加载速度0.3 ~0.5 N/(mm^2·s),两端不涂润滑剂]测得的抗压强度为立方体抗压强度。

《混凝土结构设计规范》(GB 50010—2010,2015年版)规定混凝土强度等级应按立方体抗压强度标准值确定,即用上述标准试验方法测得的具有95%保证率(混凝土强度总体分布的平均值减去1.645倍标准差)的立方体抗压强度作为混凝土的强度等级。

《混凝土结构设计规范》根据强度范围,从C15 ~ C80共划分为14个强度等级,级差为5 N/mm^2,用符号C表示。例如,C30:混凝土立方体抗压强度标准值$f_{cu,k}$=30 N/mm^2。C60以上为高强混凝土。我国现已有C90与C100的高强度混凝土。

《混凝土结构设计规范》规定,钢筋混凝土结构的混凝土强度等级不应低于C15;当采用HRB335级钢筋时,混凝土强度等级不应低于C20;当采用HRB400级钢筋和RRB400级钢筋以及承受重复荷载的构件,混凝土强度等级不应低于C20;预应力混凝土结构的混凝土强度等级不应低于C30;当采用钢绞线、钢丝、热处理钢筋作预应力钢筋时,混凝土强度等级不应低于C40。

2)混凝土强度设计指标

由于影响混凝土强度的因素众多,按统一标准生产的混凝土各批次强度可能不同,而同一批次搅拌的混凝土制作出的构件其强度等级也有差异。因此,设计时取混凝土强度等级标准值用于计算,见表2.2。混凝土强度设计值等于混凝土强度标准值除以混凝土材料分项系数(取1.4),见表2.3。

表2.2　混凝土强度标准值　　单位:N/mm^2

强度种类	混凝土强度等级													
	C15	C20	C25	C30	C35	C40	C45	C50	C55	C60	C65	C70	C75	C80
轴心抗压强度f_{ck}	10.0	13.4	16.7	20.1	23.4	26.8	29.6	32.4	35.5	38.5	41.5	44.5	47.5	50.2
轴心抗拉强度f_{tk}	1.27	1.54	1.78	2.01	2.20	2.40	2.51	2.65	2.74	2.85	2.93	3.00	3.05	3.10

表2.3　混凝土强度设计值　　单位:N/mm^2

强度种类	混凝土强度等级													
	C15	C20	C25	C30	C35	C40	C45	C50	C55	C60	C65	C70	C75	C80
轴心抗压强度f_c	7.2	9.6	11.9	14.3	16.7	19.1	21.1	23.1	25.3	27.5	29.7	31.8	33.8	35.9
轴心抗拉强度f_t	0.91	1.10	1.27	1.43	1.57	1.71	1.80	1.89	1.96	2.04	2.09	2.14	2.18	2.22

3)混凝土的耐久性

混凝土的耐久性是指结构在规定的使用年限内,在各种环境条件作用下,不需要额外的费用加固处理而保持其安全性、正常使用和可接受的外观能力。其中各种环境条件被归类为混凝土结构的环境类别,见表2.4。

表2.4　混凝土结构的环境类别

环境类别	条　件
一	室内干燥环境; 无侵蚀性静水浸没环境
二 a	室内潮湿环境; 非严寒和非寒冷地区的露天环境; 非严寒和非寒冷地区与无侵蚀性的水或土壤直接接触的环境; 严寒和寒冷地区的冰冻线以下与无侵蚀性的水或土壤直接接触的环境
二 b	干湿交替环境; 水位频繁变动的环境; 严寒和寒冷地区露天的环境; 严寒和寒冷地区的冰冻线以上与无侵蚀性的水或土壤直接接触的环境
三 a	严寒和寒冷地区冬季水位变动区环境; 受除冰盐影响环境; 海风环境
三 b	盐渍土环境; 受除冰盐作用环境; 海岸环境
四	海水环境
五	受人为或自然的侵蚀性物质影响的环境

简单地说,混凝土材料的耐久性指标一般包括抗渗性、抗冻性、抗侵蚀性、混凝土的碳化(中性化)、碱骨料反应等。

4)混凝土保护层

为了防止钢筋锈蚀和保证钢筋与混凝土能紧密黏结在一起共同工作,梁、板的受力钢筋表面都应具有足够的混凝土保护层厚度。最外层钢筋外边缘到混凝土外边缘的最小距离,称为保护层厚度。根据《混凝土结构设计规范》(GB 50010—2010,2015年版),构件中普通钢筋及预应力筋的混凝土保护层厚度应满足下列要求:构件中受力钢筋的保护层厚度不应小于钢筋的公称直径 d;设计使用年限为50年的混凝土结构,最外层钢筋的保护层厚度应符合表2.5的规定;设计使用年限为100年的混凝土结构,最外层钢筋的保护层厚度不应小于表2.5中数值的1.4倍。

表2.5　混凝土保护层的最小厚度 c　　单位:mm

环境类别	板、墙、壳	梁、柱、杆
一	15	20
二 a	20	25
二 b	25	35
三 a	30	40
三 b	40	50

注:①混凝土强度等级不大于 C25 时,表中保护层厚度数值应增加 5 mm;

②钢筋混凝土基础宜设置混凝土垫层,基础中钢筋混凝土保护层厚度应从顶面算起,且不应小于 40 mm。

此外,当构件表面有适当防护措施或为工程预制件时,可适当减小混凝土保护层厚度;当梁、柱、墙中的纵向受力钢筋的保护层厚度大于 50 mm 时,宜对保护层采取有效的保护措施;当在保护层内设置防裂防剥落的钢筋网片时,网片钢筋的保护层厚度应不小于 25 mm。

当梁的混凝土保护层厚度大于 50 mm 且配置表层钢筋网片时,表层钢筋宜采用焊接网片,其直径不宜大于 8 mm,间距不应大于 150 mm;网片应配置在梁底和梁侧,梁侧的网片钢筋应延伸至梁高的 2/3 处。两个方向上表层网片钢筋的截面积均不应小于相应混凝土保护层(图 2.4 阴影部分)面积的 1%。

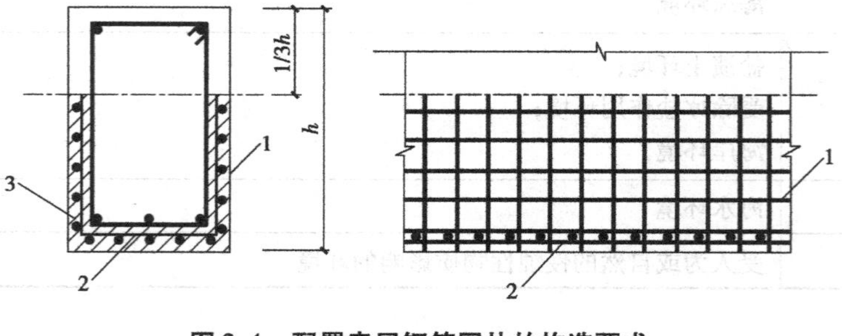

图 2.4　配置表层钢筋网片的构造要求

1—梁侧表层钢筋网片;2—梁底表层钢筋网片;3—配置网片钢筋区域

2.2　钢　材

· 2.2.1　钢材的性能要求 ·

建筑用的钢材称为结构钢,必须满足下列要求:

①抗拉强度 f_u 和屈服强度 f_y 较高。钢结构设计把 f_y 作为强度承载力极限状态的标志。f_y 高可减轻结构自重,节约钢材和降低造价。f_u 是钢材抗拉断能力的极限,f_u 高可增加结构

的安全保障。

②塑性和韧性好及伸长率和冷弯性能好。塑性和韧性好的钢材在静载和动载作用下有足够的应变能力，即可减轻结构脆性破坏的倾向，又能通过较大的塑性变形调整局部应力，使应力得到重分布，提高构件的延性，从而提高结构的抗震能力和抵抗重复荷载作用的能力。

③良好的加工性能。材料应适合冷、热加工，具有良好的可焊性，不致因加工而对结构的强度、塑性和韧性等造成较大的不利影响。

④耐久性好，价格便宜。

此外，根据结构的具体工作条件，有时还要求钢材具有适应低温、高温等环境的能力。

施工单位检验软钢是否合格的4个主要指标是屈服强度、极限强度、伸长率和冷弯性能。钢筋的检验方法应符合现行国家标准《混凝土结构工程施工质量验收规范》（GB 50204—2015）的规定。其中，屈服强度、伸长率是通过钢材的拉伸试验确定的，试验应当按照《金属材料室温拉伸试验方法》（GB/T 228—2002）的有关要求进行。冷弯性能是通过冷弯试验来确定的，试验应当按照《金属材料弯曲试验方法》（GB/T 232—2010）的要求进行。

可焊性是评定钢筋焊接后的接头性能的指标。可焊性取决于材料中碳及各种合金元素的含量。

钢材的冲击韧性是钢材在冲击荷载作用下断裂时吸收机械能的一种能力，是衡量钢材抵抗可能因低温、应力集中、冲击荷载作用等而致脆性断裂能力的一项机械性能。在实际结构中，脆性断裂总是发生在有缺口高峰应力的地方。因此，最有代表性的是钢材的缺口冲击韧性，简称冲击韧性。钢材的冲击韧性试验采用有V形缺口的标准试件，在冲击试验机上进行。冲击韧性值用击断试样所需的冲击功 A_{KV} 表示，单位为J。冲击韧性与温度有关，当温度低于某一负温值时，冲击韧性值将急剧降低。因此在寒冷地区建造的直接承受动力荷载的钢结构，除应有常温冲击韧性的保证外，还应依钢材的类别，使其具有 −20 ℃或 −40 ℃的冲击韧性保证。

对于钢筋的性能，在《建筑抗震设计规范》（GB 50011—2010，2016年版）中要求：抗震等级为一、二、三级的框架和斜撑构件（含梯段），其纵向受力钢筋采用普通钢筋时，钢筋的抗拉强度实测值与屈服强度实测值的比值不应小于1.25；钢筋的屈服强度实测值与屈服强度标准值的比值不应大于1.3，且钢筋在最大拉力下的总伸长率实测值不应小于9%。

钢结构的钢材应符合下列规定：钢材的屈服强度实测值与抗拉强度实测值的比值不应大于0.85；钢材应有明显的屈服台阶，且伸长率不应小于20%；钢材应有良好的焊接性和合格的冲击韧性。

普通钢筋材料性能尚应符合：钢筋宜优先采用延性、韧性和焊接性能较好的钢筋；普通钢筋的强度等级，纵向受力钢筋宜选用符合抗震性能指标的不低于HRB400级的热轧钢筋，也可采用符合抗震性能指标的HRB335级热轧钢筋；箍筋宜选用符合抗震性能指标的不低于HRB335级的热轧钢筋，也可选用HPB300级热轧钢筋。

·2.2.2　钢材的选用·

建筑用钢按其截面类型可大体分为钢筋、型钢、钢管。

《混凝土结构设计规范》(GB 50010—2010,2015 年版)中钢筋采用的分类方式为热轧钢筋、中高强钢丝、钢绞线、热处理钢筋和冷加工钢筋。而钢筋根据其用途,又可分为普通钢筋和预应力钢筋。普通钢筋是指应用于钢筋混凝土结构中的钢筋以及预应力混凝土结构中的非预应力钢筋。

《混凝土结构设计规范》(GB 50010—2010,2015 年版)中规定,混凝土结构的钢筋应按下列规定选用:纵向受力普通钢筋宜采用 HRB400,HRB500,HRBF400,HRBF500 级钢筋,也可采用 HPB300,HRB335,RRB400 级钢筋;梁、柱和斜撑构件的纵向受力普通钢筋应采用 HRB400,HRB500,HRBF400,HRBF500 级钢筋;箍筋宜采用 HRB400,HRBF400,HRB300,HPB300,HRB500,HRBF500 级钢筋;预应力筋宜采用预应力钢丝、钢绞线和预应力螺纹钢筋。普通钢筋强度标准值和强度设计值见表 2.6 和表 2.7。

表 2.6　普通钢筋强度标准值　　单位:N/mm²

牌　号	符　号	公称直径 d/mm	屈服强度标准值 f_{yk}	极限强度标准值 f_{stk}
HPB300	Φ	6 ~ 14	300	420
HRB335	Φ	6 ~ 14	335	455
HRB400 HRBF400 RRB400	Φ $Φ^{F}$ $Φ^{R}$	6 ~ 50	400	540
HRB500 HRBF500	Φ $Φ^{F}$	6 ~ 50	500	630

注:①热轧钢筋直径 d 系指公称直径;

②当采用直径大于 40 mm 的钢筋时,应有可靠的工程经验。

表 2.7　普通钢筋强度设计值　　单位:N/mm²

牌　号	抗拉强度设计值 f_y	抗压强度设计值 f'_y
HPB300	270	270
HRB335	300	300
HRB400,HRBF400,RRB400	360	360
HRB500,HRBF500	435	435

钢筋弹性模量 E_s 应按表 2.8 采用。

表 2.8　钢筋弹性模量　　单位:×10⁵ N/mm²

牌号或种类	弹性模量 E_s
HPB300 级钢筋	2.10
HRB335,HRB400,HRBF400,HRB500,HRBF500,RRB400 级,预应力螺纹钢筋	2.00

续表

牌号或种类	弹性模量 E_s
消除应力钢丝、中强度预应力钢丝	2.05
钢绞线	1.95

注：必要时可采用实测的弹性模量。

依据《钢结构设计规范》的要求，为保证承重结构的承载能力和防止在一定条件下出现脆性破坏，应根据结构的重要性、荷载特征、结构形式、应力状态、连接方法、钢材厚度和工作环境等因素综合考虑，选用合适的钢材牌号和材性。

承重结构的钢材宜采用Q235钢、Q345钢、Q390钢和Q420钢，其质量应分别符合现行国家标准《碳素结构钢》（GB/T 700）和《低合金高强度结构钢》（GB/T 1591）的规定。当采用其他牌号的钢材时，尚应符合相应有关标准的规定和要求。

下列情况的承重结构和构件不应采用Q235沸腾钢：

①焊接结构：

a. 直接承受动力荷载或振动荷载且需要验算疲劳的结构。

b. 工作温度低于 -20 ℃时的直接承受动力荷载或振动荷载但可不验算疲劳的结构以及承受静力荷载的受弯及受拉的重要承重结构。

c. 工作温度等于或低于 -30 ℃的所有承重结构。

②非焊接结构：工作温度等于或低于 -20 ℃的直接承受动力荷载且需要验算疲劳的结构。

承重结构采用的钢材应具有抗拉强度、伸长率、屈服强度和硫、磷含量的合格保证，对焊接结构尚应具有碳含量的合格保证。焊接承重结构以及重要的非焊接承重结构采用的钢材还应具有冷弯试验的合格保证。

常用的型钢有角钢、槽钢、工字钢、H型钢和钢管等，其规格和截面特性查相关的型钢表，钢材的强度设计值见表2.9。

表2.9 钢材的强度设计值 单位：N/mm²

钢材		抗拉、抗压和抗弯 f	抗剪 f_v	端面承压（刨平顶紧）f_{ce}
牌号	厚度或直径/mm			
Q235钢	≤16	215	125	325
	>16~40	205	120	
	>40~60	200	115	
	>60~100	190	110	
Q345钢	≤16	310	180	400
	>16~35	295	170	
	>35~50	265	155	
	>50~100	250	145	

续表

钢材		抗拉、抗压和抗弯 f	抗剪 f_v	端面承压(刨平顶紧) f_{ce}
牌号	厚度或直径/mm			
Q390 钢	≤16	350	205	415
	>16~35	335	190	
	>35~50	315	180	
	>50~100	295	170	
Q420 钢	≤16	380	220	440
	>16~35	360	210	
	>35~50	340	195	
	>50~100	325	185	

注:表中厚度系指计算点的钢材厚度,对轴心受拉和轴心受压构件系指截面中较厚板件的厚度。

角钢分为等边和不等边角钢两种。角钢符号是“∟(角钢代号)边宽×厚度(等边角钢)或∟边宽×短边宽×厚度(不等边角钢),单位为 mm。如∟100×8 或∟100×80×8。槽钢有热轧普通槽钢和轻型槽钢两种。槽钢规格用槽钢符号(普通槽钢和轻型槽钢的符号分别为“[”和“Q[”)和截面高度(单位:cm)表示,当腹板厚度不同时,还要标注出腹板厚度类别符号 a,b,c,厚度依次增大。工字钢有普通工字钢和轻型工字钢两种,符号用“I”表示,如 I18,I50a,QI150。

2.3 砌体材料

砌体材料包括砖、砌块、石材。

砖按生产工艺,可分为烧结砖与非烧结砖两大类。其中,烧结砖又可分为烧结普通砖、烧结多孔砖(竖孔,孔洞率不小于 28%,图 2.5)、烧结空心砖(水平空,孔洞率不小于 40%);非烧结砖又可分为蒸压灰砂砖、粉煤灰砖、炉渣砖等。凡通过高温焙烧而制得的砖统称为烧结砖。烧结普通砖是以黏土、页岩、煤矸石、粉煤灰为主要原料经焙烧而成的实心砖,根据原料不同又分为烧结黏土砖、烧结页岩砖、烧结煤矸石砖和烧结粉煤灰砖等。烧结普通砖的外形为直角六面体,其公称尺寸为 240 mm×115 mm×53 mm。配砖规格为 175 mm×115 mm×53 mm。

砌块的主要类别有普通混凝土小型砌块(以碎石或卵石为粗骨料)、轻集料混凝土砌块(以火山灰、煤渣、陶粒、自然煤矸石为粗骨料,图 2.6)、烧结空心砌块(用于非承重部位)、轻质加气混凝土砌块(用于非承重部位)等。根据其尺寸可分为小型、中型和大型砌块。其中,小型混凝土空心砌块的主要规格尺寸为 390 mm×190 mm×190 mm。

图 2.5 烧结多孔砖

图 2.6 陶粒混凝土砌块

石砌体拥有良好的抗压强度、抗冻性、泌水性和耐久性，常用于建筑物基础、挡土墙等。石砌体应当选用无明显风化的天然石材。其强度等级由边长为 70 mm 的立方体试块的抗压强度确定，共 7 级：MU20，MU30，MU40，MU50，MU60，MU80 和 MU100。

砂浆是一种用量较大的胶结材料。它将块材连成整体，使得应力均匀地分布在各个块材上，并有效地降低了砌体的透气性，提高了砌体的防水、隔热等性能。按照配料成分的不同，砂浆可分为水泥砂浆、混合砂浆、非水泥砂浆和混凝土砌块砌筑砂浆。水泥砂浆常用于地下结构或经常受水侵蚀的部位；混合砂浆是最常用的砂浆；非水泥砂浆通常用于临时建筑物的砌筑；混凝土砌块砌筑砂浆常用于混凝土砌块砌筑。

1）砌体的抗压强度

龄期为 28 d 的以毛截面计算的各类砌体抗压强度设计值，当施工质量控制等级为 B 级时，应根据块体和砂浆的强度等级分别按下列规定采用：

①烧结普通砖和烧结多孔砖砌体的抗压强度设计值按表 2.10 取用。

②蒸压灰砂砖和蒸压粉煤灰砖砌体的抗压强度设计值按表 2.11 取用。

③单排孔混凝土和轻集料混凝土砌块砌体的抗压强度设计值应当按表 2.12、表 2.13 取用。

表 2.10 烧结普通砖和烧结多孔砖砌体的抗压强度设计值 单位：MPa

砖强度等级	砂浆强度等级					砂浆强度
	M15	M10	M7.5	M5	M2.5	0
MU30	3.94	3.27	2.93	2.59	2.26	1.15
MU25	3.60	2.89	2.68	2.37	2.06	1.05
MU20	3.22	2.67	2.39	2.12	1.84	0.94
MU15	2.79	2.31	2.07	1.83	1.60	0.82
MU10	—	1.89	1.69	1.50	1.30	0.67

注：当烧结多孔砖的孔洞率大于 30% 时，表中数值应乘以 0.9。

表 2.11 蒸压灰砂砖和蒸压粉煤灰砖砌体的抗压强度设计值 单位：MPa

砖强度等级	砂浆强度等级				砂浆强度
	M15	M10	M7.5	M5	0
MU25	3.60	2.98	2.68	2.37	1.05

续表

砖强度等级	砂浆强度等级				砂浆强度
	M15	M10	M7.5	M5	0
MU20	3.22	2.67	2.39	2.12	0.94
MU15	2.79	2.31	2.07	1.83	0.82

表 2.12　单排孔混凝土和轻集料混凝土砌块砌体的抗压强度设计值　　单位:MPa

砖强度等级	砂浆强度等级				砂浆强度
	M15	M10	M7.5	M5	0
MU20	5.68	4.95	4.44	3.94	2.33
MU15	4.61	4.02	3.61	3.20	1.89
MU10	—	2.79	2.50	2.22	1.31
MU7.5	—	—	1.93	1.71	1.01
MU5	—	—	—	1.19	0.70

注:①对错孔砌筑的砌体,应按表中数值乘以 0.8;

②对独立柱或厚度为双排组砌的砌块砌体,应按表中数值乘以 0.7;

③对 T 形截面砌体,应按表中数值乘以 0.85。

表 2.13　双排孔或多排孔轻集料混凝土砌块砌体的抗压强度设计值　　单位:MPa

砌块强度等级	砂浆强度等级			砂浆强度
	Mb10	Mb7.5	Mb5	0
MU10	3.08	2.76	2.45	1.44
MU7.5	—	2.13	1.88	1.12
MU5	—	—	1.31	0.78
MU3.5	—	—	0.95	0.56

注:表中的砌块为火山渣、浮石和陶粒轻集料混凝土砌块;对厚度方向为双排组砌的轻集料混凝土砌块砌体的抗压强度设计值,应按表中数值的 0.8 倍取用。

2)砌体强度的影响因素

(1)块材和砂浆强度的影响

块材和砂浆强度是影响砌体抗压强度的主要因素,砌体抗压强度随块材和砂浆强度的提高而提高。当砂浆强度等级较低时,砌体强度高于砂浆强度;当砂浆强度等级较高时,砌体强度低于砂浆强度。而实验表明,对提高砌体抗压强度而言,提高块材强度比提高砂浆强度更有效。一般情况下,砌体抗压强度低于块材强度。当块材的抗压强度提高时,其相应的抗拉、抗弯、抗剪强度也相应提高。

砌体抗剪强度随砂浆强度等级的提高而提高,但块材强度对抗剪强度的影响较小。

(2)竖向压应力的影响

当竖向压应力与剪应力之比在一定范围内时,砌体的抗剪强度随竖向压应力的增加而提高。

(3)砂浆的性能

砂浆的弹性模量、流动性和保水性也会影响砌体的强度。砂浆的弹性模量越低,砌体内的块体受到的拉力越大,砌体的强度越低。砂浆的和易性与保水性好,砌体的强度高,原因是砂浆的流动性好,砌筑时砂浆比较平整、密实,可以有效地降低块体所受的弯矩和剪力。此外,与混合砂浆相比,水泥砂浆容易失水,导致流动性较差,因此,同一强度等级的混合砂浆砌筑的砌体强度要比水泥砂浆的高。

(4)块材的表面平整度和几何尺寸的影响

块材表面越平整规则,灰缝厚薄越均匀,砌体的抗压强度可提高,同时块体中块材的弯剪不利影响减小。当灰缝过厚、铺砌不均匀或块材翘曲时,砂浆层严重不均匀,将产生较大的附加弯曲应力而使块材过早破坏。但灰缝太薄不易砌筑,因此,灰缝厚度一般控制在 8 ~ 12 mm;对石砌体中的细料石砌体不宜大于 5 mm,毛料石和粗料石砌体不宜大于 20 mm。

块材高度大时,其抗弯、抗剪和抗拉能力增大,对砌体的强度有利,使开裂有效延迟;块材较长时,在砌体中产生的弯剪应力也较大,容易引起砌体开裂。

(5)砌筑质量的影响

砌体砌筑时水平灰缝的厚度、饱满度、砖的含水率及砌筑方法,均影响到砌体的强度和整体性。水平灰缝厚度应为 8 ~ 12 mm(一般宜为 10 mm),水平灰缝饱满度应不低于 80%。砌体砌筑时,应提前将砖浇水湿润,含水率不宜过大或过低(一般要求控制在 10% ~15%)。砌筑时砖砌体应上下错缝,内外搭接。

本章小结

(1)混凝土的组成材料与它的结构特性,决定了它的强度等级。在工程使用时,除了要选用混凝土的强度值外,混凝土的变形与耐久性也是要考虑的重要因素。

(2)对于钢材的力学性能,重点关注屈服强度、极限强度、伸长率和冷弯性这 4 个指标。理解钢筋的力学设计指标。

(3)砌体主要由砂浆与砖、砌块或石材砌筑而成。砌体的抗压强度与所用砂浆强度等级密切相关,对于不同砌体应按砌体抗压强度设计值的不同表格进行取值。

复习思考题

2.1　混凝土由哪些物质组成?

2.2　混凝土抗压强度等级是如何确定的?

2.3　哪些因素影响混凝土的抗压强度等级?

2.4　钢结构的常用钢材种类有哪些?

2.5　砌体结构的种类有哪些?

第3章　建筑结构计算基本原则

教学内容：本章主要介绍荷载分类、荷载代表值、结构的功能以及各种组合实用设计表达式，极限状态实用设计表达式的应用。

学习要求：

(1)理解结构的功能、荷载分类、荷载代表值及各种组合实用设计表达式；

(2)掌握极限状态实用设计表达式。

我国现行的建筑结构设计方法是以概率论为基础的极限状态设计方法，以可靠指标代替失效概率来度量结构的可靠性，采用基本变量标准值和相应的分项系数形式表达的极限状态实用设计表达式。

3.1　结构设计的基本要求

·3.1.1　结构的功能要求·

结构设计的目的，是使所设计的结构能满足各种预定的功能要求，建筑结构在规定的设计使用年限内应满足以下三个方面要求：

(1)安全性

安全性有两方面的含义：一是指结构在正常施工和正常使用的条件下，能承受可能出现的各种作用而不被破坏；二是指在设计规定的偶然事件(如强烈地震、爆炸、车辆撞击等)发生时和发生后，仍能保持必须的整体稳定性，即结构仅产生局部的损坏而不致发生连续倒塌。

(2)适用性

适用性是指结构在正常使用条件下具有良好的工作性能。例如，不会出现影响正常使用的过大变形或振动，不会产生让使用者感到不安的裂缝、挠度等。

(3)耐久性

耐久性是指结构在正常使用和维护条件下所具有的耐久性能，即在正常维护条件下结构能够正常使用到规定的设计使用年限。例如，结构材料不致出现影响功能的损坏，钢筋混凝土构件的钢筋不致因保护层过薄或裂缝过宽而锈蚀等。

结构的安全性、适用性和耐久性总称为结构的可靠性。结构的可靠性是用可靠度来衡量的。所谓可靠度,是指结构在规定时间(设计使用年限)内,在规定条件(正常设计、正常施工、正常使用、正常维护)下完成预定功能的概率。结构可靠度与结构使用年限的长短有关。《建筑结构可靠度设计统一标准》(GB 50068—2001,以下简称《统一标准》)以结构的设计使用年限为计算结构可靠度的时间基准。应当注意,结构的设计使用年限虽与结构使用寿命有联系,但不等同。当结构的使用年限超过设计使用年限后,并不意味着结构就要报废,只是说明其可靠度将逐渐降低。

·3.1.2 结构的安全等级·

建筑物的重要程度是根据其用途决定的,不同用途的建筑物,发生破坏后所引起的生命财产损失是不一样的。《统一标准》规定,建筑结构设计时,应根据结构破坏可能产生的后果(危及人的生命、造成经济损失、产生社会影响等)的严重性,采用不同的安全等级。根据破坏后果的严重程度,建筑结构划分为三个安全等级,见表3.1。影剧院、体育馆和高层建筑等重要的工业与民用建筑的安全等级为一级,大量的一般工业与民用建筑的安全等级为二级,次要建筑的安全等级为三级。纪念性建筑及其他特殊要求的建筑,其安全等级可根据具体情况另行确定。

表3.1 建筑结构的安全等级

安全等级	破坏后果	建筑物类型
一级	很严重	重要的房屋
二级	严重	一般的房屋
三级	不严重	次要的房屋

·3.1.3 结构的设计使用年限·

所谓设计使用年限,是指设计规定的结构或结构构件不需进行大修即可按其预定目的使用的时期。换言之,设计使用年限就是房屋建筑在正常设计、正常施工、正常使用和正常维护下所应达到的持久年限。结构的设计使用年限应按表3.2采用。

表3.2 结构的设计使用年限分类

类别	设计使用年限/年	示 例
1	5	临时性结构
2	25	易于替换的结构构件
3	50	普通房屋和构筑物
4	100	纪念性建筑和特别重要的建筑结构

·3.1.4　结构的极限状态·

结构能满足功能要求而良好地工作,称之为结构“可靠”或“有效”,否则称结构“不可靠”或“失效”。区分结构工作状态“可靠”与“失效”的界限是“极限状态”。因此,结构的极限状态可定义为:整个结构或结构的一部分超过某一特定状态就不能满足设计规定的某一功能(安全性、适用性、耐久性)要求,该特定状态称为该功能的极限状态。

结构的极限状态分为承载能力极限状态和正常使用极限状态两类。

1)承载能力极限状态

这种极限状态对应于结构或结构构件达到最大承载能力,出现疲劳破坏或达到不适于继续承载的变形状态。承载能力极限状态主要考虑结构的安全性功能,超过这一状态,便不能满足安全性的功能要求。

当结构或结构构件出现下列状态之一时,即认为超过了承载能力极限状态:

①结构或结构构件连接因材料强度不够而破坏,或由于过度的塑性变形而不适于继续承载,如材料被压碎、锚固筋被拔出等;

②整个结构或结构的一部分作为刚体失去平衡(如倾覆等),如图3.1(a)所示;

③结构转变为机动体系,如图3.1(b)、(c)所示;

④结构或结构构件丧失稳定(如柱子被压曲等),如图3.1(d)所示。

⑤地基破坏而丧失承载能力。

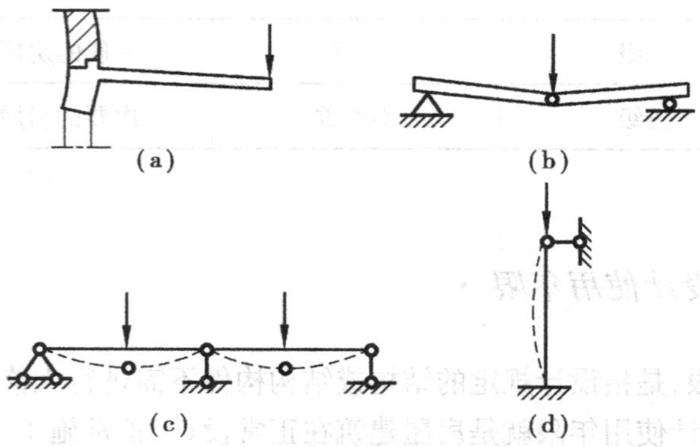

图3.1　结构超过承载能力极限状态的示例

结构或结构构件一旦超过承载能力极限状态,将造成结构全部或部分破坏倒塌,导致人员伤亡或重大经济损失。因此,在设计中对所有结构和构件都必须按承载能力极限状态进行计算,并保证具有足够的可靠度。

2)正常使用极限状态

正常使用极限状态对应于结构或结构构件达到适用性或耐久性能的某项规定限值。超过这一状态,便不能满足适用性或耐久性的功能要求。

当结构或结构构件出现下列状态之一时,即认为超过了正常使用极限状态:

①影响正常使用或外观的变形;

②影响正常使用或耐久性的局部损坏(包括裂缝);

③影响正常使用的振动;

④影响正常使用的其他特定状态等。

虽然超过正常使用极限状态的后果一般不如超过承载能力极限状态那样严重,但也不可忽视。例如,过大的变形会造成房屋内粉刷层剥落、门窗变形、屋面积水等后果;水池和油罐等结构开裂会引起泄漏等。

工程设计时,一般先按承载能力极限状态设计结构构件,再按正常使用极限状态进行验算。

3.2 荷载的分类及荷载代表值

建筑结构中,所谓结构上的作用,是指施加在结构上的集中或者分布荷载,以及引起结构外加变形或者约束变形的原因。前者称直接作用,习惯上称荷载;后者称间接作用,如地基变形、混凝土收缩、温度变化或地震等引起的作用。

·3.2.1 荷载的分类·

《工程结构可靠性设计统一标准》(GB 50153—2008)指出结构上的作用可按随时间或者空间的变异分类,还可按结构的反应性质分类,其中最基本的是按随时间的变异分类。在分析结构可靠时,它关系到概率模型的选择;在按照各类极限状态设计时,它还关系到荷载代表值及其效用组合形式的选择。按随时间的变异,结构上的荷载可分为以下三类:

1)永久荷载

永久荷载也称为恒荷载,在结构使用期内,荷载值不随时间变化,或其变化与平均值相比可以忽略不计,或其变化是单调的并能趋于限值的荷载。永久荷载应包括结构构件、围护构件、面层及装饰、固定设备、长期储物的自重,土压力、水压力,以及其他需要按永久荷载考虑的荷载。

2)可变荷载

可变荷载也称为活荷载,在结构使用期内,荷载值随时间变化,且其变化与平均值相比不可以忽略不计的荷载。如楼面活荷载、屋面活荷载和积灰荷载、吊车荷载、风荷载、雪荷载、温度作用等。

3)偶然荷载

偶然荷载也称为突发性荷载,在结构使用期内,荷载不一定出现,一旦出现,其值很大且持续时间很短的荷载。产生偶然荷载的因素有很多,如炸药、燃气、粉尘、压力容器等引起的爆炸,机动车、飞行器、电梯等运动物体引起的撞击,罕遇出现的风、雪、洪水等自然灾害及地震灾害等。

·3.2.2 荷载代表值·

荷载是随机变量，任何一种荷载的大小都有一定的变异性。因此，结构设计时，对于不同的荷载和不同的设计情况，应赋予荷载不同的量值，该量值即荷载代表值。《建筑结构荷载规范》(GB 50009—2012，以下简称《荷载规范》)规定，对永久值应采用标准值作为代表值；对可变荷载应根据设计要求采用标准值、组合值、频遇值或准永久值作为代表值；对偶然荷载应按建筑结构使用的特点确定其代表值。本书仅介绍永久荷载和可变荷载的代表值。

1)荷载标准值

作用于结构上荷载的大小具有变异性，如对于结构自重等永久荷载，虽可事先根据结构的设计尺寸和材料单位质量计算出来，但由于施工时的尺寸偏差、材料单位质量的变异性等原因，致使结构的实际自重并不完全与计算结果相吻合。至于可变荷载的大小，其不确定性因素则更多，因此在结构使用期内正常情况下可能出现的最大荷载值也是随机变量。荷载标准值就是结构在设计基准期内最大荷载概率统计分布的特征值，它是荷载的基本代表值。这里所说的设计基准期，是为确定可变荷载代表值而选定的时间参数，一般取50年。

(1)永久荷载标准值

永久荷载主要是结构自重及粉刷、装修、固定设备的质量。由于结构或非承重构件的自重的变异性不大，一般以其平均值作为荷载的代表值，即可按结构构件的设计尺寸和材料或结构构件单位体积(或面积)的自重标准值确定。对于自重变异性较大的材料，在设计中应根据其对结构有利或不利的情况，分别取其自重的下限值或上限值。

常用材料和构件的单位自重见《荷载规范》。现将几种常用材料单位体积的自重(单位：kN/m^3)摘录如下：混凝土22～24，钢筋混凝土24～25，水泥砂浆20，石灰砂浆、混合砂浆17，普通砖18，普通砖(机器制)19，浆砌普通砖砌体18，浆砌机砖砌体19。

例如，取钢筋混凝土单位体积自重标准值为25 kN/m^3，则截面尺寸为200 mm×500 mm的钢筋混凝土矩形截面梁的自重标准值为0.2 m×0.5 m×25 kN/m^3 =2.5 kN/m。

(2)可变荷载标准值

民用建筑楼面均布活荷载标准值及其组合值、频遇值和准永久值系数应按表3.3采用。

表3.3 民用建筑楼面均布活荷载标准值及其组合值、频遇值和准永久值系数

项次	类别	标准值/$(kN \cdot m^{-2})$	组合值系数 ψ_c	频遇值系数 ψ_f	准永久值系数 ψ_q
1	(1) 住宅、宿舍、旅馆、办公楼、医院病房、托儿所、幼儿园	2.0	0.7	0.5	0.4
	(2) 实验室、阅览室、会议室、医院门诊室	2.0	0.7	0.6	0.5
2	教室、食堂、餐厅、一般资料档案室	2.5	0.7	0.6	0.5
3	(1) 礼堂、剧场、影院、有固定座位的看台	3.0	0.7	0.5	0.3
	(2) 公共洗衣房	3.0	0.7	0.6	0.5

续表

<table>
<tr><th>项次</th><th colspan="3">类　别</th><th>标准值 /(kN·m^{-2})</th><th>组合值系数 ψ_c</th><th>频遇值系数 ψ_f</th><th>准永久值系数 ψ_q</th></tr>
<tr><td rowspan="2">4</td><td colspan="3">(1) 商店、展览厅、车站、港口、机场大厅及其旅客等候室</td><td>3.5</td><td>0.7</td><td>0.6</td><td>0.5</td></tr>
<tr><td colspan="3">(2) 无固定座位的看台</td><td>3.5</td><td>0.7</td><td>0.5</td><td>0.3</td></tr>
<tr><td rowspan="2">5</td><td colspan="3">(1) 健身房、演出舞台</td><td>4.0</td><td>0.7</td><td>0.6</td><td>0.5</td></tr>
<tr><td colspan="3">(2) 运动场、舞厅</td><td>4.0</td><td>0.7</td><td>0.6</td><td>0.3</td></tr>
<tr><td rowspan="2">6</td><td colspan="3">(1) 书库、档案库、储藏室</td><td>5.0</td><td>0.9</td><td>0.9</td><td>0.8</td></tr>
<tr><td colspan="3">(2) 密集柜书房</td><td>12.0</td><td>0.9</td><td>0.9</td><td>0.8</td></tr>
<tr><td>7</td><td colspan="3">通风机房、电梯机房</td><td>7.0</td><td>0.9</td><td>0.9</td><td>0.8</td></tr>
<tr><td rowspan="4">8</td><td rowspan="4">汽车通道及客车停车库</td><td rowspan="2">(1)单向板楼盖(板跨不小于2 m)和双向板楼盖(板跨不小于3 m×3 m)</td><td>客车</td><td>4.0</td><td>0.7</td><td>0.7</td><td>0.6</td></tr>
<tr><td>消防车</td><td>35.0</td><td>0.7</td><td>0.5</td><td>0.0</td></tr>
<tr><td rowspan="2">(2)双向板楼盖(板跨不小于6 m×6 m)和无梁楼盖(柱网尺寸不小于6 m×6 m)</td><td>客车</td><td>2.5</td><td>0.7</td><td>0.7</td><td>0.6</td></tr>
<tr><td>消防车</td><td>20.0</td><td>0.7</td><td>0.5</td><td>0.0</td></tr>
<tr><td rowspan="2">9</td><td rowspan="2">厨房</td><td colspan="2">(1)餐厅</td><td>4.0</td><td>0.7</td><td>0.7</td><td>0.7</td></tr>
<tr><td colspan="2">(2)其他</td><td>2.0</td><td>0.7</td><td>0.6</td><td>0.5</td></tr>
<tr><td>10</td><td colspan="3">浴室、卫生间、盥洗室</td><td>2.5</td><td>0.7</td><td>0.6</td><td>0.5</td></tr>
<tr><td rowspan="3">11</td><td rowspan="3">走廊门厅</td><td colspan="2">(1) 宿舍、旅馆、医院病房、托儿所、幼儿园、住宅</td><td>2.0</td><td>0.7</td><td>0.5</td><td>0.4</td></tr>
<tr><td colspan="2">(2)办公楼、餐厅、医院门诊部</td><td>2.5</td><td>0.7</td><td>0.6</td><td>0.5</td></tr>
<tr><td colspan="2">(3)教学楼及其他可能出现人员密集的情况</td><td>3.5</td><td>0.7</td><td>0.5</td><td>0.3</td></tr>
<tr><td rowspan="2">12</td><td rowspan="2">楼梯</td><td colspan="2">(1)多层住宅</td><td>2.0</td><td>0.7</td><td>0.5</td><td>0.4</td></tr>
<tr><td colspan="2">(2)其他</td><td>3.5</td><td>0.7</td><td>0.5</td><td>0.3</td></tr>
<tr><td rowspan="2">13</td><td rowspan="2">阳台</td><td colspan="2">(1)可能出现人员密集的情况</td><td>3.5</td><td>0.7</td><td>0.6</td><td>0.5</td></tr>
<tr><td colspan="2">(2)其他</td><td>2.5</td><td>0.7</td><td>0.6</td><td>0.5</td></tr>
</table>

注:①本表所给各项活荷载适用于一般使用条件,当使用荷载较大、情况特殊或有专门要求时,应按实际情况采用。

②第6项书库活荷载当书架高度大于2 m时,书库活荷载尚应按每米书架高度不小于2.5 kN/m^{2}确定。

③第8项中的客车活荷载仅适用于停放载人少于9人的客车;消防车活荷载适用于满载总量为300 kN的大型车辆;当不符合本表的要求时,应将车轮的局部荷载按结构效应的等效原则,换算为等效均布荷载。

④第8项消防车活荷载,当双向板楼盖板跨介于3 m×3 m～6 m×6 m时,应按跨度线性插值确定。

⑤第12项楼梯活荷载,对预制楼梯踏步平板,尚应按1.5 kN集中荷载验算。

⑥本表各项荷载不包括隔墙自重和二次装修荷载;对固定隔墙的自重应按永久荷载考虑,当隔墙位置可灵活自由布置时,非固定隔墙的自重应取不小于1/3的每延米长墙重(kN/m)作为楼面活荷载的附加值(kN/m^2)计入,且附加值不应小于1.0 kN/m^2。

2）可变荷载准永久值

可变荷载在设计基准期内会随时间而发生变化，并且不同可变荷载在结构上的变化情况不一样。如住宅楼面活荷载，人群荷载的流动性较大，而家具荷载的流动性则相对较小。可变荷载准永久值是指在设计基准期内，其超越的总时间约为设计基准期的1/2的荷载值。它对结构的影响类似于永久荷载。

可变荷载的准永久值可表示为$\psi_q Q_k$，其中Q_k为可变荷载标准值，ψ_q为可变荷载准永久值系数，其值按表3.3查取。

3）可变荷载组合值

两种或两种以上可变荷载同时作用于结构上时，所有可变荷载同时达到其单独出现时可能达到的最大值的概率极小，因此除主导荷载（产生最大效应的荷载）仍可以其标准值为代表值外，其他伴随荷载均应以小于标准值的荷载值为代表值，此即可变荷载组合值。

可变荷载组合值可表示为$\psi_c Q_k$，其中ψ_c为可变荷载组合值系数，其值按表3.3查取。

4）可变荷载频遇值

对可变荷载，在设计基准期内，其超越的总时间为规定的较小比率或超越频率为规定频率的荷载值，称为可变荷载频遇值。换言之，可变荷载频遇值是指在设计基准期内被超越的总时间仅为设计基准期一小部分的荷载值。

可变荷载频遇值可表示为$\psi_f Q_k$，其中ψ_f为可变荷载频遇值系数，其值按表3.3查取。

3.3 概率极限状态设计法

以概率理论为基础的极限状态设计方法，简称为概率极限状态方法，又称为近似概率法。此方法是以结构的失效概率或可靠指标来度量结构的可靠度。

·3.3.1 功能函数及有关概念·

1）作用效应和结构抗力的概念

作用效应是指结构上的各种作用，在结构内产生的内力（轴力、弯矩、剪力、扭矩等）和变形（如挠度、转角、裂缝等）的总称，用S表示。由直接作用产生的效应，通常称为荷载效应。

结构抗力是结构或构件承受作用效应的能力，如构件的承载力、刚度、抗裂度等，用R表示。结构抗力是结构内部固有的，其大小主要取决于材料性能、构件几何参数及计算模式的精确性等。

2）结构的功能函数

结构的工作性能可用结构功能函数Z来描述。为简化起见，仅以荷载效应S和结构抗力R两个基本变量来表达结构的功能函数，则有

$$Z = g(S,R) = R - S \tag{3.1}$$

式中，荷载效应 S 和结构抗力 R 均为随机变量，其函数 Z 也是一个随机变量。实际工程中，可能出现以下三种情况（图3.2）：当 $Z>0$ 即 $R>S$ 时，结构处于可靠状态；当 $Z<0$ 即 $R<S$ 时，结构处于失效状态；当 $Z=0$ 即 $R=S$ 时，结构处于极限状态。关系式 $g(S,R)=R-S=0$ 称为极限状态方程。

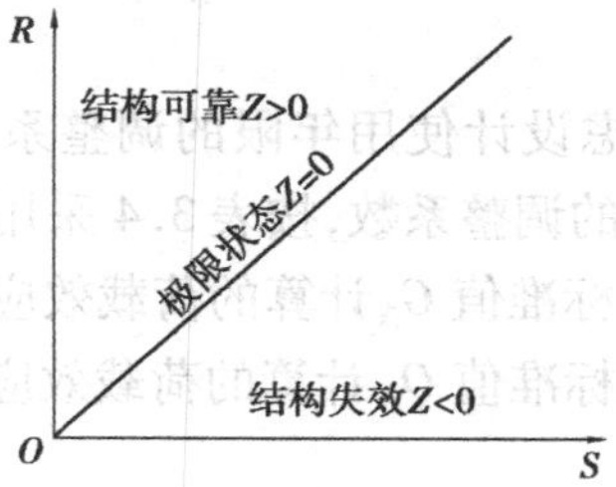

图3.2 结构所处状态示意图

·3.3.2 极限状态实用设计表达式·

建筑结构设计应根据使用过程中在结构上可能同时出现的荷载，按承载能力极限状态和正常使用极限状态分别进行荷载组合，并应取各自的最不利的组合进行设计。现行规范采用以概率理论为基础的极限状态设计方法，用分项系数的设计表达式进行计算。

1）按承载能力极限状态设计的实用表达式

（1）实用表达式

对于承载能力极限状态，应按荷载的基本组合或偶然组合计算荷载组合的效应设计值，并应采用下列设计表达式进行设计：

$$r_0 S_d \leqslant R_d \tag{3.2}$$

式中 r_0——结构重要性系数，应按各有关建筑结构设计规范的规定采用；

S_d——荷载组合的效应设计值；

R_d——结构构件抗力的设计值，应按各有关建筑结构设计规范的规定确定。

荷载效应的基本组合，是指在进行承载能力极限状态计算时，永久荷载和可变荷载的组合；而荷载效应的偶然组合则是永久荷载、可变荷载和一个偶然荷载的组合。按承载能力极限状态设计时，一般考虑荷载效应的基本组合，必要时尚应考虑偶然组合。下面仅介绍荷载基本组合效应设计值的表达式，对于荷载偶然组合的效应设计值可参阅有关规定。

（2）荷载基本组合效应设计值

《荷载规范》规定，对于基本组合，荷载组合的效应设计值 S_d 应从由可变荷载控制的效应设计值和由永久荷载控制的效应设计值中取最不利的效应设计值确定。

①由可变荷载控制的效应组合设计值，应按下式进行计算：

$$r_0 S_d = r_0\left(\sum_{j=1}^{m}\gamma_{G_j}S_{G_j k} + \gamma_{Q_1}\gamma_{L_1}S_{Q_1 k} + \sum_{i=2}^{n}\gamma_{Q_i}\gamma_{L_i}\psi_{c_i}S_{Q_i k}\right) \tag{3.3}$$

式中 r_0——结构构件的重要性系数。对于安全等级为一级或设计使用年限为100年及以上的结构构件，不应小于1.1；对于安全等级为二级或设计使用年限为50年的结构构件，不应小于1.0；对于安全等级为三级或设计使用年限为5年及以下的结构构件，不应小于0.9；在抗震设计中，不考虑结构构件的重要性系数；

γ_{G_j}——第j个永久荷载分项系数，按表3.4采用；

γ_{Q_i}——第i个可变荷载的分项系数，其中γ_{Q_1}为主导可变荷载Q_1的分项系数，应按表3.4采用；

γ_{L_i}——第i个可变荷载考虑设计使用年限的调整系数，其中γ_{L_1}为主导可变荷载Q_1考虑设计使用年限的调整系数，按表3.4采用；

$S_{G_{jk}}$——按第j个永久荷载标准值G_{jk}计算的荷载效应值；

$S_{Q_{ik}}$——按第i个可变荷载标准值Q_{ik}计算的荷载效应值，其中$S_{Q_{1k}}$为诸可变荷载效应中起控制作用者；

ψ_{c_i}——第i个可变荷载Q_i的组合值系数，民用建筑楼面均布活荷载、屋面均布活荷载的组合系数按表3.3采用；

m——参与组合的永久荷载数；

n——参与组合的可变荷载数。

表3.4　荷载分项系数的取值

荷载特征			荷载分项系数
永久荷载	永久荷载效应对结构不利时	由可变荷载效应控制的组合	1.2
		由永久荷载效应控制的组合	1.35
	永久荷载效应对结构有利时		不应大于1.0
	倾覆、滑移或漂浮验算		0.9
可变荷载	一般情况		1.4
	对标准值大于4 kN/m² 的工业房屋楼面结构的活荷载		1.3

表3.5　楼面和屋面活荷载考虑设计使用年限的调整系数

结构设计使用年限/年	5	50	100
r_L	0.9	1.0	1.1

注：①当设计使用年限不为表中数值时，调整系数γ_L可按线性内插确定；

②对于荷载标准值可控制的可变荷载，设计使用年限调整系数γ_L取1.0。

②由永久荷载控制的效应组合设计值，应按下式进行计算：

$$r_0 S_d = r_0\left(\sum_{j=1}^{m}\gamma_{G_j}S_{G_{jk}} + \sum_{i=1}^{n}\gamma_{Q_i}\gamma_{L_i}\psi_{c_i}S_{Q_{ik}}\right) \tag{3.4}$$

应用式(3.3)、式(3.4)时应注意以下问题：

①式中$r_{G_j}S_{G_{jk}}$为第j个永久荷载效应设计值，$\gamma_{Q_1}S_{Q_{1k}}$和$\gamma_{Q_i}\psi_{c_i}S_{Q_{ik}}$为可变荷载效应设计值。相应地，$r_{G_j}G_{jk}$称为第$j$个永久荷载的设计值，$\gamma_{Q_1}Q_{1k}$和$\gamma_{Q_i}\psi_{c_i}Q_{ik}$分别为第一个可变荷载和第$i$个可变荷载的设计值。可见，荷载设计值是荷载代表值与荷载分项系数的乘积。通常，集

中恒载、均布恒载设计值分别用 G 和 g 表示，集中活载、均布活载设计值分别用 Q 和 q 表示。

②混凝土结构和砌体结构设计采用内力表达式。此时，式(3.3)、式(3.4)实质上就是永久荷载和可变荷载同时作用时，在结构上产生的内力(轴力、弯矩、剪力、扭矩等)的组合，其目标是求出结构可能的最大内力。在建筑力学课程里，已知各种结构内力的计算方法，如跨度为 l_0 的简支梁，在跨中集中荷载 F 作用下的跨中最大弯矩 $M=\frac{1}{4}Fl_0$，在均布荷载 q 作用下的跨中最大弯矩 $M=\frac{1}{8}ql_0^2$，这也就是式中 S_{Gk}，S_{Qk}的计算方法。

下面通过例子进一步说明荷载效应的计算方法。

【例3.1】 某办公楼钢筋混凝土矩形截面简支梁，安全等级为二级，设计使用年限为50年，截面尺寸 $b\times h=200\ \text{mm}\times 400\ \text{mm}$，计算跨度 $l_0=5\ \text{m}$，净跨度 $l_n=4.86\ \text{m}$。承受均布线荷载：可变荷载标准值7 kN/m，永久荷载标准值10 kN/m(不包括自重)。试计算按承载能力极限状态设计时的跨中弯矩设计值和支座边缘截面剪力设计值。

【解】 由表3.3查得可变荷载组合值系数 $\psi_c=0.7$，安全等级为二级，则结构重要性系数 $r_0=1.0$。设计使用年限为50年，则 $\gamma_L=1.0$。

钢筋混凝土的重力密度标准值为25 kN/m³，故梁自重标准值为 $25\times 0.2\times 0.4\ \text{kN/m}=2\ \text{kN/m}$。

总永久荷载标准值：

$$g_k=(10+2)\ \text{kN/m}=12\ \text{kN/m}$$

永久荷载产生的跨中弯矩标准值和支座边缘截面剪力标准值分别为：

$$M_{gk}=\frac{1}{8}g_k l_0^2=\frac{1}{8}\times 12\times 5^2\ \text{kN}\cdot\text{m}=37.5\ \text{kN}\cdot\text{m}$$

$$V_{gk}=\frac{1}{2}g_k l_n=\frac{1}{2}\times 12\times 4.86\ \text{kN}=29.16\ \text{kN}$$

可变荷载产生的跨中弯矩标准值和支座边缘截面剪力标准值分别为：

$$M_{qk}=\frac{1}{8}q_k l_0^2=\frac{1}{8}\times 7\times 5^2\ \text{kN}\cdot\text{m}=21.875\ \text{kN}\cdot\text{m}$$

$$V_{qk}=\frac{1}{2}q_k l_n=\frac{1}{2}\times 7\times 4.86\ \text{kN}=17.01\ \text{kN}$$

本例只有一个可变荷载，即为第一可变荷载。故计算由可变荷载控制的跨中弯矩设计值时，$\gamma_G=1.2$，$\gamma_Q=\gamma_{Q_1}=1.4$。根据式(3.3)得由可变荷载控制的跨中弯矩设计值和支座边缘截面剪力设计值分别为：

$$r_0(\gamma_G M_{gk}+\gamma_{Q_1}\gamma_L M_{q_1k})=r_0(\gamma_G M_{gk}+\gamma_Q\gamma_L M_{qk})=$$

$$1.0\times(1.2\times 37.5+1.4\times 1.0\times 21.875)\ \text{kN}\cdot\text{m}=75.625\ \text{kN}\cdot\text{m}$$

$$r_0(\gamma_G V_{gk}+\gamma_{Q_1}\gamma_L V_{q_1k})=r_0(\gamma_G V_{gk}+\gamma_Q\gamma_L V_{qk})=$$

$$1.0\times(1.2\times 29.16+1.4\times 1.0\times 17.01)\ \text{kN}=58.806\ \text{kN}$$

计算由永久荷载控制的跨中弯矩设计值时，$\gamma_G=1.35$，$\gamma_Q=1.4$，$\psi_c=0.7$。根据式(3.4)得由永久荷载控制的跨中弯矩设计值和支座边缘截面剪力设计值分别为：

$$r_0(\gamma_G M_{gk}+\psi_c\gamma_Q\gamma_L M_{qk})=1.0\times(1.35\times 37.5+0.7\times 1.4\times 1.0\times 21.875)\ \text{kN}\cdot\text{m}=72.063\ \text{kN}\cdot\text{m}$$

$r_0(\gamma_G V_{gk}+\psi_c\gamma_Q\gamma_L V_{qk})=1.0\times(1.35\times29.16+0.7\times1.4\times1.0\times17.01)\text{kN}=56.036\text{ kN}$

取较大值得跨中弯矩设计值 $M=75.625\text{ kN}\cdot\text{m}$，支座边缘截面剪力设计值 $V=58.806\text{ kN}$。

2)按正常使用极限状态设计的实用表达式

(1)实用表达式

结构或结构构件超过正常使用极限状态时虽会影响结构正常使用，但对生命财产的危害程度较超过承载能力极限状态要小得多，因此可适当降低对可靠度的要求。为了简化计算，在正常使用极限状态设计表达式中，荷载取用代表值(标准值、组合值、频遇值或准永久值)，不考虑分项系数，也不考虑结构重要性系数。

根据实际设计的需要，常需区分荷载的短期作用(标准组合、频遇组合)和荷载的长期作用(准永久组合)下构件的变形大小和裂缝宽度的计算。例如，由于混凝土具有收缩、徐变等特性，故在正常使用极限状态计算中，需要考虑作用持续时间不同，分别按荷载的短期效应组合和荷载长期效应组合验算变形和裂缝宽度。因此，《荷载规范》规定，对于正常使用极限状态，应根据不同的设计要求，采用荷载的标准组合、频遇组合或准永久组合，按下列设计表达式进行设计：

$$S_d \leqslant C \tag{3.5}$$

式中 S_d——变形、裂缝等荷载效应的设计值；

C——结构或结构构件达到正常使用要求的规定限值，如变形、裂缝、振幅、加速度、应力等的限值，应按各有关建筑结构设计规范的规定采用。

结构设计计算中，混凝土结构的正常使用极限状态主要是验算构件的变形、抗裂度或裂缝宽度，使其不超过相应的规定限值；钢结构是通过构件的变形(刚度)验算来保证的；而砌体结构一般情况下可不做验算，由相应的构造措施保证。

(2)荷载组合效应设计值

①对于标准组合，其荷载效应组合的表达式为：

$$S_d=\sum_{j=1}^{m}S_{G_jk}+S_{Q_1k}+\sum_{i=2}^{n}\psi_{c_i}S_{Q_ik} \tag{3.6}$$

②对于频遇组合，其荷载效应组合的表达式为：

$$S_d=\sum_{j=1}^{m}S_{G_jk}+\psi_{f_1}S_{Q_1k}+\sum_{i=2}^{n}\psi_{q_i}S_{Q_ik} \tag{3.7}$$

③对于准永久组合，其荷载效应组合的表达式为：

$$S_d=\sum_{j=1}^{m}S_{G_jk}+\sum_{i=2}^{n}\psi_{q_i}S_{Q_ik} \tag{3.8}$$

式中 ψ_{f_1}——可变荷载 Q_1 的频遇值系数；

ψ_{q_i}——可变荷载 Q_i 的准永久值系数。

需要说明的是，与承载能力极限状态设计相同，对式(3.5)至式(3.8)，混凝土结构采用内力表达，而钢结构采用应力表达。

本章小结

(1)结构需满足安全、适用、耐久的功能。

(2)荷载分为恒载、活载、偶然荷载。

(3)对永久荷载应采用标准值作为代表值;对可变荷载应根据设计要求采用标准值、组合值、频遇值或准永久值作为代表值;对偶然荷载应按建筑结构使用的特点确定其代表值。

(4)极限状态分为承载能力极限状态、正常使用极限状态。不同的极限状态,采用不同的荷载组合表达式形式。

复习思考题

3.1　什么是永久荷载、可变荷载和偶然荷载?

3.2　什么是荷载代表值?永久荷载、可变荷载的代表值分别是什么?

3.3　建筑结构的设计基准期与设计使用年限有何区别?设计使用年限分为哪几类?

3.4　建筑结构应满足哪些功能要求?其中最重要的一项是什么?

3.5　结构的可靠性和可靠度的定义分别是什么?二者之间有何联系和区别?

3.6　什么是结构功能的极限状态?承载能力极限状态和正常使用极限状态的含义分别是什么?

3.7　试用结构功能函数描述结构所处的状态。

3.8　永久荷载、可变荷载的荷载分项系数分别为多少?

3.9　某住宅楼面梁,由永久荷载标准值引起的弯矩 $M_{gk}=45\ \text{kN·m}$,由楼面可变荷载标准值引起的弯矩 $M_{qk}=25\ \text{kN·m}$,可变荷载组合值系数 $\psi_c=0.7$,结构安全等级为二级,设计使用年限为 50 年。试求按承载能力极限状态设计时梁的最大弯矩设计值。

3.10　某钢筋混凝土矩形截面简支梁,截面尺寸 $b\times h=200\ \text{mm}\times 500\ \text{mm}$,计算跨度 $l_0=4\ \text{m}$,梁上作用永久荷载标准值(不含自重)14 kN/m,可变荷载标准值 9 kN/m,可变荷载组合值系数 $\psi_c=0.7$,梁的安全等级为二级,设计使用年限为 50 年。试计算按承载能力极限状态设计时的跨中弯矩设计值。

第 4 章　钢筋混凝土结构

教学内容：本章主要介绍钢筋混凝土受弯构件、受压构件、受扭构件、受拉构件、钢筋混凝土构件变形和裂缝宽度、梁板结构、预应力混凝土的基本原理及计算要点。

学习要求：

(1)熟悉钢筋混凝土受弯构件、受压构件的原理及计算；

(2)了解受扭构件、受拉构件、预应力混凝土的原理及计算；

(3)理解梁板结构、钢筋混凝土构件变形和裂缝宽度的原理及计算。

4.1　受弯构件

受弯构件是指承受弯矩和剪力作用的构件，是钢筋混凝土结构中用量最大的一种构件。其中梁、板都是典型的受弯构件。受弯构件的破坏有两种可能：一种是由弯矩作用引起的破坏，破坏截面与构件的纵轴线垂直，称为正截面破坏，如图 4.1(a)所示；另一种是由弯矩和剪力共同作用而引起的破坏，破坏截面是倾斜的，称为斜截面破坏，如图 4.1(b)所示。为了保证受弯构件不发生正截面破坏，构件必须要有足够的截面尺寸，及配置一定数量的纵向受力钢筋；为了保证受弯构件不发生斜截面破坏，构件必须有足够的截面尺寸，及配置一定数量的箍筋和弯起钢筋。

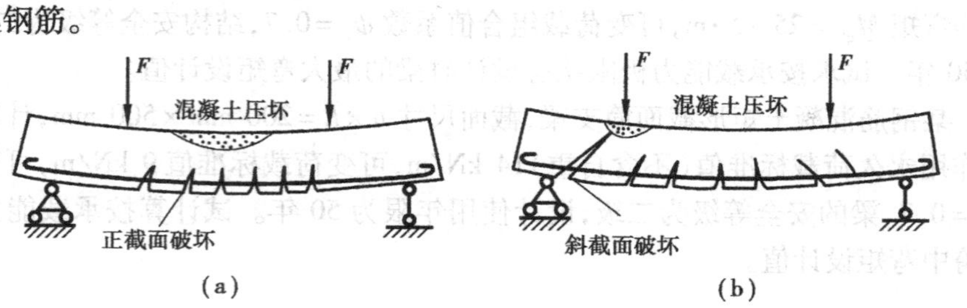

图 4.1　受弯构件破坏情况

设计受弯构件时，需要进行正截面受弯承载力计算、斜截面受剪承载力计算、构件变形和裂缝宽度的验算，并满足各种构造要求。

· 4.1.1　受弯构件的一般构造要求 ·

构造要求就是指那些在结构计算中不易详细考虑而被忽略的因素，在施工方便和经济合理前提下，采取的一些弥补性技术措施。完整的结构设计，应该是既有可靠的计算，又有合理的构造措施。计算固然重要，但构造措施不合理也会影响施工及构件的使用，甚至危及安全。

1)梁的一般构造要求

(1)梁的截面形式和尺寸

梁的截面形式有矩形、T形、工字形、L形、倒T形及花篮形等，如图4.2所示。梁的截面尺寸除满足强度、刚度和裂缝方面的要求外，还应考虑施工的方便。从刚度条件出发，梁的截面高度可根据高跨比 h/l_0 来估计，见表4.1。

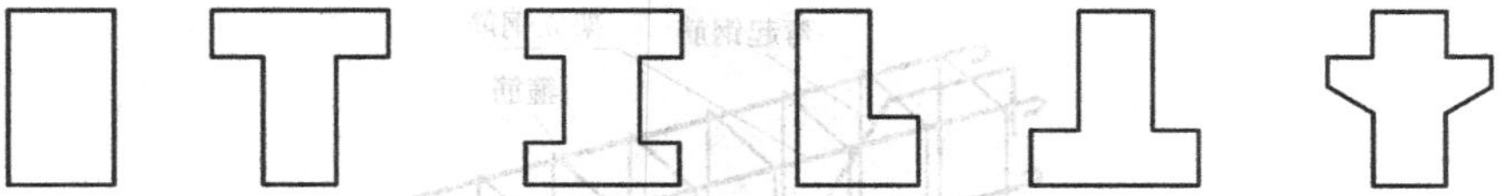

图4.2 梁的截面形式

表4.1 混凝土梁、板的常规尺寸

构件种类		高跨比(h/l_0)	备 注
单向板	简支 两端连续	≥1/35 ≥1/40	最小板厚： 屋面板 $h \geqslant 60$ mm 民用建筑楼板 $h \geqslant 60$ mm 工业建筑楼板 $h \geqslant 70$ mm 行车道下的楼板 $h \geqslant 80$ mm
双向板	单跨简支 两端连续	≥1/45 ≥1/50 (按短向跨度)	最小板厚：$h \geqslant 80$ mm
悬臂板		≥1/12	最小板厚： 板的悬臂长度≤500 mm，$h \geqslant 60$ mm 板的悬臂长度>500 mm，$h \geqslant 80$ mm
多跨连续次梁 多跨连续主梁 单跨简支梁 悬臂梁		1/18～1/12 1/14～1/8 1/14～1/8 1/8～1/6	最小梁高： 次梁 $h \geqslant l/25$ 主梁 $h \geqslant l/15$ 宽高比(b/h)：一般为1/3～1/2，并以50 mm为模数

注：表中 l_0 为梁、板的计算跨度。

梁的截面宽度 b 一般可根据梁的高度 h 来确定。对矩形截面梁，取 $b=(1/3 \sim 1/2)h$；对T形截面梁，取 $b=(1/4 \sim 1/2.5)h$。

为了统一模板尺寸便于施工，梁的截面尺寸一般取为：

梁高 $h=250$ mm，300 mm，…，800 mm，以50 mm的模数递增，800 mm以上则以100 mm的模数递增。

梁宽 $b=120$ mm，150 mm，180 mm，200 mm，250 mm，以后以50 mm的模数递增。

(2)梁的支承长度

梁的支承长度 a 应满足纵向受力钢筋在支座处的锚固长度要求,当梁的支座为砖墙或砖柱时,可视为简支座,梁伸入砖墙、柱的支承长度应同时满足支座处砌体局部抗压承载力的要求。一般当梁高 $h \leqslant 500$ mm 时,$a \geqslant 180$ mm;当梁高 $h > 500$ mm 时,$a \geqslant 240$ mm。当梁支承在钢筋混凝土梁(柱)上时,其支承长度 $a \geqslant 180$ mm。

(3)梁的配筋

一般钢筋混凝土梁中,通常配置有纵向受力钢筋、箍筋、弯起钢筋及架立钢筋(图 4.3)。当梁的截面高度较大时,还应设置梁侧构造钢筋。

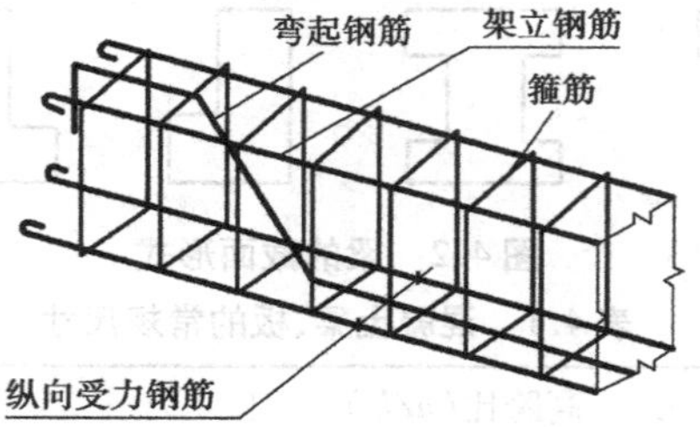

图 4.3 梁中钢筋

①纵向受力钢筋。纵向受力钢筋的作用主要是承受弯矩在梁截面内所产生的拉力,所以这种钢筋应放置在梁的受拉一侧。双筋截面梁在受压区也配置纵向受力钢筋与混凝土共同承受压力,其数量应通过计算来确定。

纵向受力钢筋的直径:当梁高 $h \geqslant 300$ mm 时,不应小于 10 mm;当梁高 $h < 300$ mm 时,不应小于 8 mm。通常采用 12 ~ 25 mm,一般不宜大于 28 mm,以免造成梁的裂缝过宽。同一构件中钢筋直径的种类不宜超过 3 种,为了施工时易于识别其直径,一般钢筋直径相差不宜小于 2 mm。

梁下部纵向受力钢筋的净距不得小于 25 mm 和 d;上部纵向受力钢筋的净距不得小于 30 mm和 $1.5d$(d 为受力钢筋的最大直径);各排钢筋之间的净距不应小于 25 mm 和 d(d 为受力钢筋的最大直径),如图 4.4 所示。

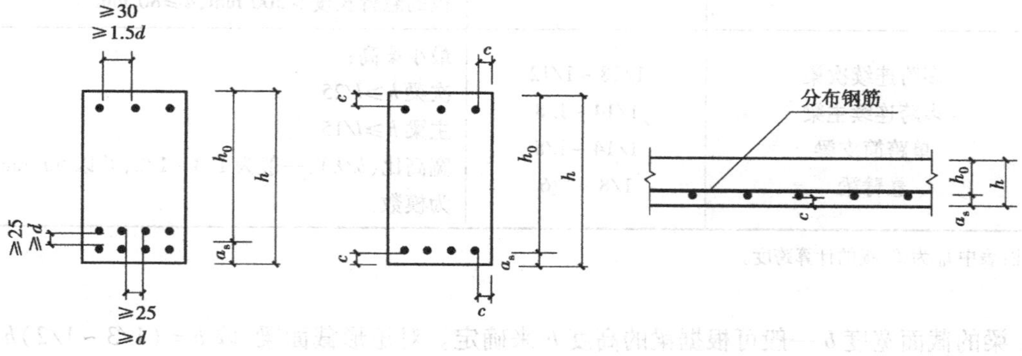

(a)　(b)

图 4.4 梁、板混凝土保护层及有效高度

梁内纵向受力钢筋的根数一般不应少于 2 根,只有当梁宽小于 150 mm 时,可取一根。纵向受力钢筋的层数与梁的宽度、钢筋根数、直径、间距及混凝土保护层的厚度等因素有关,通常要求钢筋沿梁宽均匀布置,并尽可能排成一排,以增大梁截面的内力臂,提高梁的抗弯能

力,只有当钢筋根数较多,排成一排不能满足钢筋净距和混凝土保护层厚度时,才考虑排成两排。当钢筋根数较多必须排成两排时,上下排钢筋应对齐,以利于浇注和捣实混凝土,在梁的配筋密集区域宜采用并筋的配筋形式。

钢筋混凝土简支梁和连续梁简支端的下部纵向受力钢筋,从支座边缘算起伸入支座内的锚固长度,当 V 不大于 $0.7f_tbh_0$ 时,不小于 $5d$;当 V 大于 $0.7f_tbh_0$ 时,对带肋钢筋不小于 $12d$,对光圆钢筋不小于 $15d$,d 为钢筋的最大直径。

②架立钢筋。架立钢筋的作用是固定箍筋的正确位置,与纵向受力钢筋构成钢筋骨架,还可以承受由于混凝土收缩及温度变化而产生的拉力。布置在梁的受压区外缘两侧,平行于纵向受拉钢筋,如在受压区有受压纵向钢筋时,受压钢筋可兼作架立钢筋。

架立钢筋的直径:当梁的跨度小于 4 m 时,直径不宜小于 8 mm;当梁的跨度为 4 ~ 6 m 时,直径不宜小于 10 mm;当梁的跨度大于 6 m 时,直径不宜小于 12 mm。

当梁端按简支计算但实际受到部分约束时,应在支座区上部设置纵向构造钢筋。其截面面积不应小于梁跨中下部纵向受力钢筋计算所需截面面积的 1/4,且不应少于 2 根。该纵向构造钢筋自支座边缘向跨内伸出的长度不应小于 $l_0/5$,l_0 为梁的计算跨度。

③梁侧构造钢筋。梁侧构造钢筋的作用是防止因温度变化、混凝土收缩等在梁的侧面产生垂直于梁轴线的收缩裂缝。

当梁的腹板高度 $h_w \geq 450$ mm 时,在梁的两个侧面应沿梁的高度方向配置纵向构造钢筋,每侧纵向构造钢筋(不包括梁上、下部受力钢筋及架力钢筋)的截面面积不应小于腹板截面面积 bh_w 的 0.1%,且其间距不宜大于 200 mm。梁侧构造钢筋宜用拉筋联系,拉筋直径与箍筋直径相同,间距常取箍筋间距的 2 倍,如图 4.5 所示。

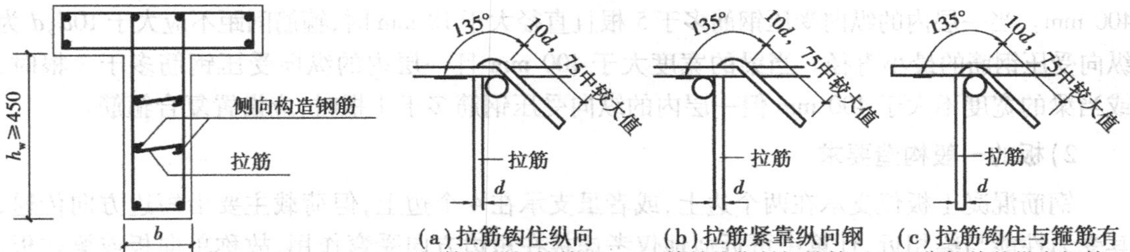

(a)拉筋钩住纵向钢筋及封闭箍筋　(b)拉筋紧靠纵向钢筋并钩住封闭箍筋　(c)拉筋钩住与箍筋有可靠拉接的纵向钢筋

图 4.5　梁侧构造钢筋

④梁的箍筋。箍筋的主要作用是作为腹筋,承受剪力,还起到固定纵筋位置和形成钢筋骨架的作用。箍筋形式有封闭式和开口式两种(图 4.6),对 T 形截面梁,当不承受动荷载和扭矩时,在承受正弯矩的区段内可以采用开口式箍筋,除上述情况外,一般梁中均采用封闭式。箍筋的两个端头应做成 135°弯钩,弯钩端部平直段长度不应小于 $5d$(d 为箍筋直径)和 50 mm。

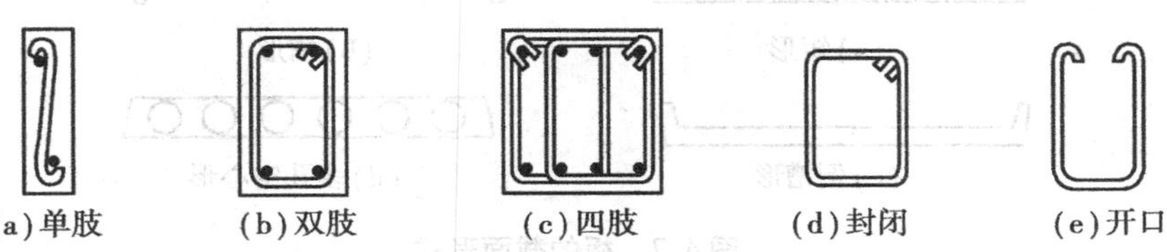

(a)单肢　(b)双肢　(c)四肢　(d)封闭　(e)开口

图 4.6　钢筋的肢数和形式

箍筋的肢数有单肢、双肢和四肢。箍筋一般采用双肢箍筋，当梁宽 $b \geq 400$ mm，且一层的纵向受压钢筋超过 3 根，或梁宽 $b < 400$ mm，但一层内纵向受压钢筋多于 4 根时，宜采用四肢箍筋。当梁的截面宽度特别小时，也可采用单肢箍筋。

按承载力计算不需要配置箍筋的梁，当截面高度大于 300 mm 时，应沿梁全长设置构造箍筋。当截面高度 $h = 150 \sim 300$ mm 时，可仅在构件端部 $l_0/4$ 范围内设置构造箍筋（l_0 为跨度）；但当在构件中部 $l_0/2$ 范围内有集中荷载作用时，则应沿梁全长设置箍筋。当截面高度小于 150 mm 时，可以不设置箍筋。截面高度大于 800 mm 的梁，箍筋直径不宜小于 8 mm；截面高度不大于 800 mm 的梁，不宜小于 6 mm；当梁中配有计算需要的纵向受压钢筋时，箍筋直径尚不应小于纵向受压钢筋最大直径的 1/4。

梁中箍筋的最大间距见表 4.2。

表 4.2　梁中箍筋的最大间距　　单位：mm

梁高 h	$V > 0.7f_tbh_0 + 0.05N_{p0}$	$V \leq 0.7f_tbh_0 + 0.05N_{p0}$
$150 < h \leq 300$	150	200
$300 < h \leq 500$	200	300
$500 < h \leq 800$	250	350
$h > 800$	300	400

当梁中配有按计算需要的纵向受压钢筋时，箍筋应做成封闭式，且弯钩直线段长度不应小于 $5d$，d 为箍筋直径。箍筋的间距不应大于 $15d$（d 为纵向受压钢筋的最小直径），并不应大于 400 mm。当一层内的纵向受压钢筋多于 5 根且直径大于 18 mm 时，箍筋间距不应大于 $10d$，d 为纵向受压钢筋的最小直径。当梁的宽度大于 400 mm 且一层内的纵向受压钢筋多于 3 根时，或当梁的宽度不大于 400 mm 但一层内的纵向受压钢筋多于 4 根时，应设置复合箍筋。

2）板的一般构造要求

钢筋混凝土板仅支承在两个边上，或者虽支承在 4 个边上，但荷载主要沿短边方向传递，其受力性能与梁相近，计算中可近似地仅考虑板在短边方向受弯作用，故称单向板或梁式板。反之，当板支承在 4 个边上，其长边与短边相差不多，荷载沿两个方向传递，计算中要考虑双向受弯作用，故称双向板。

（1）板的截面形式

现浇板的截面形式通常都是矩形，而预制板的截面形式有矩形、槽形、倒槽形及多孔空心形等，如图 4.7 所示。

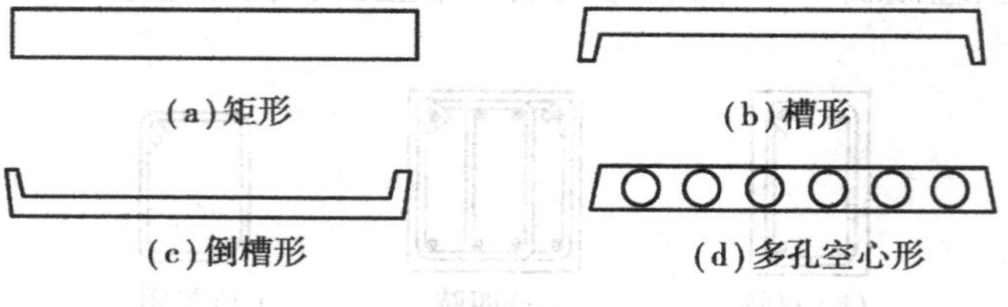

(a) 矩形　(b) 槽形　(c) 倒槽形　(d) 多孔空心形

图 4.7　板的截面形式

(2)板的厚度

板的厚度除应满足强度、刚度和裂缝方面的要求外,还应考虑经济效果和施工方便。从刚度出发,板的最小厚度应满足表4.3的要求。

表4.3 现浇钢筋混凝土板的最小厚度

板的类别		最小厚度/mm
单向板	屋面板	60
	民用建筑楼板	60
	工业建筑楼板	70
	行车道下的楼板	80
双向板		80
密肋楼盖	面板	50
	肋高	250
悬臂板(根部)	悬臂长度不大于500 mm	60
	悬臂长度1 200 mm	100
无梁楼板		150
现浇空心楼盖		200

(3)板的支承长度

现浇板在砖墙上的支承长度一般不小于板厚及120 mm,且应满足受力钢筋在支座内的锚固长度要求。预制板的支承长度,在墙上不宜小于100 mm,在钢筋混凝土梁上不宜小于80 mm,在钢屋架或钢梁上不宜小于60 mm。

(4)板的配筋

受力钢筋的作用是承担板中弯矩作用产生的拉力。板中受力钢筋宜采用HPB300级钢筋。常用直径有6 mm、8 mm和10 mm,并宜选用较大直径作为负弯矩钢筋。钢筋的间距一般不小于70 mm,也不大于200 mm(当板厚$h>150$ mm时,不大于$1.5h$且不大于250 mm)。伸入支座的钢筋截面面积不得少于跨中受力钢筋截面面积的1/3,且间距不大于400 mm。钢筋锚固长度不应小于$5d$,钢筋末端应做弯钩。可以弯起跨中受力钢筋的一半作为支座负弯矩钢筋(最多不超过2/3),弯起角度一般为30°(当$h>120$ mm时,可为45°)。负弯矩钢筋的末端宜做成直钩直接顶在模板上,以保证钢筋在施工时的位置。

分布钢筋的作用是将板上的荷载均匀地传给受力钢筋;抵抗因混凝土收缩及温度变化而在垂直于受力筋方向所产生的拉力;固定受力钢筋的正确位置。板中分布钢筋布置于受力钢筋内侧,与受力钢筋垂直放置并互相绑扎(或焊接)。其单位长度上的面积不少于单位长度上受力钢筋面积的15%,且配筋率不宜小于该方向板的截面面积的0.15%,其间距不宜大于250 mm,直径不小于6 mm;在集中荷载较大时,分布钢筋的面积尚应增加,且间距不宜大于200 mm。在受力钢筋的弯折处,也都应布置分布钢筋。分布钢筋末端可不设弯钩。

对嵌入墙体内的板,为抵抗墙体对板的约束产生的负弯矩以及抵抗由于温度收缩影响在板角产生的拉应力，应在沿墙长方向及墙角部分的板面增设构造钢筋（图4.8）。钢筋间距不应大于200 mm，直径不应小于6 mm（包括弯起钢筋在内），其伸出长边的长度不应小于$l_1/7$（l_1为单向板的跨度或双向板的短边跨度）。对两边均嵌固在墙内的板角部分，应双向配置上部构造钢筋，其伸出长边的长度不应小于$l_1/4$，沿受力方向配置的上部构造钢筋（包括弯起钢筋）的截面面积不宜小于跨中受力钢筋截面面积的1/3～1/2。

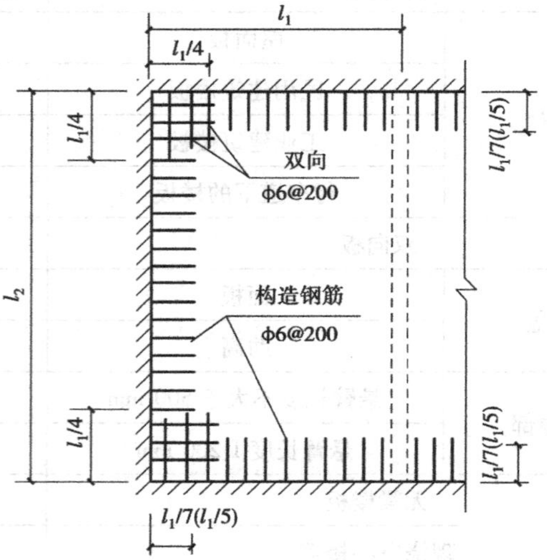

图4.8　板嵌固在承重墙内时板边的上部构造钢筋

现浇板与主梁相交处现浇板的受力钢筋与主梁肋部平行，但由于板的一部分荷载会直接传至主梁，故应沿主梁肋方向配置间距不大于200 mm、直径不小于8 mm的与梁肋垂直的构造钢筋（图4.9），且单位长度的总截面面积不应小于板中单位长度内受力钢筋截面面积的1/3，伸入板中的长度从肋边算起每边不应小于板计算跨度的1/4。

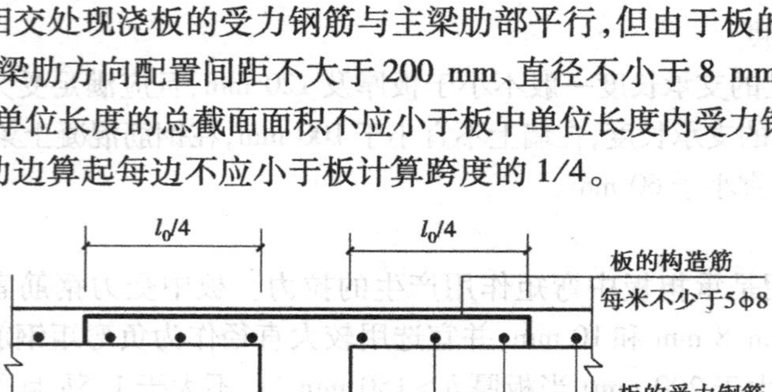

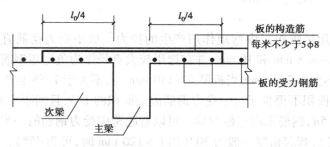

图4.9　板中与梁肋垂直的构造钢筋

预制钢筋混凝土板在混凝土圈梁上的支承长度不应小于80 mm，板端伸出的钢筋应与圈梁可靠连接，且同时浇筑。预制钢筋混凝土板在墙上的支承长度不应小于100 mm，并应按下列方法进行连接：板支承于内墙时，板端钢筋伸出长度不应小于70 mm，且与支座处沿墙配置的纵筋绑扎，用强度等级不应低于C25的混凝土浇筑成板带；板支承于外墙时，板端钢筋伸出长度不应小于100 mm，且与支座处沿墙配置的纵筋绑扎，用强度等级不低于C25的混凝土浇筑成板带。预制钢筋混凝土板与现浇板对接时，预制板端钢筋应伸入现浇板中进行连接后，再浇筑现浇板。

3)截面有效高度

在计算梁、板受弯构件承载力时,因为混凝土开裂后拉力完全由钢筋承担,这时梁能发挥作用的截面高度应为受拉钢筋合力点至混凝土受压区边缘的距离,称为截面有效高度 h_0(图4.4)。

$$h_0 = h - a_s \tag{4.1}$$

式中　h——受弯构件的截面高度;

a_s——纵向受拉钢筋合力点至受拉区混凝土边缘的距离。

根据钢筋净距和混凝土保护层最小厚度(见表2.5)的规定,并考虑梁、板常用钢筋的平均直径,在室内正常环境下,梁、板有效高度 h_0 可按下述方法近似确定:

对于梁(当混凝土保护层厚度取为25 mm,钢筋直径为20 mm时):受拉钢筋按一排布置时,$h_0 = h - 35$ mm;受拉钢筋按二排布置时,$h_0 = h - 60$ mm;

对于板(当混凝土保护层厚度为15 mm、钢筋直径为10 mm时):$h_0 = h - 20$ mm。

·4.1.2　受弯构件钢筋的补充构造要求·

1)钢筋的锚固长度

为了避免纵筋在受力过程中产生滑移,甚至从混凝土中拔出而造成锚固破坏,纵向受力钢筋必须伸过其受力截面一定长度,这个长度称为锚固长度。

(1)受拉钢筋的锚固长度

当计算中充分利用钢筋的抗拉强度时,受拉钢筋的基本锚固长度 l_{ab} 按下式计算:

$$\left.\begin{aligned} &\text{普通钢筋} \qquad l_{ab} = \alpha \frac{f_y}{f_t} d \\ &\text{预应力钢筋} \qquad l_{ab} = \alpha \frac{f_{py}}{f_t} d \end{aligned}\right\} \tag{4.2}$$

式中　l_{ab}——受拉钢筋的基本锚固长度(见表4.5);

f_y, f_{py}——普通钢筋、预应力钢筋的抗拉强度设计值;

f_t——混凝土轴心抗拉强度设计值,当混凝土强度等级高于C60时,按C60取值;

d——钢筋的公称直径;

α——钢筋外形系数,按表4.4取用。

表4.4　钢筋的外形系数

钢筋类型	光圆钢筋	带肋钢筋	刻痕钢丝	螺旋肋钢丝	三股钢绞线	七股钢绞线
α	0.16	0.14	0.19	0.13	0.16	0.17

注:光圆钢筋系指HPB300级钢筋,其末端应做180°弯钩,弯后平直段长度不应小于3d,但作受压筋时可不做弯钩。

受拉钢筋的锚固长度应根据锚固条件按式 $l_a = \zeta_a l_{ab}$ 计算,且不应小于200 mm。其中,l_a 为受拉钢筋的锚固长度,ζ_a 为锚固长度修正系数。

纵向受拉普通钢筋的锚固长度修正系数 ζ_a 应按下列情况取值:

表 4.5　受拉钢筋基本锚固长度 l_{ab}，l_{abE}

钢筋种类	抗震等级	混凝土强度等级								
		C20	C25	C30	C35	C40	C45	C50	C55	≥C60
HPB300	一、二级（l_{abE}）	45d	39d	35d	32d	39d	28d	26d	25d	24d
	三级（l_{abE}）	41d	36d	32d	29d	26d	25d	24d	23d	22d
	四级（l_{abE}） 非抗震（l_{ab}）	39d	34d	30d	28d	25d	24d	23d	22d	21d
HRB335 HRBF335	一、二级（l_{abE}）	44d	38d	33d	31d	29d	26d	25d	24d	24d
	三级（l_{abE}）	40d	35d	31d	28d	26d	24d	23d	22d	22d
	四级（l_{abE}） 非抗震（l_{ab}）	38d	33d	29d	27d	25d	23d	22d	21d	21d
HRB400 HRBF400 RRB400	一、二级（l_{abE}）	—	46d	40d	37d	33d	32d	31d	30d	29d
	三级（l_{abE}）	—	42d	37d	34d	30d	29d	28d	27d	26d
	四级（l_{abE}） 非抗震（l_{ab}）	—	40d	35d	32d	29d	28d	27d	26d	25d
HRB500 HRBF500	一、二级（l_{abE}）	—	55d	49d	45d	41d	39d	37d	36d	35d
	三级（l_{abE}）	—	50d	45d	41d	38d	36d	34d	33d	32d
	四级（l_{abE}） 非抗震（l_{ab}）	—	48d	43d	39d	36d	34d	32d	31d	30d

①当带肋钢筋的公称直径大于 25 mm 时，取 1.1；

②环氧树脂涂层的带肋钢筋，取 1.25；

③施工中易受扰动的钢筋，取 1.1；

④当纵向受力钢筋的实际配筋面积大于其设计计算面积时，ζ_a 取设计计算面积与实际配筋面积的比值，但对有抗震设防要求及直接承受动力荷载的结构构件，不考虑此项修正。

⑤锚固钢筋的保护层厚度为 $3d$ 时 ζ_a 可取 0.80，保护层厚度为 $5d$ 时 ζ_a 可取 0.70，中间按内插法取值。此处 d 为锚固钢筋的直径。

（2）末端采用弯钩或机械锚固措施时钢筋的锚固长度

当纵向受拉普通钢筋末端采用弯钩或机械锚固措施（图 4.10）时，包括弯钩或锚固端头在内的锚固长度可取为按式（4.2）计算的基本锚固长度的 60%。弯钩和机械锚固形式及技术要求宜按图 4.10 采用。

焊缝和螺栓长度应满足承载力要求，螺栓锚头和焊接锚板的承压净面积不应小于锚固钢筋截面积的 4 倍，螺栓锚头的规格应符合相关标准的要求，螺栓锚头和焊接锚板的钢筋净间距不宜小于 $4d$，否则应考虑群锚效应的不利影响，截面角部的弯钩和一侧贴焊锚筋的布筋方向宜向截面内侧偏置。

采用机械锚固措施时，锚固长度范围内箍筋不用少于 3 根，其直径不应小于纵向钢筋直

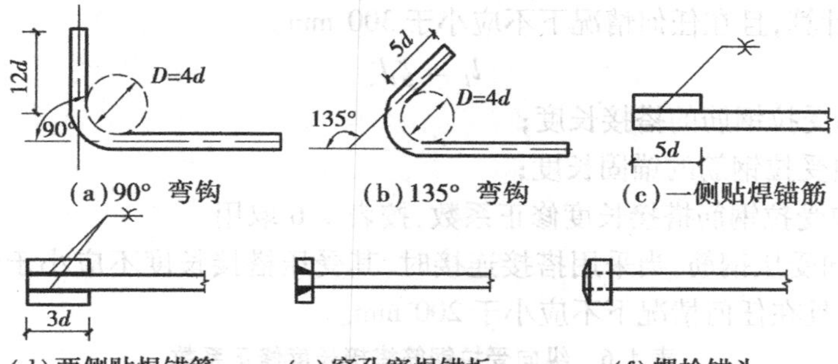

图 4.10　弯钩和机械锚固的形式及技术要求

径的1/4,间距不应大于纵向钢筋直径的5倍。当纵向钢筋的混凝土保护层厚度不小于钢筋公称直径的5倍时,可不配置上述箍筋。

(3)纵向受压钢筋的锚固长度

混凝土结构中的纵向受压钢筋,当计算中充分利用其抗压强度时,锚固长度不应小于受拉钢筋锚固长度的70%。受压钢筋不应采用末端弯钩和一侧贴焊锚筋的锚固措施。

2)钢筋的连接

钢筋连接可采用绑扎搭接、机械连接或焊接。机械连接接头及焊接接头的类型及质量应符合国家现行有关标准的规定。混凝土结构中受力钢筋的连接接头宜设置在受力较小处。在同一根受力钢筋上宜少设接头。在结构的重要构件和关键传力部位,纵向受力钢筋不宜设置连接接头。

(1)绑扎搭接接头

对轴心受拉及小偏心受拉杆件的纵向受力钢筋不得采用绑扎搭接接头。当受拉钢筋直径 $d>25$ mm 及受压钢筋直径 $d>28$ mm 时,不宜采用绑扎搭接接头。

同一构件中相邻纵向受力钢筋的绑扎搭接接头宜相互错开。

钢筋绑扎搭接接头的区段长度为1.3倍搭接长度,凡搭接接头中点位于该连接区段长度内的搭接接头均属于同一连接区段,如图4.11所示。位于同一区段内受拉钢筋搭接接头面积百分率(即该区段内有搭接接头的纵向受力钢筋截面面积与全部纵向受力钢筋截面面积的比值):对梁类、板类及墙类构件,不宜大于25%;对柱类构件,不宜大于50%。当工程中确有必要增大受拉钢筋搭接接头面积百分率时,对梁类构件,不应大于50%;对板类、墙类及柱类构件,可根据实际情况放宽。

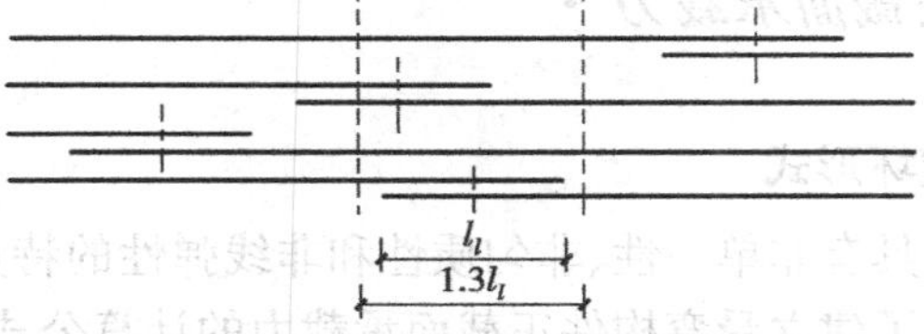

图 4.11　同一连接区段内的纵向受拉钢筋绑扎搭接接头

注:图中所示同一连接区段内的搭接接头钢筋为两根,当钢筋直径相同时,钢筋搭接接头面积百分率为50%。

纵向受拉钢筋绑扎搭接接头的搭接长度，应根据位于同一连接区段内的钢筋搭接接头面积百分率按下式计算，且在任何情况下不应小于300 mm。

$$l_l = \zeta_l l_a \tag{4.3}$$

式中 l_l——纵向受拉钢筋的搭接长度；

l_a——纵向受拉钢筋的锚固长度；

ζ_l——纵向受拉钢筋搭接长度修正系数，按表4.6取用。

构件中的纵向受压钢筋，当采用搭接连接时，其受压搭接长度不应小于纵向受拉钢筋搭接长度的0.7倍，且在任何情况下不应小于200 mm。

表4.6 纵向受拉钢筋搭接长度修正系数

纵向钢筋搭接接头面积百分率/%	≤25	50	100
ζ_l	1.2	1.4	1.6

在纵向受力钢筋搭接长度范围内应配置箍筋，其直径不应小于搭接钢筋较大直径的1/4。当钢筋受拉时，箍筋间距不应大于搭接钢筋较小直径的5倍，且不应大于200 mm。当钢筋受压时，箍筋间距不应大于搭接钢筋较小直径的10倍，且不应大于200 mm。当受压钢筋直径 $d>25$ mm时，尚应在搭接接头两个端面外100 mm范围内各设置两道箍筋。

(2)机械连接和焊接接头

纵向受力钢筋的机械连接接头宜相互错开。钢筋机械连接区段的长度为35d(d为连接钢筋的较小直径)。凡接头中点位于该连接区段长度内的机械连接接头均属于同一连接区段。在受力较大处，位于同一连接区段内的纵向受拉钢筋接头面积百分率不宜大于50%。纵向受压钢筋的接头面积百分率可不受限制。装配式构件连接处的纵向受力钢筋焊接接头可不受以上限制。

细晶粒热轧带肋钢筋以及直径大于28 mm的带肋钢筋，其焊接应经试验确定；余热处理钢筋不宜焊接。纵向受力钢筋的焊接接头应相互错开。钢筋焊接接头连接区段的长度为35d且不小于500 mm，d为连接钢筋的较小直径，凡接头中点位于该连接区段长度内的焊接接头均属于同一连接区段。纵向受拉钢筋的接头面积百分率不宜大于50%，但对预制构件的拼接处，可根据实际情况放宽。纵向受压钢筋的接头百分率可不受限制。

需进行疲劳验算的构件，其纵向受拉钢筋不得采用绑扎搭接接头，也不宜采用焊接接头，除端部锚固外不得在钢筋上焊有附件。

·4.1.3 受弯构件正截面承载力·

1)受弯构件正截面破坏形式

由于钢筋混凝土材料具有非单一性、非匀质性和非线弹性的特点，因此，不能按材料力学的方法对其进行计算。为了建立受弯构件正截面承载力的计算公式，必须通过试验了解钢筋混凝土受弯构件正截面的应力分布及破坏过程。

(1)钢筋混凝土梁正截面工作的三个阶段

纵向受力钢筋配置适量的梁称为适筋梁。图4.12(a)为承受两个对称集中荷载作用的适筋梁,两个集中荷载之间的一段梁只承受弯矩而没有剪力,形成“纯弯段”。我们所测的数据就是从“纯弯段”得到的。试验时,荷载由零分级增加,每加一级荷载,用仪表测量混凝土纵向纤维和钢筋的应变以及梁的挠度,并观察梁的外形变化,直至梁破坏。

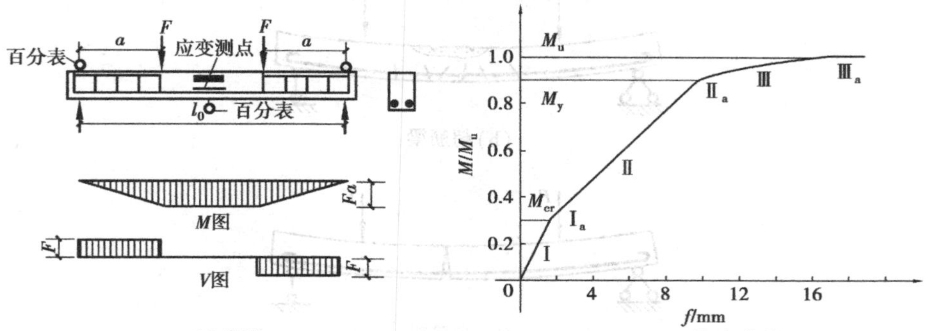

(a)试验梁　　(b)挠度曲线

图4.12　试验梁及试验曲线

图4.12(b)为从加荷开始直到破坏,梁的挠度f变化曲线,为了便于分析,图中纵坐标采用弯矩M和极限弯矩M_u的比值。根据该曲线的变化可以把适筋梁的工作过程划分为三个阶段,而开裂弯矩M_{cr}和屈服弯矩M_y是三个阶段的界限状态。

从加荷开始到裂缝出现($M=M_{cr}$)以前为第Ⅰ阶段,又称弹性阶段;从拉区混凝土开裂后直到受拉钢筋屈服($M=M_y$)为第Ⅱ阶段,又称带裂缝工作阶段;从受拉钢筋屈服至梁的破坏($M=M_u$)为第Ⅲ阶段,又称屈服阶段。

(2)钢筋混凝土梁正截面的破坏形式

钢筋混凝土梁正截面的破坏形式主要与纵向受力钢筋配置的多少有关。梁内纵向受力钢筋配置的多少用配筋率ρ表示:

$$\rho = \frac{A_s}{bh_0} \tag{4.4}$$

式中　A_s——纵向受拉钢筋的截面面积,mm^2;

b——梁的截面宽度,mm;

h_0——梁截面的有效高度,mm。

根据梁内纵向受力钢筋配筋率的不同,受弯构件正截面的破坏形式可分为适筋梁、超筋梁、少筋梁三种,如图4.13所示。

①适筋梁。适筋梁的破坏特点如前所述:破坏前钢筋先达到屈服强度,再继续加荷后,混凝土受压破坏,我们称这种破坏为“适筋破坏”。适筋梁的破坏不是突然发生的,破坏前裂缝开展很宽,挠度较大,有明显的破坏预兆,这种破坏属于塑性破坏。由于适筋梁受力合理,钢筋与混凝土均能充分发挥作用,所以在实际工程中广泛应用。

②超筋梁。纵向受力钢筋配置过多的梁称为超筋梁。由于纵向受力钢筋配置过多,所以梁在破坏时,钢筋应力还没有达到屈服强度,受压混凝土则因达到极限压应变而破坏,我们称这种破坏为“超筋破坏”。破坏时梁在拉区的裂缝开展不大,挠度较小,破坏是突然发生的,没

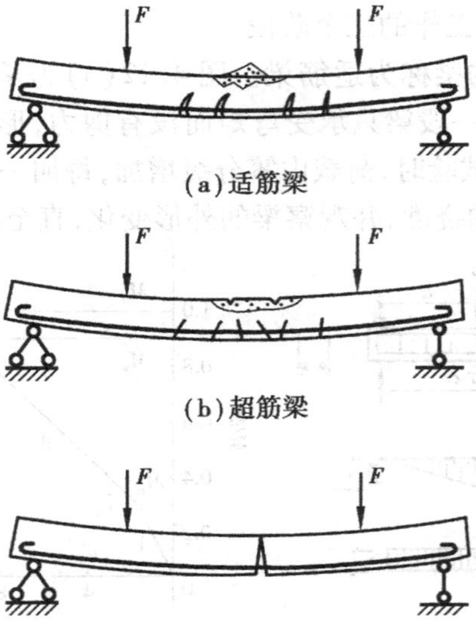

图 4.13　梁的三种破坏形式

有明显预兆，这种破坏属于脆性破坏。由于超筋梁为脆性破坏不安全，而且破坏时钢筋强度没有得到充分利用，不经济。因此，在实际工程中不允许采用，并以最大配筋率 ρ_{max} 加以限制。

③少筋梁。纵向受力钢筋配置过少的梁称为少筋梁。少筋梁的拉区混凝土一旦开裂，拉力完全由钢筋承担，钢筋应力将突然剧增，由于钢筋数量少，钢筋应力立即达到屈服强度或进入强化阶段，甚至被拉断，使梁产生严重下垂或断裂破坏，这种破坏称为“少筋破坏”。少筋梁的破坏主要取决于混凝土的抗拉强度，即“一裂就坏”，其破坏性质也属于脆性破坏。由于少筋梁破坏时受压区混凝土没有得到充分利用，不经济也不安全。因此，在实际工程中也不允许采用，并以最小配筋率 ρ_{min} 加以限制。

上述三种破坏形式若以配筋率表示则：$\rho_{min} < \rho < \rho_{max}$ 为适筋梁；$\rho > \rho_{max}$ 为超筋梁；$\rho < \rho_{min}$ 为少筋梁。可以看出适筋梁与超筋梁的界限是最大配筋率 ρ_{max}；适筋梁与少筋梁的界限是最小配筋率 ρ_{min}。

2）单筋矩形截面正截面承载力计算

仅在受拉区配置纵向受力钢筋的矩形截面，称为单筋矩形截面。

（1）基本公式

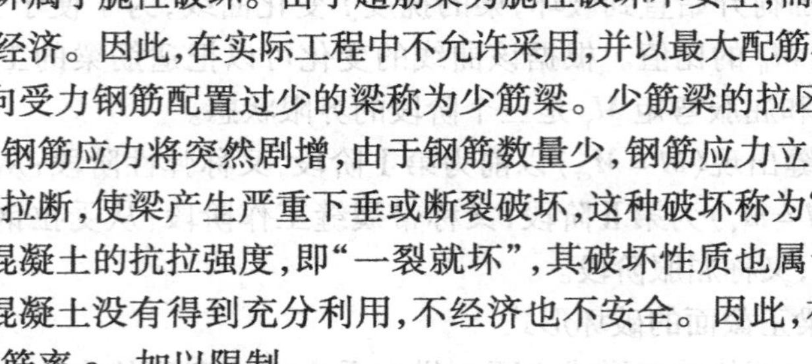

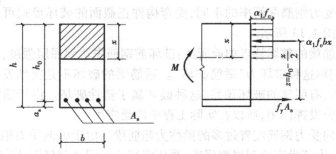

图 4.14　单筋矩形截面正截面计算应力图形

图4.14为单筋矩形截面受弯正截面计算应力图形,利用静力平衡条件,就可建立单筋矩形截面受弯构件正截面承载力计算公式:

$$\sum N = 0 \quad f_y A_s = \alpha_1 f_c bx \tag{4.5}$$

$$\sum M = 0 \quad M \leqslant \alpha_1 f_c bx\left(h_0 - \frac{x}{2}\right) \tag{4.6}$$

或 $$M \leqslant f_y A_s\left(h_0 - \frac{x}{2}\right) \tag{4.7}$$

式中 M——弯矩设计值;

f_c——混凝土轴心抗压强度设计值,查《混凝土结构设计规范》(GB 50010—2010,2015年版)表可得;

f_y——受拉钢筋的强度设计值,查《混凝土结构设计规范》(GB 50010—2010,2015年版)表可得;

A_s——纵向受拉钢筋截面面积;

h_0——矩形截面有效高度,$h_0 = h - a_s$;

b——矩形截面宽度;

x——混凝土受压区高度;

α_1——系数,当混凝土强度等级未超过C50时,$\alpha_1 = 1.0$;当混凝土强度等级为C80时,$\alpha_1 = 0.94$;其间按线性插入法取用。

(2)适用条件

基本公式(4.5)至式(4.7)是在适筋条件下建立的。因此,必须满足下列两个适用条件:

①为了防止出现超筋破坏,应满足:

$$\xi \leqslant \xi_b;或\ x \leqslant x_b = \xi_b h_0;或\ \rho \leqslant \rho_{max} \tag{4.8}$$

式中,$\xi = \frac{x}{h_0}$称为相对受压区高度;$\xi_b = \frac{x_b}{h_0}$称为界限相对受压区高度,x_b是适筋梁和超筋梁分界点时的混凝土受压区高度,称为界限受压区高度。

若将x_b值代入式(4.8),可求得单筋矩形截面所能承受的最大受弯承载力$M_{u,max}$,所以式(4.6)也可写成:

$$M \leqslant M_{u,max} = \alpha_1 f_c bh_0^2 \xi_b (1 - 0.5\xi_b) \tag{4.9}$$

式(4.6)和式(4.9)中式子的意义是相同的,只要满足其中任何一个式子,梁就不会超筋。ξ_b取值:混凝土强度等级≤C50时,HPB300级为0.576,HRB335级为0.550,HRB400级和RRB400级为0.518,HRB500级为0.487。

②为了防止出现少筋破坏,应满足:

$$\rho \geqslant \rho_{min};或\ A_s \geqslant A_{smin} = \rho_{min} bh \tag{4.10}$$

根据规范规定,在验算最小配筋率ρ_{min}时,受弯构件矩形截面采用全截面面积。《混凝土结构设计规范》(GB 50010—2010,2015年版)给出了最小配筋率ρ_{min}的限值:对于受弯构件的纵向受拉钢筋最小配筋率取0.2%和$0.45\frac{f_t}{f_y}$中的较大值。当计算所得的$\rho < \rho_{min}$时,应按构造配置钢筋,并且使$\rho \geqslant \rho_{min}$。

【例4.1】 已知梁的截面尺寸$b \times h = 200\ \text{mm} \times 500\ \text{mm}$,受拉钢筋采用HRB400级

4 ⌀16（$A_s=804\ mm^2$），混凝土强度等级 C40，设该梁承受的最大弯矩设计值 $M=100\ kN\cdot m$，构件安全等级 $\gamma_0=1$，试复核该梁是否安全。

【解】（1）确定材料强度设计值

采用 C40 混凝土和 HRB400 级钢筋，查《混凝土结构设计规范》（GB 50010—2010，2015 年版）得 $f_c=19.1\ N/mm^2$，$f_t=1.71\ N/mm^2$，$\alpha_1=1$，$f_y=360\ N/mm^2$，$\xi_b=0.518$。

（2）确定截面有效高度

$$h_0=h-a_s=500\ mm-35\ mm=465\ mm$$

（3）求 x 值

$$x=\frac{f_yA_s}{\alpha_1 f_c b}=\frac{360\ N/mm^2\times 804\ mm^2}{1\times 19.1\ N/mm^2\times 200\ mm}=75.77\ mm$$

（4）验算适用条件

$$x=75.77\ mm\leqslant \xi_b h_0=0.518\times 465\ mm=240\ mm$$

$A_{smin}=\rho_{min}bh=0.213\%\times 200\ mm\times 500\ mm=213\ mm^2<A_s=804\ mm^2$，满足适用条件（最小配筋率取 $0.45\dfrac{f_t}{f_y}=0.45\times\dfrac{1.71}{360}=0.213\%$ 和 0.2% 中较大值）。

（5）求截面受弯承载力设计值

$$\alpha_1 f_c bx\left(h_0-\frac{x}{2}\right)=1\times 19.1\ N/mm^2\times 200\ mm\times 75.77\ mm\times\left(465\ mm-\frac{75.77\ mm}{2}\right)$$

$$=123.6\ kN\cdot m>M=100\ kN\cdot m（安全）$$

3）T 形截面正截面承载力计算

（1）概述

受弯构件正截面承载力计算是不考虑混凝土受拉作用的，因此，将矩形截面受拉区的混凝土减小一部分，并将受拉钢筋集中放置，就可形成 T 形截面。T 形截面和原来的矩形截面相比不仅不会降低承载力，而且还可以节约材料，减轻自重。T 形截面受弯构件在工程中的应用是非常广泛的，除独立 T 形梁外，槽形板、工字形梁、圆孔空心板以及现浇楼盖的主次梁（跨中截面）等，也都相当于 T 形截面，如图 4.15 所示。

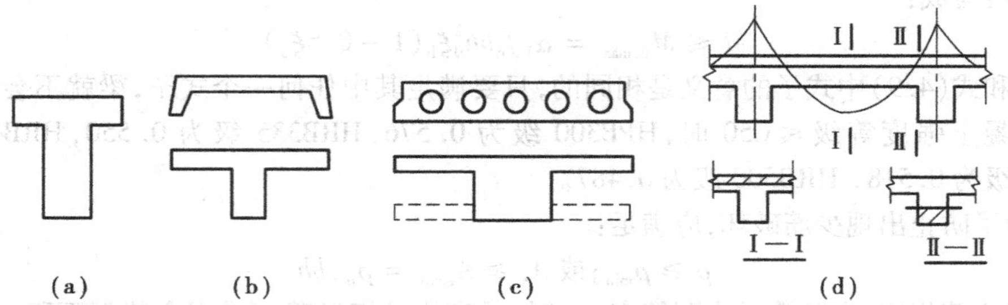

图 4.15　T 形截面受弯构件的形式

T 形截面伸出的部分称为翼缘，中间部分为腹板或肋。受压翼缘的计算宽度为 b_f'，高度为 h_f'，腹板宽度为 b，截面全高为 h。根据试验及理论分析，能与腹板共同工作的受压翼缘是有一定范围的，翼缘内的压应力也是越接近腹板的地方越大，离腹板越远则应力越小，压应力在翼缘内的分布如图 4.16 所示。为了便于计算，取一定范围作为与腹板共同工作的宽度，称

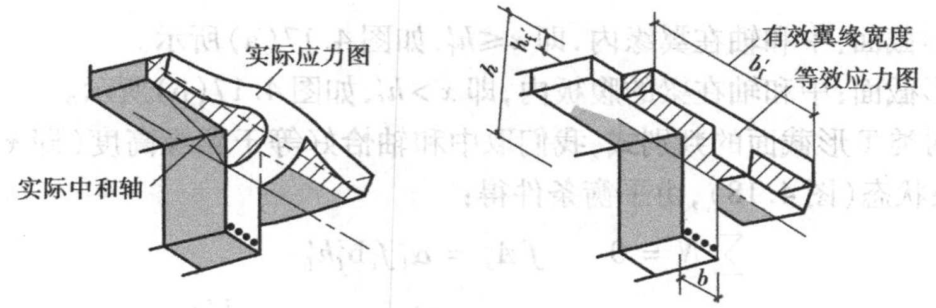

(a)T形截面压应力分布图　(b)简化计算图形

图 4.16　T 形截面翼缘内的应力分布

为翼缘计算宽度 b_f'，并假定在此计算宽度内翼缘受有压力，且均匀分布，而这个范围以外的部分则不参加工作。翼缘计算宽度 b_f' 与翼缘高度 h_f'、梁的计算跨度 l_0、梁的结构情况等多种因素有关，《混凝土结构设计规范》(GB 50010—2010，2015 年版)对翼缘计算宽度的规定见表 4.7。计算时应取三项中的最小值。

表 4.7　T 形、工字形及倒 L 形截面受弯构件翼缘计算宽度 b_f'

情　况			T 形、工字形截面		倒 L 形截面
			肋形梁(板)	独立梁	肋形梁(板)
1	按计算跨度 l_n 考虑		$l_0/3$	$l_0/3$	$l_0/6$
2	按梁(肋)净距 s_n 考虑		$b+s_n$	—	$b+s_n/2$
3	按翼缘高度 h_f' 考虑	$h_f'/h_0 \geq 0.1$	—	$b+12h_f'$	—
		$0.1 > h_f'/h_0 \geq 0.05$	$b+12h_f'$	$b+6h_f'$	$b+5h_f'$
		$h_f'/h_0 < 0.05$	$b+12h_f'$	b	$b+5h_f'$

注：①表中 b 为梁的腹板厚度。

②肋形梁在梁跨内设有间距小于纵肋间距的横肋时，可不考虑表中情况 3 的规定。

③加腋的 T 形、工字形和倒 L 形截面，当受压区加腋的高度 h_h 不小于 h_f' 且加腋的长度 b_h 不大于 $3h_h$ 时，其翼缘计算宽度可按表中情况 3 的规定分别增加 $2b_h$(T 形、工字形截面)和 b_h(倒 L 形截面)；

④独立梁受压区的翼缘板在荷载作用下经验算沿纵肋方向可能产生裂缝时，其计算宽度应取腹板宽度 b。

(2)T 形截面的分类和判别

T 形截面受弯构件，根据中和轴所在位置不同可分为两类：

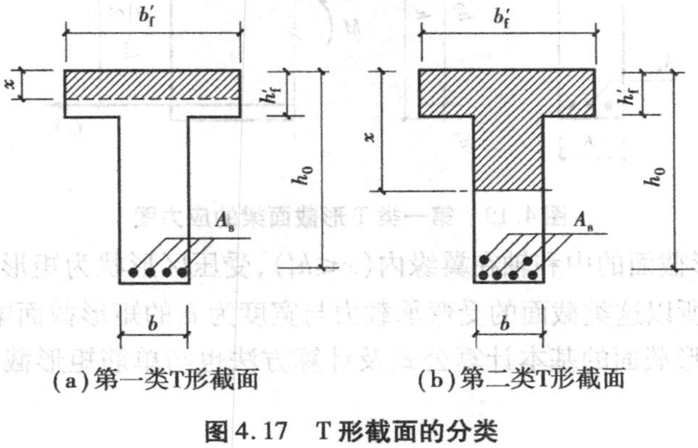

(a)第一类T形截面　(b)第二类T形截面

图 4.17　T 形截面的分类

第一类 T 形截面：中和轴在翼缘内，即 $x \leqslant h_f'$，如图 4.17(a)所示。

第二类 T 形截面：中和轴在梁的腹板内，即 $x > h_f'$，如图 4.17(b)所示。

为了建立两类 T 形截面的判别式，我们取中和轴恰好等于翼缘高度（即 $x = h_f'$）时为两类 T 形截面的界限状态（图 4.18），由平衡条件得：

$$\sum N = 0 \qquad f_y A_s = \alpha_1 f_c b_f' h_f' \tag{4.11}$$

$$\sum M = 0 \qquad M = \alpha_1 f_c b_f' h_f' \left(h_0 - \frac{h_f'}{2} \right) \tag{4.12}$$

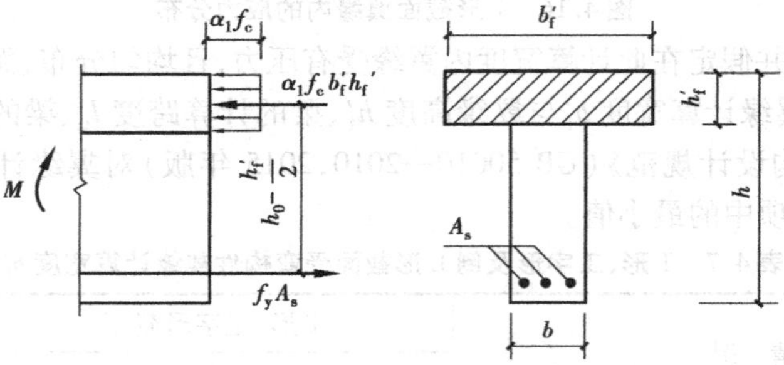

图 4.18　T 形截面梁的判别界限

截面设计时 M 已知，可用式(4.12)来判别类型。

- 当 $M \leqslant \alpha_1 f_c b_f' h_f' \left(h_0 - \frac{h_f'}{2} \right)$ 时，属于第一类 T 形截面；
- 当 $M > \alpha_1 f_c b_f' h_f' \left(h_0 - \frac{h_f'}{2} \right)$ 时，属于第二类 T 形截面。

截面复核时 $f_y A_s$ 已知，可用式(4.11)来判别类型。

- 当 $f_y A_s \leqslant \alpha_1 f_c b_f' h_f'$ 时，属于第一类 T 形截面；
- 当 $f_y A_s > \alpha_1 f_c b_f' h_f'$ 时，属于第二类 T 形截面。

(3)基本公式及适用条件

①第一类 T 形截面（$x \leqslant h_f'$）。

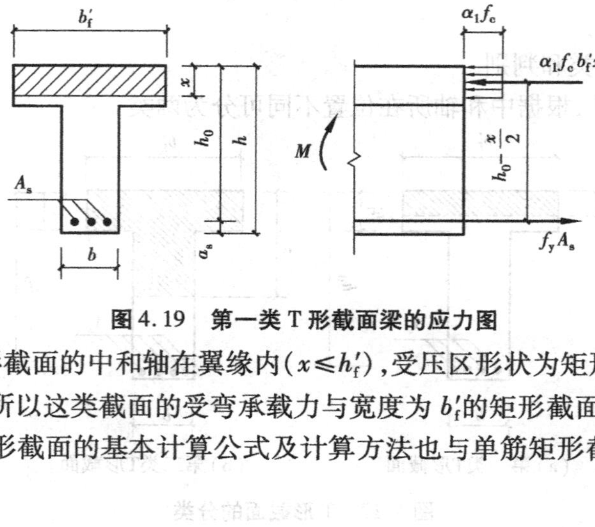

图 4.19　第一类 T 形截面梁的应力图

由于第一类 T 形截面的中和轴在翼缘内（$x \leqslant h_f'$），受压区形状为矩形，计算时不考虑受拉区混凝土参加工作，所以这类截面的受弯承载力与宽度为 b_f' 的矩形截面梁相同，如图 4.19 所示。因此，第一类 T 形截面的基本计算公式及计算方法也与单筋矩形截面梁相同，仅需将公式中的 b 改为 b_f'，即：

$$\sum N = 0 \qquad f_y A_s = \alpha_1 f_c b'_f x \tag{4.13}$$

$$\sum M = 0 \qquad M \leqslant \alpha_1 f_c b'_f x\left(h_0 - \frac{x}{2}\right) \tag{4.14}$$

上述基本公式的适用条件：

a. 防止超筋梁破坏：

$$x \leqslant \xi_b h_0；或 \xi \leqslant \xi_b \tag{4.15}$$

对于第一类T形截面，受压区高度较小($x \leqslant h'_f$)，所以一般都能满足这个条件，通常不必验算。

b. 防止少筋破坏：

$$\rho \geqslant \rho_{min}；或 A_s \geqslant \rho_{min} bh \tag{4.16}$$

注意对T形截面，计算配筋率的宽度应该是腹板宽度 b，而不是受压翼缘的计算宽度 b'_f。这是因为 ρ_{min} 值是根据钢筋混凝土梁的承载力等于同样截面素混凝土梁承载力这个条件确定的，而腹板宽度为 b、高为 h 的素混凝土T形截面梁与截面尺寸为 $b \times h$ 的素混凝土矩形截面梁的受弯承载力十分相近，因此，T形截面梁的 ρ_{min} 与矩形截面梁的 ρ_{min} 值通用。

②第二类T形截面($x > h'_f$)。

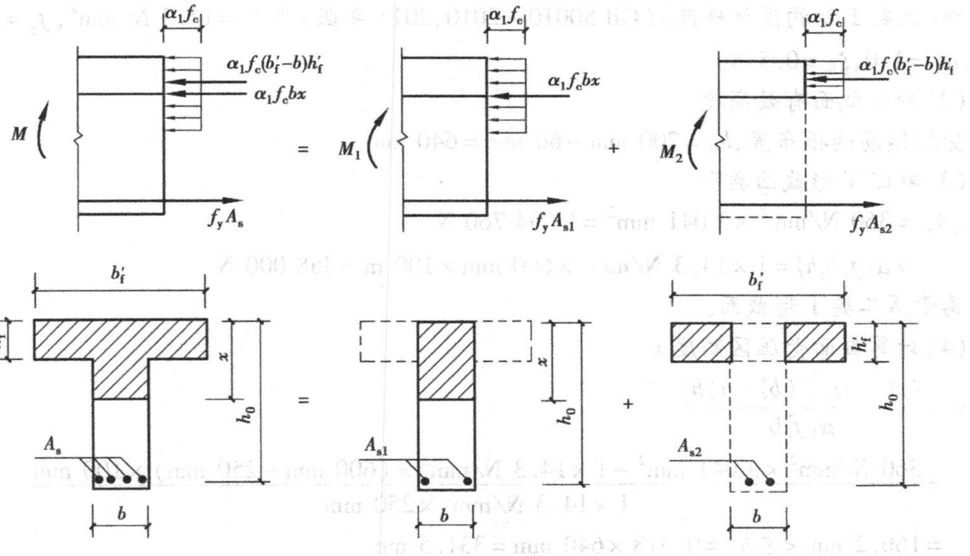

图4.20　第二类T形截面梁的应力图

第二类T形截面中和轴在梁腹板内($x > h'_f$)，受压区形状为T形，根据计算应力图形[图4.20(a)]的平衡条件，可得第二类T形截面梁的基本计算公式：

$$\sum N = 0 \qquad f_y A_s = \alpha_1 f_c bx + \alpha_1 f_c (b'_f - b) h'_f \tag{4.17}$$

$$\sum M = 0 \qquad M \leqslant \alpha_1 f_c bx\left(h_0 - \frac{x}{2}\right) + \alpha_1 f_c (b'_f - b) h'_f\left(h_0 - \frac{h'_f}{2}\right) \tag{4.18}$$

上述基本公式的适用条件：

a. 防止超筋梁破坏：

$$x \leqslant \xi_b h_0；或\ \xi \leqslant \xi_b \tag{4.19}$$

b. 防止少筋梁破坏：

$$A_s \geqslant \rho_{min} bh \tag{4.20}$$

由于第二类T形截面梁的配筋较多，一般均能满足 ρ_{min} 的要求，通常可不验算这一条件。

【例4.2】 梁的截面配筋及尺寸如图4.21所示，采用C30混凝土，HRB400级钢筋，构件安全等级为二级，试求该梁所能承受的弯矩设计值。

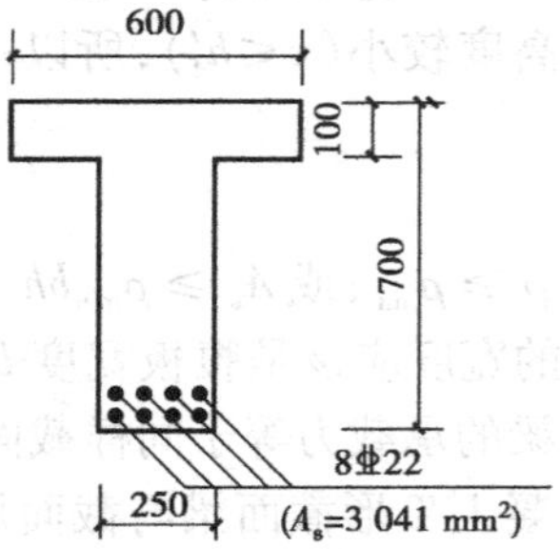

图4.21 例4.2图

【解】 (1)确定材料强度设计值

查《混凝土结构设计规范》(GB 50010—2010,2015年版)得 $f_c = 14.3\ \text{N/mm}^2$，$f_y = 360\ \text{N/mm}^2$，$\alpha_1 = 1.0$，$\xi_b = 0.518$。

(2)确定截面有效高度

受拉钢筋两排布置，$h_0 = 700\ \text{mm} - 60\ \text{mm} = 640\ \text{mm}$。

(3)判断T形截面类型

$f_y A_s = 360\ \text{N/mm}^2 \times 3\ 041\ \text{mm}^2 = 1\ 094\ 760\ \text{N}$

$> \alpha_1 f_c b_f' h_f' = 1 \times 14.3\ \text{N/mm}^2 \times 600\ \text{mm} \times 100\ \text{m} = 858\ 000\ \text{N}$

属于第二类T形截面。

(4)计算截面受压区高度 x

$$x = \frac{f_y A_s - \alpha_1 f_c (b_f' - b) h_f'}{\alpha_1 f_c \text{b}}$$

$$= \frac{360\ \text{N/mm}^2 \times 3\ 041\ \text{mm}^2 - 1 \times 14.3\ \text{N/mm}^2 \times (600\ \text{mm} - 250\ \text{mm}) \times 100\ \text{mm}}{1 \times 14.3\ \text{N/mm}^2 \times 250\ \text{mm}}$$

$$= 166.2\ \text{mm} < \xi_b h_0 = 0.518 \times 640\ \text{mm} = 331.5\ \text{mm}$$

(5)计算截面所能承受的弯矩设计值

$$M = \alpha_1 f_c bx\left(h_0 - \frac{x}{2}\right) + \alpha_1 f_c (b_f' - b) h_f'\left(h_0 - \frac{h_f'}{2}\right)$$

$$= 1 \times 14.3\ \text{N/mm}^2 \times 250\ \text{mm} \times 166.2\ \text{mm} \times \left(640\ \text{mm} - \frac{166.2\ \text{mm}}{2}\right) + 1 \times 14.3\ \text{N/mm}^2 \times$$

$$(600\ \text{mm} - 250\ \text{mm}) \times 100\ \text{mm} \times \left(640\ \text{mm} - \frac{100\ \text{mm}}{2}\right)$$

$$= 625.8\ \text{kN·m}$$

·4.1.4 受弯构件斜截面承载力·

在荷载作用下，梁截面上除作用有 M 外，往往同时还作用有剪力 V，弯矩和剪力共同作用的区段称为剪弯段，如图4.22(a)所示。弯矩和剪力在梁截面上分别产生正应力 σ 和剪应力 τ，由材料力学可知：在 σ 和 τ 共同作用下梁将产生主拉应力 σ_{tp} 和主压应力 σ_{cp}，根据主应力的方向可做出梁中主应力的迹线，其中实线表示主拉应力迹线，虚线表示主压应力迹线，如图4.22(b)所示。由于混凝土的抗拉强度远低于抗压强度，当 σ_{tp} 超过混凝土抗拉强度时，梁将出现大致与主拉应力方向垂直的斜裂缝，产生斜截面破坏。

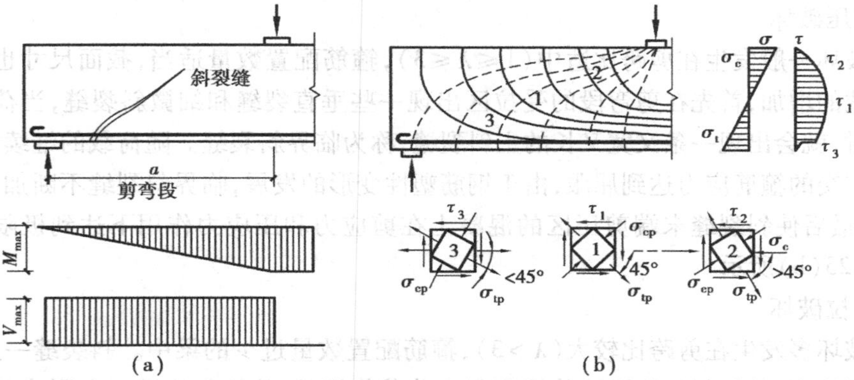

图4.22 钢筋混凝土受弯构件主应力迹线示意图

为了防止梁发生斜截面破坏，应使梁具有一个合理的截面尺寸，并配置适量的箍筋和弯起钢筋，来承受梁内的主拉应力。由于箍筋和弯起钢筋均位于梁的腹部，因此统称为腹筋。受弯构件用来承受梁内的主拉应力的最基本部分是钢筋混凝土以及配置箍筋，而弯起钢筋则在必要时才设置。

1)受弯构件斜截面承载力破坏形态

影响受弯构件斜截面承载力的因素很多，有腹筋和纵向受力钢筋的含量、混凝土强度等级、荷载种类和作用方式、截面形状及剪跨比 λ（在承受集中荷载作用的受弯构件中，距支座最近的集中荷载至支座的距离 a 称为剪跨，剪跨 a 与梁的有效截面高度 h_0 之比称为剪跨比，即 $\lambda = a/h_0$）等。

根据剪跨比 λ 和箍筋用量的不同，斜截面受剪的破坏形态有三种，即斜压破坏、剪压破坏和斜拉破坏，如图4.23所示。

(1)斜压破坏

斜压破坏一般发生在剪跨比较小（$\lambda < 1$），或箍筋配置过多而截面尺寸又太小的梁中。其破坏特点是：先在集中荷载作用点处和支座间的梁腹部出现若干条大体互相平行的斜裂缝，随荷载的增加，梁腹部被这些斜裂缝分割成若干个受压短柱，最后这些短柱由于混凝土达到抗压强度而破坏，破坏时箍筋应力尚未达到屈服，箍筋强度不能充分利用，这是一种没有预兆的危险性很大的脆性破坏，与正截面超筋梁破坏相似，如图4.23(a)所示。

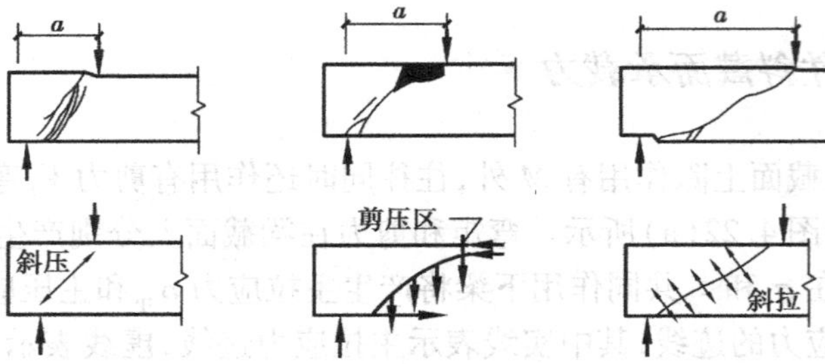

(a)斜压破坏　　(b)剪压破坏　　(c)斜拉破坏

图 4.23　斜截面破坏的三种形式

(2)剪压破坏

剪压破坏一般发生在剪跨比适中($1 \leqslant \lambda \leqslant 3$),箍筋配置数量适当,截面尺寸也合适的梁中。随荷载的增加,首先在剪弯段的受拉区出现一些垂直裂缝和细微斜裂缝,当荷载增加到一定强度时,就会出现一条又宽又长的主斜裂缝,称为临界斜裂缝。随荷载的继续增加,与临界斜裂缝相交的箍筋应力达到屈服,由于钢筋塑性变形的发展,临界斜裂缝不断加宽,并继续向上延伸,最后使斜裂缝末端剪压区的混凝土在剪应力和压应力作用下达到极限强度而破坏,如图 4.23(b)所示。

(3)斜拉破坏

斜拉破坏多发生在剪跨比较大($\lambda > 3$),箍筋配置数量过少的梁中。斜裂缝一旦出现,箍筋应力立即达到屈服,斜裂缝迅速伸展到集中荷载作用处,使梁很快沿斜向裂成两部分而破坏。这也是一种没有预兆危险性很大的脆性破坏,与正截面少筋梁的破坏相似,如图 4.23(c)所示。

从以上三种破坏形态可知,斜压破坏时箍筋未能充分发挥作用,而斜拉破坏发生的又十分突然,故这两种破坏在设计中均应避免。《混凝土结构设计规范》(GB 50010—2010,2015 年版)通过限制截面最小尺寸来防止斜压破坏;通过控制箍筋的最小配筋率来防止斜拉破坏;对剪压破坏,则是通过受剪承载力的计算配置箍筋及弯起钢筋来防止。

2)受弯构件斜截面受剪承载力计算

斜截面受剪承载力的计算是以剪压破坏形态为依据的。

(1)板的斜截面受剪承载力计算公式

根据对国内外大量试验结果的统计分析,不配置箍筋和弯起钢筋的一般板类受弯构件,其斜截面受剪承载力应符合下列规定:

$$V \leqslant 0.7\beta_h f_t b h_0 \tag{4.21}$$

式中　V——构件斜截面上的最大剪力设计值;

β_h——截面高度影响系数,$\beta_h = \left(\frac{800}{h_0}\right)^{\frac{1}{4}}$,当 $h_0 < 800$ mm 时,取 $h_0 = 800$ mm;当 $h_0 > 2\ 000$ mm 时,取 $h_0 = 2\ 000$ mm;

f_t——混凝土轴心抗拉强度设计值。

(2)梁的斜截面受剪承载力计算公式

①仅配箍筋的梁。

仅配箍筋的梁其斜截面受剪承载力 V_{cs} 等于剪压区混凝土的受剪承载力设计值 V_c 和与斜裂缝相交的箍筋受剪承载力设计值 V_{sv} 之和。试验表明,影响 V_c 和 V_{sv} 的因素很多,很难单独确定它们的数值。《混凝土结构设计规范》(GB 50010—2010,2015 年版)给出的计算公式,是考虑了影响斜截面承载力的主要因素,对配有箍筋承受均布荷载、集中荷载的简支梁,以及连续梁和约束梁作了大量试验,并对试验数据进行统计分析得出的。公式中的第一项为混凝土所承受的受剪承载力;第二项为配置箍筋后,梁所增加的受剪承载力。对于不同荷载情况的梁其受剪承载力计算公式如下:

a. 当仅配置箍筋时,矩形、T 形和工字形截面受弯构件的斜截面受剪承载力应符合下列规定:

$$V \leqslant V_{cs} = \alpha_{cv} f_t b h_0 + f_{yv} \frac{A_{sv}}{s} h_0 \tag{4.22}$$

式中 f_{yv}——箍筋抗拉强度设计值;

A_{sv}——配置在同一截面内箍筋各肢的全部截面面积,$A_{sv}=nA_{sv1}$(n 为同一截面内箍筋的肢数,A_{sv1} 为单肢箍筋的截面面积);

s——沿构件长度方向箍筋的间距;

α_{cv}——斜截面混凝土受剪承载力系数,对于一般受弯构件取 0.7;对集中荷载作用下(包括作用有多种荷载,其中集中荷载对支座截面或节点边缘所产生的剪力值占总剪力 75% 以上的情况)的独立梁按照式(4.23)采用。

b. 对集中荷载作用下(包括作用有多种荷载,其中集中荷载对支座截面或节点边缘所产生的剪力占总剪力值 75% 以上的情况)的独立梁,其承载力计算公式采用:

$$V \leqslant V_{cs} = \frac{1.75}{\lambda + 1} f_t b h_0 + f_{yv} \frac{A_{sv}}{s} h_0 \tag{4.23}$$

式中 λ——计算截面的剪跨比,可取 $\lambda = a/h_0$,a 为集中荷载作用点至支座或节点边缘的距离;当 $\lambda < 1.5$ 时,取 $\lambda = 1.5$,当 $\lambda > 3$ 时,取 $\lambda = 3$;集中荷载作用点至支座之间的箍筋,应均匀配置。

②配有箍筋和弯起钢筋的梁。

矩形、T 形和工字形截面的受弯构件,当配有箍筋和弯起钢筋时,其斜截面的受剪承载力计算公式由按式(4.22)或式(4.23)计算的 V_{cs} 和与斜裂缝相交的弯起钢筋受剪承载力 V_{sb} 组成。而弯起钢筋受剪承载力 V_{sb} 应等于弯起钢筋承受的拉力 $f_y A_{sb}$ 在垂直于梁轴方向的分力。

$$V \leqslant V_{cs} + 0.8 f_y A_{sb} \sin\alpha_s \tag{4.24}$$

式中 A_{sb}——同一弯起平面的弯起钢筋截面面积;

α_s——弯起钢筋与构件纵向轴线之间的夹角,一般情况取 $\alpha_s = 45°$,梁截面较高时取 $\alpha_s = 60°$;

f_y——弯起钢筋的抗拉强度设计值;

0.8——考虑到弯起钢筋与破坏斜截面相交位置的不定性,其应力可能达不到屈服强度而采用的钢筋应力不均匀系数。

(3)计算公式的适用条件

梁的斜截面受剪承载力计算公式仅适用于剪压破坏情况。为防止斜压和斜拉破坏,还必须确定计算公式的适用条件。

①截面限制条件(防止斜压破坏):

当$\frac{h_w}{b} \leqslant 4$时 $$V \leqslant 0.25\beta_c f_c b h_0 \tag{4.25}$$

当$\frac{h_w}{b} \geqslant 6$时 $$V \leqslant 0.2\beta_c f_c b h_0 \tag{4.26}$$

当$4 < \frac{h_w}{b} < 6$时,按线性内插法取用。

式中 V——构件斜截面上的最大剪力设计值;

β_c——混凝土强度影响系数,当混凝土强度等级不超过C50时,取$\beta_c = 1.0$;当混凝土强度等级为C80时,取$\beta_c = 0.8$;其间按线性内插法取用;

b——矩形截面的宽度,T形或工字形截面的腹板宽度;

h_w——截面腹板高度,矩形截面取有效高度h_0;T形截面取有效高度减去翼缘高度;工字形截面取腹板净高。

截面限制条件的意义:首先是为了防止梁的截面尺寸过小、箍筋配置过多而发生的斜压破坏,其次是限制使用阶段的斜裂缝宽度,同时也是受弯构件箍筋的最大配筋率条件。工程设计中,如不能满足上述条件时,则应加大截面尺寸或提高混凝土强度等级。

②按构造配筋要求。

由式(4.22)、式(4.23)可知,两公式右边第一项为混凝土承担剪力的数值,第二项为箍筋承担的剪力值,当$V \leqslant V_c = \alpha_{cv} f_t b h_0$或$V \leqslant V_c = \frac{1.75}{\lambda + 1} f_t b h_0$时,就不需要计算箍筋的配置,需按照构造配置箍筋的大小。

③抗剪箍筋的最小配筋率。

梁中抗剪箍筋的配筋率应满足:

$$\rho_{sv} = \frac{A_{sv}}{bs} \times 100\% = \frac{nA_{sv1}}{bs} \times 100\% \geqslant \rho_{sv,\min} = 0.24\frac{f_t}{f_{yv}} \times 100\% \tag{4.27}$$

规定箍筋最小配筋率的意义是防止发生斜拉破坏。因为斜裂缝出现后,原来由混凝土承担的拉力将转给箍筋,如果箍筋配的过少,箍筋就会立即屈服,造成斜裂缝的加速开展,甚至箍筋被拉断而导致斜拉破坏。工程设计中,如不能满足上述条件时,则应按$\rho_{sv,\min}$配置箍筋,并满足构造要求。

(4)斜截面受剪承载力计算截面位置的确定

在计算斜截面受剪承载力时,应取作用在该斜截面范围的最大剪力作为剪力设计值,即斜裂缝起始端的剪力作为剪力设计值。其剪力设计值的计算截面应根据危险截面确定,通常按下列规定采用:

①支座边缘处的截面(图4.24截面1—1);

②受拉区弯起钢筋弯起点处的截面(图4.24截面2—2、截面3—3);

③箍筋截面面积或间距改变处的截面(图4.24截面4—4);

④腹板宽度改变处的截面。

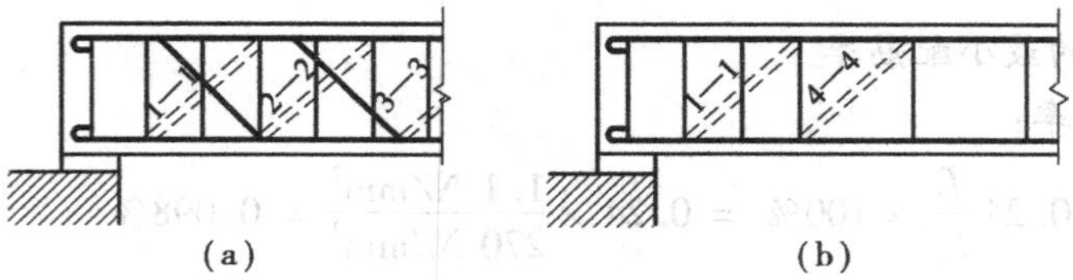

图 4.24　斜截面受剪承载力的计算位置

【例 4.3】　如图 4.25 所示矩形截面简支梁截面尺寸为 200 mm×550 mm,梁的净跨 l_n = 5 m,承受均布荷载设计值 q = 65 kN/m(包括梁自重),根据正截面承载力计算配置的纵筋为 3 ⌀ 20,混凝土采用 C20,箍筋采用 HPB300 级,求箍筋用量。

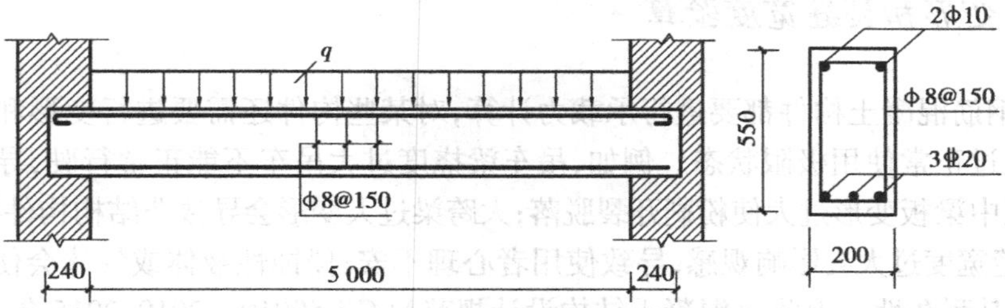

图 4.25　例 4.3 图

【解】　(1)计算剪力设计值

取支座边缘处的截面为计算截面,所以计算时用净跨。

$$V = \frac{1}{2}ql_n = \frac{1}{2} \times 65\ \text{kN/m} \times 5\ \text{m} = 162.5\ \text{kN}$$

(2)材料强度设计值

由《混凝土结构设计规范》(GB 50010—2010,2015 年版)得 $f_c = 9.6\ \text{N/mm}^2$, $f_t = 1.1\ \text{N/mm}^2$;箍筋采用 HPB300 级,$f_{yv} = 270\ \text{N/mm}^2$,C20 混凝土 $\beta_c = 1.0$。

(3)复核梁的截面尺寸

$$h_0 = h - a_s = 550\ \text{mm} - 40\ \text{mm} = 510\ \text{mm}$$

$$\frac{h_w}{b} = \frac{h_0}{b} = \frac{510\ \text{mm}}{200\ \text{mm}} = 2.55 < 4$$

$0.25\beta_c f_c b h_0 = 0.25 \times 1 \times 9.6\ \text{N/mm}^2 \times 200\ \text{mm} \times 510\ \text{mm} = 245\ \text{kN} > V = 162.5\ \text{kN}$

截面尺寸符合要求。

(4)验算是否需要按计算配置箍筋

$0.7 f_t b h_0 = 0.7 \times 1.1\ \text{N/mm}^2 \times 200\ \text{mm} \times 510\ \text{mm} = 78.54\ \text{kN} < V = 162.5\ \text{kN}$

需按计算配置箍筋。

(5)计算箍筋用量

$$\frac{nA_{sv1}}{s} \geqslant \frac{V - 0.7 f_t b h_0}{f_{yv} h_0} = \frac{162.5 \times 10^3\ \text{N} - 78.54 \times 10^3\ \text{N}}{270\ \text{N/mm}^2 \times 510\ \text{mm}} = 0.610\ \text{mm}^2/\text{mm}$$

按构造要求选双肢箍筋 ϕ 8($A_{sv1} = 50.3\ \text{mm}^2$),于是箍筋间距 s 为:

$s \leqslant \frac{nA_{sv1}}{0.610} = \frac{2 \times 50.3\ \text{mm}^2}{0.610\ \text{mm}^2/\text{mm}} = 164.9\ \text{mm}$,取 $s = 150\ \text{mm} < s_{max} = 250\ \text{mm}$,记作 ϕ 8@150 沿梁全长布置。

(6)验算箍筋的最小配筋率

箍筋最小配筋率：

$$\rho_{sv,min} = 0.24\frac{f_t}{f_{yv}} \times 100\% = 0.24 \times \frac{1.1\ N/mm^2}{270\ N/mm^2} = 0.098\%$$

$$\rho_{sv} = \frac{nA_{sv1}}{bs} = \frac{2 \times 50.3\ mm^2}{200\ mm \times 150\ mm} \times 100\% = 0.34\% > \rho_{sv,min} = 0.098\%$$

箍筋的配筋率满足要求。

·4.1.5　变形和裂缝宽度验算·

对所有钢筋混凝土构件都要进行承载力计算，对某些构件还需要进行变形和裂缝宽度验算，使其不超过正常使用极限状态。例如，吊车梁挠度过大吊车不能正常行驶，导致吊车轨严重磨损；楼盖中梁板变形过大使粉刷开裂脱落；大跨梁过大变形会导致非结构构件损坏；钢筋混凝土构件裂缝宽度过大会影响观感，导致使用者心理不安；侵蚀性液体或气体会使钢筋迅速锈蚀，严重影响其耐久性。因此，《混凝土结构设计规范》(GB 50010—2010,2015 年版)规定：

①受弯构件的最大挠度应按荷载效应的标准组合并考虑长期作用影响进行计算；

②钢筋混凝土构件正截面裂缝宽度应按荷载效应标准组合并考虑长期作用影响进行计算。

1)变形验算

对于钢筋混凝土适筋梁，其正截面试验分析结果表明：钢筋混凝土梁的刚度不是常数，而是随荷载和时间变化的变数，它随着荷载的增加而降低，随着时间的增长而降低。《混凝土结构设计规范》(GB 50010—2010,2015 年版)规定：钢筋混凝土和预应力混凝土受弯构件在正常使用极限状态下的挠度，应按荷载效应的标准组合并考虑荷载长期作用影响的刚度 B 进行计算。

受弯构件的刚度 B 是在短期刚度 B_s(受弯构件在荷载效应标准组合作用下的刚度，简称短期刚度)的基础上，考虑荷载长期作用的影响后确定的。

钢筋混凝土受弯构件在长期荷载作用下，受压区混凝土将产生徐变，使得混凝土压应变 ε_c 增大，曲率增大。此外，混凝土的收缩、黏结滑移徐变等也使曲率增大，因此，构件的刚度随着时间增长而下降。采用荷载标准组合时，矩形、T 形、倒 T 形和工字形截面受弯构件考虑荷载长期作用影响的刚度 B 可按下列规定计算：

$$B = \frac{M_k}{M_k + (\theta - 1)M_q}B_s \tag{4.28}$$

式中　M_k——按荷载的标准组合计算的弯矩，取计算区段内的最大弯矩值；

M_q——按荷载的准永久组合计算的弯矩，取计算区段内的最大弯矩值；

B_s——按荷载准永久组合计算的钢筋混凝土受弯构件或按标准组合计算的预应力混凝土受弯构件的短期刚度；

θ——考虑荷载长期作用对挠度增大的影响系数。

计算刚度的目的是为了计算变形，由于沿构件长度方向的配筋量及弯矩均为变值，因此沿构件长度方向刚度也是变化的。为简化计算，取最大内力 M_{max} 处的最小刚度 B_{min} 计算，在

弯矩变号时(即弯矩有正、负时),可分别取同号弯矩区段内$|M|_{max}$处的最小刚度来计算挠度。钢筋混凝土受弯构件的挠度计算可按一般的材料力学公式进行,但抗弯刚度 EI 要采用 B,则有:

$$f = s\frac{M_k l_0^2}{B} \leqslant f_{lim} \tag{4.29}$$

式中 f——梁的最大挠度;

f_{lim}——受弯构件的挠度限值,见表4.8;

s——与构件的支承条件及所受荷载形式有关的挠度系数。

钢筋混凝土受弯构件的最大挠度应按荷载的准永久组合,预应力混凝土受弯构件的最大挠度应按荷载的标准组合,并均应考虑荷载长期作用的影响进行计算,其计算值不应超过表4.8规定的挠度限值。

表4.8 受弯构件的挠度限值

构件类型		挠度限值
吊车梁	手动吊车	$l_0/500$
	电动吊车	$l_0/600$
屋盖、楼盖及楼梯构件	当 $l_0<7$ m 时	$l_0/200(l_0/250)$
	当 7 m$\leqslant l_0 \leqslant$9 m 时	$l_0/250(l_0/300)$
	当 $l_0>9$ m 时	$l_0/300(l_0/400)$

注:表中 l_0 为构件的计算跨度;表中括号内的数值适用于使用上对挠度有较高要求的构件;如果构件制作时预先起拱,且使用上也允许,则在验算挠度时,可将计算所得挠度值减去起拱值,对于预应力混凝土构件,尚可减去预应力所产生的反拱值;计算悬臂构件的挠度限值时,其计算跨度 l_0 按实际悬臂长度的2倍取用。

2)裂缝宽度验算

混凝土结构构件应根据其使用功能及外观要求,按规定进行正常使用极限状态验算,如需要控制变形的构件,应进行变形验算;对不允许出现裂缝的构件,应进行混凝土拉应力验算;对允许出现裂缝的构件,应进行受力裂缝宽度验算;对舒适度有要求的楼盖结构,应进行竖向自振频率验算。

控制裂缝的目的是避免用户心理不安,防止钢筋锈蚀,保证结构的耐久性。钢筋混凝土构件产生裂缝的原因是多方面的:其一为直接作用引起的裂缝,如受弯、受拉等构件的垂直裂缝;其二为间接作用引起的裂缝,如基础不均匀沉降、构件混凝土收缩或温度变化引起的裂缝。对于间接作用引起的裂缝,主要是通过采用合理的结构方案、构造措施来控制。

结构构件正截面的受力裂缝控制等级分为三级,等级划分及要求应符合下列规定:

一级——严格要求不出现裂缝的构件,按荷载标准组合计算时,构件受拉边缘混凝土不应产生拉应力。

二级——一般要求不出现裂缝的构件,按荷载标准组合计算时,构件受拉边缘混凝土拉应力不应大于混凝土抗拉强度的标准值。

三级——允许出现裂缝的构件。按荷载效应标准组合并考虑长期作用影响计算时，构件的最大裂缝宽度 $\omega_{\max}$ 不应超过允许的最大裂缝宽度 $\omega_{\lim}$，即：

$$\omega_{\max} \leqslant \omega_{\lim} \tag{4.30}$$

$\omega_{\lim}$ 为最大裂缝宽度的允许值，见表4.9。对于一般的钢筋混凝土构件来说，在使用阶段一般都是带裂缝工作的，故按三级标准来控制裂缝宽度。

表4.9　结构构件的裂缝控制等级及最大裂缝宽度限制

<table>
<tr><th rowspan="2">环境类别</th><th colspan="2">钢筋混凝土结构</th><th colspan="2">预应力混凝土结构</th></tr>
<tr><th>裂缝控制等级</th><th>$\omega_{\lim}$/mm</th><th>裂缝控制等级</th><th>$\omega_{\lim}$/mm</th></tr>
<tr><td>一</td><td rowspan="4">三</td><td>0.3(0.4)</td><td rowspan="2">三</td><td>0.2</td></tr>
<tr><td>二 a</td><td rowspan="3">0.2</td><td>0.1</td></tr>
<tr><td>二 b</td><td>二</td><td>—</td></tr>
<tr><td>三 a、三 b</td><td>一</td><td>—</td></tr>
</table>

注：相对湿度小于60%地区一类环境下的受弯构件，其最大裂缝宽度限值可采用括号内的数值。

最大裂缝宽度是由平均裂缝宽度乘以扩大系数得到的，扩大系数根据试验结果的统计分析和使用经验确定。在矩形、T形、倒T形和工字形截面的钢筋混凝土受拉、受弯和偏心受压构件及预应力混凝土轴心受拉和受弯构件中，按荷载标准组合或准永久组合并考虑长期作用影响的最大裂缝宽度可按下列公式计算：

$$\omega_{\max} = \alpha_{cr}\psi \frac{\sigma_s}{E_s}\left(1.9c_s + 0.08\frac{d_{eq}}{\rho_{te}}\right) \tag{4.31}$$

式中　α_{cr}——构件受力特征系数，对轴的受拉构件取2.7，对受弯构件取1.9；

ψ——裂缝间纵向受拉钢筋应变不均匀系数；

σ_s——按荷载准永久组合计算的钢筋混凝土构件纵向受拉普通钢筋应力或按标准组合计算的预应力混凝土构件纵向受拉钢筋等效应力；

E_s——钢筋的弹性模量；

c_s——最外层纵向受拉钢筋外边缘至受拉区底边的距离，mm；

d_{eq}——受拉区纵向钢筋的等效直径；

ρ_{te}——按有效受拉混凝土截面面积计算的纵向受拉钢筋配筋率。

4.2　受压构件

建筑结构中，以承受纵向压力为主的构件称为受压构件，是最重要、最常见的承重构件之一。按照纵向压力在截面上作用位置的不同，受压构件可分为轴心受压构件和偏心受压构件。当纵向压力作用线与截面形心重合（截面只有轴向压力）时，称为轴心受压构件；当纵向压力作用线与截面形心不重合（构件截面上既有压力，又有弯矩）时，称为偏心受压构件。偏心受压构件又可分为单向偏心受压构件和双向偏心受压构件。

在实际工程中，由于施工时截面尺寸和钢筋位置的误差、混凝土本身的不均匀性、荷载实际作用位置的偏差等原因，理想的轴心受压构件是不存在的。但为了简化计算，对屋架受压腹件和永久荷载为主的多层、多跨房屋内柱[图4.26(a)、(c)]，可近似简化为轴心受压构件计算。其余情况，如单层厂房柱[图4.26(b)]、多层框架柱和某些屋架上弦杆等，应按偏心受压构件计算。

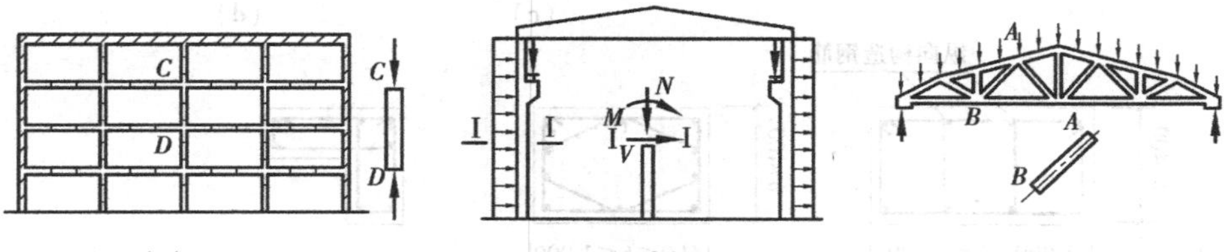

图4.26 受压构件实例

·4.2.1 受压构件的构造要求·

1)材料强度等级

受压构件的承载力主要取决于混凝土强度，为了减小构件截面尺寸、节约钢材，在设计中宜采用强度等级较高的混凝土。但不宜选用高强度钢筋，其原因是受压钢筋要与混凝土共同工作，钢筋应变受到混凝土极限压应变的限制，而混凝土极限压应变很小，所以高强度钢筋的受压强度不能充分利用。一般柱中采用C25及以上等级的混凝土，对于高层建筑的底层柱可采用更高强度等级的混凝土，如C40或以上；纵向受力钢筋一般采用HRB400、HRB500、HRBF400、HRBF500级钢筋；箍筋一般采用HPB300级钢筋。

2)截面形式及尺寸

为了方便施工，轴心受压构件截面一般为正方形或圆形，偏心受压构件截面可采用矩形。当截面长边超过600~800 mm时，为节省混凝土及减轻自重，也常采用工字形截面。

对于方形和矩形截面柱，其截面尺寸不宜小于250 mm×250 mm，为避免长细比过大，常取$h \geqslant l_0/25$和$b \geqslant l_0/30$。此处l_0为柱的计算长度，h和b分别为截面的长短边尺寸，偏心受压柱长短边比值一般为1.5~3。对工字形截面柱，其翼缘厚度不宜小于120 mm，腹板厚度不宜小于100 mm。此外，为了施工支模方便，当$h \leqslant 800$ mm时，截面尺寸以50 mm为模数；当$h >$ 800 mm时，截面尺寸以100 mm为模数。

3)纵向钢筋

轴心受压构件的荷载主要由混凝土承担，设置纵向受力钢筋的目的有三：一是协助混凝土承受压力，以减少构件尺寸；二是承受可能的弯矩，以及混凝土收缩和温度变形引起的拉应力；三是防止构件突然的脆性破坏。

轴心受压柱的纵向钢筋应沿截面周边均匀、对称布置[图4.27(a)]，偏心受压柱则在和弯矩作用方向垂直的两个侧边布置[图4.27(c)]。为增加骨架的刚度，减少箍筋用量，一般宜采用根数较少、直径较粗的钢筋，通常直径采用12~32 mm。方形和矩形截面柱根数不应少于4根，圆形截面柱不应少于6根(以不少于8根为宜)。

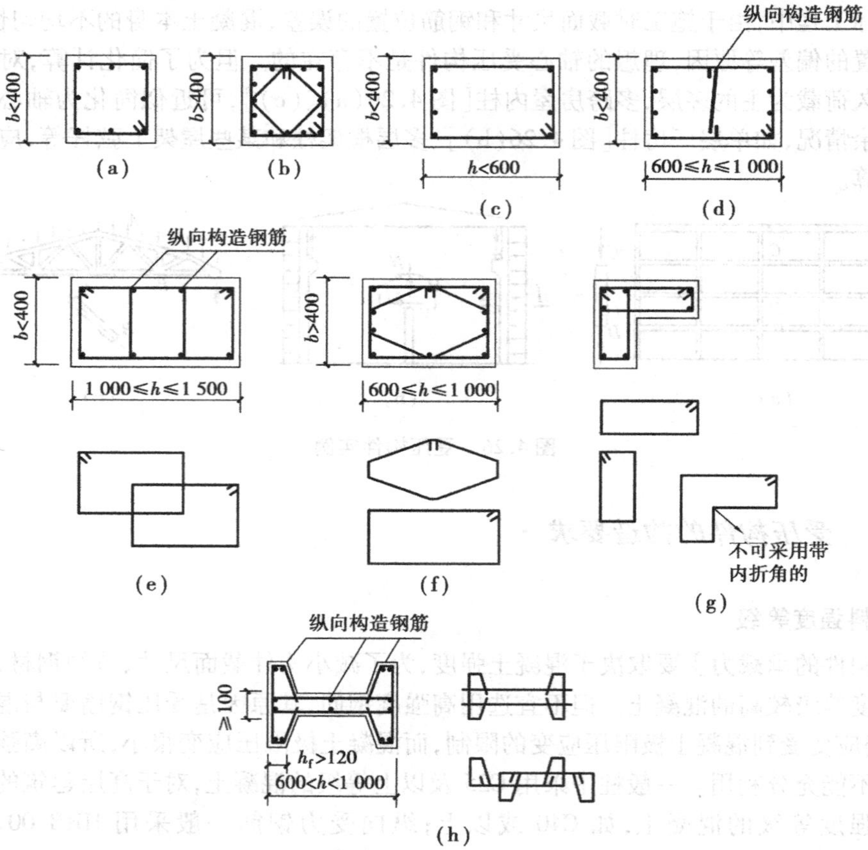

图 4.27　箍筋的配置

当偏心受压柱的截面高度 $h \geq 600$ mm 时，在柱的侧面应设置直径为 10 ~ 16 mm 的纵向构造钢筋，并相应地设置复合箍筋或拉筋，如图 4.27(d)、(e)、(f)所示。

全部纵向钢筋的配筋率不宜大于 5%；柱中纵向钢筋的净间距不应小于 50 mm，且不宜大于 300 mm；圆柱中纵向钢筋不宜少于 8 根，不应少于 6 根，且宜沿周边均匀布置；在偏心受压柱中，垂直于弯矩作用平面的侧面上的纵向受力钢筋以及轴心受压柱中各边的纵向受力钢筋，其中距不宜大于 300 mm。框架柱和框支柱中全部纵向受力钢筋的配筋百分率不应小于表 4.10 规定的数值，同时，每一侧的配筋百分率不应小于 0.2；对Ⅳ类场地上较高的高层建筑，最小配筋百分率应增加 0.1。

表 4.10　柱全部纵向受力钢筋最小配筋百分率　　单位:%

柱类型	抗震等级			
	一级	二级	三级	四级
中柱、边柱	0.9 (1.0)	0.7 (0.8)	0.6 (0.7)	0.5 (0.6)
角柱、框支柱	1.1	0.9	0.8	0.7

注:①表中括号内数值用于框架结构的柱；

②采用 335 MPa 级、400 MPa 级纵向受力钢筋时，应分别按表中数值增加 0.1 和 0.05 采用；

③当混凝土强度等级为 C60 以上时，应按表中数值增加 0.1 采用。

偏心受压构件的纵向钢筋配置方式有两种:一种是对称配筋,即在柱弯矩作用方向的两对边对称配置相同的纵向受力钢筋;另一种是非对称配筋,即在柱弯矩作用方向的两对边配置不同的纵向受力钢筋。非对称配筋的优缺点与对称配筋相反。在实际工程中为避免吊装出错,装配式柱通常采用对称配筋。屋架上弦、多层框架柱等偏心受压构件,由于在不同荷载(如风荷载、竖向荷载)组合下,在同一截面内可能要承受不同方向的弯矩,即在某一种荷载组合作用下受拉部件在另一种荷载组合作用下可能就变为受压,当这两种不同符号的弯矩相差不大时,为了设计施工的方便,通常也采用对称配筋。

4)箍筋

箍筋不但可以保证纵向钢筋位置的正确,防止纵向钢筋压曲,而且对混凝土受压后的侧向膨胀起约束作用,偏心受压柱中剪力较大时还可以起到抗剪作用。因此,柱及其他受压构件中的箍筋应做成封闭式。

柱内箍筋直径不应小于 $d/4$,且不应小于 6 mm(d 为纵向钢筋的最大直径)。柱内箍筋间距不应大于 400 mm 及构件截面的短边尺寸,同时不应大于 $15d_{min}$(d_{min} 为纵向钢筋的最小直径)。此外,柱内纵向钢筋搭接范围内箍筋间距,当为受拉时不应大于 $5d$,且不应大于 100 mm;当为受压时不应大于 $10d$,且不应大于 200 mm。

当柱中全部纵向钢筋的配筋率超过 3% 时,箍筋直径不宜小于 8 mm,间距不应大于纵向钢筋最小直径的 10 倍,且不应大于 200 mm。箍筋可焊成封闭环式,或在箍筋末端做成不小于 135°的弯钩,弯钩末端平直段长度不应小于 10 倍箍筋直径。

当柱截面短边尺寸大于 400 mm 且各边纵向钢筋多于 3 根时,或当柱截面短边未超过 400 mm,但各边纵向钢筋多于 4 根时,应设置复合箍筋,如图 4.27(b)、(f)所示。

在配有螺旋式或焊接环式间接钢筋的柱中,如计算中考虑间接钢筋的作用,则间接钢筋的间距不应大于 80 mm 及 $d_{cor}/5$(d_{cor} 为按间接钢筋内表面确定的核心截面直径),且不应小于 40 mm。间接钢筋的直径要求同普通箍筋。

· 4.2.2 轴心受压构件正截面承载力计算 ·

构件在轴向压力作用下的各级加载过程中,由于箍筋和混凝土之间存在着黏结力,因此,纵向钢筋与混凝土共同受压。压应变沿构件长度上基本是均匀分布的。轴心受压构件按箍筋形式不同有两种类型,即配有纵筋和普通箍筋的柱及配有纵筋和螺旋式(或焊接环式)间接钢筋的柱。

试验表明,轴心受压素混凝土棱柱体构件达到最大压应力值时的压应变值一般在 0.001 5 ~0.002,而钢筋混凝土轴心受压短柱达到峰值应力时的压应变值一般在 0.002 5 ~ 0.003 5,其主要原因可以认为是构件中配置了纵向钢筋,起到调整混凝土应力的作用,能比较好地发挥混凝土的塑性性能,使构件到达峰值应力时的应变值得到增加,改善了轴心受压构件破坏的脆性性质。

在轴心受压构件中,轴向压力的初始偏心(偶然偏心)实际上是不可避免的,对于短柱,初始偏心距对构件的承载能力尚无明显影响;但在细长轴心受压构件中,以微小初始偏心作用在构件上的轴向压力将使构件朝与初始偏心距相反的方向产生侧向弯曲。在构件的各个截面中除轴向压力外还将有附加弯矩 M 的作用,因此构件已从轴心受压转变为偏心受压。试验结果表明,当长细比较大时,侧向挠度最初是以与轴向压力成正比例的方式缓慢增长的;但当压力达到破坏压力的 60% ~70% 时,挠度增长速度加快,最后构件在轴向压力和附加弯矩的作用下破坏。破坏时,受压一侧往往产生较长的纵向裂缝,钢筋在箍筋之间向外压屈,构件高度中部的混凝土被压碎;而另一侧混凝土则被拉裂,在构件中部产生若干条以一定间距分布的水平裂缝。

由于偏心受压构件截面所能承担的压力是随着偏心距的增大而减小的,因此,当构件截面尺寸不变时,长细比越大,破坏截面的附加弯矩就越大,构件所能承担的轴向压力也就越大。显然长柱承载力低于其他条件相同的短柱承载力,规范采用构件的稳定系数来表示长柱承载力降低的程度。

1)配有纵筋和普通箍筋的轴心受压柱

根据力的平衡条件,并考虑稳定系数 φ 后,可写出轴心受压构件当配有普通箍筋时,其正截面受压承载力计算公式:

$$N \leqslant 0.9\varphi(f_c A + f'_c A'_s) \tag{4.32}$$

式中 N——轴向压力设计值;

f_c——混凝土轴心抗压强度设计值;

A'_s——全部纵向钢筋的截面面积;

A——构件截面面积,$\rho' = \dfrac{A'_s}{A} > 3\%$ 时,A 应改用 $A - A'_s$ 代替;

φ——钢筋混凝土构件的稳定系数,按表 4.11 采用;

0.9——系数,是为保证轴心受压与偏心受压构件正截面承载力计算具有相近的可靠度。

表 4.11 钢筋混凝土轴心受压构件的稳定系数 φ

l_0/b	≤8	10	12	14	16	18	20	22	24	26	28
l_0/d	≤7	8.5	10.5	12	14	15.5	17	19	21	22.5	24
l_0/i	≤28	35	42	48	55	62	69	76	83	90	97
φ	1.0	0.98	0.95	0.92	0.87	0.81	0.75	0.70	0.65	0.60	0.56
l_0/b	30	32	34	36	38	40	42	44	46	48	50
l_0/d	26	28	29.5	31	33	34.5	36.5	38	40	41.5	43
l_0/i	104	111	118	125	132	139	146	153	160	167	174
φ	0.52	0.48	0.44	0.40	0.36	0.32	0.29	0.26	0.23	0.21	0.19

注:表中 l_0 为构件计算长度,对钢筋混凝土柱可按《混凝土结构设计规范》(GB 50010—2010,2015 年版)第 6.2.20 条的规定取用;b 为矩形截面的短边尺寸;d 为圆形截面的直径;i 为截面最小回转半径

一般多层房屋中梁柱为刚接的框架结构,各层柱的计算长度 l_0 见表 4.12。

表 4.12　框架结构各层柱的计算长度

楼盖类型	柱的类别	l_0
现浇楼盖	底层柱	$1.0H$
	其余各层柱	$1.25H$
装配式楼盖	底层柱	$1.25H$
	其余各层柱	$1.5H$

注:表中 H 为底层柱从基础顶面到一层楼盖顶面的高度;对其余各层柱为上下两层楼盖顶面之间的高度。

【例 4.4】 某多层现浇钢筋混凝土框架结构,底层内柱承受轴向压力设计值 $N=1\ 700$ kN(包括自重),截面尺寸为 400 mm×400 mm,基础顶面至楼面距离 $H=6$ m,混凝土强度等级 C20($f_c=9.6\ \text{N/mm}^2$),纵向钢筋采用 HRB335 级($f'_y=300\ \text{N/mm}^2$),试确定该柱的纵向钢筋和箍筋。

【解】 (1)柱的计算长度

本例为现浇楼盖,柱的计算长度 $l_0=1.0H=6$ m。

(2)稳定系数 φ

长细比$\dfrac{l_0}{b}=\dfrac{6\ 000\ \text{mm}}{400\ \text{mm}}=15$,稳定系数 $\varphi=0.895$。

(3)纵向钢筋计算

$$A'_s=\frac{\dfrac{N}{0.9\varphi}-f_cA}{f'_y}=\frac{\dfrac{1\ 700\times10^3\ \text{N}}{0.9\times0.895}-9.6\ \text{N/mm}^2\times400\ \text{mm}\times400\ \text{mm}}{300\ \text{N/mm}^2}=1\ 915\ \text{mm}^2$$

纵筋选用 4 Φ 25($A'_s=1\ 964\ \text{mm}^2$)。

$$配筋率\ \rho'=\frac{A'_s}{A}=\frac{1\ 964\ \text{mm}^2}{400\times400}=1.23\%\begin{cases}>\rho'_{\min}=0.6\%\\<\rho'_{\max}=5\%\\且<3\%\end{cases}$$

(4)确定配筋

箍筋选用 ϕ 8@300,箍筋间距≤400 mm 且≤$15d=375$ mm,箍筋直径$>\dfrac{d}{4}=\dfrac{25\ \text{mm}}{4}=6.25$ mm且>6 mm,满足构造要求。柱截面配筋如图 4.28 所示。

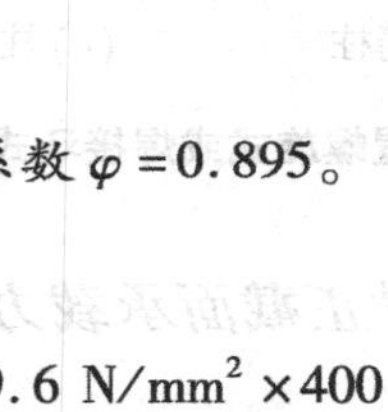

图 4.28　例 4.4 图

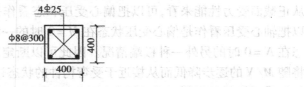

2)配有螺旋式间接钢筋的轴心受压柱

轴心受压柱的箍筋也可采用螺旋式钢筋或焊接环式钢筋(图 4.29),螺旋式钢筋和焊接环式钢筋又可称为间接钢筋。

在螺旋式钢筋柱中,螺旋筋就像环箍一样,有效地阻止了核心混凝土的横向变形,使混凝土处于三向受压状态,提高了混凝土的抗压强度,从而间接提高了柱子的承载力。在荷载作用下,螺旋式钢筋中产生拉应力,当螺旋式钢筋应力达到屈服强度后,就不能再约束混凝土的横向变形了,柱即压碎。此外,螺旋式钢筋柱的混凝土保护层在螺旋式钢筋拉应力较大时便开裂脱落,因此,在计算中不考虑保护层的作用。

用配置有较多矩形箍筋的混凝土试件所做的试验表明,矩形箍虽然也能对混凝土起到一定的约束作用,但其效果远没有密排螺旋式(或焊接环式)间接钢筋那样显著,这是因为矩形箍筋水平肢的侧向抗弯刚度很弱,无法对核心混凝土形成有效的约束,只有箍筋的四个角才能通过内向的起拱作用对一部分核心混凝土形成有限的约束。

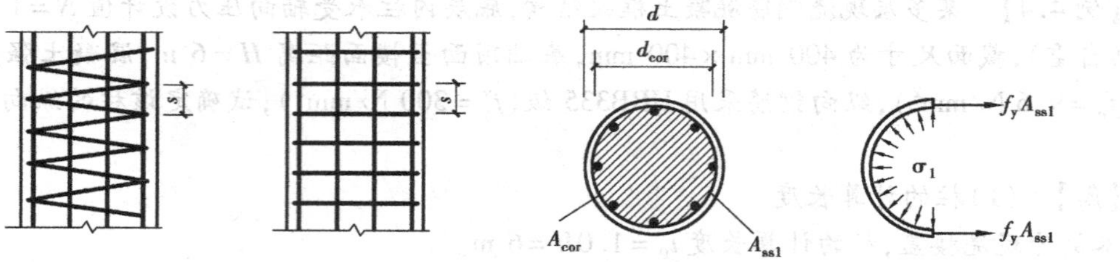

(a)螺旋式钢筋柱　(b)焊接环式钢筋柱　(c)柱截面　(d)螺旋式配筋环向应力

图 4.29　配置螺旋式或焊接环式间接钢筋柱

· 4.2.3　矩形截面偏心受压构件正截面承载力计算 ·

工程中的偏心受压构件分为两类:一类是只考虑轴向压力沿截面一个主轴方向的偏心作用,称为单向偏心受压构件,如多层框架的边柱;另一类的轴向压力同时考虑沿截面的两个主轴方向的偏心作用,称为双向偏心受压构件,如多层框架的角柱。工程中的偏心受压构件大部分都是按单向偏心受压来进行截面设计的,在这类构件中,为了充分发挥截面的承载能力,通常都要沿着与偏心轴垂直的截面的两个边缘配置对称纵向钢筋。

在偏心受压构件的截面中,一般在轴力、弯矩作用的同时还作用有横向剪力。当横向剪力值较大时,偏心受力构件也应和受弯构件一样,除进行正截面承载力计算外,还要进行斜截面承载力计算。

1)偏心受压构件正截面破坏形态

从正截面受力性能来看,可以把偏心受压状态看作是轴心受压与受弯之间的过渡状态,即可以把轴心受压看作是偏心受压状态在 $M=0$ 时的一种极端情况,而把受弯看作是偏心受压状态在 $N=0$ 时的另外一种极端情况。因此可以断定,偏心受压截面中的应变和应力分布特征将随 M/N 的逐步降低而从接近于受弯构件的状态过渡到接近于轴心受压状态。

偏心受压构件是指同时承受轴向压力 N 和弯矩 M 作用的构件,也相当于承受一偏心距为 $e_0=M/N$ 的偏心压力作用。根据轴向力的偏心距和配筋情况的不同,偏心受压构件正截面破坏形态有大偏心受压破坏和小偏心受压破坏两种。

(1)大偏心受压破坏(受拉破坏)

大偏心受压破坏发生在轴向力偏心距 e_0 较大,且截面距纵向力较远一侧的钢筋 A_s 配置适量时,这时在荷载作用下截面靠近纵向力 N 作用的一侧受压,另一侧受拉。随荷载 N 增加,受拉区混凝土首先产生横向裂缝,继续加荷,裂缝不断开展延伸,受拉区钢筋 A_s 达到屈服强度,混凝土受压区高度迅速减小,应变急剧增加,当受压区边缘混凝土的压应变达到其极限值时,受压区混凝土压碎而构件破坏,此时受压钢筋 A_s' 也达到受压屈服强度。破坏时的应力状态如图 4.30 所示。这种破坏的过程和特征与适筋的双筋截面梁正截面破坏是相似的。

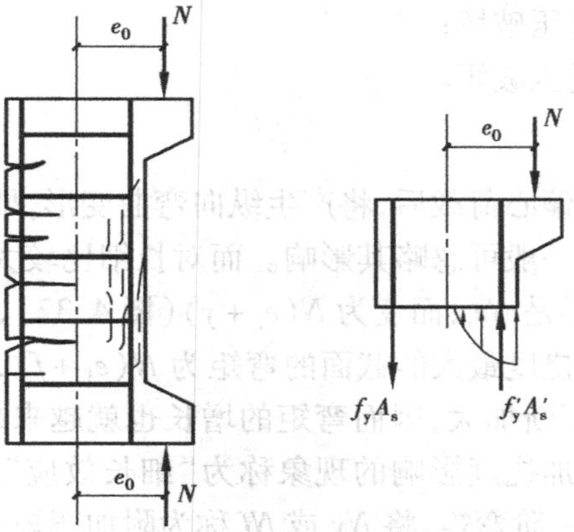

图 4.30　大偏心受压破坏形态

(2)小偏心受压破坏(受压破坏)

小偏心受压破坏发生在偏心距 e_0 较小,或偏心距较大,但截面距轴向力较远一侧钢筋 A_s 配置过多时。这时在荷载作用下截面大部分或全部受压。随荷载增加,离轴向压力 N 近侧的受压区边缘混凝土首先压应变达到极限值,混凝土压碎而构件破坏。破坏时该侧受压钢筋 A_s' 达到屈服强度,而离压力远侧的钢筋 A_s,无论是受压还是受拉其强度均未达到屈服强度。当截面大部分受压时,其拉区可能出现细微的横向裂缝,而当截面全部受压时,截面无横向裂缝出现。破坏时的应力状态如图 4.31 所示,这种破坏的过程和特征与超筋的双筋截面梁正截面破坏是相似的。

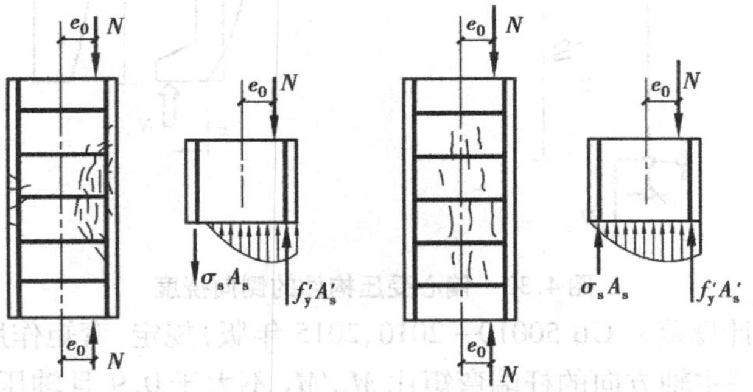

(a)截面大部分受压　　(b)截面全部受压

图 4.31　小偏心受压破坏

此外,当偏心距很小,且轴向压力近侧的纵筋 A_s' 多于压力远侧的纵筋 A_s 时,混凝土和纵筋的压坏有可能发生在压力远侧而不是近侧，称反向破坏。如采用对称配筋，则可避免此情况发生。

(3)两类偏心破坏的界限

在大偏心受压破坏和小偏心受压破坏之间存在一种界限破坏，即受拉钢筋达到屈服强度 f_y 的同时，受压混凝土也达到极限压应变 ε_{cu}。

根据界限破坏的特征和平截面假定，可知大小偏心受压破坏的界限与受弯构件正截面适筋与超筋的界限是相同的，故：

当 $\xi \leq \xi_b$ 时，为大偏心受压破坏；

当 $\xi > \xi_b$ 时，为小偏心受压破坏。

2)附加弯矩

混凝土受压构件在承受偏心荷载后，将产生纵向弯曲变形，即产生侧向挠度，对长细比小的短柱，侧向挠度小，计算时一般可忽略其影响。而对长细比较大的长柱，由于侧向挠度的影响，各个截面所受的弯矩不再是 Ne_i，而变为 $N(e_i+y)$(图4.32)，y 为构件任意点的水平侧向挠度，则在柱高中点处，侧向挠度最大的截面的弯矩为 $N(e_i+f)$，f 是柱挠度最大的截面处的挠度值，随着荷载的增大而不断加大，因而弯矩的增长也就越来越快。偏心受压构件中的弯矩受轴向压力和构件侧向附加挠度影响的现象称为"细长效应"或"压弯效应"，并把截面弯矩中的 Ne_i 称为初始弯矩或一阶弯矩，将 Ny 或 Nf 称为附加弯矩或二阶弯矩。

因此，在承载力计算时应考虑构件挠曲产生的附加弯矩。

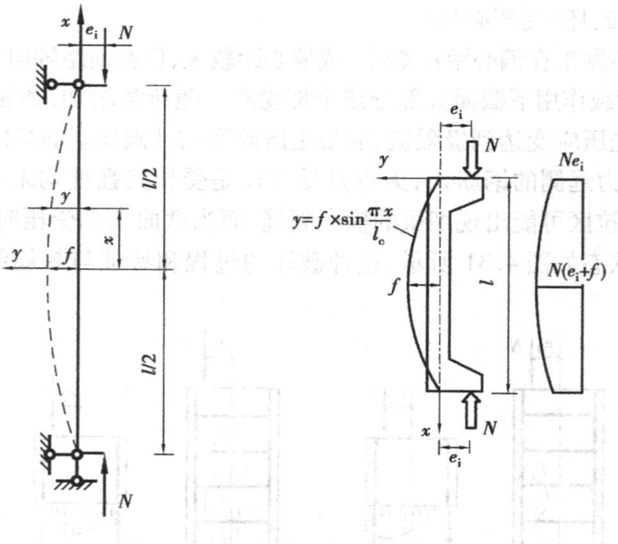

图4.32　偏心受压构件的侧向挠度

《混凝土结构设计规范》(GB 50010—2010,2015年版)规定，弯矩作用平面内截面对称的偏心受压构件，当同一主轴方向的杆端弯矩比 M_1/M_2 不大于0.9且轴压比不大于0.9时，若构件的长细比满足式(4.33)的要求，可不考虑轴向压力在该方向挠曲杆件中产生的附加弯矩影响。否则，应考虑轴向压力在挠曲杆件中产生的附加弯矩影响。

$$\frac{l_c}{i} \leqslant 34 - 12\frac{M_1}{M_2} \tag{4.33}$$

式中　M_1,M_2——分别为已考虑侧移影响的偏心受压构件两端截面按结构弹性分析确定的对同一主轴的组合弯矩设计值,绝对值较大端为 M_2,绝对值较小端为 M_1,当构件按单曲率弯曲时,M_1/M_2 取正值,否则取负值;

l_c——构件的计算长度,可近似取偏心受压构件相应主轴方向上下支撑点之间的距离;

i——偏心方向的截面回转半径。

除排架柱外,偏心受压构件考虑轴向压力在挠曲杆件中产生的二阶效应后控制截面的弯矩设计值,应按式(4.34)计算:

$$M = C_m \eta_{ns} M_2 \tag{4.34}$$

$$C_m = 0.7 + 0.3\frac{M_1}{M_2} \tag{4.35}$$

$$\eta_{ns} = 1 + \frac{1}{1\,300(M_2/N + e_a)/h_0}\left(\frac{l_c}{h}\right)^2 \zeta_c \tag{4.36}$$

$$\zeta_c = \frac{0.5 f_c A}{N} \tag{4.37}$$

当 $C_m\eta_{ns} < 1.0$ 时,取 1.0;对剪力墙及核心筒墙,可取 $C_m\eta_{ns} = 1.0$。

式中　C_m——构件端截面偏心距调节系数,当小于 0.7 时取 0.7;

η_{ns}——弯矩增大系数;

N——与弯矩设计值 M_2 相应的轴向压力设计值。

ζ_c——截面曲率修正系数,当计算值大于 1.0 时取 1.0;

h——截面高度,对环形截面取外直径,对圆形截面取直径;

h_0——截面有效高度;

A——构件的截面面积。

3)偏心距

由于荷载作用位置的不准确性、混凝土质量的非均匀性、配筋的不对称以及施工偏差等原因,构件往往会产生附加的偏心距。因此,在偏心受压构件的正截面承载力计算中,应计入轴向压力在偏心方向存在的附加偏心距 e_a,其值应取 20 mm 和偏心方向截面最大尺寸的 1/30 两者中的较大值。

考虑附加偏心距后,截面的初始偏心距 e_i 等于原始偏心距 e_0 加上附加偏心距 e_a,即:$e_i = e_0 + e_a$。$e_0 = \frac{M}{N}$,是由截面上 M,N 计算所得的原始偏心距(轴向压力对截面重心的偏心距)。当需要考虑二阶效应时,M 为按二阶效应确定的弯矩设计值。

4)基本公式及适用条件

(1)大偏心受压($\xi \leqslant \xi_b$)

大偏心受压构件破坏时,截面的计算应力图形如图 4.33 所示。这时,受拉区混凝土不参加工作,受拉钢筋应力达到强度设计值 f_y,受压区混凝土的应力图形为等效矩形,其压应力值

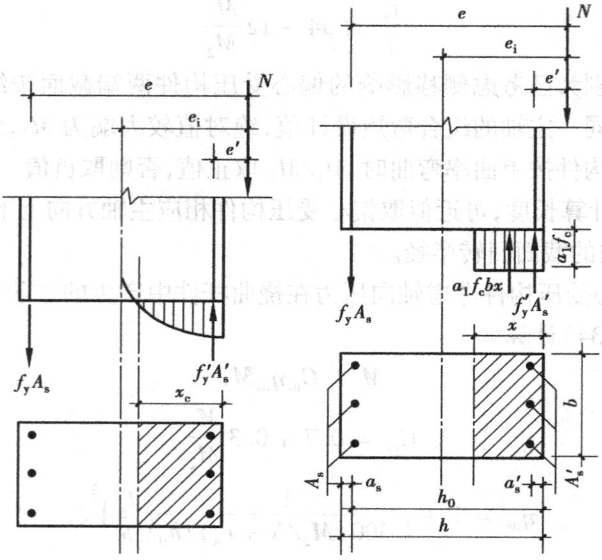

(a)应力分布图　　(b)计算图式

图 4.33　大偏心受压构件的截面计算应力图形

为 $\alpha_1 f_c$，受压钢筋应力达到抗压强度设计值 f'_y，根据截面应力图形，由平衡条件可写出大偏心受压破坏的基本计算公式：

$$\sum N = 0 \qquad N = \alpha_1 f_c bx + f'_y A'_s - f_y A_s \tag{4.38}$$

$$\sum M = 0 \qquad Ne = \alpha_1 f_c bx\left(h_0 - \frac{x}{2}\right) + f'_y A'_s (h_0 - a'_s) \tag{4.39}$$

$$Ne' = f_y A_s (h_0 - a'_s) - \alpha_1 f_c bx\left(\frac{x}{2} - a'_s\right) \tag{4.40}$$

式中　N——轴向压力设计值；

e——轴向压力作用点至纵向受拉钢筋合力点之间的距离；

$$e = e_i + \frac{h}{2} - a_s$$

e'——轴向压力作用点至纵向受压钢筋合力点之间的距离；

$$e' = e_i - \frac{h}{2} + a'_s$$

f_c——混凝土轴心抗压强度设计值；

b——截面宽度；

x——混凝土的受压区高度；

h_0——截面有效高度；

a'_s——纵向受压钢筋的合力作用点到截面受压边缘的距离；

f'_y——纵向受压钢筋的强度设计值；

A'_s——纵向受压钢筋的截面面积。

基本公式的使用条件：

①$\xi \leqslant \xi_b$ 或 $x \leqslant \xi_b h_0$，为了保证构件在破坏时，受拉钢筋应力能达到抗拉强度设计值；

②$x \geqslant 2a'_s$，为了保证构件在破坏时，受压钢筋应力能达到抗压强度设计值。

(2)小偏心受压($\xi > \xi_b$)

小偏心受压构件破坏时截面的计算应力图形如图4.34所示。这时，受压区混凝土的压应力图形为等效矩形，其压应力值为 $\alpha_1 f_c$，受压钢筋达到抗压强度设计值 f'_y，而远离轴向力一侧的钢筋应力无论受压还是受拉均未达到强度设计值，即 $f'_y < \sigma_s < f_y$。根据截面应力图形，由平衡条件可写出小偏心受压破坏的基本公式：

$$\sum N = 0 \qquad N \leqslant \alpha_1 f_c bx + f'_y A'_s - \sigma_s A_s \tag{4.41}$$

$$\sum M = 0 \qquad Ne \leqslant \alpha_1 f_c bx\left(h_0 - \frac{x}{2}\right) + f'_y A'_s (h_0 - a'_s) \tag{4.42}$$

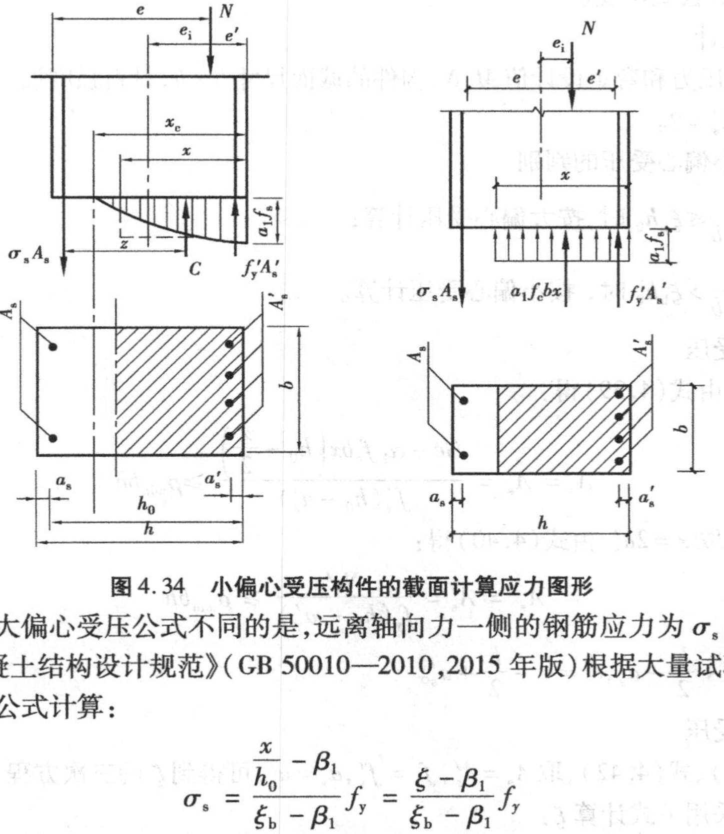

图4.34　小偏心受压构件的截面计算应力图形

该组公式与大偏心受压公式不同的是，远离轴向力一侧的钢筋应力为 σ_s，其大小和方向有待确定。《混凝土结构设计规范》(GB 50010—2010，2015年版)根据大量试验资料的分析，建议按下列简化公式计算：

$$\sigma_s = \frac{\dfrac{x}{h_0} - \beta_1}{\xi_b - \beta_1} f_y = \frac{\xi - \beta_1}{\xi_b - \beta_1} f_y \tag{4.43}$$

式中　β_1——系数，当混凝土强度等级不超过C50时，$\beta_1 = 0.8$；当混凝土强度等级为C80时，$\beta_1 = 0.74$；其间按线性内插法取用。

σ_s 计算值为正号时，表示拉应力；为负号时，表示压应力，其取值范围是：$-f'_y \leqslant \sigma_s \leqslant f_y$。

基本公式的适用条件：

①$\xi > \xi_b$ 或 $x > \xi_b h_0$；

②$x \leqslant h$ 或 $\xi \leqslant \dfrac{h}{h_0}$。

如不满足适用条件②即 $x>h$ 时，取 $x=h$ 计算。

5）矩形截面对称配筋偏心受压构件正截面承载力计算

偏心受压构件的截面配筋方式有对称配筋和非对称配筋两种。

非对称配筋的计算方法和双筋梁类似，但因截面不仅有弯矩而且还有轴力，所以比双筋梁的计算要复杂。由于非对称配筋在实际工作中极少采用，本书不再介绍该方法。

对称配筋是在柱截面两侧配置相等的钢筋，即 $A_s=A_s'$，$f_y=f_y'$，采用这种配筋方式的偏心受压构件可以承受变号弯矩作用，施工也比较简单，对装配式柱还可以避免弄错安装方向而造成事故。因此，对称配筋在实际工作中广泛采用。

由于对称配筋是非对称配筋的特殊情形，因此偏心受压构件的基本公式仍可应用。但由于对称配筋的特点，这些公式均可简化。大偏心受压的计算公式(4.38)可简化为：$N=\alpha_1 f_c bx$，其他计算公式不变。

(1)截面设计

已知：轴向压力和弯矩设计值 M,N，构件的截面尺寸 $b\times h$，材料强度设计值 f_c,f_y,f_y'。求钢筋面积 $A_s=A_s'=?$。

解：①大、小偏心受压的判别

当 $x=\dfrac{N}{\alpha_1 f_c b}\leqslant\xi_b h_0$ 时，按大偏心受压计算；

当 $x=\dfrac{N}{\alpha_1 f_c b}>\xi_b h_0$ 时，按小偏心受压计算。

②大偏心受压

若 $x>2a_s'$，由式(4.39)得：

$$A_s=A_s'=\frac{Ne-\alpha_1 f_c bx\left(h_0-\dfrac{x}{2}\right)}{f_y'(h_0-a_s')}\geqslant\rho_{\min}bh \tag{4.44}$$

若 $x\leqslant 2a_s'$，取 $x=2a_s'$，由式(4.40)得：

$$A_s=A_s'=\frac{Ne'}{f_y(h_0-a_s')}\geqslant\rho_{\min}bh \tag{4.45}$$

其中，$e=e_i+\dfrac{h}{2}-a_s$，$e'=e_i-\dfrac{h}{2}+a_s'$。

③小偏心受压

由式(4.41)、式(4.42)，取 $A_s=A_s'$，$f_y=f_y'$，$a_s=a_s'$，可得到 ξ 的三次方程，直接求解 ξ 极为不便。可近似采用下式计算 ξ：

$$\xi=\frac{N-\xi_b\alpha_1 f_c bh_0}{\dfrac{Ne-0.43\alpha_1 f_c bh_0^2}{(\beta_1-\xi_b)(h_0-a_s')}+\alpha_1 f_c bh_0}+\xi_b \tag{4.46}$$

式中 β_1——截面中和轴高度修正系数。当混凝土强度等级不超过C50时，取 $\beta_1=0.8$；当混凝土强度等级为C80时，取 $\beta_1=0.74$；其间按线性内插法取用。

将 ξ 代入式(4.42)得：

$$A_s = A'_s = \frac{Ne - \alpha_1 f_c b\xi h_0^2(1 - 0.5\xi)}{f'_y(h_0 - a'_s)} \geqslant \rho_{min} bh \tag{4.47}$$

其中，$e = e_i + \frac{h}{2} - a_s$，$\rho_{min} = 0.2\%$。

（2）承载力校核

已知：构件的截面尺寸 $b \times h$，钢筋面积 A_s 和 A'_s，材料强度设计值 f_c，f_y，f'_y 以及偏心矩 e_0。求该构件所能承受的轴向压力设计值 N_u 和弯矩设计值 $M_u(M_u = N_u e_0)$。

解：需要解答的未知数为 ξ 和 N，可直接利用方程求解。一般先按大偏心受压的基本公式(4.38)、式(4.39)中消去 N，求出 ξ。若 $\xi \leqslant \xi_b$，为大偏心受压，即可用 ξ 进而求出 N；若 $\xi > \xi_b$，为小偏心受压，则应按小偏心受压重新计算 ξ，最后求出 N。

【例 4.5】　已知矩形截面偏心受压柱，截面尺寸 $b \times h = 400\ \text{mm} \times 600\ \text{mm}$，截面轴向力设计值 $N = 940\ \text{kN}$，弯矩设计值 $M = 470\ \text{kN·m}$。混凝土采用 C30（$f_c = 14.3\ \text{N/mm}^2$），钢筋采用 HRB400 级（$f_y = f'_y = 360\ \text{N/mm}^2$），$l_0/h < 5$，$a_s = a'_s = 40\ \text{mm}$。不考虑轴向压力在该方向挠曲杆件中产生的附加弯矩影响。采用对称配筋，求钢筋截面面积 A_s 及 A'_s。

【解】　(1)求初始偏心距

$$h_0 = 600\ \text{mm} - 40\ \text{mm} = 560\ \text{mm}$$

$$e_0 = \frac{M}{N} = \frac{470 \times 10^6\ \text{N·mm}}{940 \times 10^3\ \text{N}} = 500\ \text{mm}$$

$$e_a = 20\ \text{mm}（取 20\ \text{mm} 和 \frac{h}{30} = \frac{600\ \text{mm}}{30} = 20\ \text{mm} 中较大者）$$

$$e_i = e_0 + e_a = 500\ \text{mm} + 20\ \text{mm} = 520\ \text{mm}$$

(2)判断大小偏心

$$\xi = \frac{N}{\alpha_1 f_c b h_0} = \frac{940 \times 10^3\ \text{N}}{1 \times 14.3\ \text{N/mm}^2 \times 400\ \text{mm} \times 560\ \text{mm}} = 0.293 \begin{cases} < \xi_b = 0.518 \\ > \dfrac{2a'_s}{h_0} = \dfrac{80\ \text{mm}}{560\ \text{mm}} = 0.143 \end{cases}$$

属于大偏心受压构件。

(3)对称配筋，计算钢筋面积 $A_s = A'_s$

$$e = e_i + \frac{h}{2} - a_s = 520\ \text{mm} + \frac{600\ \text{mm}}{2} - 40\ \text{mm} = 780\ \text{mm}$$

$$A_s = A'_s = \frac{Ne - \alpha_1 f_c b h_0^2 \xi(1 - 0.5\xi)}{f'_y(h_0 - a'_s)}$$

$$= \frac{940 \times 10^3\ \text{N} \times 780\ \text{mm} - 1 \times 14.3\ \text{N/mm}^2 \times 400\ \text{mm} \times (560\ \text{mm})^2 \times 0.293 \times (1 - 0.5 \times 0.293)}{360\ \text{N/mm}^2 \times (560\ \text{mm} - 40\ \text{mm})}$$

$$= 1\ 518\ \text{mm}^2 > 0.2\% bh = 0.2\% \times 400\ \text{mm} \times 600\ \text{mm} = 480\ \text{mm}^2$$

每侧选用 4 ⌀ 20 钢筋（$A_s = 1\ 520\ \text{mm}^2$），截面配筋如图 4.35 所示。

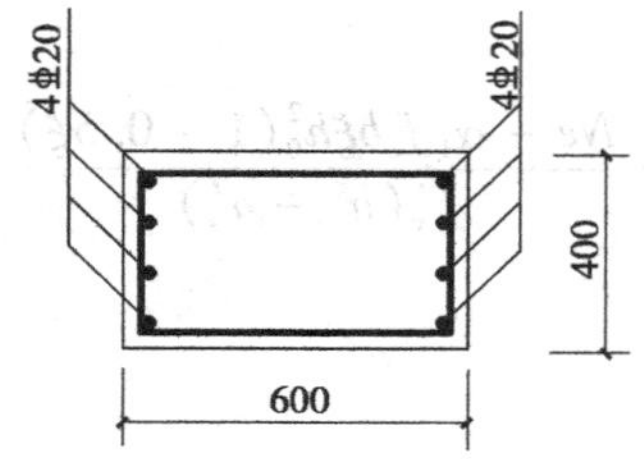

图 4.35　截面配筋

4.2.4　偏心受压构件斜截面受剪承载力计算

偏心受压构件除了承受轴向压力和弯矩作用外,一般还承受剪力作用。当受到的剪力比较大时,还需要计算其斜截面的受剪承载力。

试验表明:适当的轴向压力可以延缓斜裂缝的出现和开展,增加截面剪压区的高度,从而使受剪承载力得以提高。但当轴向压力 N 超过 $0.3f_cA$ 后(A 为构件的截面面积),承载力的提高并不明显,超过 $0.5f_cA$ 后,还呈下降趋势。

矩形、T 形和工字形截面的钢筋混凝土偏心受压构件,其斜截面受剪承载力计算公式为:

$$V \leqslant \frac{1.75}{\lambda + 1} f_t b h_0 + f_{yv} \frac{A_{sv}}{s} h_0 + 0.07N \tag{4.48}$$

式中　N——与剪力设计值 N 相应的轴向压力设计值,当 $N > 0.3f_cA$ 时,取 $N = 0.3f_cA$,A 为构件截面面积;

λ——偏心受压构件计算截面剪跨比。

矩形截面偏心受压构件,当符合下列条件时,可不进行斜截面受剪承载力计算,按构造要求配置箍筋:

$$V \leqslant \frac{1.75}{\lambda + 1} f_t b h_0 + 0.07N \tag{4.49}$$

同时,矩形截面偏心受压构件,其截面尺寸应符合下列条件,否则需加大截面尺寸:

$$V \leqslant 0.25\beta_c f_c b h_0 \tag{4.50}$$

4.3　受拉构件

受拉构件可分为轴心受拉构件和偏心受拉构件。当轴向拉力作用线与截面形心重合时,称为轴心受拉构件。如钢筋混凝土屋架的下弦杆、自来水压力管和圆形水池环向池壁,如图 4.36(a)、(b)所示。当轴向拉力作用线与截面形心不重合(截面上既有拉力作用,又有弯矩作用)时,称为偏心受拉构件。例如,单层工业厂房双肢柱的肢杆、矩形水池池壁等,如图 4.36(c)、(d)所示。

从受力角度看,轴心受拉构件并不需要箍筋,但为了形成钢筋骨架,必须设置箍筋,如屋架下弦箍筋间距一般不宜大于 200 mm,箍筋直径为 4 ~ 6 mm。偏心受拉构件要进行斜截面

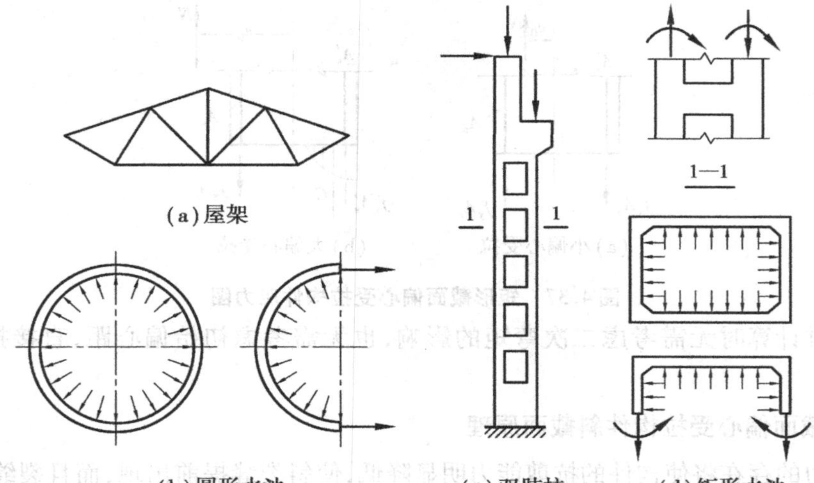

图 4.36　受拉构件

抗剪计算,配置箍筋时应考虑抗剪要求。偏心受拉杆件中的箍筋一般宜满足有关受弯构件箍筋的各项构造要求。水池等薄壁构件中一般双向都有钢筋,形成钢筋网。

·4.3.1　轴心受拉构件·

轴心受拉构件开裂前,拉力由混凝土与钢筋共同承受。开裂后,混凝土退出受拉工作,全部拉力由钢筋承担。当钢筋应力达到屈服时,构件即将破坏,故轴心受拉构件承载力计算公式为:

$$N \leqslant f_y A_s \tag{4.51}$$

式中　N——轴向拉力设计值;

f_y——钢筋抗拉强度设计值;

A_s——纵向受拉钢筋的全部截面面积。

公式适用条件:$A_s \geqslant \rho_{min} bh$。

应该注意,轴心受拉构件的钢筋用量并不总是由强度要求决定的,在许多情况下,裂缝宽度验算对纵筋用量起着决定作用。

·4.3.2　偏心受拉构件·

1)矩形截面偏心受拉构件正截面原理

偏心受拉构件正截面承载力计算,按轴向拉力作用位置不同,分为两种情况(图 4.37):当轴向拉力作用在钢筋 A_s 合力点及 A'_s 合力点之间时 $\left(e_0 \leqslant \frac{h}{2} - a_s\right)$,属于小偏心受拉构件,构件破坏时,全截面受拉;当轴向拉力作用在钢筋 A_s 合力点及 A'_s 合力点范围之外时 $\left(e_0 > \frac{h}{2} - a_s\right)$,属于大偏心受拉构件,构件破坏时,截面部分开裂,但仍有受压区。

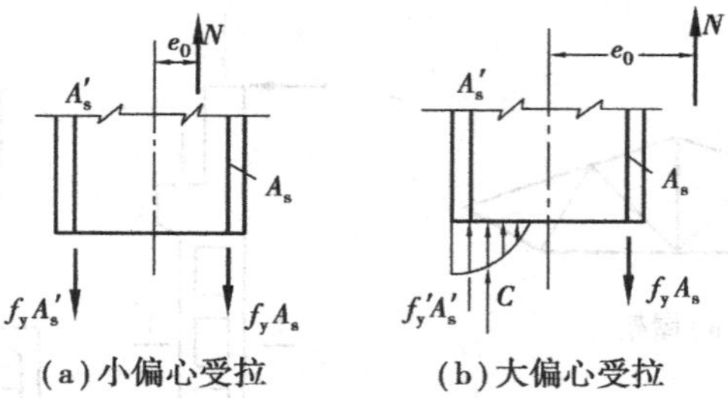

图 4.37　矩形截面偏心受拉构件应力图

受拉构件计算时无需考虑二次弯矩的影响，也无需考虑初始偏心距，直接按偏心距 e_0 计算。

2)矩形截面偏心受拉构件斜截面原理

轴向拉力的存在将使构件的抗剪能力明显降低，使斜裂缝提前出现，而且裂缝宽度加大，构件截面的受剪承载力明显降低，降低的幅度随轴向拉力的增加而增大。但构件内箍筋的抗剪能力基本上不受轴向拉力的影响，而是保持在与受弯构件相似的水准上不变。在偏心受拉构件受到较大剪力的作用时，需要进行斜截面受剪承载力计算。《混凝土结构设计规范》(GB 50010—2010,2015 年版)建议按下式进行偏心受拉构件斜截面受剪承载力计算：

$$V = \frac{1.75}{\lambda + 1} f_t b h_0 + f_{yv} \frac{A_{sv}}{s} h_0 - 0.2N \tag{4.52}$$

式中　N——与剪力设计值 V 相应的轴向拉力设计值；

λ——计算截面剪跨比，取为 $M/(Vh_0)$，当 $\lambda < 1.5$ 时取 1.5，当 $\lambda > 3$ 时取 3。

当式(4.52)右侧计算值小于 $f_{yv}\frac{nA_{sv1}}{s}h_0$ 时，应取等于 $f_{yv}\frac{nA_{sv1}}{S}h_0$ 且 $f_{yv}\frac{nA_{sv1}}{S}h_0 \geqslant 0.36 f_t b h_0$。

4.4　受扭构件

凡在构件截面中有扭矩作用的构件，习惯上都叫做受扭构件。在实际工程中，单独受扭作用的纯扭构件很少见，一般都是扭转和弯曲同时发生的复合受扭构件，图 4.38 是几种常见的受扭构件。一般来说，吊车梁、雨篷梁、平面曲梁或折梁以及现浇框架边梁、螺旋楼梯等都是复合受扭构件。

如图 4.38(c)所示，构件的内扭矩是用以平衡外扭矩的，它满足静力平衡条件，这种扭转叫做平衡扭转。图 4.38(d)中，边框架主梁的外扭矩，即作用在次梁的支座上的负弯矩，其大小由楼板次梁支承点处的转角与该处边框主梁扭转角的协调条件所决定，这种扭转叫做协调扭转或附加扭转。

试验表明，构件开裂前受扭钢筋应力很低，钢筋对开裂扭矩的影响不大。因此，在研究受扭构件开裂前的应力状态和开裂扭矩时，可以忽略钢筋的影响。配筋对提高构件开裂扭矩的作用不大，但配筋的数量及形式对构件的极限扭矩有很大影响，构件的受扭破坏形态和极限

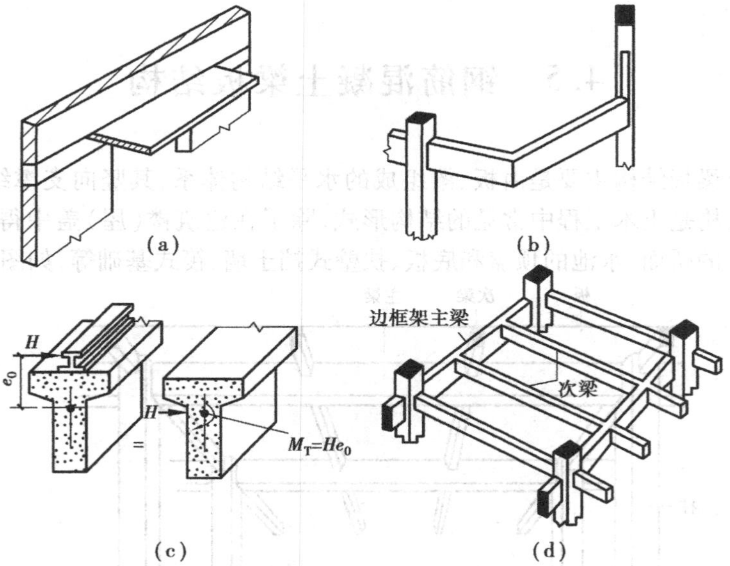

图 4.38　受扭构件示例

扭矩随配筋数量的不同而变化。如果抗扭钢筋配得过少或过稀，裂缝一旦出现，钢筋很快屈服，配筋对破坏扭矩的影响不大，构件的破坏扭矩和开裂扭矩非常接近，这种破坏过程迅速而突然，属于脆性破坏，也称为少筋破坏。当配筋数量过多，受扭构件在破坏前的螺旋裂缝会更多更密，这时构件由于混凝土被压碎而破坏，破坏时箍筋和纵筋均未屈服。这种破坏与受弯构件的超筋梁类似，破坏时钢筋的强度没有得到充分利用，属于脆性破坏，也称为超筋破坏。少筋破坏和超筋破坏均呈脆性，所以在设计中应予以避免。

由于抗扭钢筋有纵筋和箍筋两部分组成，纵筋和箍筋的配筋比例对构件的受扭承载力也有影响。当抗扭箍筋配置相对抗扭纵筋较少时，构件破坏时箍筋屈服而纵筋可能达不到屈服强度；反之，当抗扭纵筋配置相对抗扭箍筋较少时，构件破坏时纵筋屈服而箍筋可能达不到屈服强度，这种破坏称为部分超筋破坏。部分超筋构件的延性比适筋梁要差一些，但还不是完全超筋，在设计中允许使用，只是不够经济。

受弯构件同时受到扭矩作用时，扭矩的存在使构件受弯承载力降低，这是因为扭矩的作用使纵筋产生拉应力，加重了受弯构件纵向受拉钢筋的负担，使其应力提前达到屈服，因而降低了受弯承载力。弯扭构件的承载力受到很多因素的影响，精确计算是比较复杂的，且不便于设计应用，一种简单而且偏于安全的设计方法就是将受弯所需纵筋与受扭所需纵筋分别计算，然后进行叠加。

同时受到剪力和扭矩作用的构件，其承载力也是低于剪力和扭矩单独作用时的承载力，这是因为两者的剪应力在构件一个侧面上是叠加的，其受力性能也是非常复杂的，完全按照其相关关系对承载力进行计算是很困难的。由于受剪和受扭承载力中均包含有钢筋和混凝土两部分，其中箍筋可按受扭承载力和受剪承载力分别计算其用量，然后进行叠加。至于混凝土部分，在剪扭承载力计算中，有一部分被重复利用，过高地估计了其抗力作用，显然其抗扭和抗剪能力应予降低，我国《混凝土结构设计规范》(GB 50010—2010，2015 年版)采用剪扭构件混凝土受扭承载力降低系数 β_t 来考虑剪扭共同作用的影响。

4.5 钢筋混凝土梁板结构

钢筋混凝土梁板结构主要是由板、梁组成的水平结构体系,其竖向支撑结构体系可为柱或墙体。梁板结构是土木工程中常见的结构形式,除了在建筑楼(屋)盖中得到广泛应用外,还常被用于桥梁的桥面、水池的顶盖和底板、扶壁式挡土墙、筏式基础等,如图 4.39 所示。

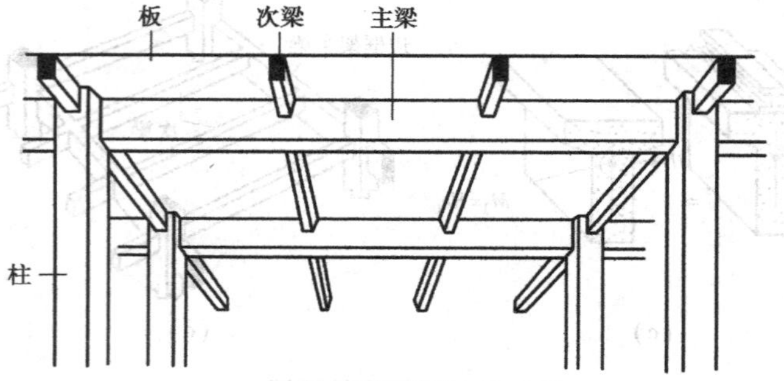

(a)肋形楼盖

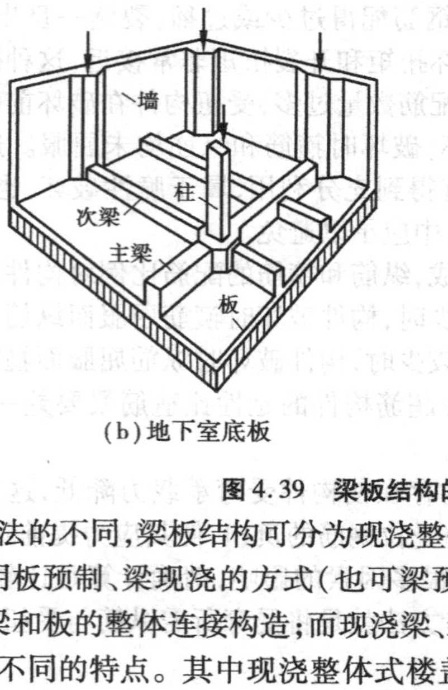

(b)地下室底板

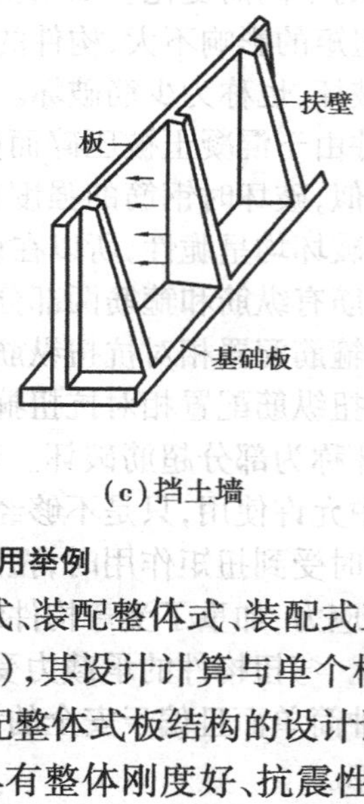

(c)挡土墙

图 4.39　梁板结构的应用举例

按照施工方法的不同,梁板结构可分为现浇整体式、装配整体式、装配式三类。预制的梁板结构,一般采用板预制、梁现浇的方式(也可梁预制),其设计计算与单个构件没有大的区别,主要是加强梁和板的整体连接构造;而现浇梁、装配整体式板结构的设计计算具有和单个构件的设计计算不同的特点。其中现浇整体式楼盖具有整体刚度好、抗震性能强、防水性能好、对房屋不规则平面适应性强等优点;缺点是费工费模板、施工周期长。装配式楼盖具有节省模板、工期短、受施工季节影响小等优点;缺点是整体性、抗震性、防水性较差,不便开设洞口。装配整体式楼盖的优缺点介于以上两种楼盖之间。

(1)现浇整体式结构

现浇整体式结构是采用现场浇筑混凝土的方法而形成的结构,其构件之间是整体连续的,是最基本的结构形式之一。它大量应用于工业与民用建筑,尤其是高层房屋结构的楼、屋盖结构中,其最大优点是整体性好、使用机械少、施工技术简单;缺点是模板用量较大,施工周期较长，施工时受冬季和雨季的影响。

现浇整体式梁板楼盖按其组成情况主要分为单向板肋梁楼盖、双向板肋梁楼盖和无梁楼盖三种，常见的是肋梁楼盖。

现浇整体式梁板结构按其四边支承板受弯情况，可分为单向板和双向板。当板的长跨与短跨之比≥3 时，板面荷载主要由短向板带承受，长向板带分配的荷载很小，可忽略不计，板面荷载主要使短跨方向受弯，而长跨方向的弯矩很小不予考虑，这种板面荷载仅有短向板带承受的四边支承板称为单向板(图 4.40)。当板的长跨与短跨之比≤2 时，板面荷载虽仍然主要由短向板带承受，但长向板带所分配的荷载却不能忽略不计，板面荷载使板在两个方向均受弯，且弯曲程度相差不大，这种板面荷载由两个方向板带共同承受的四边支承板称为双向板(图 4.41)。当板的长跨与短跨之比 >2，但 <3 时宜按双向板考虑，当按单向板考虑时，应沿长边方向配置足够的构造钢筋。

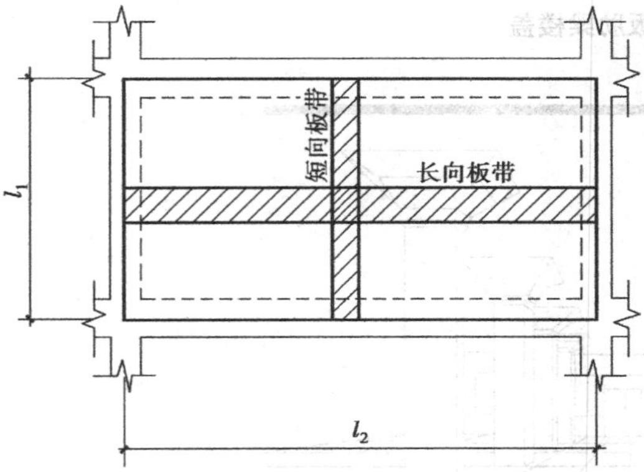

图 4.40　单向板

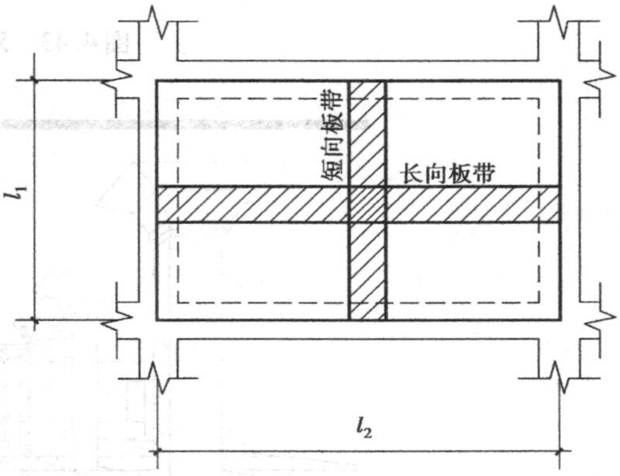

图 4.41　双向板

由单向板及其支承梁组成的梁板楼盖结构称为单向板肋梁楼盖(图 4.42)。由双向板及其支承梁组成的梁板楼盖结构称为双向板肋梁楼盖(图 4.43)。不设肋梁，将板直接支承在柱上的楼盖称为无梁楼盖(图 4.44)。单向板肋梁楼盖具有构造简单、计算简便、施工方便、较为经济的优点，故被广泛采用。而双向板肋梁楼盖虽无上述优点，但因梁格可做成正方形

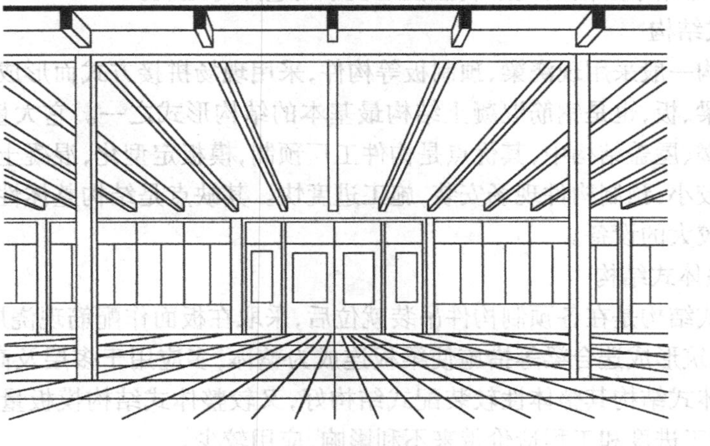

图 4.42　单向板肋梁楼盖

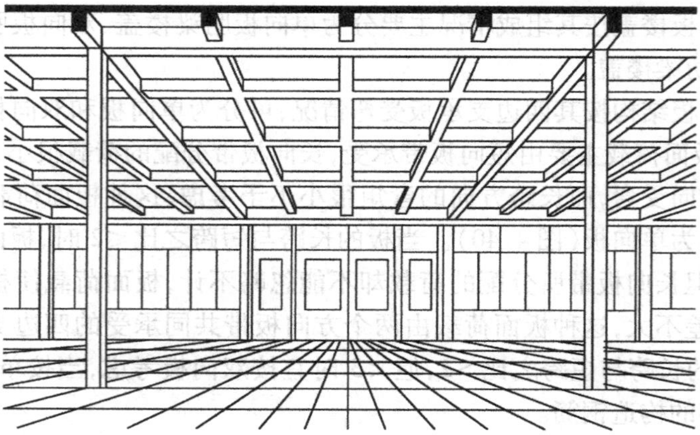

图 4.43　双向板肋梁楼盖

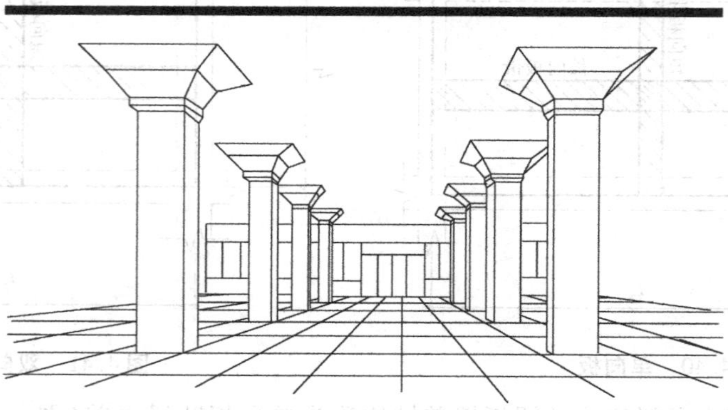

图 4.44　无梁楼盖

或接近正方形,两个方向的肋梁高度设置相同时(也称为双重井式楼盖)较为美观,故在公共建筑的门厅及楼盖中时有应用。无梁楼盖具有顶面平坦、净空较大等优点,但具有楼板厚、不经济等缺点,仅适用于层高受到限制且柱距较小的仓库等建筑。

(2)装配式结构

装配式结构一般采用现浇梁、预制板等构件,采用现场拼接方式而形成的结构,其构件绝大部分是简支梁、板,也是钢筋混凝土结构最基本的结构形式之一。它大量应用于一般工业与民用建筑的楼、屋盖结构中,其优点是构件工厂预制,模板定型化,混凝土质量容易保证,且受季节性影响较小;预制构件现场安装,施工进度快。其缺点是结构整体性差,预制构件运输及吊装时需要较大的设备。

(3)装配整体式结构

装配整体式结构是在各预制构件吊装就位后,采取在板面作配筋现浇层形成的复合式楼盖,梁做二次浇筑形成迭合梁等措施使梁板连成为整体,多应用于多层及高层房屋的楼盖结构中。装配整体式结构其整体性较装配式结构好,又较整体式结构模板量少,但由于两次浇筑混凝土,对施工进度和工程造价带来不利影响,应用较少。

·4.5.1 整体式单向板肋梁楼盖·

1)单向板楼盖的结构平面布置

由单向板及其支承梁组成的楼盖,称为单向板肋梁楼盖。单向板肋梁楼盖中,荷载的传递路线是:板→次梁→主梁→柱(墙)。在结构设计时,必须首先确定板、次梁、主梁的跨度,即进行结构平面布置。

在结构平面布置时,应首先考虑满足房屋的使用要求,梁格布置应力求简单、规整、统一,以减少构件类型,方便设计施工。

肋梁楼盖的主梁一般宜布置在整个结构刚度较弱的方向(即垂直于纵墙的方向),这样可使截面较大、抗弯刚度较好的主梁能与柱形成一片片框架,以加强承受水平作用力的侧向刚度,而由次梁将各片框架连接起来。但当柱的横向间距大于纵向间距时,主梁沿纵向布置可以减小主梁的截面高度,增大室内净高。

在满足使用要求的基础上,要尽量节约材料,降低造价,构件选择经济合理的跨度。通常,单向板的跨度取1.7~2.5 m,不宜超过3 m;次梁的跨度取4~6 m;主梁的跨度取5~8 m。一个主梁跨度内,次梁不宜少于2根。板的混凝土用量占整个楼盖的一半以上,因此应尽量使现浇板厚度接近板的构造厚度(屋面板的构造厚度为60 mm,民用建筑和工业建筑楼板的构造厚度分别为60 mm和80 mm),并且板厚度不应小于板跨的1/40。图4.45为单向板肋梁楼盖布置的几个示例。

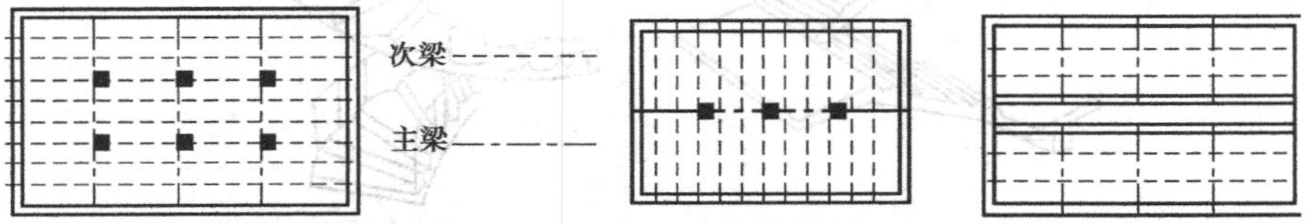

(a)主梁沿横向布置　(b)主梁沿纵向布置　(c)有中间走廊

图4.45 单向板肋梁楼盖结构布置示例

2)主梁与次梁交接处配筋构造

主梁与次梁的截面尺寸、钢筋选择,按照梁的规定执行支座处剪力很大,箍筋和弯起钢筋尚不足以抗剪时,可以增设鸭筋抗剪。在次梁和主梁相交处,次梁的集中荷载传至主梁的腹部,则有可能在该处主梁上引起斜裂缝。为了防止斜裂缝的发生引起局部破坏,应在次梁支承处的主梁内设置附加横向钢筋(图4.46)。

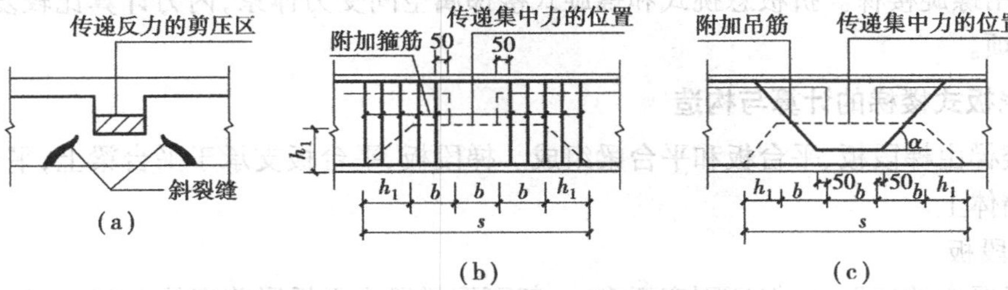

图4.46 主梁的附加横向钢筋

·4.5.2 楼梯·

1)楼梯的类型

楼梯是多、高层的竖向通道,由梯段和休息平台构成,其平面布置、踏步尺寸等由建筑设计确定。为了满足承重及防火要求,采用钢筋混凝土楼梯最为合适。

楼梯的类型,按施工方法的不同,可分为整体式楼梯和装配式楼梯;按梯段结构形式的不同,可分为梁式楼梯、板式楼梯、折板悬挑式楼梯和螺旋式楼梯,如图 4.47 所示。

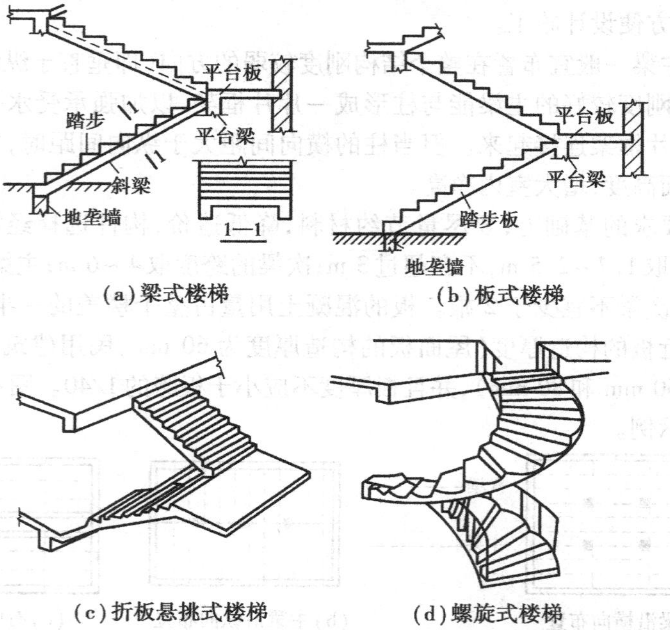

图 4.47 各种形式楼梯示意图

选择楼梯的结构形式,应根据楼梯的使用要求、材料供应、施工条件等因素,本着经济、适用,在可能条件下注意美观的原则确定。一般当楼梯使用荷载不大,且梯段的水平投影长度 <3 m 时,通常采用板式楼梯(在公共建筑中为了美观也大量采用);当使用荷载较大,且梯段水平投影长度 >3 m 时,则采用梁式楼梯较为经济;当建筑中不宜设置平台梁和平台板的支承时,可以采用折板悬挑式楼梯;当建筑中有特殊要求,不便设置平台,或需要特殊建筑造型时,可以采用螺旋楼梯。折板悬挑式和螺旋式楼梯属空间受力体系,内力计算比较复杂,造价高、施工麻烦。

2)现浇板式楼梯的计算与构造

板式楼梯由梯段板、平台板和平台梁组成。梯段板、平台板支承于平台梁上,平台梁支承于楼梯间墙体上。

(1)梯段板

梯段板厚度的选取,应保证刚度要求,一般可取梯段水平投影跨度的 1/30 左右。

梯段板的荷载计算,应考虑斜板、踏步粉刷层等恒载和活荷载。活荷载沿水平方向分布,恒荷载沿梯段板倾斜方向分布,为计算方便,一般将恒载换算成水平方向分布。

计算梯段板时,可取出 1 m 宽板带或整个梯段板作为计算单元,内力计算时,可以简化为简支斜板。

同一般板一样,梯段斜板不进行斜截面受剪承载力计算。竖向荷载在梯段板产生的轴向力,对结构影响很小,设计中不作考虑。

梯段板中的受力钢筋按跨中最大弯矩进行计算。支座处截面负弯矩钢筋的用量不再计算,一般取与跨中钢筋相同。配筋可以采用隔一弯一配置,弯起点位置如图 4.48(a)所示;或采用分离模式,支座负钢筋的截断点位置如图 4.48(b)所示。在垂直受力钢筋方向按构造配置分布钢筋。

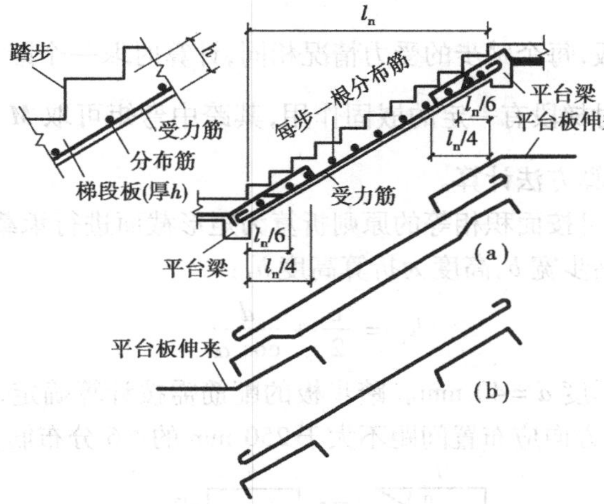

图 4.48 板式楼梯的配筋

(2)平台板

平台板一般为单向板,内力计算根据支承情况进行,当平台板一端与平台梁整体连接,另一端支承在墙体上时[图 4.49(a)],跨中弯矩可近似按 $M=\frac{1}{8}(g+q)l_0^2$ 计算;当平台板的两端均与梁整体连接时[图 4.49(b)],考虑梁的弹性约束作用,跨中弯矩按 $M=\frac{1}{10}(g+q)l_0^2$ 计算,l_0 为平台板的计算跨度。

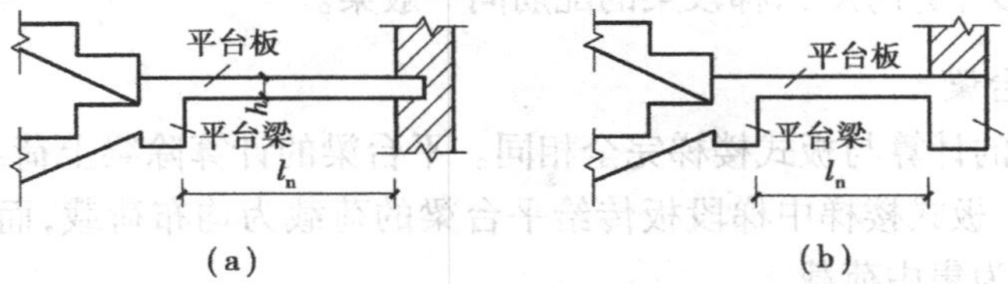

图 4.49 平台板的支承情况

平台板与平台梁整体连接时,支座处有一定的负弯矩作用,应按梁板要求配置构造负筋,数量一般取与平台板跨中钢筋相同。当平台板的跨度远比梯段板的水平跨度小时,平台板跨度内可能全部出现负弯矩。这时,应按计算通长布置负弯矩钢筋。

(3)平台梁

板式楼梯的平台梁,一般支承在楼梯间两侧的横墙上。截面高度一般取 $h \geqslant l_0/12$(l_0 为平台梁计算跨度)。平台梁承受梯段板、平台板传来的均布荷载和平台梁的自重,忽略上、下梯段之间的间隙,按荷载满布于全跨的简支梁计算。由于平台梁与平台板整体连接,配筋计算时按倒 L 形截面进行。考虑到平台梁两侧荷载不一致引起的扭矩,宜酌量增加纵筋和箍筋的用量。

3)现浇梁式楼梯的计算与构造

梁式楼梯由踏步板、梯段斜梁、平台板、平台梁组成。踏步板支承在梯段斜梁上,梯段斜梁和平台板支承在平台梁上,平台梁支承在楼梯间墙上。

(1)踏步板

踏步板是一块单向板,每个踏步的受力情况相同,计算时取一个踏步作为计算单元,按简支板计算。由于平台梁对梯段有一定的嵌固作用,其跨中弯矩可取 $M = \frac{1}{10}(g+q)l_0^2$,当为折线板时,可按折线梁的计算方法计算。

踏步板为梯形截面,可按面积相等的原则折算为矩形截面进行承载力计算,如图 4.50 所示。矩形截面的宽度为踏步宽 b,高度为折算高度 h_1:

$$h_1 = \frac{c}{2} + \frac{d}{\cos\alpha} \tag{4.53}$$

现浇踏步板的最小厚度 $d = 40$ mm。踏步板的配筋需按计算确定,且每一级踏步的配筋不少于 2ϕ6,沿梯段宽度方向应布置间距不大于 250 mm 的ϕ6 分布筋。

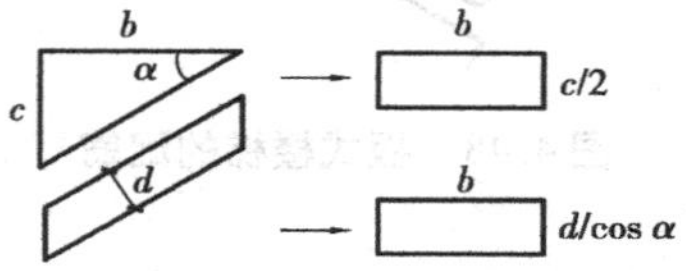

图 4.50 踏步板截面换算

(2)梯段斜梁

梯段斜梁承受踏步传来的荷载和自重。内力计算与板式楼梯的梯段斜板相同。

梯段梁按倒 L 形截面梁计算,踏步板下斜板为其受压翼缘,梯段梁的截面高度一般取 $h \geqslant \frac{l_0}{20}$($l_0$ 为斜梁水平投影计算跨度),梯段梁的配筋同一般梁。

(3)平台板与平台梁

梁式楼梯平台板的计算与板式楼梯完全相同。平台梁的计算除梁上荷载形式不同外,设计也与板式楼梯相同,板式楼梯中梯段板传给平台梁的荷载为均布荷载,而梁式楼梯中梯段梁传给平台梁的荷载为集中荷载。

4)折板形楼梯的计算与构造

折板形楼梯斜梁(板)的计算与普通梁(板)式楼梯一样,一般将斜梯段上的荷载化为沿水平长度方向分布的荷载,然后再按简支梁计算 M_{max} 及 V_{max} 的值(图 4.51)。由于折板形楼梯在梁(板)曲折处形成内折角,在配筋时,若钢筋沿内折角连续配置,则此处受拉钢筋将产生较大的向外的合力，可能使该处混凝土保护层剥落，钢筋被拉出而失去作用，因此，在内折角处，配筋时应采取将钢筋断开并分别予以锚固的措施，如图4.52所示。在梁的内折角处，箍筋应适当加密。

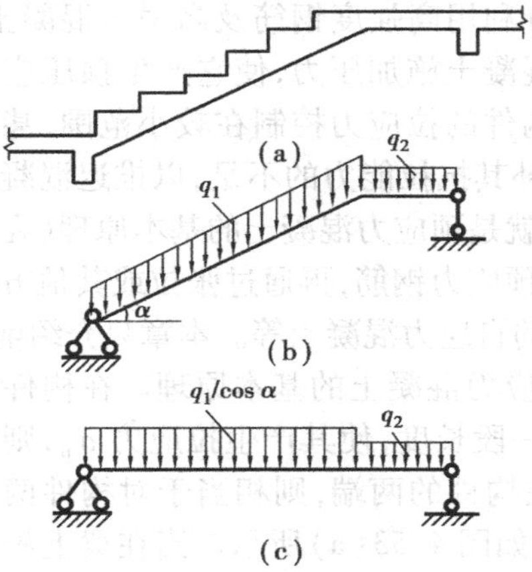

图4.51　折板式楼梯的荷载

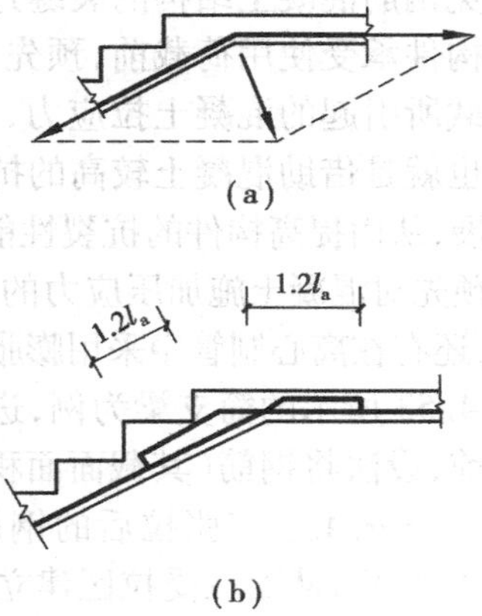

图4.52　折板形楼梯在板曲折处的配筋

4.6　预应力混凝土构件

·4.6.1　预应力混凝土的基本概念·

1）预应力混凝土的基本原理

钢筋混凝土是由混凝土和钢筋两种物理力学性能不同的材料所组成的弹塑性材料。混凝土抗拉强度及极限拉应变值都很低，其抗拉强度只有抗压强度的1/10～1/18，极限拉应变仅为$0.1\times10^{-3}\sim0.15\times10^{-3}$，即每米只能拉长0.1～0.15 mm，超过后就会出现裂缝。而钢筋达到屈服强度时的应变却要大得多，为$0.5\times10^{-3}\sim1.5\times10^{-2}$，如HPB300级钢筋就达$0.1\times10^{-2}$。对使用上不允许开裂的构件，受拉钢筋的应力只能用到20～30 N/mm^2，不能充分利用其强度。对于允许开裂的构件，当受拉钢筋应力达到250 N/mm^{2}时，裂缝宽度已达0.2～0.3 mm，构件耐久性有所降低，不宜用于高湿度或侵蚀性环境中。

由于混凝土的抗拉性能很差，使钢筋混凝土存在两个无法解决的问题：一是在使用荷载作用下，钢筋混凝土受拉、受弯等构件通常是带裂缝工作的。裂缝的存在，不仅使构件刚度大为降低，而且不能应用于不允许开裂的结构中。二是从保证结构耐久性出发，必须限制裂缝宽度。为了满足变形和裂缝控制的要求，则需增大构件的截面尺寸和用钢量，这将导致自重过大，使钢筋混凝土结构不可能用于大跨度或承受动力荷载的结构或即使用了也很不经济。从理论上讲，提高材料强度可以提高构件的承载力，从而达到节省材料和减轻构件自重的目的。但在普通钢筋混凝土构件中，提高钢筋强度却难以收到预期的效果。这是因为，对配置高强度钢筋的钢筋混凝土构件而言，承载力可能已不是控制条件，起控制作用的因素可能是裂缝宽度或构件的挠度。当钢筋应力达到 500 ~ 1 000 N/mm^2 时，裂缝宽度将很大，无法满足使用要求。因而，钢筋混凝土结构中采用高强度钢筋是不能充分发挥其作用的，而提高混凝土强度等级对提高构件的抗裂性能和控制裂缝宽度的作用也极其有限。

为了避免钢筋混凝土结构的裂缝过早出现，充分利用高强度钢筋及高强度混凝土，可以设法在结构构件承受使用荷载前，预先对受拉区的混凝土施加压力，使它产生预压应力来减小或抵消荷载所引起的混凝土拉应力，从而将结构构件的拉应力控制在较小范围，甚至处于受压状态。也就是借助混凝土较高的抗压能力来弥补其抗拉能力的不足，以推迟混凝土裂缝的出现和开展，从而提高构件的抗裂性能和刚度。这就是预应力混凝土的基本原理（在构件承受荷载以前预先对混凝土施加压应力的方法，除配置预应力钢筋，再通过张拉或其他方法建立预加应力外，还有在离心制管中采用膨胀混凝土生产的自应力混凝土等。本章只介绍前者）。

现以图 4.53 所示的简支梁为例，进一步说明预应力混凝土的基本原理。在构件承受使用荷载 q 以前，设法将钢筋（其截面面积为 A_p）拉伸一段长度，使其产生拉应力 σ_p，则钢筋中的总拉力为 $N_p = \sigma_p A_p$。将张拉后的钢筋设法固定在构件的两端，则相当于对构件两端施加了一对偏心压力 N_p，从而在受拉区建立起预压应力，如图 4.53(a)所示。当在梁上施加使用荷载 q 时，梁内将产生与预应力方向相反的应力，如图 4.53(b)所示。叠加后的应力如图 4.53(c)所示。显然，叠加后受拉区边缘的拉应力将小于由 q 在受拉区边缘单独引起的拉应力。若叠加后受拉区边缘的拉应力小于混凝土的抗拉强度，则梁不会开裂；若超过混凝土的抗拉强度，构件虽然开裂，但裂缝宽度较未施加预应力的构件小。

预应力的概念在生产和生活中应用颇广。盛水的木桶在使用前要用铁箍把木板箍紧，就是为了使木块受到环向预压力，装水后，只要由水产生的环向拉力不超过预压力，就不会漏水。

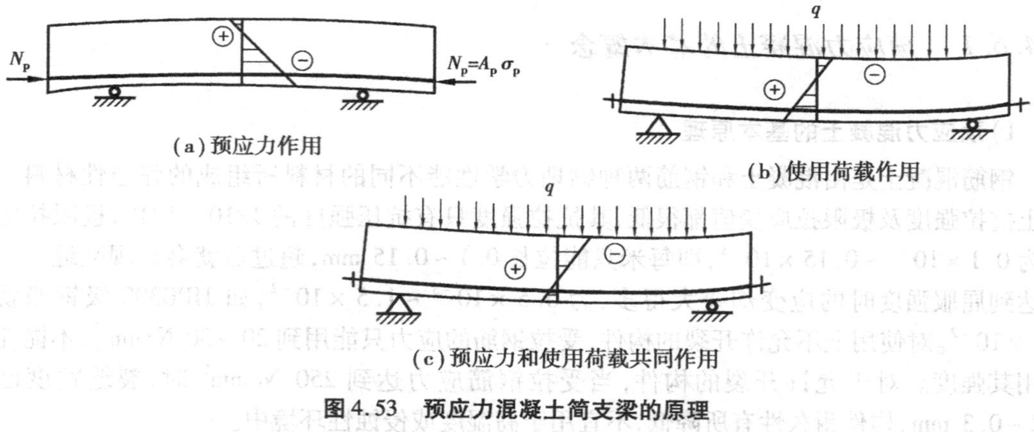

(a)预应力作用

(b)使用荷载作用

(c)预应力和使用荷载共同作用

图 4.53　预应力混凝土简支梁的原理

2)预应力施加方法

预应力混凝土的主要特征在于构件承受荷载之前，钢筋和混凝土已建立起较大的预应力（钢筋为拉应力，混凝土为压应力），这种预应力是通过张拉钢筋实现的。通常，根据预应力钢筋张拉时间的先后，习惯上把预应力施工方法分为先张法和后张法。在浇筑混凝土之前先张拉预应力钢筋的方法称为先张法。构件成型混凝土结硬后，在构件上张拉钢筋的方法称为后张法。

3)预应力混凝土的分类

根据预加应力值大小对构件截面裂缝控制程度的不同，预应力混凝土构件分为全预应力混凝土和部分预应力混凝土两类。

在使用荷载作用下,不允许截面上混凝土出现拉应力的构件,称为全预应力混凝土,属严格要求不出现裂缝的构件;允许出现裂缝,但最大裂缝宽度不超过允许值的构件,则称为部分预应力混凝土,属允许出现裂缝的构件。此外,还有一种所谓限值预应力混凝土或有限预应力混凝土,一般也认为属于部分预应力混凝土,即在使用荷载作用下,根据荷载效应组合情况,不同程度地保证混凝土不开裂的构件。也就是说,按荷载效应准永久组合时构件受拉边缘不允许出现拉应力,但按荷载效应标准组合时构件受拉边缘允许出现不超过规定值的拉应力,这种构件属一般要求不出现裂缝的构件。可见,部分预应力混凝土介于全预应力混凝土和钢筋混凝土两者之间。

按照黏结方式,预应力混凝土还可分为有黏结预应力混凝土和无黏结预应力混凝土。

无黏结预应力混凝土,是指配置无黏结预应力钢筋的后张法预应力混凝土。无黏结预应力钢筋是将预应力钢筋的外表面涂以沥青、油脂或其他润滑防锈材料,以减小摩擦力和防锈蚀,并用塑料套管或以纸带、塑料带包裹,以防止施工中碰坏涂层,使之与周围混凝土隔离,从而成为在张拉时可沿纵向发生相对滑移的后张预应力钢筋。无黏结预应力钢筋在施工时像普通钢筋一样,可直接按配置的位置放入模板中,并浇灌混凝土,待混凝土达到规定强度后即可进行张拉。无黏结预应力混凝土不需要预留孔道,也不必灌浆,因此施工简便、快速,造价较低,易于推广应用。目前已在建筑工程中广泛应用此项技术。

4)预应力混凝土的特点

与钢筋混凝土相比,预应力混凝土具有以下特点:

①构件的抗裂性能较好。

②构件的刚度较大。由于预应力混凝土能延迟裂缝的出现和开展,并且受弯构件要产生反拱,因而可以减小受弯构件在荷载作用下的挠度。

③构件的耐久性较好。由于预应力混凝土能使构件不出现裂缝或减小裂缝宽度,因而可以减少大气或侵蚀性介质对钢筋的侵蚀,从而延长构件的使用期限。

④可以减小构件截面尺寸,节省材料,减轻自重,既可以达到经济的目的,又可以扩大钢筋混凝土结构的使用范围,例如可以用于大跨度结构,代替某些钢结构。

⑤工序较多,施工较复杂,且需要张拉和锚具等设备。

由于预应力混凝土具有以上特点,因而在工程结构中得到了广泛应用。在工业与民用建筑中,屋面板、楼板、檩条、吊车梁、柱、墙板、基础等构配件,都可采用预应力混凝土。

需要指出,预应力混凝土不能提高构件的承载能力。也就是说,当截面和材料相同时,预应力混凝土与普通钢筋混凝土受弯构件的承载能力相同,构件的承载能力与受拉区钢筋是否施加预应力无关。

·4.6.2　预应力混凝土构件的构造要求·

1)预应力混凝土的材料

(1)混凝土

强度高:为了与高强钢筋相适应,宜采用强度等级较高的混凝土,混凝土的强度越高,建立的预应力值就越大,有利于对构件变形和裂缝的控制;收缩、徐变小:可以显著减小预应力损失；快硬、早强：可以尽早对构件施加预应力，加快施工进度，提高劳动生产率。因此，预应力混凝土强度等级不宜低于 C40，且不应低于 C30。

(2)钢筋

强度高：构件在制作过程中，由于多种原因会使预应力钢筋的张拉力逐渐降低，为了使构件在混凝土产生弹性压缩、徐变、收缩后，仍能使混凝土建立较高的预应力，需要钢筋具有较高的张拉力，即要求预应力钢筋有较高的抗拉强度。

塑性好：为避免构件发生脆性破坏，要求钢筋拉断时具有一定的伸长率，当构件处于低温或受冲击荷载时，对塑性和冲击韧性方面的要求是很重要的。

与混凝土间具有良好的黏结性能：黏结力是保证钢筋和混凝土得以可靠工作的基础，当采用光圆高强钢筋时，钢筋表面应经“压纹”或“刻痕”处理后使用。

良好的加工性能：钢筋应具有良好的可焊性，并要求钢筋“镦粗”后不影响其原材料的物理力学性能。

(3)锚具和夹具

锚具和夹具是用于锚固预应力钢筋的工具，是制造预应力钢筋混凝土构件所必不可少的部件。通常将构件制成后能够取下重复使用的称为夹具；锚固在构件端部与构件联成一体共同受力而不再取下的称为锚具。夹具和锚具主要依靠摩擦阻力、握裹力和承压锚固等来夹住或锚住钢筋。

对于夹具和锚具的一般要求是：安全可靠、性能优良、构造简单、使用方便、节约钢材、造价低廉。夹具和锚具的类型很多，例如螺丝端杆锚具、墩头锚具、刚质锥形锚具、JM12 型锚具、QM 型等。

(4)孔道成型与灌浆材料

后张有黏结预应力钢筋的孔道成型方法分为抽拔型和预埋型两类。

抽拔型是在浇筑混凝土前预埋钢管或充水(充压)的橡胶管，在浇筑混凝土后并达到一定强度时拔抽出预埋管，便形成了预留在混凝土中的孔道。抽拔型适用于直线形孔道。预埋型是在浇筑混凝土前预埋金屑波纹管(或塑料波纹管)，在浇筑混凝土后不再拔出而永久留在混凝土中，便形成了预留孔道。预埋型适用于各种线形孔道。

预留孔道的灌浆材料应具有流动性、密实性和微膨胀性，一般采用 32.5 或 32.5 以上强度等级的普通硅酸盐水泥，水灰比为 0.4 ~ 0.5，宜掺入 0.01% 水泥用量的铝粉作膨胀剂。当预留孔道的直径大于 150 mm 时，可在水泥浆中掺入不超过水泥用量 30% 的细砂或研磨很细的石灰石。

2)预应力混凝土构件中钢筋的布置

(1)预应力钢筋布置

①布置形式。预应力纵向钢筋的布置形式有两种：直线布置和曲线布置(图 4.54)。直线布置主要用于跨度和荷载较小的情况，如预应力混凝土板就是采用这种布置形式。直线布置的主要优点是施工简单，既可用于先张法构件，又可用于后张法构件。曲线布置多用于跨度和荷载较大的构件，如预应力混凝土梁就多采用这种布置形式。曲线布置一般用于后张法构件。后张法预应力混凝土构件的预应力纵向钢筋采用曲线布置时，其预应力钢丝束、钢绞

线束的曲率半径不宜小于 4 m；对折线配筋的构件，在预应力钢筋弯折处的曲率半径可适当减小。

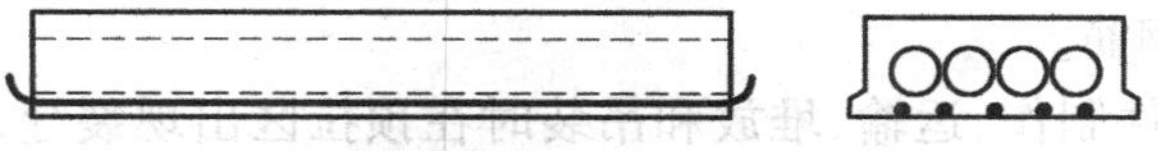

(a)直线布置

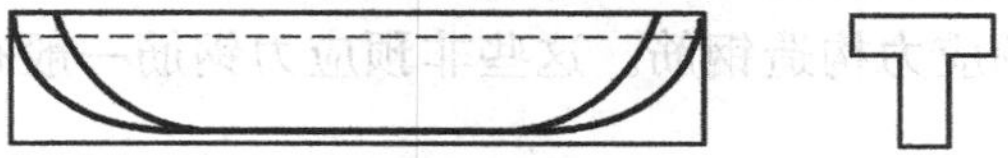

(b)曲线布置

图 4.54　预应力纵向钢筋的布置形式

②间距及孔道尺寸。先张法构件中预应力钢筋、钢丝的净距，应根据浇灌混凝土、施加预应力、钢筋锚固等要求确定。预应力钢筋的净距不应小于其公称直径的 2.5 倍和混凝土粗集料最大粒径的 1.25 倍，且应符合下列规定：对热处理钢筋及钢丝，不应小于 15 mm；对 3 股钢绞线，不应小于 20 mm；对 7 股钢绞线，不应小于 25 mm；当混凝土振捣密实性具有可靠保证时，净间距可放宽为最大粗集料粒径的 1.0 倍。当先张法预应力钢丝按单根方式配筋有困难时，可采用相同直径钢丝并筋的配筋方式。并筋的等效直径，双并筋时取单筋直径的 1.4 倍，三并筋时取单筋直径的 1.7 倍。

后张法构件中，预应力钢丝束、钢绞线束的预留孔道间的水平净间距，在预制构件中不宜小于 50 mm 且不宜小于粗集料粒径的 1.25 倍；孔道至构件边缘的净距不宜小于 30 mm，且不宜小于孔道直径的一半（图 4.55）。预留孔道的内径应比预应力钢丝束或钢绞线束外径及需穿过孔道的连接器外径大 10 ~ 15 mm，且孔道的截面积宜为穿入预应力束截面积的 3.0 ~ 4.0 倍。在构件两端及跨中应设灌浆孔或排气孔，孔距不宜大于 12 m。凡制作时需预先起拱的构件，预留孔道宜随构件同时起拱。

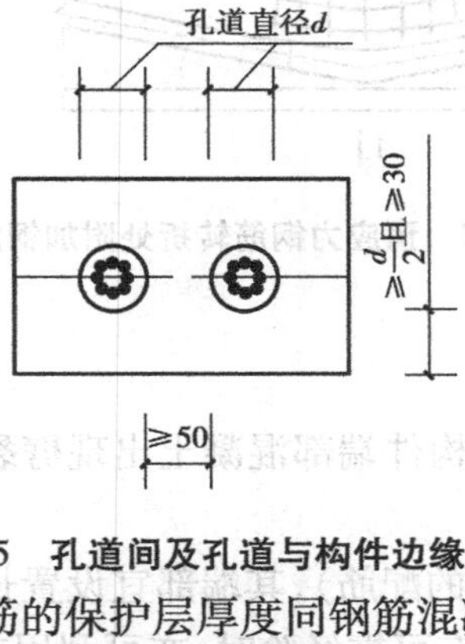

图 4.55　孔道间及孔道与构件边缘的净距

③混凝土保护层。预应力钢筋的保护层厚度同钢筋混凝土构件，处于一类环境且由工厂生产的预应力混凝土构件，预应力钢筋的保护层厚度不应小于预应力钢筋直径 d，且板不小于 15 mm，梁不小于 20 mm。

(2)非预应力钢筋

①纵向非预应力钢筋。纵向非预应力钢筋包括受力钢筋和非受力钢筋。

当通过对一部分纵向钢筋施加预应力已能使构件符合裂缝控制要求时，承载力计算所需的其余纵向钢筋可采用非预应力钢筋。非预应力受力钢筋宜采用 HRB335，HRB400 和 CRB550 级钢筋，也可采用 RRB400 级钢筋；箍筋宜采用 HRB335，HRB400 和 CRB550 级钢筋，也可采用 HPB300 级钢筋。

为了防止受弯构件制作、运输、堆放和吊装时在预拉区出现裂缝，或者为了减小裂缝宽度，可在构件预拉区配置一定数量的纵向非预应力钢筋。后张法预应力混凝土构件的预拉区和预压区中应设置纵向非预应力构造钢筋。这些非预应力钢筋一般布置在预应力钢筋的外侧（图 4.56）。

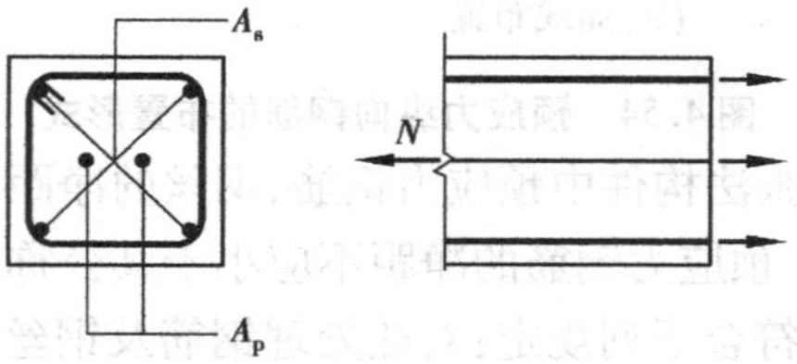

图 4.56　后张法构件纵向非预应力钢筋

在无黏结后张法预应力混凝土受弯构件中，应配置一定数量的纵向非预应力钢筋，以克服纯无黏结受弯构件只出现一条或少数几条裂缝，使混凝土压应变集中而引起脆性破坏的缺点，还利于分散裂缝，改善受弯构件的变形性能和提高正截面受弯承载力。

②箍筋。预应力混凝土构件的箍筋设置的构造要求与钢筋混凝土构件基本相同。

③附加钢筋网片。后张法预应力混凝土构件在预应力钢筋弯折处，应加密箍筋或沿弯折处内侧设置钢筋网片（图 4.57）。

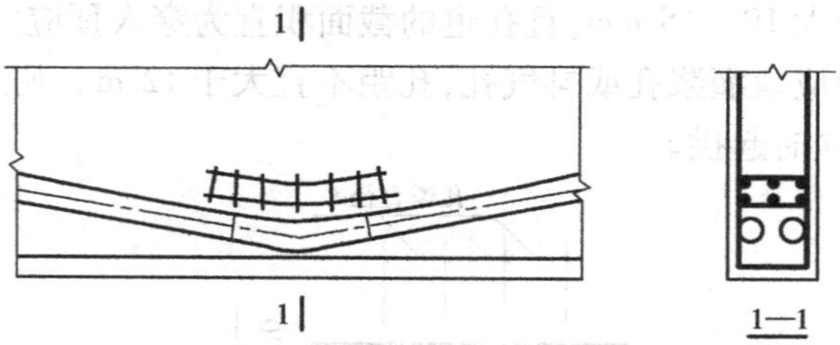

图 4.57　预应力钢筋转折处附加钢筋网片

3）构件端部加强措施

（1）先张法构件

为了防止切断预应力钢筋时，构件端部混凝土出现劈裂裂缝，应对预应力钢筋端部周围的混凝土采取下列局部加强措施：

①对单根预应力钢筋（如板肋的配筋），其端部宜设置长度不小于 150 mm 且不少于 4 圈的螺旋筋，如图 4.58（a）所示。当有可靠经验时，亦可利用支座垫板上的插筋代替螺旋筋，但插筋数量不应少于 4 根，其长度不宜小于 120 mm，预应力钢筋应放置在插筋之间，如图 4.58（b）所示。

②对分散布置的多根预应力钢筋，在构件端部 $10d$（d 为预应力钢筋的公称直径）且不小于 100 mm 长度范围内，宜设置 3 ~5 片与预应力钢筋垂直的钢筋网，如图 4.58（c）所示。

③对采用预应力钢丝配筋的薄板，在板端 100 mm 范围内应适当加密板横向钢筋，如图 4.58(d)所示。

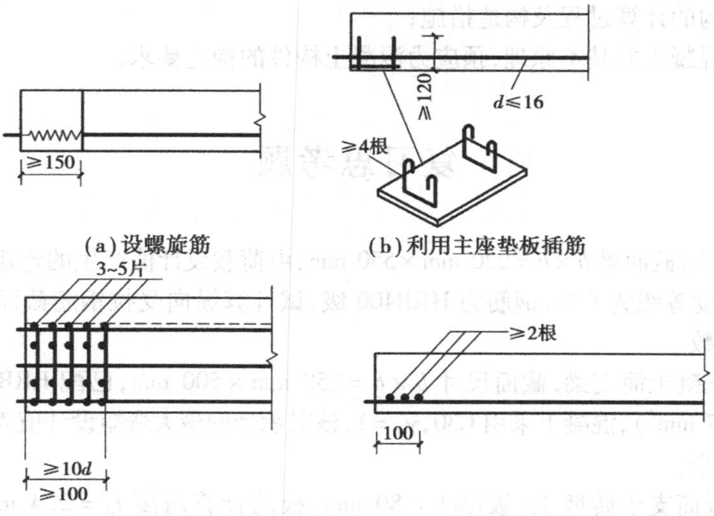

(a)设螺旋筋　(b)利用主座垫板插筋

(c)设钢筋网　(d)加密薄板端部横向钢筋

图 4.58　预应力钢筋端部周围加强措施

(2)后张法构件

①当构件在端部有局部凹进时，为防止在施加预应力过程中端部转折处产生裂缝，应增设折线构造钢筋，如图 4.59 所示。

②为了防止施加预应力时，在构件端部产生沿截面中部的纵向水平裂缝和减少使用阶段构件在端部区段的混凝土主拉应力（简支构件），宜将一部分预应力钢筋在靠近支座处弯起，并使预应力钢筋尽可能沿构件端部均匀布置。当需集中布置在端部截面的下部或集中布置在上部和下部时，应在构件端部 $0.2h$（h 为构件端部截面高度）范围设置竖向附加的焊接钢筋网、封闭式箍筋或其他形式的构造钢筋，附加竖向钢筋宜采用带肋钢筋。

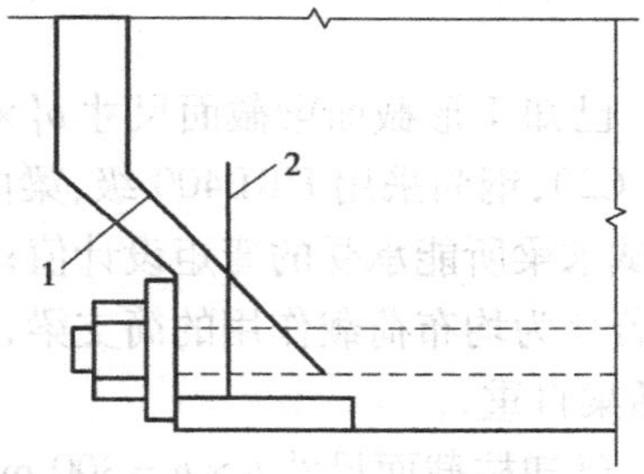

图 4.59　构件端部有局部凹进时的构造钢筋

1—折线构造钢筋；2—竖向构造钢筋

③在预应力钢筋锚具下及张拉设备的支承处，应设置预埋钢垫板，并设置间接钢筋和附加构造钢筋。

本章小结

(1)受弯构件梁的正截面受弯和斜截面受剪的计算原理与构造措施；

(2)大偏心对称配筋构件的计算原理与构造措施；

(3)受拉构件与受扭构件的基本原理与构造;

(4)钢筋混凝土构件变形和裂缝宽度的计算公式与原理;

(5)梁板结构的计算过程及构造措施;

(6)预应力混凝土的基本原理,预应力混凝土构件的构造要求。

复习思考题

4.1 已知矩形截面梁 $b \times h = 220\ \text{mm} \times 550\ \text{mm}$,由荷载设计值产生的弯矩 $M = 180\ \text{kN·m}$,$\gamma_0 = 1$,混凝土强度等级为 C25,钢筋为 HRB400 级,试计算纵向受拉钢筋截面面积 A_s,并选出钢筋的直径和根数。

4.2 钢筋混凝土简支梁,截面尺寸 $b \times h = 250\ \text{mm} \times 500\ \text{mm}$,已配 RRB400 级受拉钢筋 4$\Phi^R$18($A_s = 1\ 017\ \text{mm}^2$),混凝土采用 C30,$\gamma_0 = 1$,该梁承受的最大弯矩设计值 $M = 100\ \text{kN·m}$,试复核该梁是否安全。

4.3 现浇板简支于砖墙上,板厚 $h = 80\ \text{mm}$,板的计算跨度 $l_0 = 2.4\ \text{m}$,受力钢筋采用 HPB300 级 Φ8@120 布置,混凝土采用 C20,$\gamma_0 = 1$,试求板所能承受的均布荷载设计值 q 为多少?

4.4 某矩形截面梁截面尺寸 $b \times h = 200\ \text{mm} \times 450\ \text{mm}$,采用 C25 混凝土,HRB400 级钢筋,梁所承受的弯矩设计值 $M = 185\ \text{kN·m}$,$\gamma_0 = 1$,试求该梁的配筋($a_s = 60\ \text{mm}$)。

4.5 已知条件同习题 4.6,但在梁的受压区配有 2Φ20 受压钢筋,试求受拉钢筋截面面积 A_s。

4.6 已知 T 形截面梁截面尺寸 $b_f' \times h_f' = 500\ \text{mm} \times 100\ \text{mm}$,$b \times h = 250\ \text{mm} \times 800\ \text{mm}$,混凝土采用 C20,钢筋采用 HRB400 级,梁内配有 6Φ25 纵向受拉钢筋。

(1)试求梁所能承受的弯矩设计值;

(2)若梁为均布荷载作用的简支梁,计算跨度 $l_0 = 5\ \text{m}$,试计算该梁所能承受的荷载设计值 q(包括梁自重)。

4.7 已知柱截面尺寸 $b \times h = 300\ \text{mm} \times 300\ \text{mm}$,计算长度 $l_0 = 3.9\ \text{m}$,混凝土 C20,纵向钢筋采用 HRB400 级,若包括自重在内柱承受的轴向压力设计值 $N = 1\ 200\ \text{kN}$,试确定该柱的配筋。

4.8 钢筋混凝土轴心受压柱,截面尺寸 $b \times h = 300\ \text{mm} \times 300\ \text{mm}$,已配有纵向钢筋 4$\Phi$20,箍筋 Φ8@250,计算长度 $l_0 = 4\ \text{m}$,混凝土强度等级 C25,试确定该柱的承载力设计值 N_u。

第5章　砌体结构

教学内容：主要介绍砌体的力学性能，砌体承重方案与静力计算方案，无筋砌体受压构件承载力计算方法，砌体房屋的一般构造要求，圈梁、过梁、墙梁、挑梁的受力特点和构造，配筋砌块砌体构件的受力特点与构造。

学习要求：

(1)理解砌体的力学性能；

(2)了解砌体房屋的一般构造要求，圈梁、过梁、墙梁、挑梁的受力特点和构造，配筋砌块砌体构件的受力特点与构造要求；

(3)掌握砌体承重方案与静力计算方案，无筋砌体受压构件承载力计算。

砌体是由块材和砂浆黏结而成的复合体。砌体按是否配有钢筋分为无筋砌体和配筋砌体；按所用材料分为砖砌体、砌块砌体和石砌体。在无筋砌体内配置适量的钢筋或浇筑钢筋混凝土，称为配筋砌体。配筋砌体可以提高砌体的承载力和抗震性能，扩大砌体结构的使用范围。

5.1　砌体的力学性能

·5.1.1　砌体的受压性能·

砌体的抗压强度是最主要的强度指标。但由于砌体结构是由块体和砂浆砌筑而成的结构，其受压性能与单一匀质材料有明显的不同。不同类型的砌体结构，其抗压强度也不同，但其受压工作机理基本一致。以无筋砖砌体结构为例，其从轴心受压至破坏大致可分为三个阶段(图5.1)。

第一阶段：从结构开始受压到个别砖出现裂缝。此时施加的荷载为破坏荷载的50%～70%。在这一阶段，个别砖出现竖向短裂缝，如果此时压力不再增大，裂缝也不会继续发展，如图5.1(a)所示。

第二阶段：随着压力的增大，个别砖的短裂缝继续延长、加宽，将该皮砖裂通后进一步向上、向下发展，并逐步形成贯穿几皮砖的连续裂缝，同时产生新的裂缝。此时，压力达到破坏荷载的80%～90%，即使不再增加压力，裂缝仍会继续发展，如图5.1(b)所示。由于房屋处于长期荷载作用之下，这一阶段就是砌体的实际破坏阶段。

第三阶段：压力继续增加，裂缝迅速发展，几条主要的连续裂缝将砌体分割成若干小柱体，如图5.1(c)所示。整个砌体明显外胀，最终因这些小柱发生失稳或压碎而导致整个砌体的破坏。

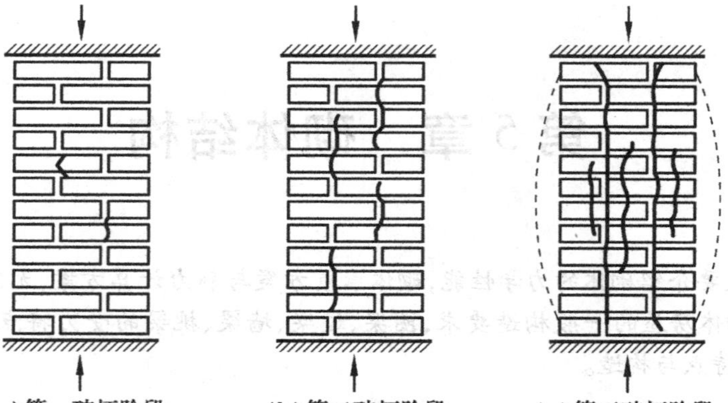

(a)第一破坏阶段　(b)第二破坏阶段　(c)第三破坏阶段

图5.1　无筋砖结构受压破坏过程

·5.1.2　砌体的受拉、受剪及受弯性能·

砌体的抗拉、抗弯和抗剪强度都远低于其抗压强度，所以设计砌体结构时，总是尽量使其处于承受压力的工作状态。但是在砌体结构中不可避免会遇到承受拉力和剪切的情况，如圆形水池的池壁上存在环向拉力，挡土墙受到土侧压力形成的弯矩作用，砖砌过梁在自重和楼面荷载作用下承受的弯剪作用，拱支座处的剪力作用。试验表明，砌体在轴心受拉、受弯和受剪时的破坏一般都发生在砂浆和块材的结合面上。因此，砌体的拉、弯、剪强度主要取决于灰缝和块材的黏结强度，即砂浆的强度。

1）砌体的轴心受拉破坏

砌体结构轴心受拉时，由于受拉方向不同，可能出现如图5.2所示的破坏。

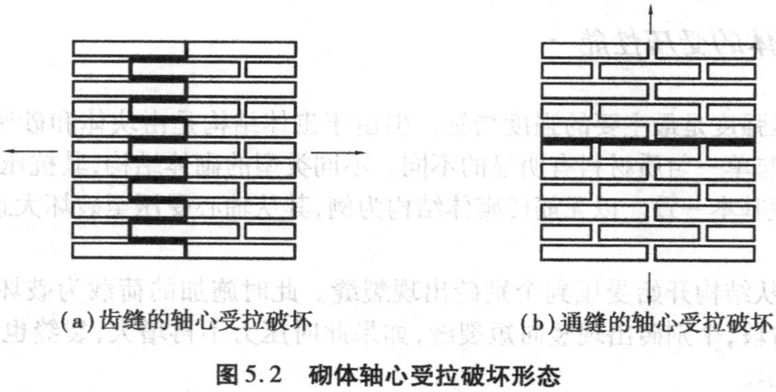

(a)齿缝的轴心受拉破坏　(b)通缝的轴心受拉破坏

图5.2　砌体轴心受拉破坏形态

由于《砌体结构设计规范》(GB 50003—2011)对块材的最低强度作了限制，确保了块材强度较高，砂浆强度较低，砂浆缝的破坏先于块材的破坏。当砌体轴向拉力的作用方向平行于水平灰缝时，将发生沿竖向及水平向灰缝的齿缝截面破坏，如图5.2(a)所示；当轴向拉力与砌体的水平灰缝垂直时，砌体将沿通缝截面破坏，如图5.2(b)所示。由于块材和砂浆的法向黏结力较低，因此规范不允许设计沿通缝截面的受拉构件。

2)砌体的弯曲受拉破坏

当砌体承受的弯矩产生与水平灰缝平行的拉应力,可能发生沿齿缝截面的破坏,如图5.3(a)所示;当弯矩产生与通缝垂直的拉应力时,可能发生沿通缝截面的破坏,如图5.3(b)所示。

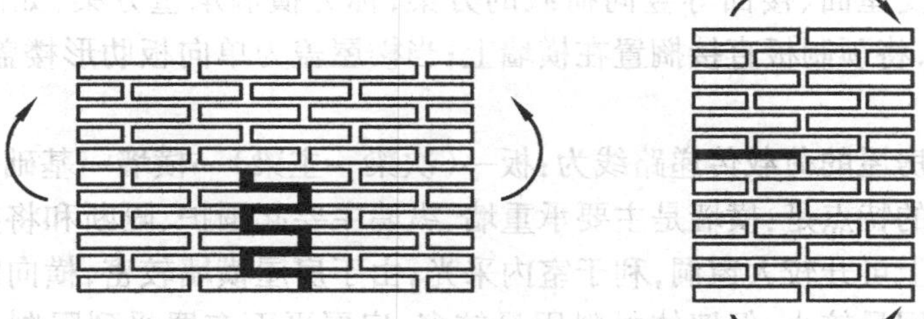

(a)齿缝的弯曲受拉破坏　　(b)通缝的弯曲受拉破坏

图5.3　砌体弯曲受拉破坏形态

砌体的受弯破坏,实质上是弯曲受拉破坏,是由于截面上拉应力超过砌体抗拉强度造成的。因此,凡是影响砌体抗拉强度的因素,对于砌体弯曲抗拉强度都有影响。

3)砌体的受剪破坏

砌体的受剪破坏有沿通缝破坏和沿齿缝破坏两种,如图5.4所示。

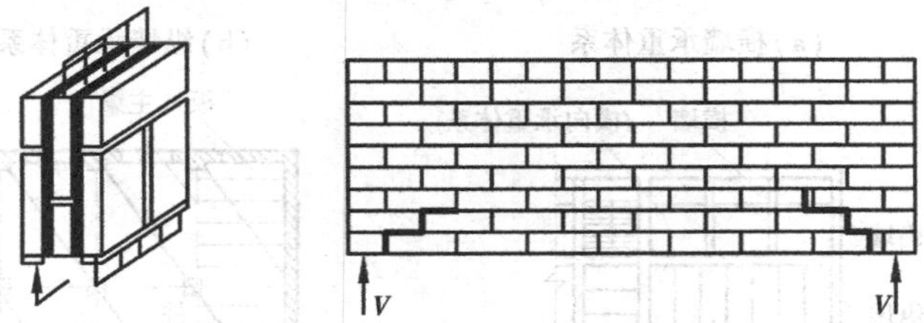

(a)通缝的受剪破坏　　(b)齿缝的受剪破坏

图5.4　砌体剪切破坏形态

齿缝破坏一般仅发生在齿缝较差的砖砌体及毛石砌体中。砌体通缝抗剪强度主要取决于块材和砂浆的切向黏结强度。砌体还可能发生沿阶梯形缝受剪破坏,此种破坏是地震中房屋墙体的常遇震害。砌体中竖向灰缝饱满度较差,一般不考虑它的抗剪作用,因而规范对沿阶梯形缝的抗剪强度和沿通缝的抗剪强度取值一样,且抗剪强度只与砂浆强度有关。

5.2　砌体结构的承重方案与静力计算方案

·5.2.1　砌体结构的承重方案·

砌体结构承重墙的布置方案,会影响到房屋平面的划分和房间的大小,而且与房屋的荷载传递路线、承载的合理性、墙体的稳定性以及房屋的空间工作性能有着密切的关系。根据竖向荷载传递方式不同，砌体房屋的结构布置方案可分为横墙承重体系、纵墙承重体系、纵横墙承重体系、内框架承重体系4种。在工程中，应根据建筑实际功能要求选择合理的承重方案。

1）横墙承重体系

由横墙直接承受屋面、楼面等竖向荷载的方案，称为横墙承重方案，如图5.5（a）所示。对于这种承重方案，将预制板直接搁置在横墙上；当楼屋盖为单向板肋形楼盖时，将其主梁搁置在横墙上。

横墙承重方案房屋的荷载传递路线为：板→（次梁→主梁）→横墙→基础→地基。

这种承重方案的特点是：横墙是主要承重墙，纵墙主要起围护、隔断和将横墙连成整体的作用。此方案纵墙上可开较大窗洞，利于室内采光；由于房屋横墙较密，横向刚度和整体性较好；屋盖、楼盖材料用量较小，但墙体材料用量较多，房屋平面布置受到限制。这种承重方案主要用于住宅、宿舍、招待所等横墙较密的建筑。

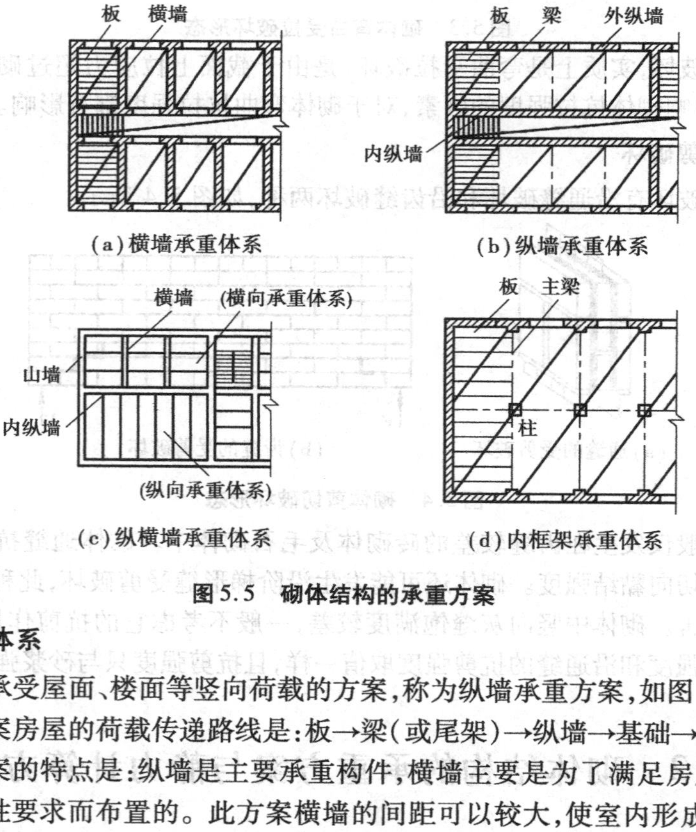

图5.5　砌体结构的承重方案

2）纵墙承重体系

由纵墙直接承受屋面、楼面等竖向荷载的方案，称为纵墙承重方案，如图5.5（b）所示。

纵墙承重方案房屋的荷载传递路线是：板→梁（或尾架）→纵墙→基础→地基。

这种承重方案的特点是：纵墙是主要承重构件，横墙主要是为了满足房屋使用功能以及空间刚度和整体性要求而布置的。此方案横墙的间距可以较大，使室内形成较大空间，有利于使用上的灵活布置。但由于房屋开间较大，因而墙体材料用量较小，但横向刚度较差，楼盖材料用量较多。这种承重方案主要用于教学楼、试验楼、办公楼等要求有较大内部空间的房屋。

3）纵横墙承重体系

根据房间的开间和进深要求，有时需要由纵墙和横墙共同承受竖向荷载，此种方案称为纵横墙承重方案,如图5.5(c)所示。

纵横墙承重方案房屋的荷载传递路线是:板→纵墙或横墙→基础→地基。

这种承重方案的特点是:结构平面布置比较灵活,纵横向刚度均较好,兼顾了上述两种承重方案的优点。这种承重方案在实际工程中得到了广泛的应用。

4)内框架承重体系

由房屋内部的钢筋混凝土框架和外部的砖墙、砖柱共同承受荷载的布置方案称为内框架承重方案,如图5.5(d)所示。

内框架承重方案房屋的荷载传递路线为:板→梁→外墙或框架柱→基础→地基。

此方案结构平面布置灵活,易满足使用要求,但由于横墙较少,因此空间刚度和整体性较差,并且框架和墙的变形性能相差较大,地震时容易因变形不协调而破坏。这种承重方案主要用于有较大内部空间要求的建筑,如多层工业厂房、商店、仓库、旅馆等。

·*5.2.2　砌体结构的静力计算方案*·

砌体房屋的结构计算包括两部分内容:内力计算和截面承载力计算。进行墙、柱内力计算要确定计算简图,因此首先要确定房屋的静力计算方案,即根据房屋的空间工作性能确定结构的静力计算简图。

1)房屋的空间工作性能

砌体结构是由屋盖、楼盖、纵横墙体、柱和基础等结构构件组成的一个空间整体来承受各种荷载和作用。由于各种构件之间是相互联系的,不仅是直接承受荷载的构件起着抵抗荷载的作用,而且与其相连接的其他构件也不同程度地参与工作,因此整个结构体系处于空间工作状态。其他构件的参与程度与房屋的空间刚度有关。

如图5.6所示是一单层房屋,外纵墙承重,装配式钢筋混凝土屋盖,两端无山墙。在水平风荷载作用下,房屋各个计算单元将会产生相同的水平位移,可简化为一平面排架。水平荷载传递路线为:风荷载→纵墙→纵墙基础→地基。

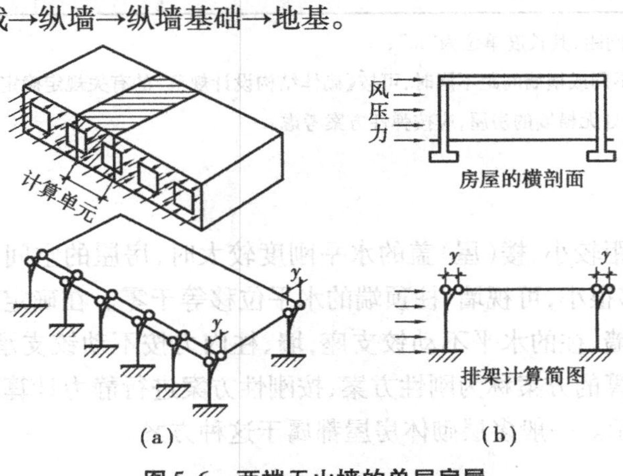

图5.6　两端无山墙的单层房屋

如图5.7所示有山墙的单层房屋由于山墙的约束,使得在均布水平荷载作用下,整个房屋墙顶的水平位移不再相同。距离山墙越近的墙顶受到山墙的约束越大,水平位移越小。水平荷载传递路线为：风荷载→纵墙→纵墙基础（或屋盖结构→山墙→山墙基础）→地基。

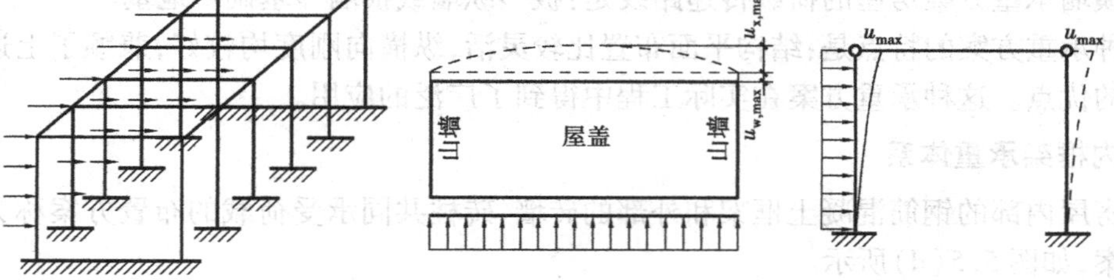

图 5.7　有山墙的单层房屋

纵墙顶的最大位移除了包含自身弯曲产生的跨中位移，还有山墙发生的位移。由于山墙增加了房屋的空间抗侧移刚度，此种房屋纵墙顶点处沿纵墙各点的水平位移均比无山墙的房屋小。

2）房屋静力计算方案

房屋的空间刚度主要与楼（屋）盖的水平刚度、横墙的间距和墙体本身的刚度有关。《砌体结构设计规范》（GB 50003—2011）按房屋的空间刚度大小，将房屋的静力计算划分为刚性方案、弹性方案、刚弹性方案三种。具体的静力计算方案根据房屋的楼（屋）盖类型、与房屋的横墙间距 s 查表 5.1 确定。

表 5.1　房屋的静力设计方案

屋盖或楼盖类别	刚性方案	刚弹性方案	弹性方案
整体式、装配整体式和装配式无檩体系钢筋混凝土屋盖或钢筋混凝土楼盖	$s<32$	$32\leqslant s\leqslant 72$	$s>72$
装配式有檩体系钢筋混凝土屋盖、轻钢屋盖和有密铺望板的木屋盖或木楼盖	$s<20$	$20\leqslant s\leqslant 48$	$s>48$
瓦材屋面的木屋盖和轻钢屋盖	$s<16$	$16\leqslant s\leqslant 36$	$s>36$

注：①表中 s 为房屋横墙间距，其长度单位为“m”；

②当屋盖、楼盖类别不同或横墙间距不同时，可按《砌体结构设计规范》的有关规定确定房屋的静力计算方案；

③对无山墙或伸缩缝处无横墙的房屋，应按弹性方案考虑。

（1）刚性方案

当房屋的横墙间距较小、楼（屋）盖的水平刚度较大时，房屋的空间刚度较大。在荷载作用下，房屋的水平位移很小，可视墙、柱顶端的水平位移等于零。在确定墙、柱的计算简图时，可将楼盖或屋盖视为墙、柱的水平不动铰支座，墙、柱内力按不动铰支承的竖向构件计算，按这种方法进行静力计算的方案称为刚性方案，按刚性方案进行静力计算的房屋称为刚性方案房屋，如图 5.8（a）所示。一般多层砌体房屋都属于这种方案。

（2）弹性方案

当房屋横墙间距较大、楼（屋）盖水平刚度较小时，房屋的空间刚度较小，在荷载作用下房屋的水平位移较大。在确定计算简图时，不能忽略水平位移的影响，不考虑空间工作性能，按这种方法进行静力计算的方案称为弹性方案,按弹性方案计算的房屋称为弹性方案房屋,如图5.8(b)所示。一般的单层厂房、仓库、礼堂多属此种方案。静力计算时,可按屋架或大梁与墙(柱)铰接的、不考虑空间工作性能的平面排架或框架计算。

(3)刚弹性方案

房屋空间刚度介于刚性方案和弹性方案之间。在荷载作用下,房屋的水平位移也介于两者之间,这种房屋为刚弹性方案房屋,如图5.8(c)所示。在确定计算简图时,按在墙、柱有弹性支座(考虑空间工作性能)的平面排架或框架计算。

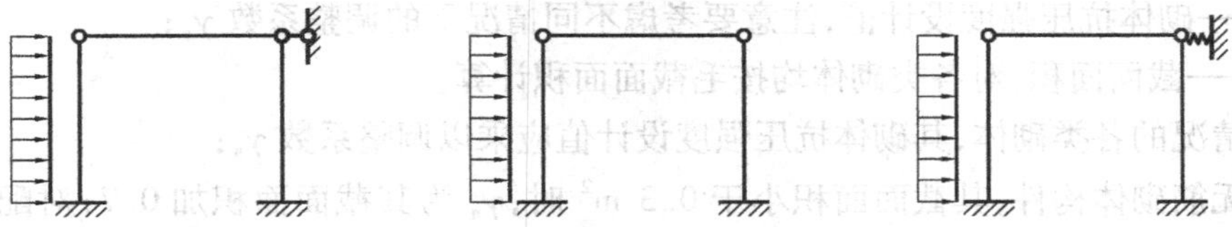

(a)刚性方案　　(b)弹性方案　　(c)刚弹性方案

图5.8　砌体房屋的计算简图

3)刚性和刚弹性方案房屋的横墙

由上面分析可知,房屋墙、柱的静力计算方案是根据房屋空间刚度的大小确定的。作为刚性和刚弹性方案的房屋的横墙必须有足够的刚度。《砌体结构设计规范》(GB 50003—2011)规定,刚性和刚弹性方案房屋的横墙,应符合下列要求:

①横墙中开有洞口时,洞口的水平截面面积不应超过横墙截面面积的50%;

②横墙的厚度不宜小于180 mm;

③单层房屋的横墙长度不宜小于其高度,多层房屋的横墙长度不宜小于横墙总高度的1/2。

当横墙不能同时符合上述要求时,应对横墙的刚度进行验算。若其最大水平位移值$\mu_{max} \leqslant H/4\,000$($H$为横墙总高度)时,仍可视为刚性或刚弹性方案房屋的横墙。凡符合此刚度要求的一段横墙或其他结构构件(如框架等),也可视为刚性或刚弹性方案房屋。

5.3　无筋砌体构件

砌块在砌体结构中多用于墙体、壁柱、独立柱等,以承受轴向压力为主,同时也不可避免存在受拉与受剪的情况。

砌体结构构件的设计方法仍采用极限状态设计法。砌体结构一般只进行承载能力极限状态计算,即承载力计算,而通常采取构造措施来满足正常使用极限状态的要求。

5.3.1　无筋砌体受压构件承载力计算

1)构件受压承载力计算公式

砌体构件的整体性较差,因此砌体构件在受压时,纵向弯曲对砌体构件承载力的影响较其他整体构件更为显著;同时又因为荷载作用位置的偏差、砌体材料的不均匀性以及施工误差,使轴心受压构件产生附加弯矩和侧向挠度变形。《砌体结构设计规范》(GB 50003—2011)规定,把轴向力偏心距 e 和构件的高厚比 β 对受压构件承载力的影响采用同一系数 φ 来考虑。

对无筋砌体轴心受压构件、偏心受压构件,其承载力均按下式计算:

$$N \leqslant \varphi f A \tag{5.1}$$

式中 N——轴向力设计值;

φ——高厚比 β 和轴向力偏心距 e 对受压构件承载力的影响系数,可通过式(5.4)、式(5.5)计算得到;

f——砌体抗压强度设计值,注意要考虑不同情况下的调整系数 γ_a;

A——截面面积,对各类砌体均按毛截面面积计算。

下列情况的各类砌体,其砌体抗压强度设计值应乘以调整系数 γ_a:

①对无筋砌体构件,其截面面积小于 0.3 m^2 时,γ_a 为其截面面积加 0.7;对配筋砌体构件,当其中砌体截面面积小于 0.2 m^2 时,γ_a 为其截面面积加 0.8;构件截面面积以"m^2"计。

②当砌体用强度等级小于 M5.0 的水泥砂浆砌筑时,对抗压强度设计值的调整系数 γ_a 为 0.9。

③当验算施工中房屋的构件时,γ_a 为 1.1。

在应用式(5.1)的过程中,应注意以下两个问题:

①对于矩形截面构件,当轴向力偏心方向的截面边长大于另一方向的边长时,除按偏心受压计算外,还应对较小边长方向按轴心受压进行验算。

②轴向力的偏心距 e 按内力设计值计算,并不应超过 $0.6y$(y 为截面重心到轴向力所在方向截面边缘的距离)。

③对带壁柱墙,当考虑翼缘宽度时,按下述方法确定翼缘宽度 b_f:多层房屋,当有门窗洞口时,可取窗间墙宽度;当无门窗洞口时,每侧翼墙宽度可取壁柱高度(层高)的 1/3,但不应大于相邻壁柱间的距离;单层房屋,可取壁柱宽加 2/3 墙高,但不应大于窗间墙宽度和相邻壁柱之间距离;当计算带壁柱墙的条形基础时,可取相邻壁柱之间距离。

2)构件高厚比 β 的确定

根据构件高厚比的不同,可将构件分为长柱与短柱。当 $\beta \leqslant 3$ 称为短柱,当 $\beta > 3$ 称为长柱。长柱在轴向压力作用下会产生纵向弯曲,使构件的承载力降低。因而受压构件承载力的影响系数 φ 与构件高厚比 β 有关,考虑不同砌体种类受压性能的差异性,计算影响系数 φ 中采用的 β 为修正后的 β 值,按下列公式确定:

对矩形截面

$$\beta = \gamma_\beta \frac{H_0}{h} \tag{5.2}$$

对 T 形截面

$$\beta = \gamma_\beta \frac{H_0}{h_T} \tag{5.3}$$

式中 γ_β——不同砌体的高厚比修正系数,查表 5.2 确定;

H_0——受压构件计算高度,查表 5.3 确定;

h——矩形截面轴向力偏心方向的边长,当轴心受压时为截面较小边上;

h_T——T 形截面的折算厚度,可近似按 $3.5i$ 计算,i 为截面回转半径。

表 5.2 高厚比修正系数 γ_β

砌体材料类别	γ_β
烧结普通砖	1.0
混凝土普通砖、混凝土多孔砖、混凝土及轻集料混凝土砌块	1.1
蒸压灰砂普通砖、蒸压粉煤灰普通砖、细料石	1.2
粗料石、毛料石	1.5

注:对灌孔混凝土砌块砌体,γ_β 取 1.0。

表 5.3 受压构件计算高度 H_0

房屋类型			柱		带壁柱墙或周边拉结的墙		
			排架方向	垂直排架方向	$s>2H$	$H<s\leqslant 2H$	$s\leqslant H$
有吊车的单层房屋	变截面柱上段	弹性方案	$2.5H_u$	$1.25H_u$	$2.5H_u$		
		刚性、刚弹性方案	$2.0H_u$	$1.25H_u$	$2.0H_u$		
	变截面柱下段		$1.0H_l$	$0.8H_l$	$1.0H_l$		
无吊车的单层和多层房屋	单跨	弹性方案	$1.5H$	$1.0H$	$1.5H$		
		刚弹性方案	$1.2H$	$1.0H$	$1.2H$		
	多跨	弹性方案	$1.25H$	$1.0H$	$1.25H$		
		刚弹性方案	$1.10H$	$1.0H$	$1.10H$		
	刚性方案		$1.0H$	$1.0H$	$1.0H$	$0.4s+0.2H$	$0.6s$

注:①表中 H 为构件高度,H_u 为变截面柱的上段高度,H_l 为变截面柱的下段高度;

②对于上段为自由端的构件,$H_0=2H$;

③独立砖柱,当无柱间支撑时,柱在垂直排架方向的 H_0 应按表中数值乘以 1.25 后采用;

④s 为房屋横墙间距;

⑤自承重墙的计算高度应根据周边支承或拉结条件确定。

3)影响系数 φ 的确定

除了前面所述的高厚比 β 对构件受压承载力有影响外,偏心距 e 也对其有影响。当其余条件一样,轴向力随偏心距的增大,截面应力分布变得越来越不均匀,甚至出现受拉区,构件承载力越来越小。受压构件承载力的影响系数 φ 综合考虑了高厚比 β 和轴向力偏心距 e 两个因素的影响,可以查相关规范取值,也可按下式计算:

$$\varphi=\frac{1}{1+12\left[\frac{e}{h}+\sqrt{\frac{1}{12}\left(\frac{1}{\varphi_0}-1\right)}\right]^2} \tag{5.4}$$

$$\varphi_0=\frac{1}{1+\alpha\beta^2} \tag{5.5}$$

式中 e——轴向力的偏心距,按内力设计值计算;

h——矩形截面轴向力偏心方向的边长,当轴心受压时为截面较小边长,若为 T 形截面，则 $h=h_T$，h_T 为T形截面的折算厚度，可近似按 $3.5i$ 计算，i 为截面回转半径；

φ_0——轴心受压构件的稳定系数，当 $\beta \leqslant 3$ 时，$\varphi_0=1$；

α——与砂浆强度等级有关的系数，当砂浆强度等级大于或等于 M5 时，α 等于 0.001 5；当砂浆强度等级等于 M2.5 时，α 等于 0.002；当砂浆强度等级等于 0 时，α 等于 0.009；

β——构件高厚比，按式(5.2)、式(5.3)确定的修正后的高厚比。

【例5.1】 截面为 370 mm×490 mm 砖柱，柱的计算高度 $H_0=5$ m，采用强度等级为 MU10 的烧结普通砖及 M5 的混合砂浆砌筑，柱顶承受轴心压力设计值 $N=160$ kN，试验算柱底截面承载力。

【解】 MU10 烧结普通砖及 M5 的砂浆，其砖砌体抗压强度设计值 $f=1.50$ MPa。因为 $A=0.37\times0.490=0.181\ 3\ \text{m}^2<0.3\ \text{m}^2$，故砌体抗压强度设计值调整系数 $\gamma_a=0.7+0.181\ 3=0.881\ 3$。调整后的砌体抗压强度设计值 $f=0.881\ 3\times1.50\ \text{MPa}=1.321\ 95\ \text{MPa}$。

查表5.2，烧结普通砖 $\gamma_\beta=1.0$，$\beta=\gamma_\beta\dfrac{H_0}{h}=1.0\times\dfrac{5\ 000}{370}=13.5>3$

M5 的混合砂浆，取 $\alpha=0.001\ 5$，又由于是轴心受压，则：

$$\varphi=\varphi_0=\frac{1}{1+\alpha\beta^2}=\frac{1}{1+0.001\ 5\times13.5^2}=0.785$$

（也可参阅相关规范查表得到 $\varphi=0.783\ 5$，与公式计算值相差不多）

$$N_u=\varphi fA=0.785\times1.321\ 95\times10^{-3}\times0.181\ 3\times10^6=188.14\ \text{kN}>N$$

承载力满足要求。

·5.3.2 无筋砌体局部受压·

局部受压是工程中常见的情况，其特点是轴向压力仅仅作用在砌体的局部面积上，如独立柱基的基础顶面、屋架端部的砌体支承处、梁端支承处的砌体等均属于局部受压的情况。根据局部受压面积上压应力分布情况，又分为局部均匀受压和局部非均匀受压。

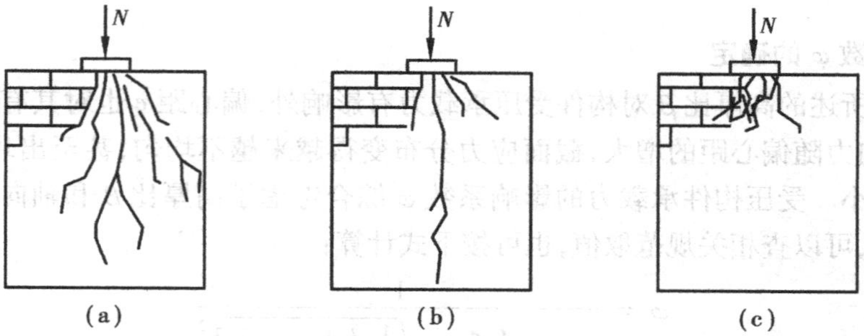

图5.9 砌体局部受压破坏形态

通过大量试验发现，砖砌体局部受压可能有三种破坏形态(图5.9)：

①因纵向裂缝的发展而破坏。在局部压力作用下有纵向裂缝、斜向裂缝，其中部分裂缝逐渐向上或向下延伸并在破坏时连成一条主要裂缝，如图5.9(a)所示。

②劈裂破坏。在局部压力作用下产生的纵向裂缝少而集中，且初裂荷载与破坏荷载很接

近，在砌体局部面积大而局部受压面积很小时，有可能产生这种破坏形态，如图5.9(b)所示。

③与垫板接触的砌体局部破坏。当墙梁的墙高与跨度之比较大，砌体强度较低时，有可能产生梁支承附近砌体被压碎的现象，如图5.9(c)所示。

5.4 砌体结构构造要求

·5.4.1 墙、柱的高厚比验算·

砌体结构房屋中，作为受压构件的墙、柱除了满足承载力要求之外，还必须满足高厚比的要求。墙、柱的高厚比验算是保证砌体房屋施工阶段和使用阶段稳定性与刚度的一项重要构造措施。

墙、柱的高厚比过大，虽然强度满足要求，但是可能在施工阶段因过度的偏差倾斜以及施工和使用过程中的偶然撞击、振动等因素而导致丧失稳定；同时，过大的高厚比，还可能使墙体发生过大的变形而影响使用。

砌体墙、柱的允许高厚比[β]是指墙、柱高厚比的允许限值，它与承载力无关，而是根据实践经验和现阶段的材料质量以及施工技术水平综合研究而确定的，见表5.4。

表5.4 墙、柱高厚比[β]的值

砌体类型	砂浆强度等级	墙	柱
无筋砌体	M2.5	22	15
	M5.0或Mb5.0,Ms5.0	24	16
	≥M7.5或Mb7.5,Ms7.5	26	17
配筋砌块砌体	—	30	21

注：下列情况下墙、柱的允许高厚比应进行调整：

①毛石墙、柱的高厚比应按表中数值降低20%；

②带有混凝土或砂浆面层的组合砖砌体构件的允许高厚比，可按表中数值提高20%，但不得大于28；

③验算施工阶段砂浆尚未硬化的新砌砌体高厚比时，允许高厚比对墙取14，对柱取11。

1）墙、柱高厚比验算

墙、柱高厚比应按下式验算：

$$\beta = \frac{H_0}{h} \leqslant \mu_1 \mu_2 [\beta] \tag{5.6}$$

式中 [β]——墙、柱的允许高厚比，按表5.4采用；

H_0——墙、柱的计算高度，按表5.3选用；

h——墙厚或矩形柱与H_0相对应的边长；

μ_1——自承重墙允许高厚比的修正系数，按下列规定采用：

①h 为 240 mm 时,μ_1 取 1.2;h 为 90 mm 时,μ_1 取 1.5;90 mm < h < 240 mm 时,μ_1 按插入法取值;

②上端为自由端的允许高厚比,除按上述规定提高外,尚可提高 30%;

③对厚度小于 90 mm 的墙,当双面采用不低于 M10 的水泥砂浆抹面,包括抹面层的墙厚不小于 90 mm 时,可按墙厚等于 90 mm 验算高厚比。

μ_2——有门、窗洞口墙允许高厚比的修正系数,按下式计算:

$$\mu_2 = 1 - 0.4\frac{b_s}{s} \tag{5.7}$$

b_s——在宽度 s 范围内的门窗洞口总宽度(图 5.10);

s——相邻横墙或壁柱之间的距离。

①式(5.7)中若 μ_2 的值小于 0.7,应采用 0.7;

②当洞口高度等于或小于墙高的 1/5 时,可取 $\mu_2 = 1$;

③当洞口高度大于或等于墙高的 4/5 时,可按独立墙段验算高厚比。

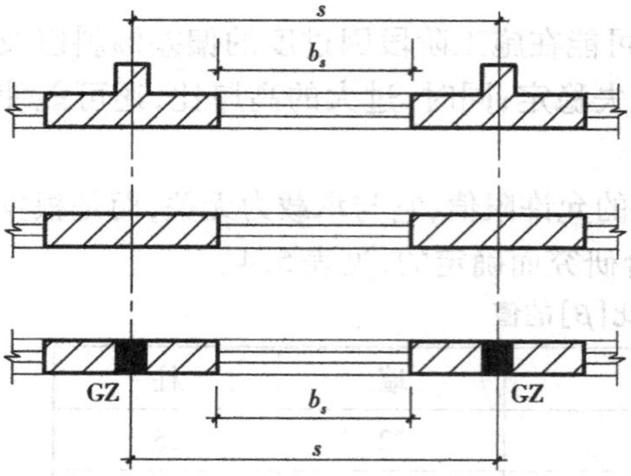

图 5.10　门窗洞口宽度示意图

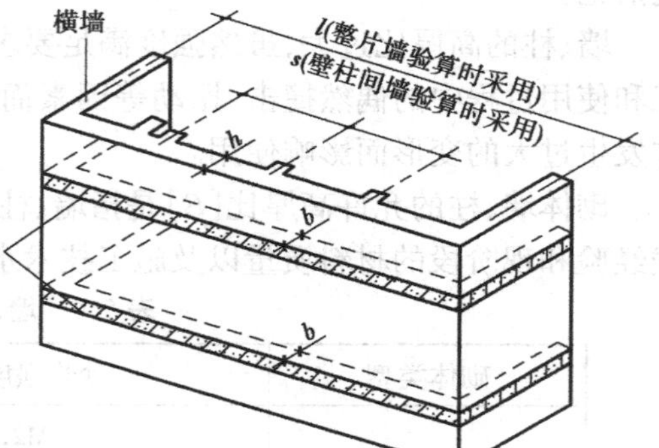

图 5.11　带壁柱的墙

2)带壁柱墙的高厚比验算

带壁柱的高厚比验算包括两部分内容:带壁柱墙的高厚比验算和壁柱之间墙体局部高厚比的验算,如图 5.11 所示。

(1)带壁柱整片墙体高厚比的验算

带有壁柱的整片墙,其计算截面按 T 形截面考虑,将 T 形截面墙按惯性矩和面积相等的原则换算成矩形截面,折算厚度为 $h_T = 3.5i$,其高厚比验算公式为:

$$\beta = \frac{H_0}{h_T} \leqslant \mu_1\mu_2[\beta] \tag{5.8}$$

式中　h_T——带壁柱墙截面折算厚度,$h_T = 3.5i$;

i——带壁柱墙截面的回转半径,$i = \sqrt{\frac{I}{A}}$;

I——带壁柱墙截面的惯性矩;

A——带壁柱墙截面的面积;

H_0——墙、柱截面的计算高度,按表 5.3 采用,且表中的 s 为该带壁柱墙的相邻横墙间的距离。

(2)壁柱之间墙局部高厚比验算

验算壁柱之间墙体的局部高厚比时，可认为壁柱对壁柱间墙起到了横向拉结的作用，即把壁柱视为墙体的侧向不动支点，因而壁柱间墙可根据式(5.8)按矩形截面墙验算。按表5.3确定 H_0 时，s 取壁柱之间的距离，且不管房屋静力计算方案采用何种方案，在确定计算高度 H_0 时都按刚性方案考虑。

如果壁柱之间墙体的高厚比超过限值时，可在墙高范围内设置钢筋混凝土圈梁，起增加墙体刚度和稳定性的作用(图5.11)。设有钢筋混凝土圈梁的带壁柱墙，当 $b/s \geqslant 1/30$ 时，圈梁可视为墙的壁柱之间墙或构造柱墙的不动铰支点(b 为圈梁宽度)。如果不允许增加圈梁宽度，可按墙体平面外等刚度原则增加圈梁高度，以满足壁柱之间墙体不动铰支点的要求。此时，墙高就降低为基础顶面(或楼层标高)到圈梁底面的高度。

3)带构造柱墙的高厚比验算

带构造柱墙的高厚比验算包括两部分内容：整片墙高厚比的验算和构造柱之间墙体局部高厚比的验算。

考虑设置构造柱对墙体刚度的有利作用，墙体允许高厚比 $[\beta]$ 可以乘以提高系数 μ_c：

$$\beta = \frac{H_0}{h} \leqslant \mu_1\mu_2\mu_c[\beta] \tag{5.9}$$

式中　μ_c——带构造柱墙允许高厚比 $[\beta]$ 的提高系数，可按下式计算：

$$\mu_c = 1 + \gamma\frac{b_c}{l} \tag{5.10}$$

γ——系数。对细料石砌体，$\gamma=0$；对混凝土砌块、混凝土多孔砖、粗料石、毛石砌体，$\gamma=1.0$；其他砌体，$\gamma=1.5$。

b_c——构造柱沿墙长方向的宽度。

l——构造柱间距。

当 $\frac{b_c}{l}>0.25$ 时，取 $\frac{b_c}{l}=0.25$；当 $\frac{b_c}{l}<0.05$ 时，取 $\frac{b_c}{l}=0$。

需注意的是，由于施工过程中大多是采用先砌筑墙体后浇筑构造柱，因此构造柱对墙体允许高厚比的提高只适用于构造柱与墙体形成整体后的使用阶段，不适用于施工阶段。

【例5.2】　某单层单跨无吊车房屋窗间墙，截面尺寸如图5.12所示。采用MU15蒸压粉煤灰砖、M5混合砂浆砌筑，施工质量控制等级为B级；计算高度为6 m。图中 x 轴通过窗间墙体的截面中心，$y_1=179$ mm。

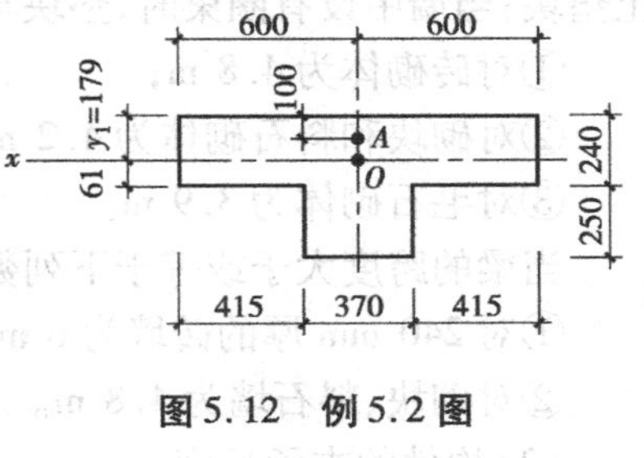

图5.12　例5.2图

试问，该带壁柱墙的高厚比，与下列何项数值最为接近？

(A)11.8　　(B)12.7

(C)13.6　　(D)14.5

【解】　(1)根据《砌体结构设计规范》5.1.2条，T形截面应当用折算厚度 h_T 计算高厚比。

$$I = \sum \frac{1}{3} b y_1^3 = \frac{1}{3} \times 1\,200 \times 179^3 \text{mm}^4 + \frac{1}{3} \times (1\,200 - 370) \times 61^3 \text{mm}^4 + \frac{1}{3} \times 370 \times (61 + 250)^3 \text{mm}^4$$

$$= 6\,066\,828\,833 \text{ mm}^4$$

$$A = 1\,200 \times 240 \text{ mm}^2 + 250 \times 370 \text{ mm}^2 = 380\,500 \text{ mm}^2$$

$$i = \sqrt{\frac{I}{A}} = \sqrt{\frac{6\,066\,828\,833}{380\,500}} \text{mm} = 126.27 \text{ mm}$$

$$h_T = 3.5i = 3.5 \times 126.27 \text{ mm} = 441.95 \text{ mm}$$

(2)根据《砌体结构设计规范》6.1.1 条和 6.1.2 条：

$$\beta = \frac{H_0}{h_T} = \frac{6\,000}{441.95} = 13.576$$

故(C)正确。

·5.4.2 一般构造要求·

实践证明，为了保证砌体结构房屋有足够的耐久性和良好的整体工作性能，必须采取合理的构造措施。

1）最小截面规定

为了避免墙柱截面过小导致稳定性能变差，以及局部缺陷对构件的影响增大，规范规定了各种构件的最小尺寸。

承重的独立砖柱截面尺寸不应小于 240 mm×370 mm；毛石墙的厚度不宜小于 350 mm，毛石柱截面较小边长不宜小于 400 mm；当有振动荷载时，墙、柱不宜采用毛石砌体。

2）墙、柱连接构造

为了增强砌体房屋的整体性，砌体构件与非砌体构件间应具有可靠连接，《砌体结构设计规范》(GB 5003—2011)对此作了相关规定。

(1)梁垫、壁柱的设置

跨度大于 6 m 的屋架和跨度大于下列数值的梁，应在支承处砌体设置混凝土或钢筋混凝土垫块；当墙中设有圈梁时，垫块与圈梁宜浇成整体。

①对砖砌体为 4.8 m；

②对砌块和料石砌体为 4.2 m；

③对毛石砌体为 3.9 m。

当梁的跨度大于或等于下列数值时，其支承处宜加设壁柱或采取其他加强措施：

①对 240 mm 厚的砖墙为 6 m，对 180 mm 厚的砖墙为 4.8 m；

②对砌块、料石墙为 4.8 m。

(2)构件的支承长度

预制钢筋混凝土板在钢筋混凝土圈梁上的支承长度不应小于 80 mm，板端伸出的钢筋应与圈梁可靠连接，且同时浇筑；预制钢筋混凝土板在墙上的支承长度不应小于 100 mm，并应按下列方法进行连接：

①板支承于内墙时,板端钢筋伸出长度不应小于 70 mm,且与支座处沿墙配置的纵筋绑扎,用强度等级不低于 C25 的混凝土浇筑成板带;

②板支承于外墙时,板端钢筋伸出长度不应小于 100 mm,且与支座处沿墙配置的纵筋绑扎,用强度等级不低于 C25 的混凝土浇筑成板带;

③预制钢筋混凝土板与现浇板对接时,预制板端钢筋应伸入现浇板中进行连接后再浇筑现浇板。

(3)构件的拉结与锚固

①墙体转角处和纵横墙交接处应沿竖向每隔 400 ~ 500 mm 设拉结钢筋,其数量为每 120 mm墙厚不少于 1 根直径 6 mm 的钢筋;或采用焊接钢筋网片,埋入长度从墙的转角或交接处算起,对实心砖墙每边不小于 500 mm,对多孔砖墙和砌块墙不小于 700 mm。

②填充墙、隔墙应分别采取措施与周边主体结构构件可靠连接,连接构造和嵌缝材料应能满足传力、变形、耐久和防护的要求。

③支承在墙、柱上的吊车梁、屋架以及跨度大于或等于下列数值的预制梁的端部,应采用锚固件与墙、柱上的垫块锚固:对砖砌体为 9 m;对砌块和料石砌体为 7.2 m。

④山墙处的壁柱或构造柱宜砌至山墙顶部,且屋面构件应与山墙可靠拉结。

(4)砌块砌体房屋的构造

①砌块砌体应分皮错缝搭砌,上下皮搭砌长度不应小于 90 mm。当搭砌长度不满足上述要求时,应在水平灰缝内设置不少于 2 根直径不小于 4 mm 的焊接钢筋网片(横向钢筋间距不应大于 200 mm,网片每端应伸出该垂直缝不小于 300 mm)。

②混凝土砌块房屋,宜将纵横墙交接处、距墙中心线每边不小于 300 mm 范围内的孔洞,采用不低于 Cb20 混凝土沿全墙高灌实。

③混凝土砌块墙体的下列部位,如未设圈梁或混凝土垫块,应采用不低于 Cb20 混凝土将孔洞灌实:搁栅、檩条和钢筋混凝土楼板的支承面下,高度不应小于 200 mm 的砌体;屋架、梁等构件的支承面下,长度不应小于 600 mm、高度不应小于 600 mm 的砌体;挑梁支承面下,距墙中心线每边不应小于 300 mm,高度不应小于 600 mm 的砌体。

④砌块墙与后砌隔墙交接处,应沿墙高每 400 mm 在水平灰缝内设置不少于 2 根直径不小于 4 mm、横筋间距不应大于 200 mm 的焊接钢筋网片(图 5.13)。

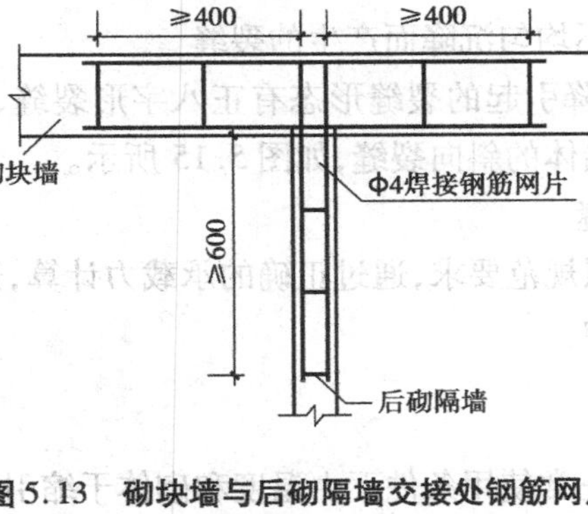

图 5.13　砌块墙与后砌隔墙交接处钢筋网片

(5)砌体中留槽洞或埋设管道

①不应在截面长边小于500 mm的承重墙体、独立柱内埋设管线;

②不宜在墙体中穿行暗线或预留、开凿沟槽,无法避免时应采取必要的措施或按削弱后的截面验算墙体承载力;

③对受力较小或未灌孔的砌块砌体,允许在墙体的竖向孔洞中设置管线。

·5.4.3 防止或减轻墙体开裂的主要措施·

1)墙体开裂的原因

产生墙体裂缝的原因主要有三个:外荷载、温度变化、地基不均匀沉降。

(1)因温度变化和砌体干缩变形引起的墙体裂缝

①温度裂缝形态有水平裂缝、八字裂缝两种,如图5.14(a)、(b)所示。水平裂缝多发生在女儿墙根部、屋面板底部、圈梁底部附近以及比较空旷高大房间的顶层外墙门窗洞口上下水平位置处;八字裂缝多发生在房屋顶层墙体的两端,且多数出现在门窗洞口上下,呈八字形。

②干缩裂缝形态有垂直贯通裂缝、局部垂直裂缝两种,如图5.14(c)、(d)所示。

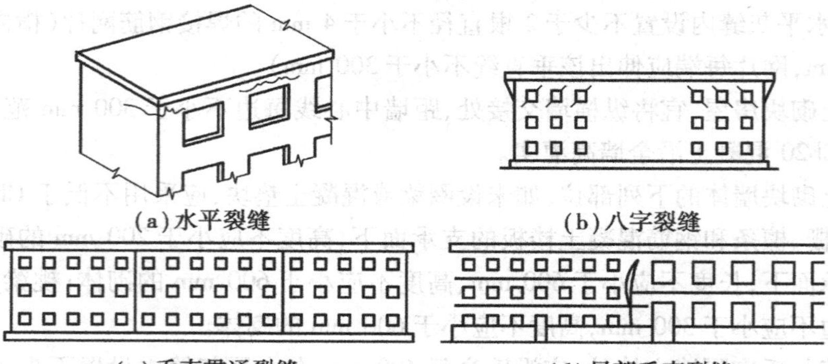

(a)水平裂缝 (b)八字裂缝

(c)垂直贯通裂缝 (d)局部垂直裂缝

图5.14 温度与干缩裂缝形态

(2)因地基发生过大的不均匀沉降而产生的裂缝

常见的因地基不均匀沉降引起的裂缝形态有正八字形裂缝、倒八字形裂缝、高层沉降引起的斜向裂缝、底层窗台下墙体的斜向裂缝,如图5.15所示。

(3)因外荷载产生的裂缝

墙体承受外荷载后,按照规范要求,通过正确的承载力计算,选择合理的材料并满足施工要求,受力裂缝是可以避免的。

2)防止墙体开裂的措施

(1)防止或减轻房屋在正常使用条件下由温度和砌体干缩引起的墙体竖向裂缝

此类裂缝可采用在墙体中设置伸缩缝的方法来防止或减轻。伸缩缝应设置在因温度和

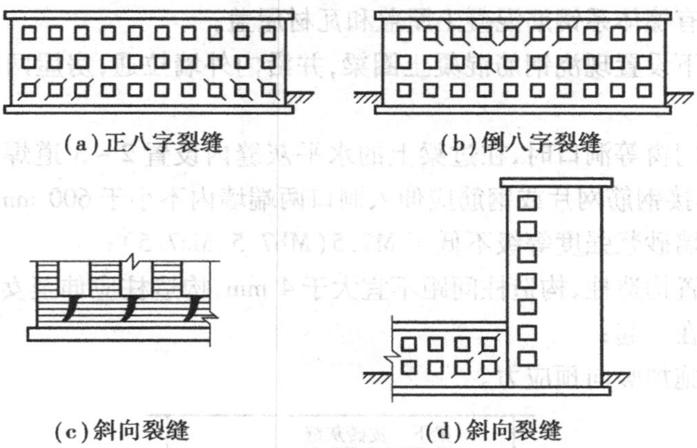

(a)正八字裂缝　(b)倒八字裂缝

(c)斜向裂缝　(d)斜向裂缝

图 5.15 由地基不均匀沉降引起的裂缝

收缩变形可能引起应力集中、砌体产生裂缝可能性最大的地方。伸缩缝的间距可按表 5.5 采用。

表 5.5 砌体房屋伸缩缝的最大间距　单位:m

屋盖或楼盖类别		间距
整体式或装配整体式钢筋混凝土楼盖	有保温层或隔热层的屋盖、楼盖	50
	无保温层或隔热层的屋盖	40
装配式无檩体系钢筋混凝土楼盖	有保温层或隔热层的屋盖、楼盖	60
	无保温层或隔热层的屋盖	50
装配式有檩体系钢筋混凝土楼盖	有保温层或隔热层的屋盖	75
	无保温层或隔热层的屋盖	60
瓦材屋盖、木屋盖或楼盖、轻钢屋盖		100

注:①对烧结普通砖、烧结多孔砖、配筋砌块砌体房屋,取表中数值;对石砌体、蒸压灰砂普通砖、蒸压粉煤灰普通砖、混凝土砌块、混凝土普通砖和混凝土多孔砖房屋,取表中数值乘以 0.8 的系数,当墙体有可靠外保温措施时,其间距可取表中数值。

②在钢筋混凝土屋面上挂瓦的屋盖应按钢筋混凝土屋盖采用。

③层高大于 5 m 的烧结普通砖、烧结多孔砖、配筋砌块砌体结构单层房屋,其伸缩缝间距可按表中数值乘以 1.3。

④温差较大且变化频繁地区和严寒地区不采暖的房屋及构筑物墙体的伸缩缝的最大间距,应按表中数值予以适当减小。

⑤墙体的伸缩缝应与结构的其他变形缝相重合,缝宽应满足各种变形缝的变形要求;在进行立面处理时,必须保证缝隙的变形作用。

(2)防止和减轻房屋顶层墙体的开裂

可根据情况采取下列措施:

①屋面设置保温、隔热层;

②屋面保温(隔热)层或屋面刚性面层及砂浆找平层应设置分格缝,分格缝间距不宜大于 6 m,其缝宽不小于 30 mm,并与女儿墙隔开;

③采用装配式有檩体系钢筋混凝土屋盖和瓦材屋盖；

④顶层屋面板下设置现浇钢筋混凝土圈梁，并沿内外墙拉通，房屋两端圈梁下的墙体内宜设置水平钢筋；

⑤顶层墙体有门窗等洞口时，在过梁上的水平灰缝内设置 2～3 道焊接钢筋网片或 2 根直径 6 mm 钢筋，焊接钢筋网片或钢筋应伸入洞口两端墙内不小于 600 mm（图 5.16）；

⑥顶层及女儿墙砂浆强度等级不低于 M7.5（Mb7.5，Ms7.5）；

⑦女儿墙应设置构造柱，构造柱间距不宜大于 4 mm，构造柱应伸至女儿墙顶并与现浇钢筋混凝土压顶整浇在一起；

⑧对顶层墙体施加竖向预应力。

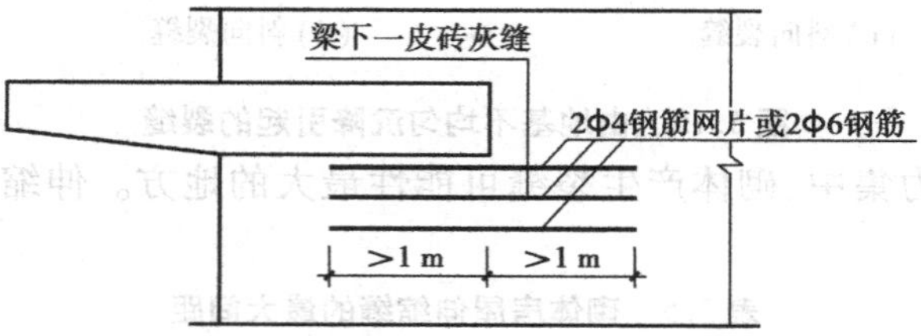

图 5.16　顶层过梁末端钢筋网片或钢筋

（3）防止或减轻房屋底层墙体开裂

底层墙体的裂缝主要是地基不均匀沉降或地基反力不均匀引起的，因此防止或减轻房屋底层墙体裂缝可根据情况采取下列措施：

①增加基础圈梁的刚度；

②在底层的窗台下墙体灰缝内设置 3 道焊接钢筋网片或 2 根直径 6 mm 钢筋，并应伸入两边窗间墙不小于 600 mm。

（4）防止或减轻房屋两端和底层第一、二开间门窗洞处的裂缝

①在门窗洞口两边墙体的水平灰缝内，设置长度不小于 900 mm、竖向间距为 400 mm 的 2 根直径 4 mm 的焊接钢筋网片；

②在顶层和底层设置通长的钢筋混凝土窗台梁，窗台梁的高度宜为块高的模数，梁内纵筋不少于 4 根，直径不小于 10 mm，箍筋直径不小于 6 mm，间距不大于 200 mm，混凝土强度等级不低于 C20；

③在混凝土砌块房屋门窗洞口两侧不少于一个孔洞中设置直径不小于 12 mm 的竖向钢筋，竖向钢筋应在楼层圈梁或基础内锚固，孔洞用不低于 Cb20 混凝土灌实。

（5）防止墙体因为地基不均匀沉降而引起的开裂

①设置沉降缝，在地基土性质相差较大，房屋高度、荷载、结构刚度变化较大处，房屋结构形式变化处，高低层的施工时间不同处设置沉降缝，将房屋分割为若干长高比较小、体型规则、整体刚度较好的独立单元；

②加强房屋整体刚度；

③对处于软土地区或土质变化较复杂地区，利用天然地基建造房屋时，房屋体型力求简单，采用对地基不均匀沉降不敏感的结构形式和基础形式；

④合理安排施工顺序,先施工层数多、荷载大的单元,后施工层数少、荷载小的单元。

5.5　圈梁、过梁、墙梁与挑梁

·5.5.1　圈梁·

砌体结构房屋中,在墙体内沿水平方向设置的连续、封闭的钢筋混凝土梁,称为圈梁;位于房屋檐口处的圈梁又称为檐口圈梁;在±0.000标高以下,基础顶面处设置的圈梁,又称为地圈梁。对有地基不均匀沉降或较大振动荷载的房屋,可在砌体墙中设置现浇钢筋混凝土圈梁。

在砌体房屋中,圈梁的设置增强了房屋的整体刚度,并可以防止由于地基不均匀沉降或较大振动荷载对房屋引起的不利影响。

1)圈梁的设置

圈梁的设置通常根据房屋类型、层数、所受的振动荷载、地基情况等条件来决定其设置的位置和数量。《砌体结构设计规范》(GB 50003—2011)对圈梁的设置作了以下规定:

(1)厂房、仓库、食堂等空旷单层房屋

①砖砌体结构房屋,檐口标高为5~8 m时,应在檐口标高处设置圈梁一道;檐口标高大于8 m时,应增加设置数量。

②砌块及料石砌体结构房屋,檐口标高为4~5 m时,应在檐口标高处设置圈梁一道;檐口标高大于5 m时,应增加设置数量。

③对有吊车或较大振动设备的单层工业房屋,当未采取有效的隔振措施时,除在檐口或窗顶标高处设置现浇混凝土圈梁外,尚应增加设置数量。

(2)多层砌体结构房屋

①住宅、办公楼等多层砌体结构民用房屋,且层数为3~4层时,应在底层和檐口标高处各设置一道圈梁。当层数超过4层时,除应在底层和檐口标高处各设置一道圈梁外,至少应在所有纵、横墙上隔层设置。

②多层砌体工业房屋,应每层设置现浇混凝土圈梁。

③设置墙梁的多层砌体结构房屋,应在托梁、墙梁顶面和檐口标高处设置现浇混凝土圈梁。

④采用现浇混凝土楼(屋)盖的多层砌体结构房屋,层数超过5层时,除应在檐口标高处设置一道圈梁外,可隔层设置圈梁,并应与楼(屋)面板一起现浇。未设置圈梁的楼面板嵌入墙内的长度不应小于120 mm,并沿墙长配置不少于2根直径为10 mm的纵向钢筋。

(3)建筑在软弱地基或不均匀地基上的砌体结构房屋

除按上面要求设置圈梁外,尚应符合现行《建筑地基基础设计规范》(GB 50007)的有关规定。

2)圈梁的构造要求

圈梁的计算虽已提出过一些近似的简化方法,但都不成熟,目前仍按构造要求设置圈梁:

①圈梁宜连续地设在同一水平面上,并形成封闭状;当圈梁被门窗洞口截断时,应在洞口上部增设相同截面的附加圈梁。附加圈梁与圈梁的搭接长度不应小于其中到中垂直间距的2倍,且不得小于1 m。

②纵、横梁交接处的圈梁应可靠连接。刚弹性和弹性方案房屋,圈梁应与屋架、大梁等构件可靠连接。

③混凝土圈梁的宽度宜与墙厚相同,当墙厚不小于240 mm时,其宽度不宜小于墙厚的2/3。圈梁高度不应小于120 mm。纵向钢筋数量不应少于4根,直径不应小于10 mm,绑扎接头的搭接长度按受拉钢筋考虑,箍筋间距不应大于300 mm。

④圈梁兼作过梁时,过梁部分的钢筋应按计算面积另行增配。

·5.5.2 过梁·

砌体结构墙体中跨过门窗洞口上部的梁称为过梁,其作用是承受门窗洞口上部墙体及梁、板传来的荷载。

1)过梁的类型

常见的过梁有4种类型(图5.17):砖砌平拱过梁、砖砌弧拱过梁、钢筋砖过梁、钢筋混凝土过梁。当过梁的跨度不大于1.5 m时,可采用钢筋砖过梁;不大于1.2 m时,可采用砖砌平拱过梁。

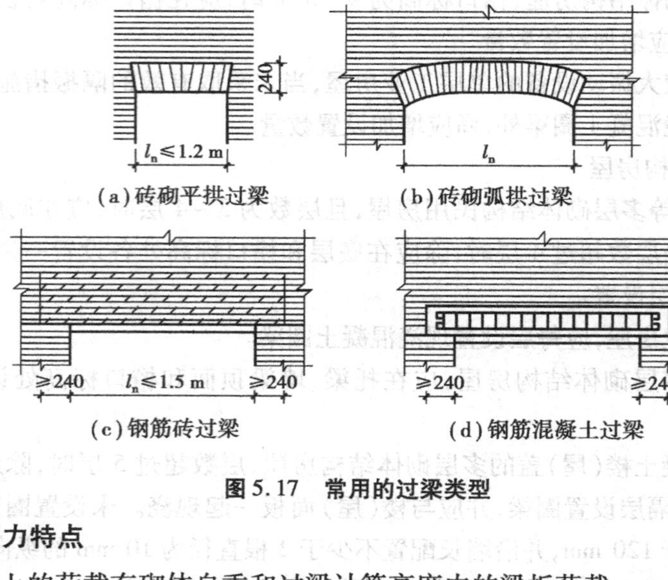

(a)砖砌平拱过梁 (b)砖砌弧拱过梁

(c)钢筋砖过梁 (d)钢筋混凝土过梁

图5.17 常用的过梁类型

2)过梁的受力特点

作用在过梁上的荷载有砌体自重和过梁计算高度内的梁板荷载。

(1)自重荷载

对于砖砌墙体,过梁上的墙体高度 $h_w < l_n/3$ 时,应按全部墙体的自重作为均布荷载考虑;

过梁上的墙体高度 $h_w \geq l_n/3$ 时，应按高度 $l_n/3$ 的墙体自重作为均布荷载考虑。

对于混凝土砌块砌体，过梁上的墙体高度 $h_w < l_n/2$ 时，应按全部墙体的自重作为均布荷载考虑；过梁上的墙体高度 $h_w \geq l_n/2$ 时，应按高度 $l_n/2$ 的墙体自重作为均布荷载考虑。

(2)梁板荷载

当梁、板下的墙体高度小于过梁的净跨，即 $h_w < l_n$ 时，应计算梁、板传来的荷载；若 $h_w \geq l_n$，则可不计梁、板的作用。

砖砌过梁承受荷载后，上部受拉、下部受压，像受弯构件一样受力。随着荷载的增大，当跨中竖向截面的拉应力或支座斜截面的主拉应力超过砌块砌体的抗拉强度时，将先后在跨中出现竖向裂缝，在靠近支座处出现阶梯形斜裂缝。对于钢筋砖过梁，过梁下部的拉力将由钢筋承担；对砖砌平拱过梁，过梁下部拉力将由两端砌体提供的推力来平衡；对于钢筋混凝土过梁，与钢筋砖过梁类似。试验表明，当过梁上的墙体达到一定高度后，过梁上的墙体形成内拱将产生卸载作用，使一部分荷载直接传递给支座。

3)过梁的构造要求

①砖砌过梁截面计算高度内的砂浆不宜低于 M5(Mb5,Ms5)；

②砖砌平拱用竖砖砌筑部分的高度不应小于 240 mm；

③钢筋砖过梁底面砂浆层处的钢筋，其直径不应小于 5 mm，间距不宜大于 120 mm，钢筋伸入支座砌体内的长度不宜小于 240 mm，砂浆层的厚度不宜小于 30 mm。

·5.5.3 墙梁·

墙梁是由钢筋混凝土托梁和梁上计算高度范围内的砌体墙组成的组合构件。墙梁按支承情况分为简支墙梁、连续墙梁、框支墙梁；按承受荷载情况可分为承重墙梁和自承重墙梁。除了承受托梁和托梁以上的墙体自重外，还承受由屋盖或楼盖传来的荷载的墙梁称为承重墙梁，如底层为大空间、上层为小空间时所设置的墙梁。只承受托梁以及托梁以上墙体自重的墙梁称为自承重墙梁，如基础梁、连系梁。

墙梁常见于砌体房屋结构中，例如商住两用的砌体结构房屋，在底层的托梁及其上部一定高度范围的墙体，如图 5.18(a)所示；工业厂房的基础梁及其上部一定高度的围护墙等均属墙梁，如图 5.18(b)所示。

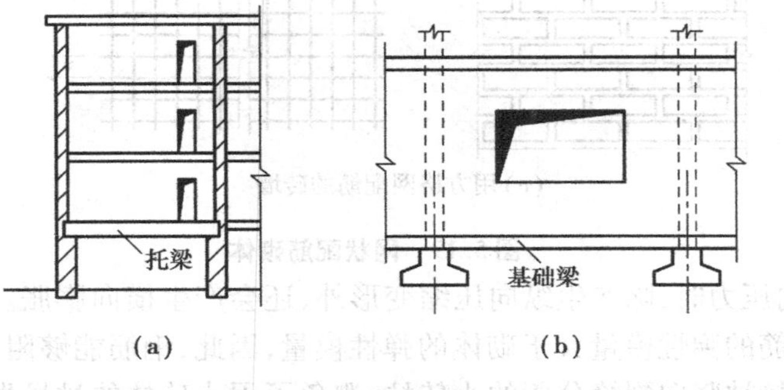

图 5.18 墙梁实例

·5.5.4　挑梁·

在砌体结构房屋中，一端埋入墙内，另一端悬挑在墙外，以承受外走廊、阳台或雨篷等传来荷载的钢筋混凝土梁，称为挑梁。

挑梁设计除应满足现行国家规范《混凝土结构设计规范》(GB 50010—2010，2015 年版)的有关规定外，尚应满足下列构造要求：

①纵向受力钢筋至少应有 1/2 的钢筋面积伸入梁尾端，且不少于 2 根直径为 12 mm 的钢筋。其余钢筋伸入支座的长度不应小于 $2l_1/3$。

②挑梁埋入砌体长度 l_1 与挑出长度 l 之比宜大于 1.2；当挑梁上无砌体时，l_1 与 l 之比宜大于 2。

5.6　配筋砌体构件

配筋砌体的抗压、抗剪和抗弯承载力均高于无筋砌体，并有较好的抗震性能。

·5.6.1　网状配筋砌体构件·

1)受力特点

当砖砌体受压构件的承载力不足而截面尺寸又受到限制时，可以考虑采用网状配筋砌体，如图 5.19 所示。常用的形式有方格网和连弯网。

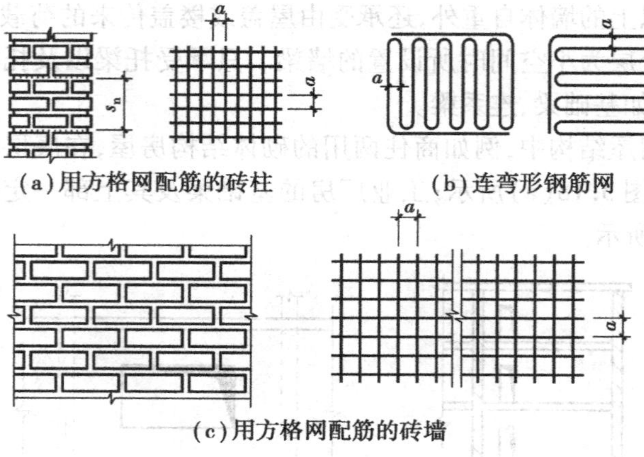

(a)用方格网配筋的砖柱　(b)连弯形钢筋网

(c)用方格网配筋的砖墙

图 5.19　网状配筋砌体

砌体承受轴向压力时，除产生纵向压缩变形外，还会产生横向膨胀。当砌体中配置横向钢筋网时，由于钢筋的弹性模量大于砌体的弹性模量，因此，钢筋能够阻止砌体的横向变形。同时，钢筋能够连接被竖向裂缝分割的小砖柱，避免了因小砖柱的过早失稳而导致整个砌体的破坏，从而间接提高了砌体的抗压强度。因此，这种配筋也称为间接配筋。

2)构造要求

网状配筋砖砌体构件的构造应符合下列规定:

①网状配筋砖砌体的体积配筋率不应小于0.1%,并不应大于1%;

②采用钢筋网时,钢筋的直径宜采用3~4 mm;

③钢筋网中钢筋的间距不应大于120 mm,并不应小于30 mm;

④钢筋网的间距不应大于5皮砖,并不应大于400 mm;

⑤网状配筋砖砌体所用的砂浆强度等级不应低于M7.5;钢筋网应设置在砌体的水平灰缝中,灰缝厚度应保证钢筋上下至少各有2 mm厚的砂浆层。

·5.6.2 组合砖砌体构件·

当无筋砌体的截面尺寸受限制,设计成无筋砌体不经济或轴向压力偏心距过大($e>0.6y$)时,可采用组合砖砌体,如图5.20所示。

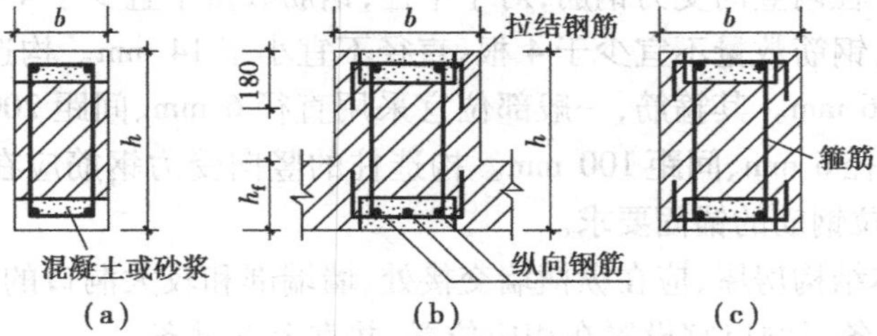

图5.20 组合砖砌体构件截面

1)受力特点

在轴心压力作用下,组合砌体的第一批裂缝大多出现于砌体和钢筋混凝土(或钢筋砂浆)之间的连接处。随着荷载的增加,砖砌体上逐渐产生竖直方向的裂缝。受两侧的钢筋混凝土(或钢筋砂浆)面层的套箍约束作用,砖砌体上的这种裂缝发展较为缓慢,开展的宽度也不及无筋砌体。最后,混凝土(或砂浆)面层被压碎,钢筋被压屈,组合砌体构件完全失效。

当受压区混凝土或砂浆面层及部分受压砌体受压破坏时,其内受压钢筋没有达到屈服,强度不能被充分利用。

2)构造要求

①组合砖砌体构件的构造要求应符合下列规定:

a.面层混凝土强度等级宜采用C20,面层水泥砂浆强度等级不宜低于M10,砌筑砂浆的强度等级不宜低于M7.5。

b.砂浆面层的厚度可采用30~45 mm,当面层厚度大于45 mm时,其面层宜采用混凝土。

c.竖向受力钢筋宜采用HPB300级钢筋,对于混凝土面层,亦可采用HRB335级钢筋。受压钢筋一侧的配筋率,对砂浆面层,不宜小于0.1%;对混凝土面层,不宜小于0.2%。受拉钢筋的配筋率不应小于0.1%。竖向受力钢筋的直径不应小于8 mm,钢筋的净间距不应小于30 mm。

d. 箍筋的直径不宜小于 4 mm 及 0.2 倍的受压钢筋直径,并不宜大于 6 mm;箍筋的间距不应大于 20 倍受压钢筋的直径及 500 mm,并不应小于 120 mm。

e. 当组合砖砌体构件一侧的竖向受力钢筋多于 4 根时,应设置附加箍筋或拉结钢筋。

f. 对于截面长短边相差较大的构件如墙体等,应采用穿通墙体的拉结钢筋作为箍筋,同时设置水平分布钢筋。水平分布钢筋的竖向间距及拉结钢筋的水平间距均不应大于 500 mm,如图 5.21 所示。

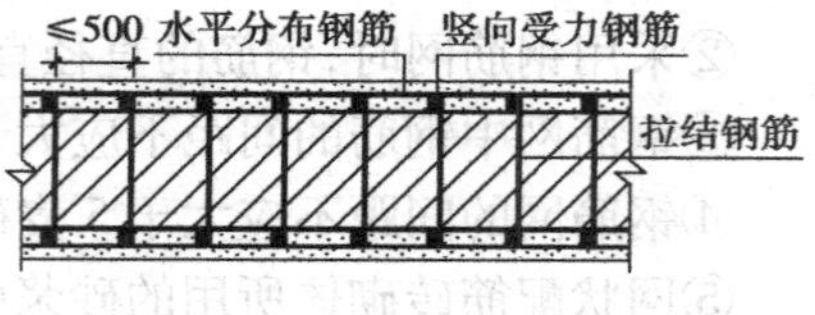

图 5.21 混凝土或砂浆面层组合墙

g. 组合砖砌体构件的顶部及底部,以及牛腿部位,必须设置钢筋混凝土垫块。竖向受力钢筋伸入垫块的长度必须满足锚固要求。

②砖砌体和钢筋混凝土构造柱组合墙的构造要求应符合下列规定:

a. 砂浆的强度等级不应低于 M5,构造柱的混凝土强度等级不宜低于 C20。

b. 构造柱的截面尺寸不宜小于 240 mm×240 mm,其厚度不应小于墙厚,边柱、角柱的截面宽度宜适当加大。柱内竖向受力钢筋,对于中柱,钢筋数量不宜少于 4 根,直径不宜小于 12 mm;对于边柱、角柱,钢筋数量不宜少于 4 根,直径不宜小于 14 mm。构造柱的竖向受力钢筋的直径也不宜大于 16 mm。其箍筋,一般部位宜采用直径 6 mm、间距 200 mm,楼层上下 500 mm 范围内宜采用直径 6 mm、间距 100 mm。构造柱的竖向受力钢筋应在基础梁和楼层圈梁中锚固,并应符合受拉钢筋的锚固要求。

③组合砖墙砌体结构房屋,应在纵横墙交接处、墙端部和较大洞口的洞边设置构造柱,其间距不宜大于 4 m。各层洞口宜设置在相应位置,并宜上下对齐。

④组合砖墙砌体结构房屋应在基础顶面、有组合墙的楼层处设置现浇钢筋混凝土圈梁。圈梁的截面高度不宜小于 240 mm;纵向钢筋数量不宜少于 4 根、直径不宜小于 12 mm,纵向钢筋应伸入构造柱内,并应符合受拉钢筋的锚固要求;圈梁的箍筋直径宜采用 6 mm、间距 200 mm。

⑤砖砌体与构造柱的连接处应砌成马牙槎,并应沿墙高每隔 500 mm 设 2 根直径 6 mm 的拉结钢筋,且每边伸入墙内不宜小于 600 mm。

⑥构造柱可不单独设置基础,但应伸入室外地坪下 500 mm,或与埋深小于 500 mm 的基础梁相连。

⑦组合砖墙的施工顺序应为先砌墙后浇混凝土构造柱。

本章小结

(1)砌体的抗压强度较高,故主要设计成承受压力的建筑物。影响砌体抗压强度的因素主要有块材和砂浆的强度、砂浆的性能、块材的几何尺寸、表面平整度及灰缝厚度、砌筑质量等。

(2)房屋的结构布置方案有横墙承重方案、纵墙承重方案、横纵墙承重方案、内框架承重方案。静力计算方案分为刚性方案、弹性方案、刚弹性方案三种。

(3)砌体的受压承载力计算公式为$N \leqslant \varphi fA$,其中,φ为考虑偏心距e和高厚比β对受压构件承载力的影响系数。应注意偏心距需满足$e \leqslant 0.6y$,高厚比β需满足相关规定。

(4)受压构件需满足相关构造要求。

(5)在各类房屋砌体中均应按规定设置圈梁,圈梁、过梁、墙梁和挑梁应满足相应构造要求。

(6)配筋砌体比无筋砌体具有更好的受力性能,配筋砌体构件可分为网状配筋构件和组合砖配筋构件,其配筋应符合相关规定。

复习思考题

5.1　砌体房屋静力计算方案有哪些?影响砌体房屋静力计算方案的主要因素有哪些?

5.2　什么是高厚比?砌体房屋高厚比计算的目的是什么?

5.3　画出刚性方案、弹性方案、刚弹性方案房屋的计算简图。

5.4　刚性和刚弹性方案房屋中横墙要满足哪些要求?

5.5　受压砌体的纵向承载力影响系数φ与什么因素有关?

5.6　产生墙体开裂的主要原因是什么?防止墙体开裂的主要措施有哪些?

5.7　圈梁在砌体结构中有哪些作用?如何正确设置圈梁?

5.8　过梁的构造要求有哪些?

5.9　网状配筋砌体构件有哪些构造要求?

5.10　截面尺寸为490 mm×620 mm的偏心受压砖柱,柱计算高度$H_0=4.8$ m,采用MU10的烧结普通砖、M5混合砂浆砌筑,柱底承受轴向压力设计值$N=210$ kN,弯矩设计值(沿长边方向)$M=24$ kN·m。试验算该柱底截面是否安全。

5.11　某单层房屋层高为4.5 m,砖柱截面为490 mm×370 mm,采用M5混合砂浆砌筑,房屋的静力计算方案为刚性方案。试验算此砖柱的高厚比。

5.12　某房屋非承重外墙,墙厚为370 mm,墙长为9 m,计算高度为4 m,中间开宽为1.8 m窗两樘,采用M7.5混合砂浆砌筑。试验算该墙的高厚比。

第 6 章　钢结构

教学内容：本章主要内容包括钢结构的连接、轴心受力构件、受弯构件、拉弯和压弯构件。

学习要求：

(1)了解钢结构的连接特点；

(2)掌握焊接和螺栓连接的基本知识和构造要求；

(3)对钢结构的整体稳定和局部稳定问题建立清晰的概念。

6.1　钢结构的连接

钢结构通常是由钢板、型钢通过组合连接成为基本构件，再通过安装连接成为整体结构骨架。连接往往是传力的关键部位，连接构造不合理，将使结构的计算简图与真实情况相差很远；连接强度不足，将使连接破坏，导致整个结构迅速破坏。因此，连接在钢结构中占有很重要的地位，连接设计是钢结构设计的重要环节。

钢结构中所用的连接方法有焊缝连接、螺栓连接和铆钉连接，如图 6.1 所示。最早出现的连接方法是螺栓连接，目前则以焊缝连接为主。高强度螺栓连接近年来发展迅速，使用越来越多，而铆钉连接已很少采用。除上述常用连接外，在薄钢结构中还经常采用射钉、自攻螺钉和焊钉等连接方式。

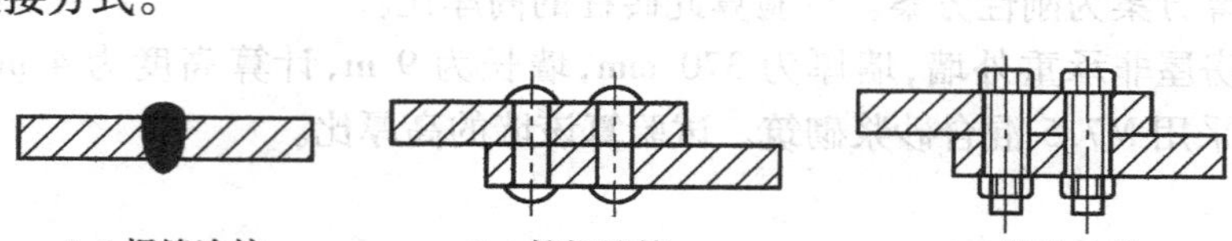

(a)焊缝连接　　(b)铆钉连接　　(c)螺栓连接

图 6.1　钢结构的连接方法

·6.1.1　*焊接连接*·

焊缝连接是现代钢结构最主要的连接方式。它的优点是任何形状的结构都可用焊缝连接，构造简单。焊缝连接一般不需拼接材料，省钢省工，而且能实现自动化操作，生产效率较高。目前土木工程中焊接结构占绝对优势。但是，焊缝质量易受材料、操作的影响，因此对钢材材性要求较高。高强度钢更要有严格的焊接程序，焊缝质量要通过多种途径的检验来保证。

1)焊接方式

焊接方式通常采用电弧焊(包括手工电弧焊)、电阻焊和气焊等。

(1)电弧焊

电弧焊分为手工电弧焊(图6.2)、自动或半自动电弧焊(图6.3)、CO_2 气体保护焊等。

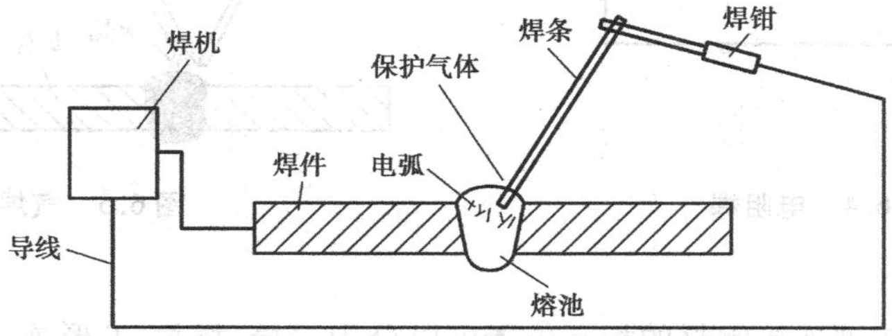

图6.2 手工电弧焊

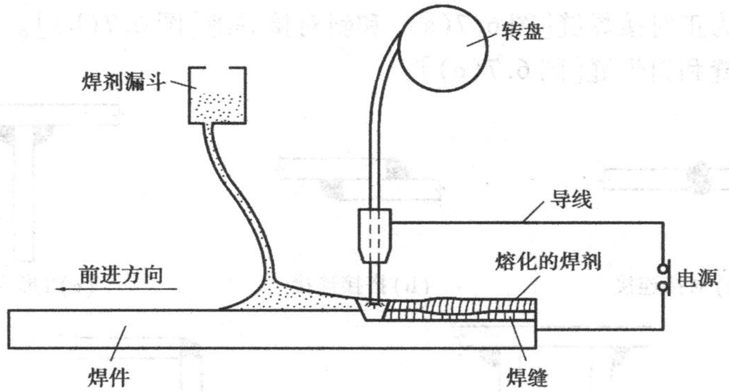

图6.3 自动或半自动电弧焊

手工电弧焊通电后,在涂有焊药的焊条与焊件之间产生电弧。电弧的温度可高达3 000 ℃。在高温作用下,电弧周围的金属变成液态,形成溶池;同时,焊条中的焊丝熔化,滴入熔池,与焊件的熔融金属相互结合,冷却后即形成焊缝。焊药则随焊条熔化而形成熔渣覆盖在焊缝上,同时产生一种气体,隔离空气与熔化的液体金属,使它不与外界空气接触,保护焊缝不受空气中有害气体的影响。

手工电弧焊焊条应与焊件的金属强度相适应。一般对Q235的钢焊件宜用E43系列型焊条(E4300～E4328);对Q345的钢焊件宜用E50系列型焊条(E5000～E5518);对Q390钢和Q420钢宜用E55系列型焊条(E5500～E5518)。焊条型号中,字母E表示焊条,前两位数字为熔敷金属的最小抗拉强度(单位 kgf/mm^2),第三和第四数字表示适用焊接位置、电流以及药皮类型等。当不同钢种的钢材连接时,宜用与低强度钢材相适应的焊条。

(2)电阻焊

电阻焊利用电流通过焊件接触点表面产生热量来熔化金属,再通过压力使其焊合。薄壁型钢的焊接常采用电阻焊(图6.4)。电阻焊适用于板叠厚度不超过12 mm的焊接。

(3)气焊

气焊是利用乙炔在氧气中燃烧而形成的火焰来熔化焊条,形成焊缝(图6.5)。气焊用于薄钢板或小型结构中。

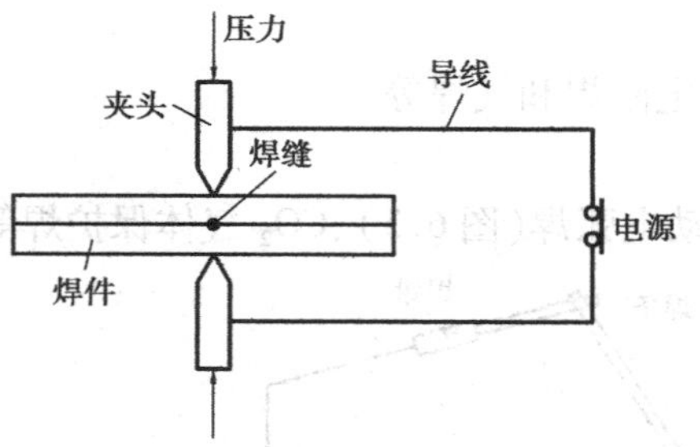

图 6.4 电阻焊

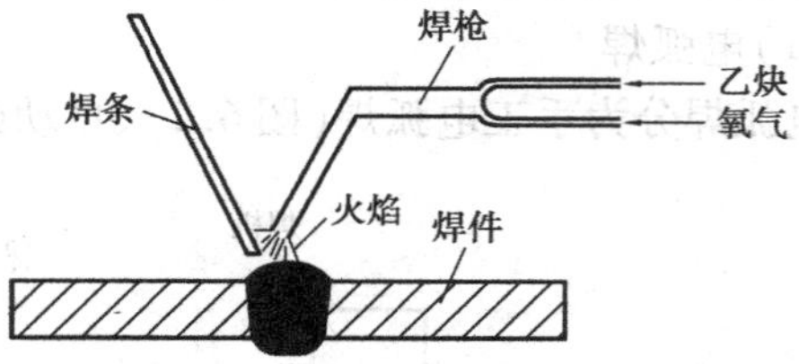

图 6.5 气焊

2)焊缝形式

焊缝连接形式按被连接钢材的相互位置可以分为对接、搭接、T 形连接和角部连接 4 种,如图 6.6 所示。这些连接所采用的焊缝形式主要有角焊缝和对接焊缝两种。对接焊缝按所受力的方向,可分为正对接焊缝[图 6.7(a)]和斜对接焊缝[图 6.7(b)]。角焊缝可分为正面角焊缝、侧面角焊缝和斜焊缝[图 6.7(c)]。

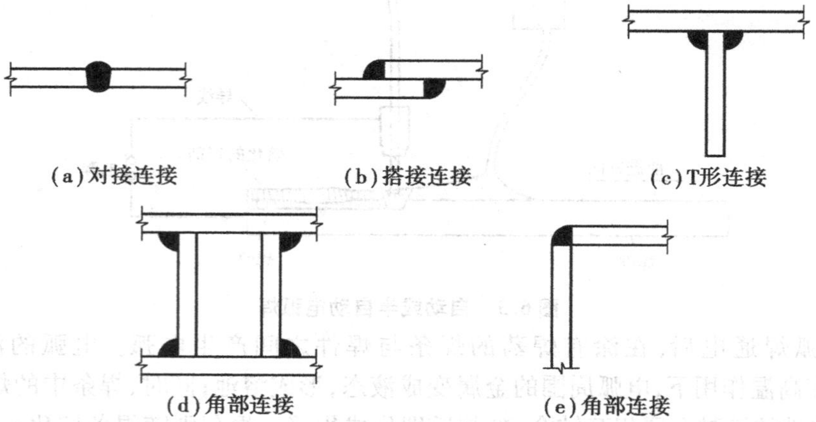

图 6.6 焊缝连接形式

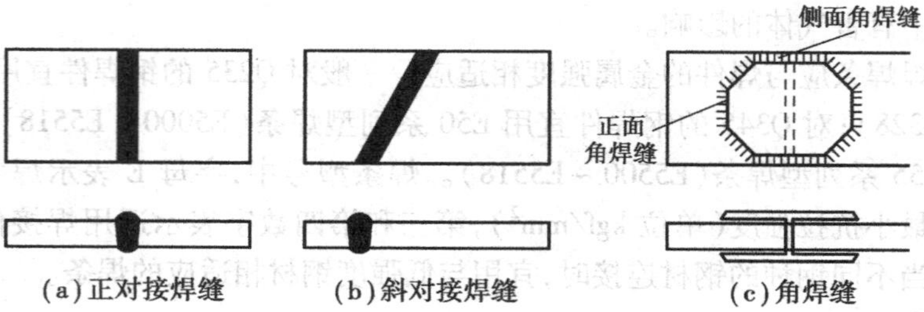

图 6.7 焊缝形式

焊缝按施焊位置,可分为平焊、横焊、仰焊及立焊等几种(图 6.8)。平焊焊接的工作最方便,质量也最好,应尽量采用;立焊和横焊的质量及生产效率比平焊差一些;仰焊的操作条件最差,焊缝质量不易保证,因此应尽量避免采用。有时因构造需要,在一条焊缝中有俯焊、仰焊和立焊(或横焊),将其称为全方位焊接。焊缝的焊接位置是由连接构造决定的,在设计焊接结构时要尽量采用便于俯焊的焊接构造。要避免焊缝立体交叉和在一处集中大量焊缝，同时焊缝的布置应尽量对称于构件的形心。

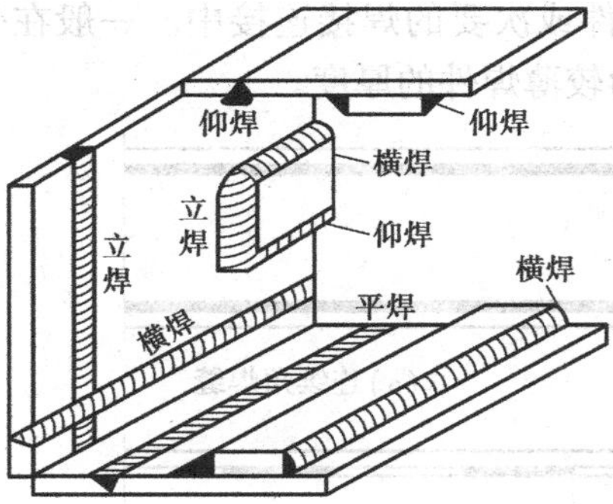

图 6.8　焊缝施焊位置

3）角焊缝构造

在相互搭接或丁字连接构件的边缘，所焊截面为三角形的焊缝，称为角焊缝。角焊缝按其与作用力的关系，可分为正面角焊缝、侧面角焊缝和斜焊缝。正面角焊缝的焊缝与作用力垂直；侧面角焊缝的焊缝长度方向与作用力平行；斜焊缝的焊缝长度方向与作用力方向斜交。

角焊缝按其截面形式可分为直角角焊缝和斜角角焊缝。直角角焊缝通常做成表面微凸的等腰直角三角形，截面如图 6.9(a)所示。在直接承受动力荷载的结构中，正面角焊缝的截面常采用图 6.9(b)所示的形式；侧面角焊缝的截面则做成凹面式，如图 6.9(c)所示。

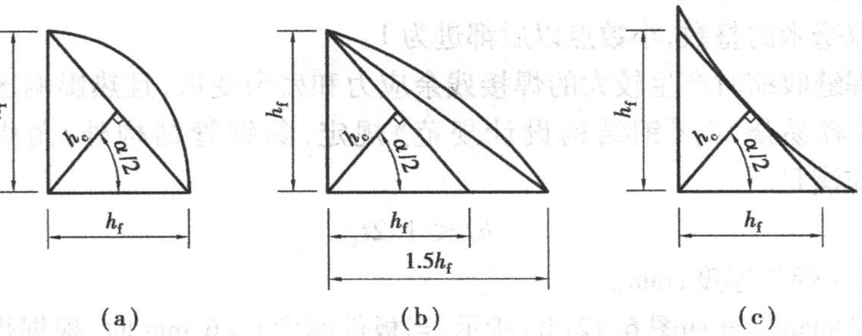

图 6.9　直角角焊缝截面

两焊角边的夹角 $\alpha>90°$ 或者 $\alpha<90°$ 的焊角称为斜角角焊缝（图 6.10）。斜角角焊缝常用于钢漏斗和钢管结构中。对于夹角 $\alpha>135°$ 或者 $\alpha<135°$ 的斜角角焊缝，除钢管结构外，不宜用做受力焊缝。

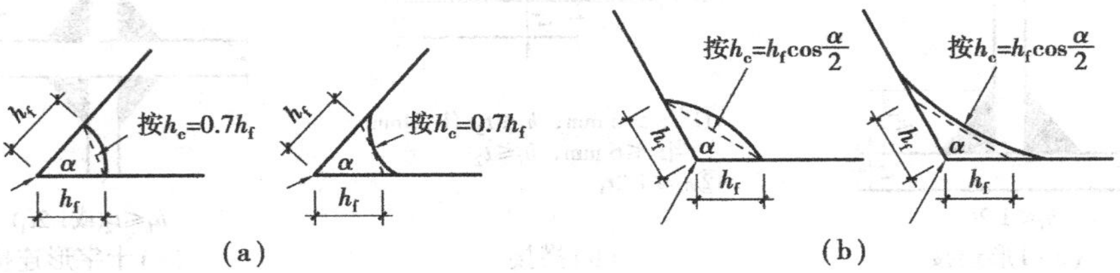

图 6.10　斜角角焊缝截面

焊缝沿长度方向的布置可分为连续角焊缝和间断角焊缝两种(图6.11)。连续角焊缝的受力性能良好,为主要的角焊缝形式。间断角焊缝容易引起应力集中现象,重要结构应避免采用,但可用于一些次要的构件或次要的焊接连接中。一般在受压构件中应满足 $l \leqslant 15t$;在受拉构件中应满足 $l \leqslant 30t$,t 为较薄焊件的厚度。

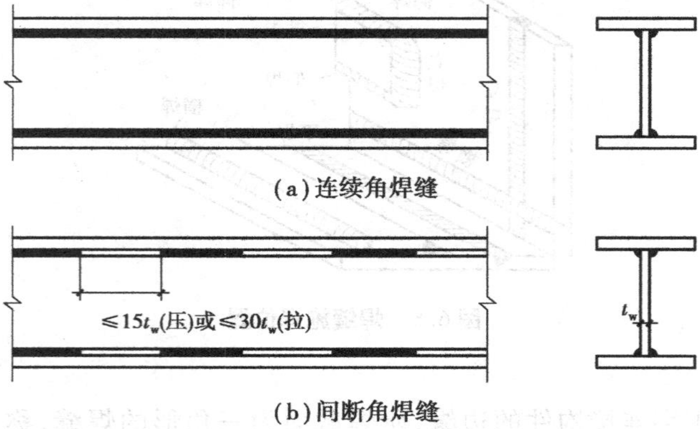

图6.11　连续角焊缝和间断角焊缝示意图

(1)焊角尺寸

角焊缝的焊角尺寸不能过小,否则焊接时产生的热量较小;而焊件厚度较大,致使施焊时冷却速度过快,产生淬硬组织,导致母材开裂。《钢结构设计规范》规定:

$$h_f = 1.5\sqrt{t_2} \tag{6.1}$$

式中　t_2——较厚焊件厚度,mm。

焊角尺寸取毫米的整数,小数点以后都进为1。

为了避免焊缝收缩时产生较大的焊接残余应力和残余变形,且热影响区扩大,容易产生热脆,较薄焊件容易烧穿,《钢结构设计规范》规定,除钢管结构外,角焊缝的焊角尺寸[图6.12(a)]应满足:

$$h_f \leqslant 1.2t_1 \tag{6.2}$$

式中　t_1——较薄焊件厚度,mm。

对板件边缘的角焊缝如图6.12(b)所示,当板件厚度 $t > 6$ mm 时,根据焊工的施焊经验,不易焊满全厚度,故取 $h_f \leqslant t-(1 \sim 2)$ mm;当 $t \leqslant 6$ mm 时,通常采用小焊条施焊,易焊满全厚度,故取 $h_f \leqslant t$。

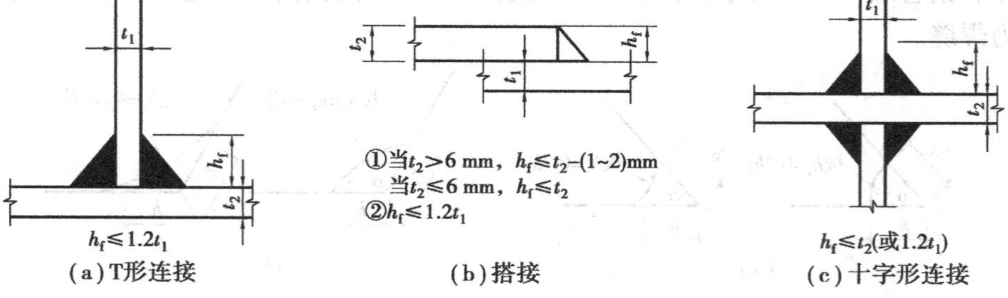

图6.12　最大焊角尺寸

(2)侧面角焊缝的最大计算长度

侧面角焊缝在弹性阶段沿长度方向受力不均匀，两端大而中间小。焊缝越长，应力集中越明显。在静力荷载作用下，如果焊缝长度适宜，焊缝两端处的应力达到屈服强度后，继续加载，应力会渐趋均匀。但是，如果焊缝长度超过某一限值时，有可能首先在焊缝的两端破坏，故一般规定侧面角焊缝的计算长度 $l_w \leqslant 60h_f$。当实际长度大于上述限值时，其超过部分在计算中不予考虑。若内力沿侧面角焊缝全长分布，如焊接梁翼缘板与腹板的连接焊缝，计算长度可不受上述限制。

(3)搭接连接的构造要求

当板件端部仅有两条侧面角焊缝连接时(图6.13)，试验结果表明，连接的承载力与 B/l_w 有关。B 为两侧焊缝的距离，l_w 为侧焊缝的计算长度。当 $B/l_w>1$ 时，连接的承载力随着 B/l_w 的增大而明显下降，主要是由于构件弯折使构件中应力分布不均匀的影响。为使连接强度不致过分降低，应使每条侧焊缝的计算长度不小于两侧焊缝之间的距离，即 $B/l_w \leqslant 1$。两侧面角焊缝之间的距离 B 也不宜大于 $16t$($t>12$ mm)或 190 mm($t<12$ mm)，t 为较薄焊件的厚度，以免因焊缝横向收缩，而引起板件向外发生较大拱曲。

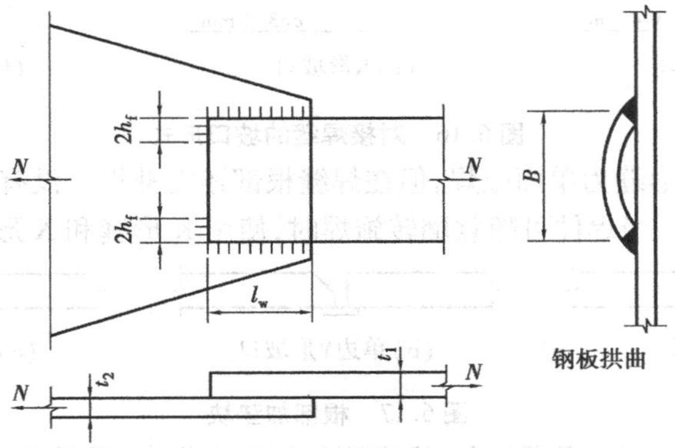

图6.13 焊缝长度及两侧焊缝间距

在搭接连接中，当仅采用正面角焊缝(图6.14)时，其搭接长度不得小于焊件较小厚度的5倍，也不得小于25 mm。

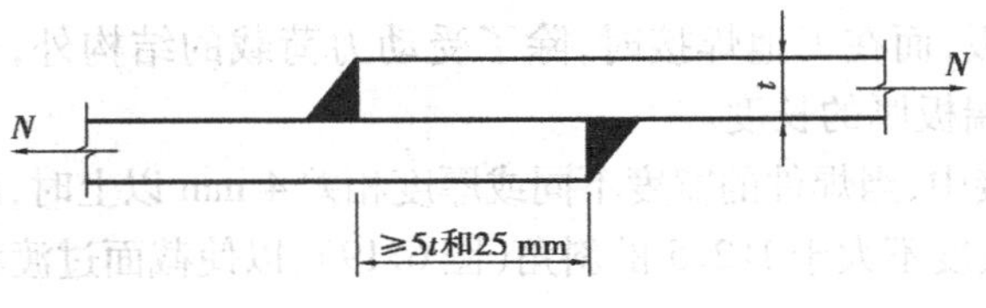

图6.14 搭接连接

(4)减小角焊缝应力集中的措施

杆件端部的搭接采用三面围焊时，在转角处截面发生突变，会产生应力集中，如在此处起灭弧，可能出现弧坑或咬肉等缺陷，从而加大应力集中的影响。故所有围焊的转角处必须连续施焊。对于非围焊情况，当角焊缝的端部在构件转角处时，可连续地实施长度为 $2h_f$ 的绕角焊。

4)对接焊缝的构造

对接焊缝一般焊透全厚度,但有时也可不焊透全厚度(图6.15)。

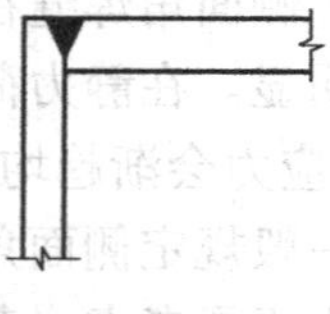

图6.15 不焊透对接焊缝

对接焊缝的焊件常需做成坡口,故又叫坡口焊缝。坡口形式与焊件的厚度有关。当焊件厚度很小(手工焊6 mm,自动埋弧焊10 mm)时,可用直边缝。对于一般厚度的焊件,可采用具有斜坡口的单边V形或V形焊缝。斜坡口和根部间隙 c 共同组成一个焊条能够运转的施焊空间,使焊缝易于焊透;钝边 p 有托住熔化金属的作用。对于较厚的焊件($t>$ 20 mm),则采用U形、K形和X形坡口(图6.16)。

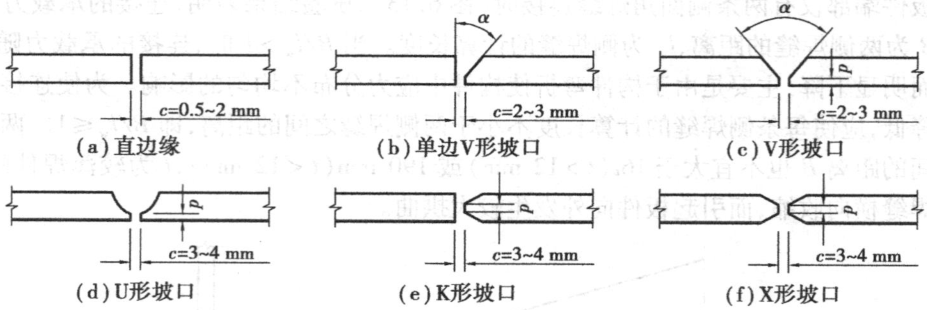

图6.16 对接焊缝的坡口形式

其中,V形缝和U形缝为单面施焊,但在焊缝根部还需补焊。没有条件补焊时,要事先在根部加垫板(图6.17)。当焊件可随意翻转施焊时,使用K形缝和X形缝较好。

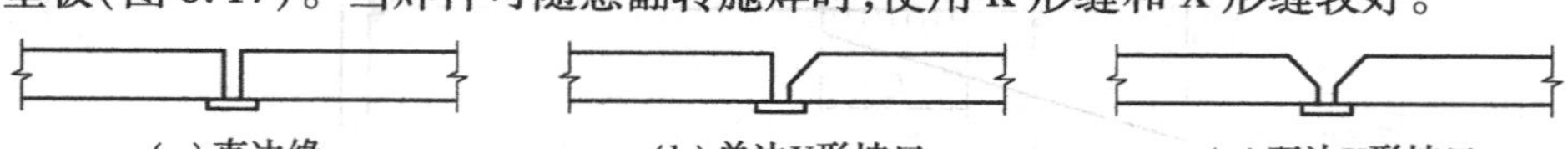

图6.17 根部加垫块

对接焊缝用料经济,传力平顺均匀,没有明显的应力集中,承受动力荷载作用时采用对接焊缝最为有利。但对接焊缝的焊件边缘需要进行剖口加工,焊件长度必须精确,施焊时焊件要保持一定的间隙。对接焊缝的起点和终点常因不能熔透而出现凹形的焊口,在受力后易出现裂缝及应力集中。为此,施焊时常采用引弧板(图6.18)。但采用引弧板很麻烦,一般在工厂焊接时可采用引弧板,而在工地焊接时,除了受动力荷载的结构外,一般不用引弧板,而是在计算时扣除焊缝两端板厚的长度。

在对接焊缝的拼接中,当焊件的宽度不同或厚度相差4 mm以上时,应分别在宽度或厚度方向从一侧或两侧做成坡度不大于1:2.5的斜角(图6.19),以使截面过渡和缓,减小应力集中。

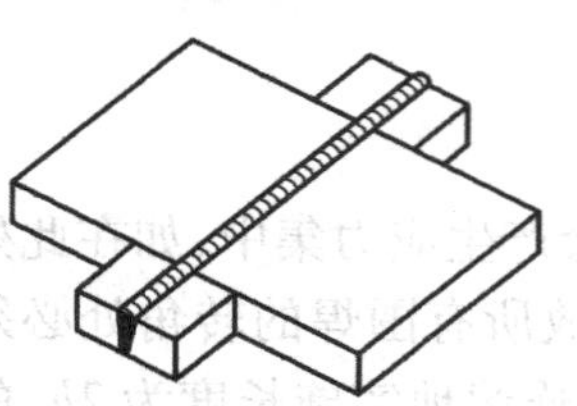

图6.18 对接焊缝的引弧板

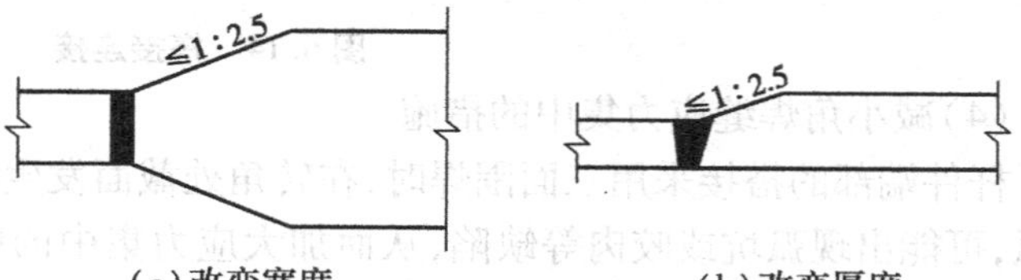

图6.19 不同厚度及宽度的钢板连接

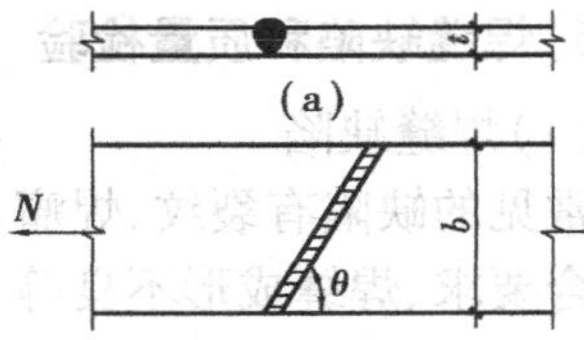

图 6.20 斜缝和作用力间夹角 θ

对于按一、二级标准检验的焊缝，其质量与构件等强，不必另行计算。当正缝连接的强度低于焊件的强度时，为了提高连接的承载能力，可改用斜缝。当斜缝和作用力间夹角 θ（图 6.20）符合 $\tan\theta \leqslant 1.5$ 时，可不计算焊缝强度。

5）焊缝符号

在钢结构施工图上，要用焊缝符号标明焊缝的形式、尺寸和辅助要求。根据国家标准《焊缝符号表示法》（GB/T 324—2008）和《建筑结构制图标准》（GB/T 50105—2010）的规定，完整的焊缝符号包括基本符号、指引线、补充符号、尺寸符号及数据等。符号的比例、尺寸及标注位置参见 GB/T 12212 的有关规定。

基本符号表示焊缝横截面的基本形式或特征，如◺表示角焊缝（其垂线一律在左边，斜线在右边）；‖ 表示 I 形坡口的对接焊缝，V 表示 V 形坡口的对接焊缝；|/表示单边 V 形坡口的对接焊缝（其垂线一律在左边，斜线在右边）。

引出线由带箭头的指引线（简称箭头线）和两条基准线（一条为细实线，另一条为细虚线）两部分组成。基准线的虚线可以画在实线的上侧，也可以画在实线的下侧。

基本符号标注在基准线上，其相对位置规定如下：如果焊缝在接头的箭头侧，则应将基本符号标注在基准线实线侧；如果焊缝在接头的非箭头侧，则应将基本符号标注在基准线虚线侧，这与符号标注的上下位置无关。如果为双面对称焊缝，基准线可以不加虚线。箭头线相对于焊缝位置一般无特别要求，对有坡口的焊缝，箭头线应指向带有坡口的一侧。

补充符号是补充说明焊缝某些特征的符号，如⊏表示三面围焊；○表示周边焊缝；▶表示在工地现场施焊的焊缝（其旗尖指向基准线的尾部）；▭是表示焊缝底部有垫板的符号；<是尾部符号，它标注在基准线的尾端，是用来标注需要说明的焊接工艺方法和相同焊缝数量。

有关符号的详细说明，可参考国家标准规定，表 6.1 列出的只是部分常用焊缝符号。

6.1 焊缝符号

	角焊缝				对接焊缝	塞焊缝	三角围焊
	单面焊缝	双面焊缝	安装焊缝	相同焊缝			
形式	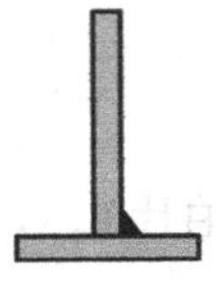		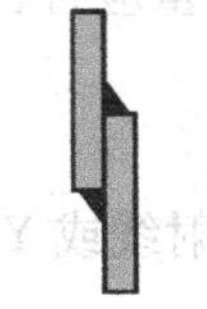		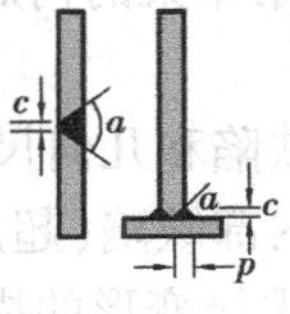	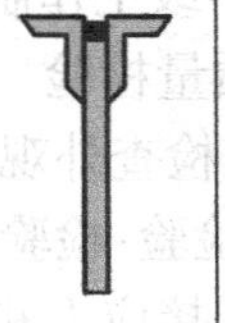	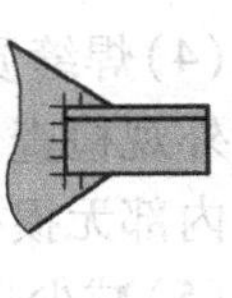
标注方法	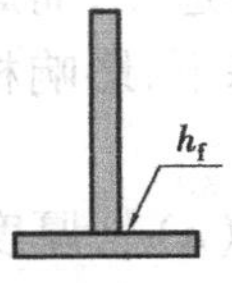	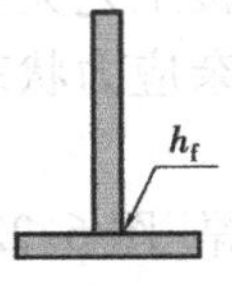	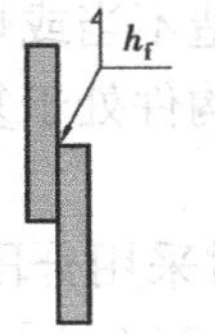	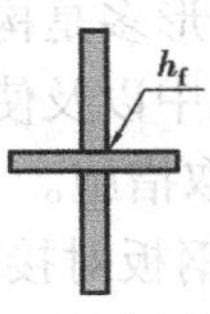	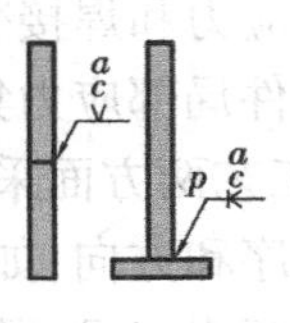		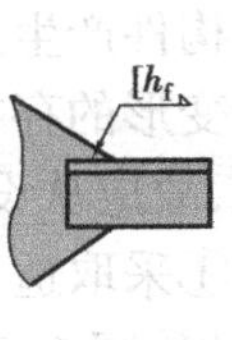

6)焊缝缺陷和质量检验

(1)焊缝缺陷

常见的缺陷有裂纹、焊瘤、烧穿、弧坑、气孔、夹渣、咬边、未熔合、未焊透等,以及焊缝尺寸不符合要求、焊缝成形不良等,如图6.21所示。

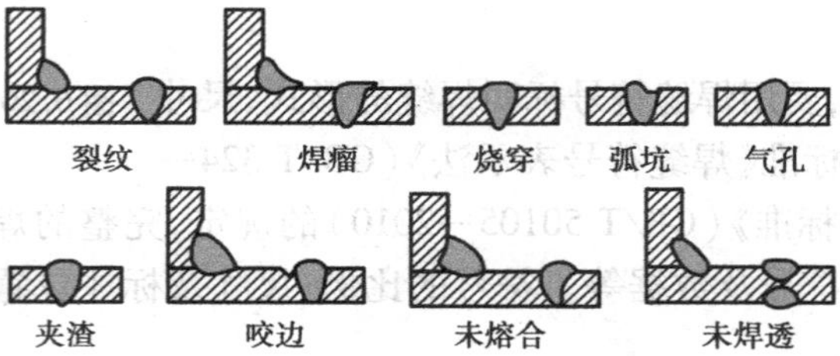

图6.21 焊缝连接缺陷

(2)焊缝质量等级

现行《钢结构工程施工质量验收规范》(GB 50205)规定焊缝按其检验方法和质量要求分为一级、二级和三级。三级焊缝只要求对全部焊缝作外观检查且符合三级质量标准。一级、二级焊缝则除外观检查外,还要求一定数量的超声波探伤检验,超声波探伤不能对缺陷做出判断时,应采用射线探伤检验,并符合国家相应质量标准的要求。

(3)焊缝等级选用

《钢结构设计规范》(GB 50017)中,对焊缝质量等级的选用有如下规定:

①在需要进行疲劳计算的构件中,凡对接焊缝均应焊透,作用力垂直于焊缝长度方向的横向对接焊缝或T形对接与角接组合焊缝,受拉时应为一级,受压时应为二级;作用力平行于焊缝长度方向的纵向对接焊缝应为二级。

②在不需要进行疲劳计算的构件中,凡要求与母材等强的对接焊缝应予焊透,其质量等级当受拉时不低于二级,受压时宜为二级。

③重级工作制和起重量 $Q>50$ t的中级工作制吊车梁的腹板与上翼缘板之间,以及吊车桁架上弦杆与节点板之间的T形接头焊缝均要求焊透。焊缝形式一般为对接与角接的组合焊缝,质量不应低于二级。

④角焊缝质量等级一般为三级,对直接承受动力荷载且需要验算疲劳的结构和吊车起重量 $Q \geqslant 50$ t的中级工作制吊车梁的角焊缝的外观质量应符合二级。

(4)焊缝质量检验

外观检查:检查外观缺陷和几何尺寸;

内部无损检验:检验内部缺陷(超声波检验、X射线或Y射线透照或拍片)。

(5)减少焊接应力和焊接变形的措施

构件产生过大的焊接应力和焊接变形多是构造不当或焊接工艺欠妥造成,而焊接应力和焊接变形的存在将造成构件局部应力集中以及使构件处于复杂应力状态下,影响材料的工作性能,故应从设计和焊接工艺两方面采取措施。

①采取适当的焊接次序和方向,如钢板对接时采用分段焊[图6.22(a)],厚度方向采用分层焊[图6.22(b)],钢板分块采用拼焊[图6.22(c)],工字形顶接时采用对角跳焊等[图6.22(d)]。

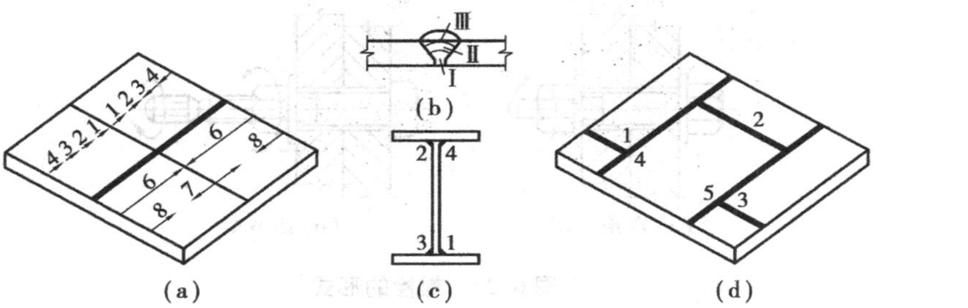

图 6.22 合理的焊接次序

②尽可能采用对称焊缝,连接过渡尽可能平滑,避免出现截面突变,并在保证安全的前提下,避免焊缝厚度过大。

③避免焊缝过分集中或多方向焊缝相交于一点。

④施焊前使构件有一和焊接变形相反的预变形。如在顶接中将翼缘预弯,焊接后产生焊接变形与预变形抵消[图 6.23(a)]。在平接中使接缝处预变形[图 6.23(b)],焊接后产生焊接变形也与之抵消。这种方法可以减少焊接后的变形量,但不会根除焊接应力。

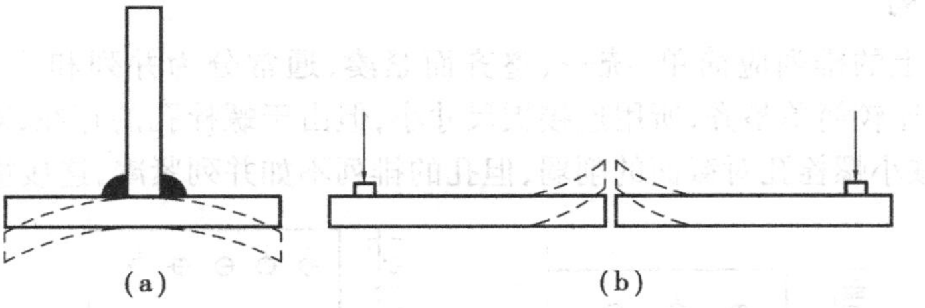

图 6.23 减少焊接变形的措施

⑤对于小尺寸的杆件,可在焊前预热或焊后回火加热到 600 ℃左右,然后缓慢冷却,可消除焊接应力。焊接后对焊件进行锤击,也可减少焊接应力与焊接变形。此外也可采用机械法校正来消除焊接变形。

· 6.1.2 螺栓连接 ·

1)螺栓连接的类型

螺栓连接分普通螺栓连接和高强度螺栓连接两种。普通螺栓的形式常为六角头型,而高强度螺栓有六角头型和扭剪型两种,如图 6.24 所示。螺栓的代号用字母 M 和公称直径 d 的毫米数来表示,如螺栓常见的规格有 M12,M16,M20,M30 等。建筑工程中的受力螺栓一般用 M16 以上(包括 M16)的螺栓型号。

其中,普通螺栓分 C 级螺栓和 A,B 级螺栓两种。C 级螺栓习称粗制螺栓,直径与孔径相差 1.0~1.5 mm,便于安装,但螺杆与钢板孔壁不够紧密,螺栓不宜受剪;A,B 级螺栓习称精制螺栓,其栓杆与栓孔的加工都有严格要求,受力性能较 C 级螺栓为好,但费用较高。

高强度螺栓的杆身、螺帽和垫圈都要用抗拉强度很高的钢材制作。螺杆一般采用 45 号钢或 40 硼钢制成,螺母和垫圈用 45 号钢制成,且都要经过热处理以提高其强度。现在工程

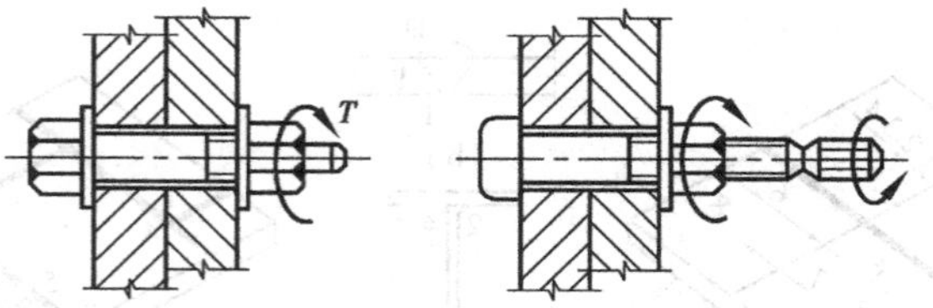

(a)六角头型　　(b)扭剪型

图 6.24　螺栓的形式

中已逐渐采用20锰钛硼钢作为高强度螺栓的专用钢。钢结构用高强度大六角头螺栓应符合现行国家标准《钢结构用高强度大六角头螺栓》《钢结构用高强度大六角螺母》《钢结构用高强度垫圈》《钢结构用高强度大六角头螺栓、大六角螺母、垫圈技术条件》的规定。高强度螺栓的预拉力是通过旋紧螺母实现的,一般采用扭矩法和扭剪法。扭矩法是采用可直接显示扭矩的特制扳手,根据事先测定的扭矩和螺栓拉力之间的关系施加扭矩,使之达到预定预拉力。扭剪法是采用扭剪型高强度螺栓,该螺栓端部设有梅花头,拧紧螺母时,靠拧断螺栓梅花头切口处截面来控制预拉力值。

2)螺栓的排列

螺栓在构件上的排列应简单、统一、整齐而紧凑,通常分为并列和错列两种形式,如图6.25所示。并列比较简单整齐,所用连接板尺寸小,但由于螺栓孔的存在,对构件截面的削弱较大;错列可以减小螺栓孔对截面的削弱,但孔的排列不如并列紧凑,连接板尺寸较大。

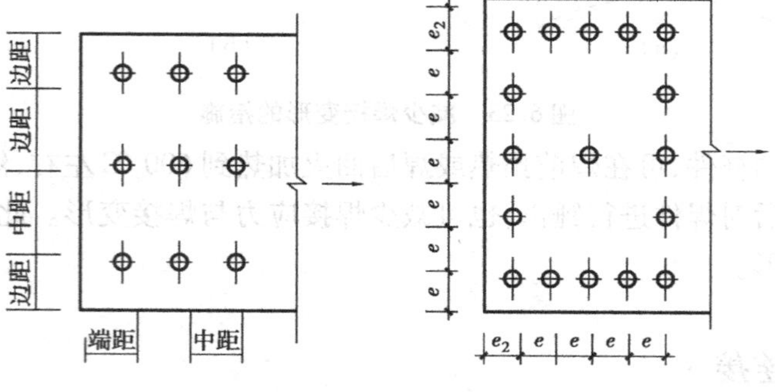

图 6.25　钢板的螺栓排列

螺栓在构件上的排列应符合最小距离要求,以便用扳手拧紧螺母时有一定的空间,并避免受力时钢板在孔之间以及孔与板端、板边之间发生剪断、截面过分削弱等现象。螺栓在构件上的排列也应符合最大距离要求,以避免受压时被连接的板件间发生张口、鼓出或被连接的构件因接触面不够紧密,潮气进入缝隙而产生腐蚀等现象。

根据上述要求,钢板上螺栓的排列规定见图6.26和表6.2。型钢上螺栓的排列除应满足表中的最大和最小距离外,还应充分考虑拧紧螺栓时的净空要求,见表6.3、表6.4、表6.5。

螺栓连接在满足排列的最大和最小容许距离要求的前提下,还应满足以下构造要求:一般情况下,同一结构连接中,为便于制造,宜采用一种直径的螺栓,必要时也可采用2~3种螺栓直径;为了连接可靠,每一杆件在节点以及拼接接头的一端,永久性的螺栓(或柳钉)数不宜少于2个,对于组合构件的缀条,其端部连接可采用1个螺栓(或柳钉);在高强度螺栓连接范围内,构件接触面的处理方法应在施工图中加以说明;对于直接承受荷载的普通螺栓受拉连接,应采用有效措施防止螺母松动,如采用双螺母、弹簧垫圈或将螺母和螺杆焊死等方法;当型钢构件拼接采用高强度螺栓连接时,其拼接件宜采用钢板。

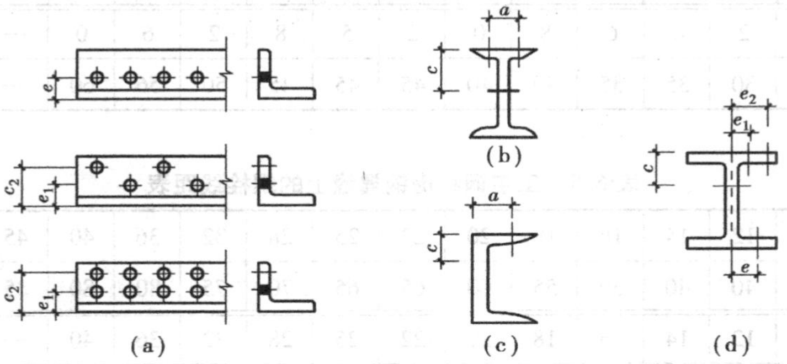

图 6.26　型钢的螺栓(铆钉)排列

表 6.2　螺栓或铆钉的最大、最小容许距离

<table>
<tr><th>名　称</th><th colspan="3">位置和方向</th><th>最大容许距离
(取两者的较小值)</th><th>最小容许距离</th></tr>
<tr><td rowspan="5">中心线距</td><td colspan="3">外排(垂直或顺内力方向)</td><td>$8d_0$ 或 $12t$</td><td rowspan="5">$3d_0$</td></tr>
<tr><td rowspan="3">中间排</td><td colspan="2">垂直内力方向</td><td>$8d_0$ 或 $24t$</td></tr>
<tr><td rowspan="2">顺内力方向</td><td>压力</td><td>$12d_0$ 或 $18t$</td></tr>
<tr><td>拉力</td><td>$16d_0$ 或 $24t$</td></tr>
<tr><td colspan="3">沿对角线方向</td><td></td></tr>
<tr><td rowspan="4">中心至构件边缘距离</td><td colspan="3">顺内力方向</td><td rowspan="4">$4d_0$ 或 $8t$</td><td>$2d_0$</td></tr>
<tr><td rowspan="3">垂直内力方向</td><td colspan="2">剪切或手工气割边</td><td>$1.5d_0$</td></tr>
<tr><td rowspan="2">轧制边自动精密或锯割边</td><td>高强度螺栓</td><td>$1.2d_0$</td></tr>
<tr><td>其他螺栓或铆钉</td><td></td></tr>
</table>

注:①d_0 为螺栓孔或铆钉孔直径,t 为外层较薄板件的厚度;

②钢板边缘与刚性构件(如角钢、槽钢等)相连的螺栓或铆钉的最大间距,可按中间排的数值采用。

表 6.3　角钢上螺栓或铆钉线距表　　单位:mm

<table>
<tr><td rowspan="3">单行排列</td><td>角钢肢宽</td><td>40</td><td>45</td><td>50</td><td>56</td><td>63</td><td>70</td><td>75</td><td>80</td><td>90</td><td>100</td><td>110</td><td>125</td></tr>
<tr><td>线距 e</td><td>25</td><td>25</td><td>30</td><td>30</td><td>35</td><td>40</td><td>40</td><td>45</td><td>50</td><td>55</td><td>60</td><td>70</td></tr>
<tr><td>钉孔最大直径</td><td>11.5</td><td>13.5</td><td>13.5</td><td>15.5</td><td>17.5</td><td>20</td><td>22</td><td>22</td><td>24</td><td>24</td><td>26</td><td>26</td></tr>
<tr><td rowspan="4">双行错排</td><td>角钢肢宽</td><td>125</td><td>140</td><td>160</td><td>180</td><td>200</td><td rowspan="4">行排列</td><td colspan="3">角钢肢宽</td><td>160</td><td>180</td><td>200</td></tr>
<tr><td>$E1$</td><td>55</td><td>60</td><td>70</td><td>70</td><td>80</td><td colspan="3">$E1$</td><td>60</td><td>40</td><td>80</td></tr>
<tr><td>$E2$</td><td>90</td><td>100</td><td>120</td><td>140</td><td>160</td><td colspan="3">$E2$</td><td>130</td><td>140</td><td>160</td></tr>
<tr><td>钉孔最大直径</td><td>24</td><td>24</td><td>26</td><td>26</td><td>26</td><td colspan="3">钉孔最大直径</td><td>24</td><td>24</td><td>26</td></tr>
</table>

表 6.4　工字钢和槽钢腹板上的螺栓线距表　　单位:mm

工字钢型号	12	14	16	18	20	22	25	28	32	36	40	45	50	56	63
线距 C_{min}	40	45	50	55	60	65	65	70	75	80	80	85	90	95	95
槽钢型号	2	4	6	8	0	2	5	8	2	6	0	—	—	—	—
线距 C_{min}	30	35	35	40	40	45	45	45	50	56	60	—	—	—	—

表 6.5　工字钢和槽钢翼缘上的螺栓线距表　　单位:mm

工字钢型号	12	14	16	18	20	22	25	28	32	36	40	45	50	56	63
线距 a_{min}	40	40	50	55	60	65	65	70	75	80	80	85	90	95	95
槽钢型号	12	14	16	18	20	22	25	28	32	36	40	—	—	—	—
线距 a_{min}	30	35	35	40	40	45	45	45	50	56	60	—	—	—	—

3)普通螺栓的工作性能

普通螺栓按受力情况可以分为:螺栓只承受剪力;螺栓只承受拉力;螺栓承受剪力和拉力的共同作用。

(1)普通螺栓的抗剪连接

普通螺栓的抗剪连接是指在外力作用下,被连接构件的接触面产生相对剪切滑移的连接。剪力螺栓连接在受力以后,外力并不大时,由构件间的摩擦力来传递外力。当外力继续增大而超过极限摩擦力后,构件之间出现相对滑移,螺栓开始接触构件的孔壁而受剪,孔壁则受压(图 6.27)。

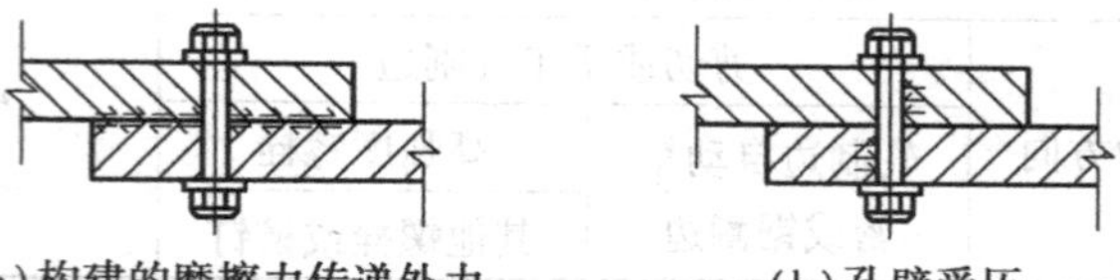

(a)构建的摩擦力传递外力　　(b)孔壁受压

图 6.27　剪力螺栓连接的工作性能

剪力螺栓可能出现 5 种破坏形式:第 1 种是当螺栓杆较细、板件较厚时,螺栓杆可能被剪断,发生螺栓杆剪切破坏[图 6.28(a)];第 2 种是当螺栓杆较粗、板件相对较薄时,可能发生钢板孔壁挤压破坏[图 6.28(b)];第 3 种是构件本身还有可能由于截面开孔削弱过多而破坏[图 6.28(c)];第 4 种是由于钢板端部螺孔端距太小而被剪坏[图 6.28(d)];第 5 种是由于钢板太厚,螺杆直径太小,可能发生螺杆弯曲破坏[图 6.28(e)]。后两种破坏可通过构造措施加以避免。

第 4 种破坏,可通过限定端距和边距的最小值加以保证;对于第 5 种破坏,一般通过限制板叠厚度 $\sum t \leqslant 5d$ (d 为螺杆直径)就可避免发生;对于第 3 种破坏,则由连接件净截面强度验算来保证;对于第 1 和 2 种破坏,则需通过螺栓抗剪连接计算来控制。

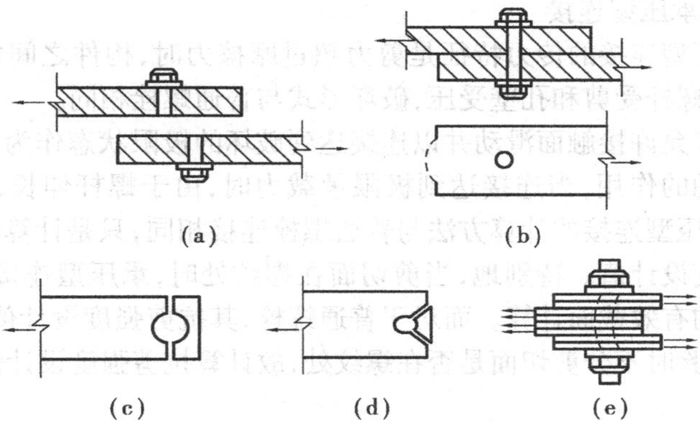

图6.28 剪力螺栓的破坏情况

(2)普通螺栓的抗拉连接

如6.29(a)所示为T形受拉连接,在外拉力作用下,构件的接触面有被拉开的趋势,螺杆受到轴向拉力作用,直至被拉断。通常由于连接构件的刚度不大,受拉后受拉构件会发生变形而形成杠杆作用,在构件端部产生挤压应力[图6.28(a)],其合力为撬力 Q,因而螺栓中实际受力为 N。撬力的大小与连接件的刚度有关:连接件刚度越小,变形越大,则撬力越大,反之则撬力越小。由于确定 Q 值的过程比较复杂,因此我国规范为了简化计算,认为螺栓受力仍为 N,普通螺栓的抗拉强度设计值 f_t^b 为螺栓钢材抗拉强度设计值 f 的80%,以此来考虑撬力的影响。另外,设计中也可采用构造措施来加强连接件的刚度,如设置加劲肋[图6.28(b)]可减小甚至消除撬力。

(3)螺栓承受剪力和拉力的共同作用

大量的试验研究结果表明,同时承受剪力和拉力作用的普通螺栓有两种可能破坏形式:一是孔壁承压破坏,二是螺栓杆受剪受拉破坏,如图6.28和图6.29所示。

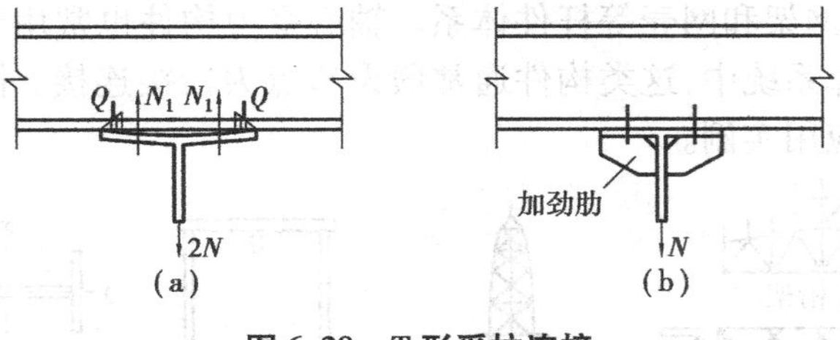

图6.29 T形受拉连接

4)高强度螺栓连接的工作性能

高强度螺栓有摩擦型和承压型两种。在外力作用下,螺栓承受剪力或拉力。

(1)高强度螺栓摩擦型连接

高强度螺栓安装时将螺栓拧紧,使螺杆产生很大的预拉力,而被连接板件间则产生很大的预压力。连接受力后,接触面产生的摩擦力阻止板件的相互滑移,以达到传递外力的目的。高强度螺栓摩擦型连接与普通螺栓连接的重要区别在于完全不靠螺杆的抗剪和孔壁的承压来传力,而是靠钢板间接触面的摩擦力传力。

摩擦型连接的承载力取决于构件接触面的摩擦力,而此摩擦力的大小与螺栓所受预拉力和摩擦面的抗滑系数以及连接的传力摩擦面数有关。

(2)高强度螺栓承压型连接

高强度螺栓承压型连接的传力特征是剪力超过摩擦力时,构件之间发生相对滑移,螺杆杆身与孔壁接触,使螺杆受剪和孔壁受压,破坏形式与普通螺栓相同。

由于承压型连接允许接触面滑动并以连接达到破坏的极限状态作为设计准则,接触面的摩擦力只起延缓滑动的作用,当连接达到极限承载力时,由于螺杆伸长,预拉力几乎全部消失,故高强度螺栓承压型连接的计算方法与普通螺栓连接相同,只是计算时,应采用承压型连接高强度螺栓的强度设计值。特别地,当剪切面在螺纹处时,承压型连接高强度螺栓的抗剪承载力应按螺纹处的有效截面计算。而对于普通螺栓,其抗剪强度设计值是根据连接的试验数据统计而定的,试验时不分剪切面是否在螺纹处,故计算抗剪强度设计值时用公称直径。

·6.1.3 铆钉连接·

铆钉链接包括制孔和打铆两个主要工序。铆钉连接需要先在构件上开孔,铆孔比铆钉直径大 1 mm,加热至 900 ~ 1 000 ℃,并用铆钉枪打铆。其连接刚度大,传力可靠,韧性和塑性较好,质量易于检查,对经常受动力荷载作用、荷载较大和跨度较大的结构,可采用铆接结构。但是,由于铆钉连接对施工技术的要求高,劳动强度大,施工条件恶劣,施工速度慢,已逐步被高强螺栓连接所取代。除上述常用连接外,在薄钢结构中还经常采用射钉、自攻螺钉和焊钉等连接方式。

6.2 轴心受力构件

轴心受力构件分为轴心受拉和轴心受压两类,前者简称为拉杆,后者简称为压杆。在钢结构中轴心受力构件的应用十分广泛,平面和空间铰接杆件体系都由轴心受拉和轴心受压杆件组成,如桁架、塔架、网架和网壳等杆件体系。轴心受力构件也常用于操作平台柱、其他结构的支柱以及一些支撑系统中,这类构件通常假设节点为铰接连接。图 6.30 所示即为轴心受压构件在工程中的应用实例。

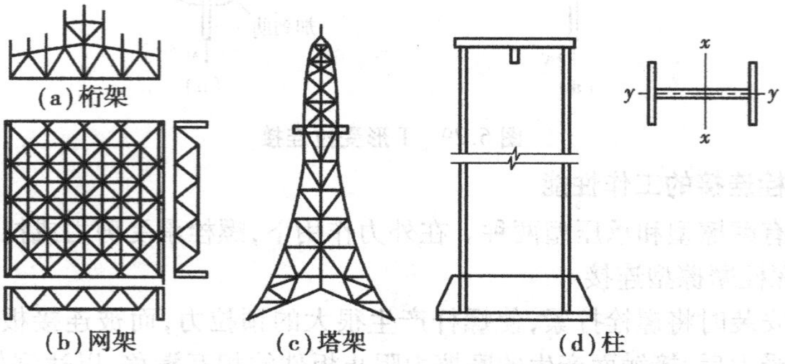

图 6.30 轴心受压构件在工程中的应用

轴心受压构件按其截面组成形式,可分为实腹式受压构件和格构式受压构件两种。实腹式构件具有整体连通的截面,常见截面形式有三种:一是热轧型钢截面,如圆钢、圆管、方管、角钢、工字钢、T 形钢、宽翼缘 H 型钢和槽钢等[图 6.31(a)],其中最常用的是工字形或 H 形截面；二是冷弯型钢截面，如卷边和不卷边的角钢或槽钢与方管，它们只需要简单加工就可以用作构件，成本较低，适用于受力较小的构件；三是由型钢与钢板或钢板与钢板组成的焊接组合截面[图6.31(b)]。格构式受压构件一般由两个或多个分肢用缀件联系组成，采用较多的是两肢式格构式构件[图6.31(c)]。

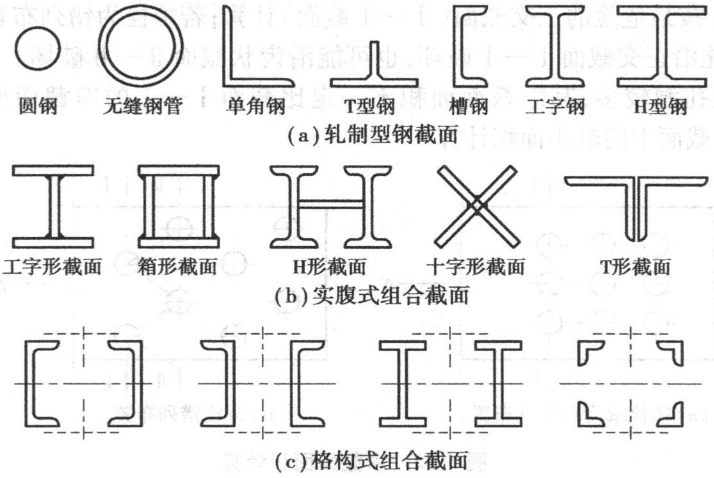

图6.31　轴心受压构件的常用截面形式

在格构式组合构件截面中，通过分肢腹板的主轴称为实轴，通过分肢缀件的主轴称为虚轴。分肢通常采用轧制槽钢或工字钢，承受荷载较大时可采用焊接工字形或槽形组合截面。肢件间采用缀条或缀板连成整体，一般设置在分肢翼缘两侧平面内，其作用是将各分肢连成整体，使其共同受力，并承受绕虚轴弯曲时产生的剪力。缀条由斜杆组成或斜杆与横杆共同组成，缀条常用单角钢，与分肢翼缘组成桁架体系，使承受横向剪力时有较大的刚度。缀板常采用钢板，与分肢翼缘组成刚架体系。格构式构件容易使压杆实现两主轴方向的等稳定性，并且刚度大、抗扭性能好、用料较省。

在进行轴心受压构件设计时，应同时满足承载力极限状态和正常使用极限状态的要求。对于承载力极限状态，轴心受压构件的破坏主要是由于构件失去整体稳定性(也称屈曲)或组成压杆的板件局部失去稳定性，当构件上有螺栓孔等使截面有较多削弱时，也可能因强度不足而破坏，因此受压构件需同时满足强度和稳定的要求。对于正常使用极限状态，是通过保证构件的刚度——限制其长细比来达到的。按其受力性质的不同，轴心受压构件的设计需要分别进行强度、刚度和稳定性(包括构件的整体稳定性、组成板件的局部稳定性)的验算。

设计轴心受力构件时要满足钢结构设计的两种极限状态要求。对承载能力极限状态的要求，轴心受拉构件只有截面强度问题，而轴心受压构件则有截面强度和构件稳定问题；对正常使用极限状态的要求，则每类构件都有刚度问题。

1)强度计算

轴心受拉构件和轴心受压构件的强度，除高强度螺栓摩擦型连接处以外，按照式(6.3)计算：

$$\sigma = \frac{N}{A_n} \leqslant f \tag{6.3}$$

式中　N——构件的轴心压力设计值；

f——钢材的抗压强度设计值；

A_n——构件的净截面面积。

当轴心受压构件采用普通螺栓（或铆钉）连接时，若螺栓（或铆钉）为并列布置，如图6.32(a)所示，A_n 按最危险的正交截面（Ⅰ—Ⅰ截面）计算；若螺栓为错列布置，如图6.32(b)所示，构件既可能沿正交截面Ⅰ—Ⅰ破坏，也可能沿齿状截面Ⅱ—Ⅱ破坏。截面Ⅱ—Ⅱ的毛截面长度较大但孔洞较多，其净截面面积不一定比截面Ⅰ—Ⅰ的净截面面积大。A_n 应取Ⅰ—Ⅰ和Ⅱ—Ⅱ截面中的较小面积计算。

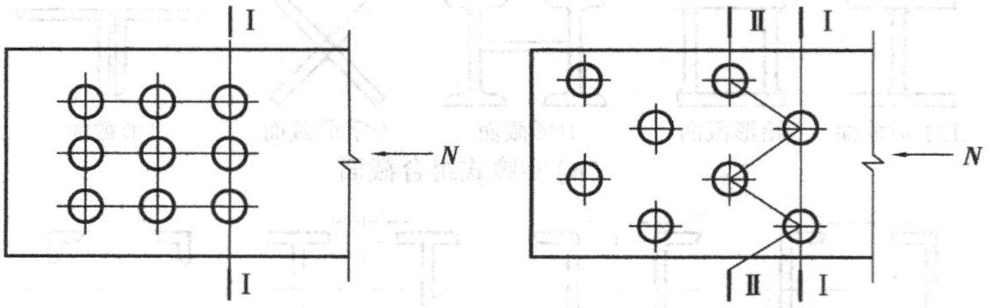

(a)螺栓或铆钉并列布置　　(b)螺栓错列布置

图6.32　净截面面积计算

对于高强度螺栓摩擦型连接的杆件，验算净截面强度时应考虑截面上每个螺栓所传之力的一部分已经由摩擦力在孔前传走即孔前传力，净截面上所受内力应扣除已传走的力，如图6.33所示。

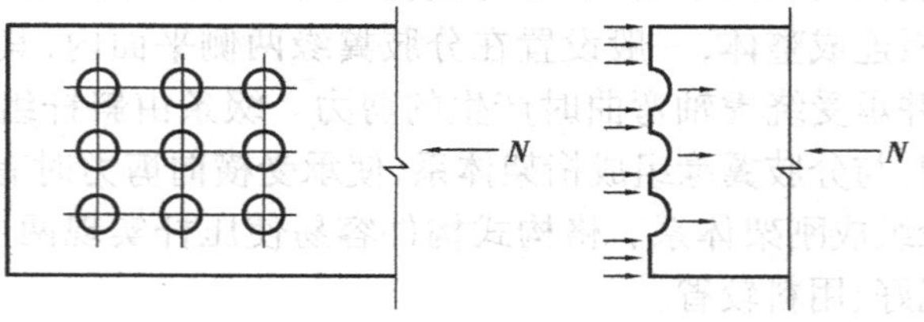

图6.33　高强度螺栓的孔前传力

因此，验算最外列螺栓处危险截面的强度时，应按式(6.4)和式(6.5)计算：

$$\sigma = \left(1 - 0.5\frac{n_1}{n}\right)\frac{N}{A_n} \leqslant f \tag{6.4}$$

$$\sigma = \frac{N}{A} \leqslant f \tag{6.5}$$

式中　n——在节点或拼接处，构件一端连接的高强度螺栓数目；

n_1——所计算截面（最外列螺栓处）上的高强度螺栓数目；

0.5——根据试验所得的孔前传力系数；

A——构件的毛截面面积。

2）刚度计算

为满足结构在正常使用时极限状态的要求，轴心受压构件应具有一定的刚度，以保证构件不会产生过度变形。轴心受压构件的刚度通常用长细比来衡量，长细比越小，表示构件刚度越大，反之则刚度越小。当轴心受压构件刚度不足时，在本身自重作用下容易产生过大的挠度，在动力荷载作用下容易产生振动，在运输和安装过程中容易产生弯曲。因此，设计时应对轴心受压构件的长细比进行控制。

轴心受压和轴心受拉构件的刚度是以保证长细比限值来实现的，即

$$\lambda = \frac{l_0}{i} \leqslant [\lambda] \tag{6.6}$$

式中 λ——构件的最大长细比；

l_0——构件的计算长度，见《钢结构设计规范》；

i——构件截面的回转半径；

$[\lambda]$——规范规定的轴心受压构件的容许长细比，见表6.6。

表6.6 轴心受压构件的容许长细比

项次	构件名称	容许长细比
1	柱、桁架和天窗架中的杆件	150
	柱的缀条、吊车梁或吊车桁架以下的柱间支撑	
2	支撑（吊车梁或吊车桁架以下的柱间支撑除外）	200
	用以减小受压构件长细比的杆件	

桁架（包括空间桁架）的受压腹杆，当其内力等于或小于承载能力的50%时，容许长细比值可取200。计算单角钢受压构件的长细比时，应采用角钢的最小回转半径，但计算在交叉点相互连接的交叉杆件平面外的长细比时，可采用与角钢肢边平行轴的回转半径。跨度等于或大于60 m的桁架，其受压弦杆和端压杆的容许长细比值宜取100，其他受压腹杆可取150（承受静力荷载或间接承受动力荷载）或120（直接承受动力荷载）。由容许长细比控制截面的杆件，在计算其长细比时，可不考虑扭转效应。

承受静力荷载的结构中，可仅计算受拉构件在竖向平面内的长细比；在直接或间接承受动力荷载的结构中，单角钢受拉构件长细比的计算方法按相关规范要求取用；中、重级工作制吊车桁架下弦杆的长细比不宜超过200；在设有夹钳或刚性料耙等硬钩吊车的厂房中，支撑的长细比不宜超过300；受拉构件在永久荷载与风荷载组合作用下受压时，其长细比不宜超过250；跨度等于或大于60 m的桁架，其受拉弦杆和腹杆的长细比不宜超过300（承受静力荷载或间接承受动力荷载）或250（直接承受动力荷载）。受拉构件的容许长细比见表6.7。

表6.7 受拉构件容许长细比

项次	构件名称	承受静力荷载或间接承受动力荷载的结构		直接承受动力荷载的结构
		一般建筑结构	有重级工作制吊车的厂房	
1	桁架的杆件	350	250	250
2	吊车梁或吊车桁架以下的柱间支撑	300	200	—
3	其他拉杆、支撑、系杆等（张紧的圆钢除外）	400	350	—

3) **轴心受压构件的整体稳定**

细长的轴心受压构件,当压力达到一定大小时,会发生侧向弯曲(或扭曲),改变原来的受力性质,从而丧失承载力。此时构件横截面上的应力还远小于材料的极限应力,甚至小于比例极限。这种失效不是强度不足,而是由于受压构件不能保持其原有的直线形状平衡,这种现象称为丧失整体稳定性,或称屈曲。钢结构中由于钢材强度高,构件截面大都轻而薄,而其长度则又往往较长。因此,当轴心受压构件的长细比较大而截面又没有孔洞削弱时,一般不会因截面的平均应力达到抗压强度设计值而丧失承载能力,其破坏常是由构件失去整体稳定性所导致,因而也不必进行强度计算。

《钢结构设计规范》对轴心受压构件的稳定性应按式(6.7)计算:

$$N \leqslant \varphi A f \tag{6.7}$$

式中 φ——轴心受压构件的稳定系数,取截面两主轴稳定系数中的较小者。

4) **轴心受压构件的局部稳定验算**

轴心受压构件不仅有丧失整体稳定的可能性,而且也有丧失局部稳定的可能性。组成构件的板件,如工字形截面构件的翼缘和腹板,其厚度与板其他两个尺寸相比都较小。在均匀压力的作用下,当压力到达某一数值时,板件不能继续维持平面平衡状态而产生凸曲现象,因为板件只是构件的一部分,所以把这种屈曲现象称为丧失局部稳定。图 6.34 为一工字形截面轴心受压构件发生局部失稳的变形示意图,在腹板和翼缘失稳的情况下,构件还可能维持着整体稳定的平衡状态,但由于部分板件因屈曲后而退出工作,使构件的有效截面减少,导致构件过早丧失承载能力。

在轴心受压构件中,其承载力往往取决于整体稳定,因此组成构件截面的板件屈曲应力,如果其不小于构件整体稳定的临界应力,则只要满足整体稳定条件,就一定能保证其局部稳定,从而得到按等稳定考虑的板件宽厚比限值。

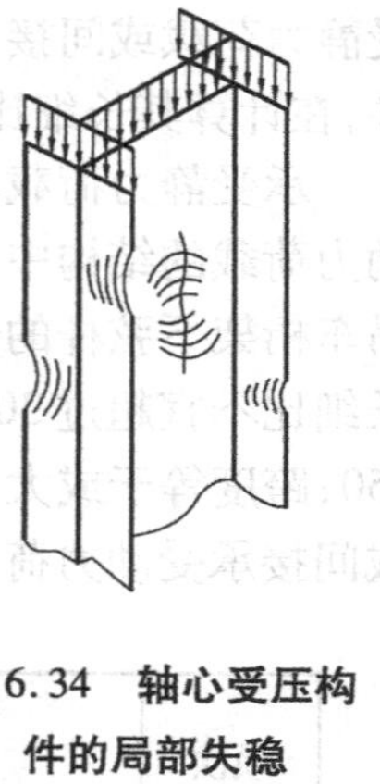

图 6.34 轴心受压构件的局部失稳

轧制型钢(工字钢、H 型钢、槽钢、T 型钢、角钢等)的翼缘和腹板一般都有较大厚度,宽(高)厚比相对较小,都能满足局部稳定要求,可不作验算。对焊接组合截面构件,一般采用限制板件宽(高)厚比的办法来保证局部稳定。

(1)翼缘板自由外伸段宽厚比的限值

由于工字形截面的腹板一般较翼缘薄,腹板对翼缘板几乎没有嵌固作用,因此翼缘可视为三边简支一边自由的均匀受压板。按照等稳定理论,可以得到翼缘板自由外伸宽度 b 与其厚度 t 之比,应符合:

$$\frac{b}{t} \leqslant (10 + 0.1\lambda)\sqrt{\frac{235}{f_y}} \tag{6.8}$$

式中 λ——构件两方向长细比的较大值,当 $\lambda < 30$ 时取 $\lambda = 30$,当 $\lambda > 100$ 时取 $\lambda = 100$;

f_y——钢材的屈服强度(或屈服点)。

对焊接构件,翼缘板自由外伸宽度取腹板边至翼缘板(肢)的距离,式(6.8)同样适用于计算 T 形、H 形截面翼缘板的宽厚比限值。

(2)腹板高厚比的限值

腹板可视为四边支承板,且当腹板发生屈曲时,翼缘板作为腹板纵向边的支承,对腹板将起一定的弹性嵌固作用。这种嵌固作用可使腹板的临界应力提高。按照等稳定理论,可以得到腹板计算高度 h_0 与其厚度 t_w 之比,应符合:

$$\frac{h_0}{t_w} \leqslant (25 + 0.5\lambda)\sqrt{\frac{235}{f_y}} \tag{6.9}$$

式(6.9)同样适用于计算 H 形截面腹板的高厚比(h_0/t)限值。

对于箱形截面中的板件(包括双层翼缘板的外层板),其翼缘宽厚比限值是近似借用了箱形梁翼缘板的规定,而腹板宽厚比限值取的是工字形截面宽厚比限值的 0.8 倍。工形、T 形和箱形截面构件的板件宽(高)厚比限值见表 6.8。

表 6.8 轴心受压构件组成板件的宽(高)厚比限值

截面形式		容许宽(高)厚比	说 明
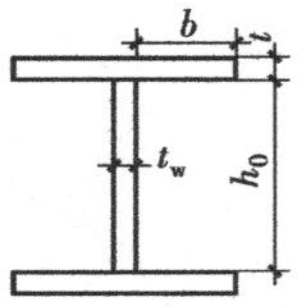	翼缘板外伸肢	$\frac{b}{c} \leqslant (10 + 0.1\lambda)\sqrt{\frac{235}{f_y}}$	式中,λ 是构件两方向长细比的较大值。当 $\lambda < 30$ 时,取 $\lambda = 30$;当 $\lambda > 100$ 时,取 $\lambda = 100$
	腹 板	$\frac{h_0}{t_w} \leqslant (25 + 0.5\lambda)\sqrt{\frac{235}{f_y}}$	
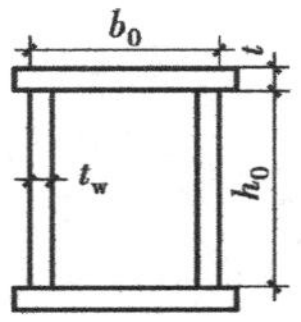	翼 缘	$\frac{b_0}{t} \leqslant 40\sqrt{\frac{235}{f_y}}$	与长细比 λ 无关
	腹 板	$\frac{h_0}{t_w} \leqslant 40\sqrt{\frac{235}{f_y}}$	
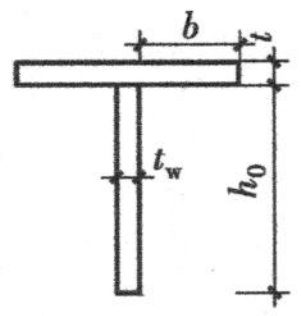	翼缘板外伸肢	$\frac{b}{t} \leqslant (10 + 0.1\lambda)\sqrt{\frac{235}{f_y}}$	
	腹 板	$\frac{h_0}{t_w} \leqslant (5 + 0.5\lambda)\sqrt{\frac{235}{f_y}}$	热轧剖分 T 型钢
		$\frac{h_0}{t_w} \leqslant (13 + 0.17\lambda)\sqrt{\frac{235}{f_y}}$	焊接 T 型钢

对于圆管截面,是根据材料为理想弹塑性体,轴向压应力达到屈服强度的前提下导出的。圆管截面的轴心受压构件,其外径与壁厚之比不应超过 $100\sqrt{235/f_y}$。

如果受压构件有腹板高厚比不能满足的要求时,除了加厚腹板外,还可采用有效截面的概念进行计算。因为四边支承理想平板在屈曲后还有很大的承载能力,一般称之为屈曲后强度。计算时,腹板的截面仅考虑计算高度边缘范围内两侧宽度各为 $20t_w\sqrt{235/f_y}$ 的部分,但计算构件的稳定系数 φ 时仍可用全部截面。

当腹板高厚比仍不满足要求时,也可在腹板中部设置纵向加劲肋,有纵向加劲肋加强后的腹板仍按式(6.9)计算,但 h_0 应取翼缘与纵向加劲肋之间的距离。

【例6.1】 验算如图6.35所示截面的强度、刚度和稳定性。截面为焊接工字形,具有轧制边翼缘,截面尺寸如图。承受轴心压力设计值 $N=1\ 000$ kN,$l_{0x}=500$ cm,$l_{0y}=250$ cm。材料为Q235钢,$f=215$ N/mm²。

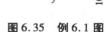

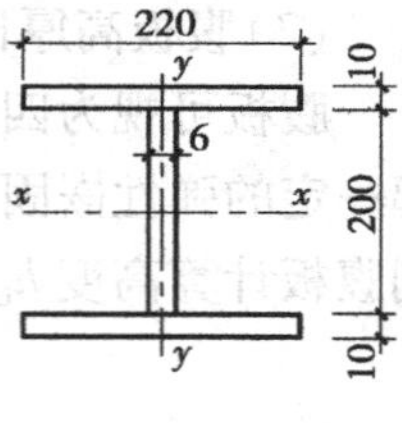

图6.35 例6.1图

【解】 (1)计算截面几何特性

毛截面面积 $A=(2\times22\times1+20\times0.6)\text{cm}^2=56\text{ cm}^2$

截面惯性矩 $I_x=[(22\times22^3-21.4\times20^3)/12]\text{cm}^4=5\ 254.7\text{ cm}^4$

$I_y=[2\times(1\times22^3/12)+20\times0.6^3/12]\text{cm}^4=1\ 775\text{ cm}^4$

截面回转半径 $i_x=\sqrt{\frac{I_y}{A}}=\sqrt{\frac{5\ 254.7}{56}}=9.69\text{ cm}$

$$i_y=\sqrt{\frac{I_y}{A}}=\sqrt{\frac{1\ 775}{56}}=5.63\text{ cm}$$

(2)刚度验算

$$\lambda_x=\frac{l_{0x}}{i_x}=\frac{500}{9.69}=5.16<[\lambda]=150$$

$$\lambda_y=\frac{l_{0y}}{i_y}=\frac{250}{5.63}=44.4<[\lambda]=150$$

(3)整体稳定验算

从《钢结构设计规范》截面分类查表可得 $\varphi=0.811$。

$$\frac{N}{\varphi A}=\frac{1\ 000\times10^3}{0.811\times56\times10^2}\text{N/mm}^2=220.2\text{ N/mm}^2>f=215\text{ N/mm}^2$$

经验算可知,此截面满足整体稳定和刚度要求,因截面无削弱不需要进行强度验算。

(4)局部稳定验算

腹板高厚比

$$\frac{h_0}{t_w}=\frac{200}{6}=33.33<(24+0.5\lambda)\sqrt{\frac{235}{f_y}}=50.8$$

翼缘板自由外伸段宽厚比

$$\frac{b_0}{t}=\frac{(220-6)/2}{10}=10.7<(910+0.1\lambda)\sqrt{\frac{235}{f_y}}=15.16$$

局部稳定满足要求。

6.3 受弯构件

钢梁在建筑结构中应用广泛,如在工业和民用建筑中的楼盖梁、墙梁、檩条、吊车梁和工作平台梁,以及其他土木建筑领域内的桥、水工闸门、海上石油钻井平台的梁等。钢梁可分为型钢梁和组合梁。型钢梁加工简单,制造安装方便,成本较低,但型钢梁截面的选取受轧制条件的限制，当荷载或跨度较大时，采用型钢截面往往不能满足构件的受力要求，这时就必须采用组合截面。

型钢梁按制作方法的不同，可分为热轧型钢梁和冷弯薄壁型钢梁两类。热轧型钢梁常用普通工字钢[6.36(a)]、H型钢[6.36(b)]和槽钢[6.36(c)]，其截面高而窄，适于承受绕强轴方向受弯。对于受荷载较小、跨度不大的梁，也可用由薄钢板压轧成形的冷弯薄壁型钢梁[6.36(d)、(e)、(f)]，其主要用在轻钢结构中的檩条和墙梁，此类截面薄、质量轻，用料比较经济，但对防腐要求较高。

当荷载和跨度较大时，采用型钢梁已不能满足承载能力或刚度的要求，这时必须考虑采用组合梁，组合梁按连接方法和使用材料的不同，可分为焊接组合梁、铆接组合梁、钢与混凝土组合梁和异形组合梁等。焊接组合梁由若干块钢板或钢板与型钢连接而成，它构造简单，截面尺寸和材料选取灵活，更容易满足各种工程要求，其包括工字形截面[6.36(g)、(h)、(i)、(j)]、箱形截面[6.36(k)]和钢板与型钢组合截面[6.36(l)]。钢与混凝土组合梁在受压区采用混凝土，而其余部分采用钢材，充分利用混凝土适合受压和钢材适合受拉的特点，广泛用于高层建筑和大跨桥梁中，并取得了较好的经济效果。

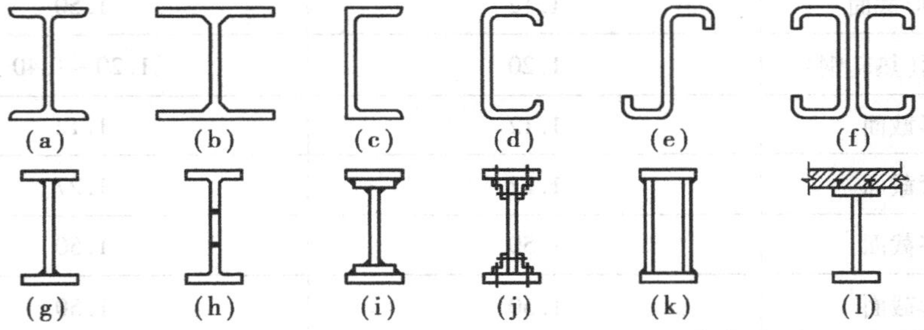

图6.36 钢梁截面的类型

受弯构件有两个正交的形心主轴，如图6.37所示的x轴与y轴。其中，绕x轴的惯性矩、截面模量最大，称x轴为强轴，相对的另一轴(y轴)则为弱轴。对于工字形、箱形及T形截面，其外侧平行于弯曲轴的板称为翼缘，垂直于弯曲轴的板则称为腹板。根据实际受力情况，受弯构件分为单向受弯构件与双向受弯构件。

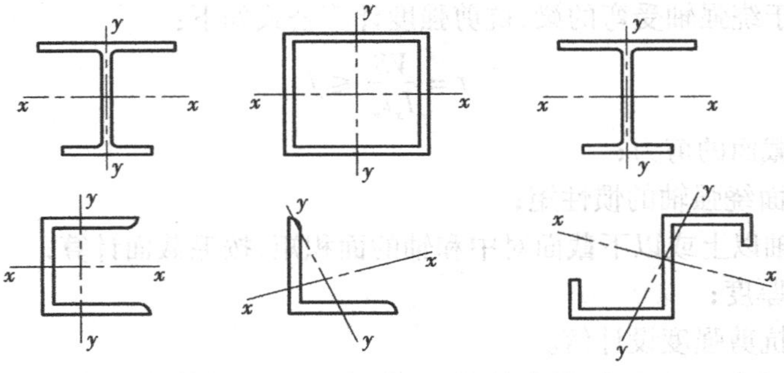

图6.37 受弯构件的强轴和弱轴

· 6.3.1 梁的强度 ·

梁在荷载作用下将产生弯曲应力和切应力，在集中荷载作用处还有局部承压应力，故梁的强度应包括抗弯强度、抗剪强度和局部承压强度。

1）抗弯强度

在主平面内受弯的实腹构件，其抗弯强度应按下列规定计算：

$$\frac{M_x}{\gamma_x W_{nx}} + \frac{M_y}{\gamma_y W_{ny}} \leqslant f \tag{6.10}$$

式中 M_x, M_y——同一截面处绕 x 轴和 y 轴的弯矩（对工字形截面，x 轴为强轴，y 轴为弱轴）；

W_{nx}, W_{ny}——对 x 轴和 y 轴的净截面模量；

γ_x, γ_y——截面塑性发展系数，按表 6.9 采用；

f——钢材的抗弯强度设计值。

表 6.9 不同形式截面的塑性发展系数

截面形式	绕强轴的截面塑性发展系数 γ_x	绕弱轴的截面塑性发展系数 γ_y
工字形截面	1.12	1.50
槽形截面（热轧钢）	1.20	1.20～1.40
箱形截面	1.12	1.12
圆管截面	1.27	1.27
十字截面	1.50	1.50
矩形截面	1.50	1.50

当梁受压翼缘的自由外伸宽度 b 与其厚度 t 之比大于 $13\sqrt{235/f_y}$（但不超过 $15\sqrt{235/f_y}$）及直接承受动力荷载时，应取 $\gamma_x = 1.0$。

2）抗剪强度

《钢结构设计规范》以截面最大剪应力达到所用钢材的抗剪强度作为抗剪承载能力的极限状态。因此，对于绕强轴受弯的梁，抗剪强度计算公式如下：

$$\tau = \frac{VS}{I_x t_w} \leqslant f_v \tag{6.11}$$

式中 V——计算截面的剪力；

I_x——毛截面绕强轴的惯性矩；

S——中和轴以上或以下截面对中和轴的面积矩，按毛截面计算；

t_w——腹板厚度；

f_v——钢材抗剪强度设计值。

当构件在两个主轴方向均作用有剪力时，按式(6.12)计算切应力：

$$\tau = \frac{V_x S_x}{I_x t_w} + \frac{V_y S_y}{I_y t_w} \leqslant f_v \tag{6.12}$$

式中 S_y——计算切应力处以左或以右截面对中和轴 y 轴的面积矩；

S_x——计算切应力处以上或以下截面对中和轴 x 轴的面积矩。

3)局部承压强度

当梁上翼缘受有沿腹板平面作用的集中荷载，且该荷载处又未设置支承加劲肋时，腹板计算高度上边缘的局部承压强度应按下式计算：

$$\sigma_c = \frac{\psi F}{t_w l_z} \leqslant f \tag{6.13}$$

式中 F——集中荷载，对动力荷载应考虑动力系数；

ψ——集中荷载增大系数。对重级工作制吊车梁，$\psi=1.35$；对其他梁，$\psi=1.0$；

l_z——集中荷载在腹板计算高度上边缘的假定分布长度，按下式计算：

$$l_z = a + 5h_y + 2h_R \tag{6.14}$$

a——集中荷载沿梁跨度方向的支承长度，对钢轨上的轮压可取 50 mm；

h_y——自梁顶面至腹板计算高度上边缘的距离；

h_R——轨道的高度，对梁顶无轨道的梁 $h_R=0$；

f——钢材的抗压强度设计值。

在梁的支座处，当不设置支承加劲肋时，也应按式(6.13)计算腹板计算高度下边缘的局部压应力，但 ψ 取 1.0。

·6.3.2 梁的刚度·

梁的刚度按正常使用极限状态下，荷载标准值引起的最大挠度来计算。梁的刚度不足将影响正常使用或外观。所谓正常使用是指设备的正常运行、装饰物与非结构构件不受损坏以及人的舒适感等。一般梁在动力影响下发生的振动亦可通过限制梁的变形来控制。

《钢结构设计规范》要求结构构件或体系变形不得损害结构的正常使用功能。例如，如果楼盖梁或屋盖梁挠度太大，会引起居住者不适或板面开裂；支撑吊顶的梁挠度太大，会引起吊顶抹灰开裂脱落；吊车梁挠度太大，会影响吊车正常运行。因此，设计钢梁除应保证各项的强度要求之外，还应限制梁的最大挠度 ν 或相对挠度 ν/l 不超过规定容许值。

$$\nu \leqslant [\nu] \text{ 或 } \frac{\nu}{l} \leqslant \left[\frac{\nu}{l}\right] \tag{6.15}$$

式中 $[\nu]$——梁的容许挠度，表 6.10 给出了受弯构件的挠度容许值。

表 6.10 受弯构件挠度容许值

项次	构件类别	挠度容许值	
		$[\nu_T]$	$[\nu_Q]$
1	吊车梁和吊车桁架(按自重和起重量最大的一台吊车计算挠度) (1)手动吊车和单梁吊车(包括悬挂吊车) (2)轻级工作制桥式吊车 (3)中级工作制桥式吊车 (4)重级工作制桥式吊车	 $l/500$ $l/800$ $l/1\,000$ $l/1\,200$	—

续表

项次	构件类别	挠度容许值	
		$[\nu_T]$	$[\nu_Q]$
2	手动或电动葫芦的轨道梁	$l/400$	—
3	有重轨道（质量等于或大于 38 kg/m）的工作平台梁 有轻轨道（质量等于或大于 24 kg/m）的工作平台梁	$l/600$ $l/400$	—
4	楼（屋）盖梁或桁架、工作平台梁（第 3 项除外）和平台板 （1）主梁或桁架（包括设有悬挂起重设备的梁和桁架） （2）抹灰顶棚的次梁 （3）除（1）、（2）款外的其他梁（包括楼梯梁） （4）屋盖擦条 支承无积灰的瓦楞铁和石棉瓦屋面者 支承压型钢板、有积灰的瓦楞铁和石棉瓦等屋面者 支承其他屋面材料者 （5）平台板	 $l/400$ $l/250$ $l/250$ $l/150$ $l/200$ $l/200$ $l/150$	 $l/500$ $l/350$ $l/300$ — — — —
5	墙架构件（风荷载不考虑阵风系数） （1）支柱 （2）抗风桁架（作为连续支柱的支承时） （3）砌体墙的横梁（水平方向） （4）支承压型金属板、瓦楞铁和石棉瓦墙面的横梁（水平方向） （5）带有玻璃窗的横梁（垂直和水平方向）	 — — — — $l/200$	 $l/400$ $l/1\ 000$ $l/300$ $l/200$ $l/200$

注：①l 为受弯构件的跨度（对悬臂梁和伸臂梁为悬伸长度的 2 倍）。

②$[\nu_T]$为永久和可变荷载标准值产生的挠度（如有起拱应减去拱度）的容许挠度值；$[\nu_Q]$为可变荷载标准值产生的挠度的容许值。

· 6.3.3 梁的整体稳定 ·

工程中，一般把钢梁截面做成高而窄的形式。梁受弯变形后，上翼缘受压，由于梁侧向刚度不够，就会发生梁的侧向弯曲失稳变形，梁截面从上至下弯曲量不等，就形成截面的扭转变形，同时还有弯矩作用平面内的弯曲变形，故梁的失稳为弯扭失稳形式，完整的说应为侧向弯曲扭转失稳。

1）单向受弯构件的整体稳定性

$$\frac{M_x}{\varphi_b W_x} \leqslant f \tag{6.16}$$

式中 M_x——绕强轴作用的最大弯矩；

W_x——按受压纤维确定的梁毛截面模量；

φ_b——梁的整体稳定系数，按 $\varphi_b=\sigma_{\alpha}/f_y$ 计算。

2）双向受弯构件的整体稳定性

$$\frac{M_x}{\varphi_b W_x}+\frac{M_y}{\gamma_y W_x}\leqslant f \tag{6.17}$$

式中 M_x，M_y——按受压纤维确定的对 x 轴和对 y 轴的毛截面模量；

φ_b——绕强轴弯曲所确定的梁整体稳定系数。

·6.3.4 梁的局部稳定·

为了提高梁截面的惯性矩，节省材料，从整体稳定性方面考虑，翼缘需设计得宽而薄；从强度方面考虑，腹板需设计得高而薄。但如果板件过度宽肢薄壁，则在荷载作用下的受压区翼缘、受压区和受剪区的腹板有可能出现局部鼓曲变形，即梁丧失局部稳定。对轧制型钢截面，由于轧制条件所限，其板件厚度较大，宽厚比较小，没有局部稳定性问题。对冷弯薄壁型钢截面，当受压而板件宽厚比不满足要求时，则考虑部分截面有效性，应按《冷弯薄壁型钢结构技术规范》计算。梁丧失局部稳定性，虽不致立即失去承载能力，但会使截面应力重分布，改变梁的受力状况，降低梁的稳定性和刚度。

焊接工字形截面组合梁，其板件局部稳定问题的处理通常是：对于受压翼缘，采用限制宽厚比的方式保证其不丧失局部稳定性；对于直接承受动力荷载或不考虑板件屈曲后强度利用的梁，其腹板配加劲肋，并计算各类区格的稳定性能，来确保不发生局部失稳；对于承受静荷载和间接承受动力荷载的梁，若容许腹板局部屈曲，则考虑利用腹板屈曲后强度。

腹板一般高而薄，为防止板件的局部屈曲，提高局部稳定承载力，采用增加板厚的方法显然是不经济的。通常可用设置加劲肋的办法，加劲肋主要有横向加劲肋、纵向加劲肋、横向短加劲肋和支承加劲肋 4 种（图 6.38），这些加劲肋将腹板划分为许多由冀缘和加劲肋支承的区格板，对于简支梁的腹板，梁端区段主要受剪力作用，跨中附近主要受弯矩引起的正应力作用，其他区格段则受正应力和剪应力共同作用，有时还受集中荷载引起的局部压应力。横向加劲肋主要用于防止剪应力和局部承压应力引起的局部失稳；纵向加劲肋主要用于防止弯曲压应力引起的局部失稳；横向短加劲肋主要用于防止由局部压应力引起的鼓曲变形，并传递、扩散局部压应力；支承加劲肋设置在梁支座处和上翼缘有较大固定集中荷载处，可增强梁腹板的局部稳定，还兼有在集中力作用下保证梁翼缘与腹板交界处的局部受压强度满足要求的功能。

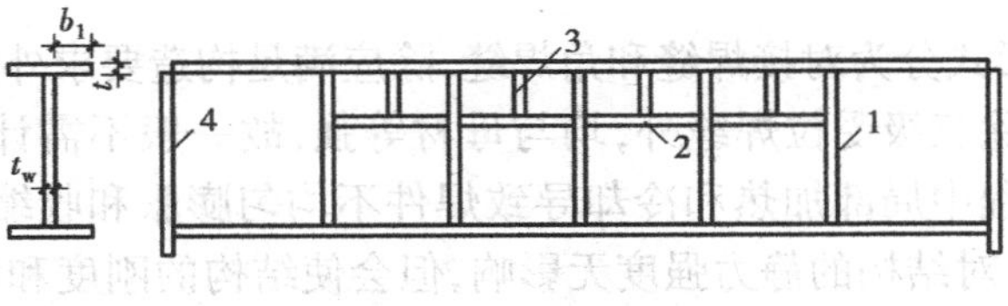

图 6.38 梁加劲肋设置图

1—横向加劲肋；2—纵向加劲肋；3—横向短加劲肋；4—支承加劲肋

6.4 拉弯和压弯构件

同时承受轴心压(或拉)力和绕截面形心主轴弯矩作用的构件,称为压弯(或拉弯)构件。构件的弯矩可由不通过截面形心的偏心纵向荷载引起,也可由横向荷载引起,还可由构件端部转角约束产生的端部弯矩引起。

结构中压弯构件的应用十分广泛,如有节间荷载作用的桁架上弦杆、天窗架的侧钢立柱、厂房框架柱及多层和高层建筑的框架柱等。拉弯和压弯构件通常采用双轴对称或单轴对称的实腹式、格构式截面形式,如图 6.39 所示。压弯构件的破坏形式有强度破坏、整体失稳破坏和局部失稳破坏。

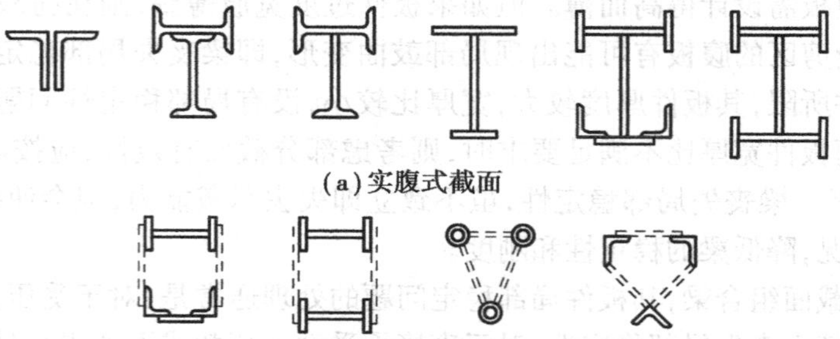

(a)实腹式截面

(b)格构式截面

图 6.39 压弯构件截面形式

在设计拉弯和压弯构件时,应同时满足承载能力极限状态和正常使用极限状态的要求,拉弯构件承载能力极限状态的计算内容类似于轴心受拉构件,通常仅需要计算其强度。但是对于轴心拉力很小而弯矩很大的拉弯构件,则需注意有可能和梁一样产生侧扭屈曲,即需按受弯构件进行整体稳定性和局部稳定性计算。压弯构件承载能力极限状态的计算内容类似于轴心受压构件,需要计算强度、整体稳定性(弯矩作用平面内稳定和弯矩作用平面外稳定)、局部稳定性。在满足正常使用极限状态方面,与轴心受力构件一样,拉弯和压弯构件也是通过限制构件长细比来保证构件刚度要求的,其容许长细比与轴心受力构件相同。

本章小结

(1)焊缝按截面形式分为对接焊缝和角焊缝,除应满足构造要求外,还应作必要的强度计算。全焊透对接焊缝除三级受拉焊缝外,均与母材等强,故一般不需计算。焊接残余应力和残余变形是由焊接过程中局部加热和冷却导致焊件不均匀膨胀和收缩而产生的。残余应力是自相平衡的内应力,对结构的静力强度无影响,但会使结构的刚度和稳定承载力降低,焊接结构的疲劳计算采用应力幅计算准则。螺栓连接应满足中距、边距、端距、线距等构造要求,并作必要的强度计算。

(2)轴心受力构件的应用和截面形式,以及在承载能力极限状态和正常使用极限状态需要计算的强度、刚度、整体稳定、局部稳定性方面的内容。

(3)受弯构件及梁的应用和截面形式,以及在承载能力极限状态和正常使用极限状态需要计算的梁的强度、刚度、整体稳定、局部稳定性、腹板加劲肋的内容。

(4)拉弯和压弯构件的应用和截面形式,以及在承载能力极限状态和正常使用极限状态需要计算的内容。

复习思考题

6.1　与其他材料的结构相比,钢结构具有哪些特点?

6.2　如何判别连接中的角焊缝是受弯还是受剪?

6.3　焊接应力对结构构件有哪些影响?

6.4　螺栓连接中,螺栓在构件上的排列有哪些构造要求?

6.5　拉杆为何要控制刚度?如何验算?拉杆允许长细比与什么有关?

6.6　简述轴心受力构件整体失稳的形式及其实质。

6.7　拉弯和压弯构件在承载能力极限状态和正常使用极限状态需要计算哪几方面的内容?

第7章　结构施工图

教学内容：本章主要内容是混凝土结构、砌体结构、钢结构的结构施工图识读及16G101—1,16G101—2,16G101—3图集。

学习要求：

(1)掌握混凝土结构的柱、梁、剪力墙、楼板、楼梯及基础的平面表示方法；

(2)掌握砌体结构施工图的主要内容；

(3)掌握钢结构的门式刚架各构件表示方法。

7.1　概　述

结构施工图主要用以表示房屋结构系统的结构类型、构件布置、构件种类和数量、构件的内部构造和外部形状、大小以及构件间的连接构造。结构施工图能实现其他专业，例如建筑、给排水、暖通电气等的功能需求，用来作为施工、质检及编制预算的依据。

·7.1.1　结构施工图的内容·

不同类型的结构，其施工图的具体内容与表达也各有不同，但一般包括下列三个方面的内容：

1)结构设计说明

结构设计说明一般包括以下内容：

①本工程结构设计的主要依据；

②设计标高所对应的绝对标高值；

③建筑结构的安全等级和设计使用年限；

④建筑场地的地震基本烈度、场地类别、地基土的液化等级、建筑抗震设防类别、抗震设防烈度和混凝土结构的抗震等级；

⑤所选用结构材料的品种、规格、型号、性能、强度等级、受力钢筋保护层厚度、钢筋的锚固长度、搭接长度及接长方法；

⑥所采用的通用做法的标准图图集；

⑦施工应遵循的施工规范和注意事项。

2) **结构平面布置图**

①基础平面图:采用桩基础时还应包括桩位平面图,工业建筑还包括设备基础布置图。

②楼层结构平面布置图:工业建筑还包括柱网、吊车梁、柱间支撑布置等。

③屋顶结构布置图:工业建筑还应包括屋面板、天沟板、屋架、天窗架及支撑系统布置等。

3) **构件详图**

①柱、剪力墙、梁、板及基础结构详图;

②楼梯、电梯结构详图;

③屋架结构详图;

④其他详图,如支撑、预埋件、连接件等的详图。

·7.1.2 结构施工图的识读方法·

①从下往上、从左往右的看图顺序是施工图识读的一般顺序,比较符合看图的习惯,同时也是施工图绘制的先后顺序。

②由前往后看,根据房屋的施工先后顺序,从基础、墙柱、楼面到屋面依次看,此顺序基本也是结构施工图编排的先后顺序。

③看图时要注意从粗到细,从大到小。先粗看一遍,了解工程的概况、结构方案等;然后看总说明及每一张图纸,熟悉结构平面布置,检查构件布置是否合理正确,有无遗漏,柱网尺寸、构件定位尺寸、楼面标高等是否正确;最后根据结构平面布置图,详细看每一个构件的编号、跨数、截面尺寸、配筋、标高及其节点详图。

④文字说明是施工图的重要组成部分,应认真仔细逐条阅读,并与图样对照看,便于完整理解图纸。

⑤结施应与建施结合起来看。一般先看建施图,通过阅读设计说明、总平面图、建筑平立剖面图,了解建筑体型、使用功能,内部房间的布置、层数与层高,柱墙布置,门窗尺寸,楼梯位置,内外装修,材料构造及施工要求等基本情况,然后再看结施图。在阅读结施图时应同时对照相应的建施图,只有把两者结合起来看,才能全面理解结构施工图。

·7.1.3 结构施工图的识读步骤·

①先看目录,通过阅读图纸目录,了解是什么类型的建筑,主要有哪些图纸。

②初步阅读各工种设计说明,了解工程概况。

③阅读建施图。读图次序依次为:设计总说明、总平面图、建筑平面图、立面图、剖面图、构造详图。初步阅读建施图后,应能在头脑中形成整栋房屋的立体形象,能想象出建筑物的大致轮廓,为下一步结施图的阅读作好准备。

④阅读结施图。结施图的阅读顺序可按下列步骤进行:

a. 阅读结构设计说明。

b. 阅读基础平面图、详图与地质勘察资料。基础平面图应与建筑底层平面图结合起来看。

c. 阅读柱平面布置图。注意柱的布置、柱网尺寸、柱断面尺寸与轴线的关系尺寸。

d. 阅读楼层及屋面结构平面布置图。

e. 按前述的施工图识读方法，详细阅读各平面图中的每一个构件的编号、断面尺寸、标高、配筋及其构造详图。

f. 在前述阅读结施图中，涉及采用标准图集时，应详细阅读规定的标准图集。

不同的结构体系其施工图的表现方式不一致，下面分别介绍混凝土结构、砌体结构、钢结构的施工图识读。

7.2 混凝土结构施工图

·7.2.1 平法施工图的表达方式与特点·

建筑结构施工图平面整体设计方法（简称平法），对混凝土结构施工图的传统设计表达方法作了重大改革，它避免了传统的将各个构件逐个绘制配筋详图的繁琐方法，大大减少了传统设计中大量的重复表达内容，变离散的表达方式为集中表达方式，并将内容以可重复使用的通用标准图的方式固定下来。目前已有国家建筑标准设计系列图集《混凝土结构施工图平面整体表示方法制图规则和构造详图》（16G101—1，16G101—2，16G101—3）可直接采用。

按平法设计绘制的结构施工图，一般是由各类结构构件的平法施工图和标准详图两部分构成，但对于复杂的建筑物，尚需增加模板、开洞和预埋件等平面图。按平法设计绘制结构施工图时，应将所有梁、柱、墙等构件按规定进行编号，使平法施工图与构造详图一一对应。同时必须根据具体工程，按照各类构件的平法制图规则，在按结构层（标准层）绘制的平面布置图上直接表示各构件的尺寸和配筋。出图时，宜按基础、柱、剪力墙、梁、板、楼梯及其他构件的顺序排列。

为了确保施工人员准确无误地按平法施工图进行施工，在具体工程施工图中必须写明以下与平法施工图密切相关的内容：

①选用的图集号；

②混凝土结构的设计使用年限；

③抗震设计时，抗震设防烈度及抗震等级，非抗震设计时也应注明，以明确相应的标准构造详图；

④各类构件在不同部位所选用的混凝土强度等级和钢筋级别，以确定相应纵向受拉钢筋的最小锚固长度及最小搭接长度等；

⑤在何部位选用何种构造做法；

⑥接长钢筋所采用的连接形式；

⑦结构不同构件不同部位所处的环境类别；

⑧后浇带的相关做法及要求。

·7.2.2　柱平法施工图·

柱平法施工图系在柱平面布置图上采用列表注写方式或截面注写方式表达。在柱平法施工图中，尚应按规定注明各结构层的楼面标高、结构层高及相应的结构层号，尚应注明上部结构嵌固部位位置。

1)列表注写方式

列表注写方式系在柱平面布置图上(一般只需采用适当比例绘制一张柱平面布置图，包括框架柱、转换柱、梁上柱和剪力墙上柱)，分别在同一编号的柱中选择一个(有时需要选择几个)截面标注几何参数代号；在柱表中注写柱编号、柱段起止标高、几何尺寸(含柱截面对轴线的偏心情况)与配筋的具体数值，并配以各种柱截面形状及其箍筋类型图的方式，来表达柱平法施工图。柱的列表注写方式如图7.1所示。

层号	标高/m	层高/m
屋面2	65.670	
塔层2	62.370	3.30
屋面1(塔层1)	59.070	3.30
16	55.470	3.60
15	51.870	3.60
14	48.270	3.60
13	44.670	3.60
12	41.070	3.60
11	37.470	3.60
10	33.870	3.60
9	30.270	3.60
8	26.670	3.60
7	23.070	3.60
6	19.470	3.60
5	15.870	3.60
4	12.270	3.60
3	8.670	3.60
2	4.470	4.20
1	-0.030	4.50
-1	-4.530	4.50
-2	-9.030	4.50

结构层楼面标高
结构层高

上部结构嵌固部位
-4.530

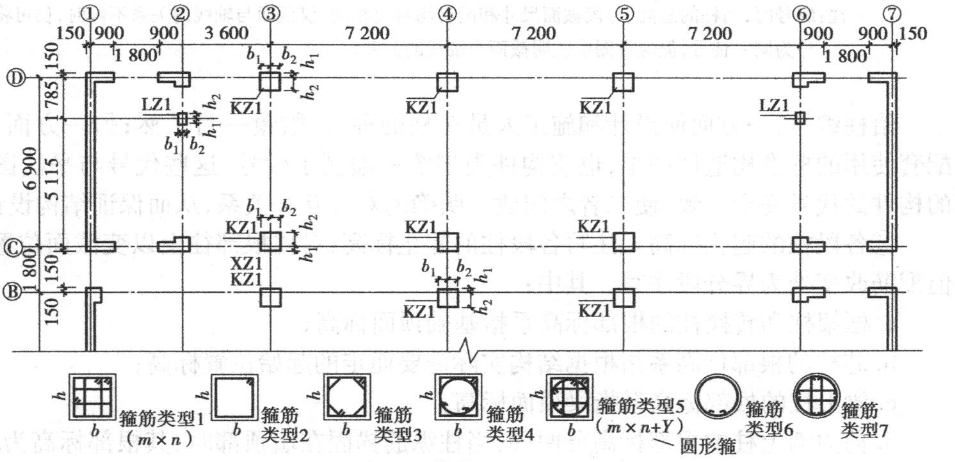

柱表

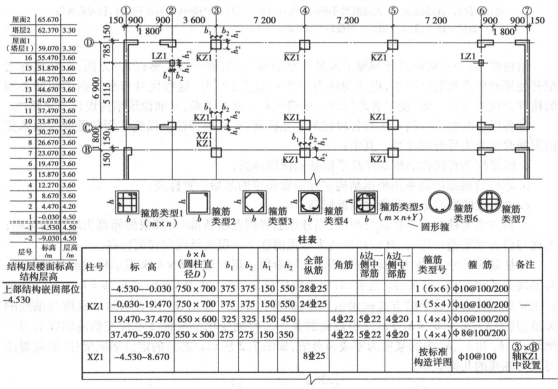

柱号	标高	b×h(圆柱直径D)	b_1	b_2	h_1	h_2	全部纵筋	角筋	b边一侧中部筋	h边一侧中部筋	箍筋类型号	箍筋	备注
KZ1	-4.530~-0.030	750×700	375	375	150	550	28⌀25				1(6×6)	ϕ10@100/200	—
	-0.030~19.470	750×700	375	375	150	550	24⌀25				1(5×4)	ϕ10@100/200	
	19.470~37.470	650×600	325	325	150	450		4⌀22	5⌀22	4⌀20	1(4×4)	ϕ10@100/200	
	37.470~59.070	550×500	275	275	150	350		4⌀22	5⌀22	4⌀20	1(4×4)	ϕ8@100/200	
XZ1	-4.530~8.670						8⌀25				按标准构造详图	ϕ10@100	③×Ⓑ轴KZ1中设置

-4.530~59.070柱平法施工图(局部)

图7.1　柱平法施工图列表注写方式示例

由图7.1可以看出列表注写方式绘制的柱平法施工图包括以下三部分具体内容：

(1)结构层楼面标高、结构层高及相应结构层号

此项内容可以用表格或其他方法注明，用来表达所有柱沿高度方向的数据，方便设计和施工人员查找、修改。图中层号为2的楼层，其结构层楼面标高为4.47 m，层高为4.2 m。

(2)柱平面布置图

在柱平面布置图上，分别在不同编号的柱中各选择一个(或几个)截面，标注柱的几何参

数代号：b_1、b_2，h_1、h_2，用以表示柱截面形状及与轴线的关系。

(3)柱表

柱表内容包含以下6个部分：

①柱编号。柱编号由类型代号和序号组成，应符合表7.1的规定。

表7.1 柱编号

柱类型	代　号	序　号
框架柱	KZ	××
转换柱	ZHZ	××
芯柱	XZ	××
梁上柱	LZ	××
剪力墙上柱	QZ	××

注：编号时，当柱的总高、分段截面尺寸和配筋均对应相同，仅截面与轴线的关系不同时，仍可将其编号为同一柱号，但应在图中注明截面与轴线的关系。

给柱编号，一方面使设计和施工人员对柱的种类、数量一目了然；另一方面，在必须与之配套使用的标准构造详图中，也按构件类型统一编制了代号，这些代号与平法图中相同类型的构件的代号完全一致，使二者之间建立明确的对应互补关系，从而保证结构设计的完整性。

②各段柱的起止标高。注写各段柱的起止标高，自柱根部往上以变截面位置或截面未变但配筋改变处为界分段注写。其中：

a. 框架柱和转换柱的根部标高系指基础顶面标高；

b. 芯柱的根部标高系指根据结构实际需要而定的起始位置标高；

c. 梁上柱的根部标高系指梁顶面标高；

d. 剪力墙上柱的根部标高分两种：当柱纵筋锚固在墙顶部时，其根部标高为墙顶面标高；当柱与剪力墙重叠一层时，其根部标高为墙顶面往下一层的结构层楼面标高。

③柱截面尺寸 $b \times h$ 及与轴线关系的几何参数。矩形柱用 $b \times h$ 来表示柱截面的长和宽，与轴线关系用 b_1、b_2 和 h_1、h_2 表示，对应各段柱分别注写，其中 $b = b_1 + b_2$，$h = h_1 + h_2$。圆形柱用 d 加圆柱直径数字的方式来表示尺寸，同样用 b_1、b_2 和 h_1、h_2 来表示圆柱截面与轴线的关系，其中 $d = b_1 + b_2 = h_1 + h_2$。当截面的某一边收缩变化至与轴线重合或偏离轴线的另一侧时，b_1、b_2 和 h_1、h_2 中的某项为零或为负值，如图7.2所示。芯柱的定位随框架柱，不需要注写其与轴线的几何关系。

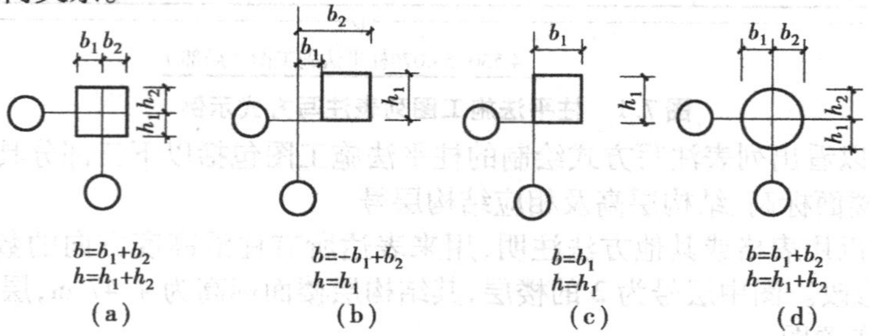

图7.2 柱截面与轴线关系的几何参数示意图

④柱纵筋。当柱纵筋直径相同,各边根数也相同时(包括矩形柱、圆柱和芯柱),将纵筋注写在“全部纵筋”一栏中;除此之外,柱纵筋分角筋、截面 b 边中部筋和 h 边中部筋三项分别注写(对于采用对称配筋的矩形截面柱,可仅注写一侧中部筋,对称边省略不注;对于采用非对称配筋的矩形截面柱,必须每侧均注写中部筋)。

⑤箍筋类型号及箍筋肢数、柱箍筋。箍筋类型号及箍筋肢数在箍筋类型栏内注写。具体工程所设计的箍筋类型图及箍筋复合的具体方式,须画在表的上部或图中的适当位置,并在其上标注与表中相对应的 b、h 和类型号。各种箍筋的类型如图 7.3 所示。

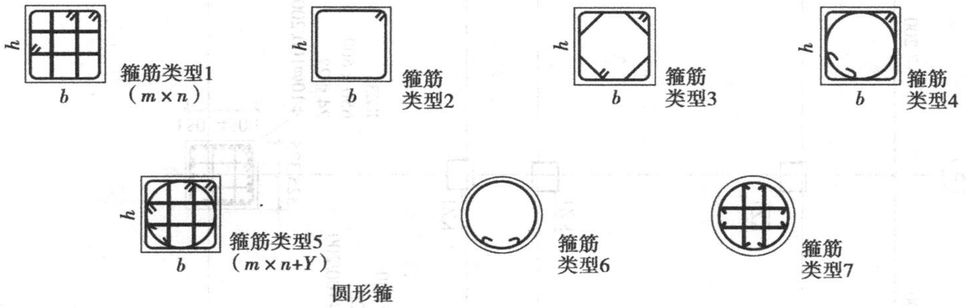

图 7.3　箍筋类型图

柱箍筋的注写包括钢筋级别、直径与间距。用斜线“/”区分柱端箍筋加密区与柱身非加密区长度范围内箍筋的不同间距。例如,ϕ 8@100/200,表示箍筋为 HPB300 级钢筋,直径 8 mm,加密区间距为 100 mm,非加密区间距为 200 mm。

2)截面注写方式

柱截面注写方式,系在柱平面布置图的柱截面上,分别在同一编号的柱中选择一个截面,以直接注写截面尺寸和配筋具体数值的方式来表达柱平法施工图。

首先对除芯柱之外所有柱截面进行编号,编号应符合表 7.1 的规定。然后从相同编号的柱中选择一个截面,按另一种比例在原位放大绘制柱截面配筋图,并在各配筋图上注写柱截面尺寸 $b\times h$(对于圆柱改为圆柱直径 d)、角筋或全部纵筋(当纵筋采用一种直径且能够图示清楚时)、箍筋的具体数值,以及在柱截面配筋图上标注柱截面与轴线关系 b_1、b_2 和 h_1、h_2 的具体数值($b = b_1 + b_2$,$h = h_1 + h_2$,圆柱时 $d = b_1 + b_2 = h_1 + h_2$)。当纵筋采用两种直径时,需再注写截面各边中部筋的具体数值(对于采用对称配筋的矩形截面柱,可仅在一侧注写中部筋,对称边省略不注)。注写柱子箍筋,应包括钢筋种类代号、直径与间距(间距表示方法及纵筋搭接时加密的表达同列表注写方式)。当在某些框架柱的一定高度范围内,在其内部的中心位置设置芯柱时,其标注方式详见平法标准图集(16G101—1)的有关规定。

截面注写方式中,如柱的分段截面尺寸和配筋均相同,仅分段截面与轴线的关系不同时,可将其编为同一柱号。但此时应在未画配筋的柱截面上注写该柱截面与轴线关系的具体尺寸。

截面注写方式绘制的柱平法施工图图纸数量一般与标准层数相同。但对不同标准层的不同截面和配筋,也可根据具体情况在同一柱平面布置图上用加括号“( )”的方式来区分和表达不同标准层的注写数值,但与柱标高要一一对应。加括号的方法是设计人员经常用来区分图纸上图形相同、数值不同时的有效方法。

柱截面注写方式如图 7.4 所示。

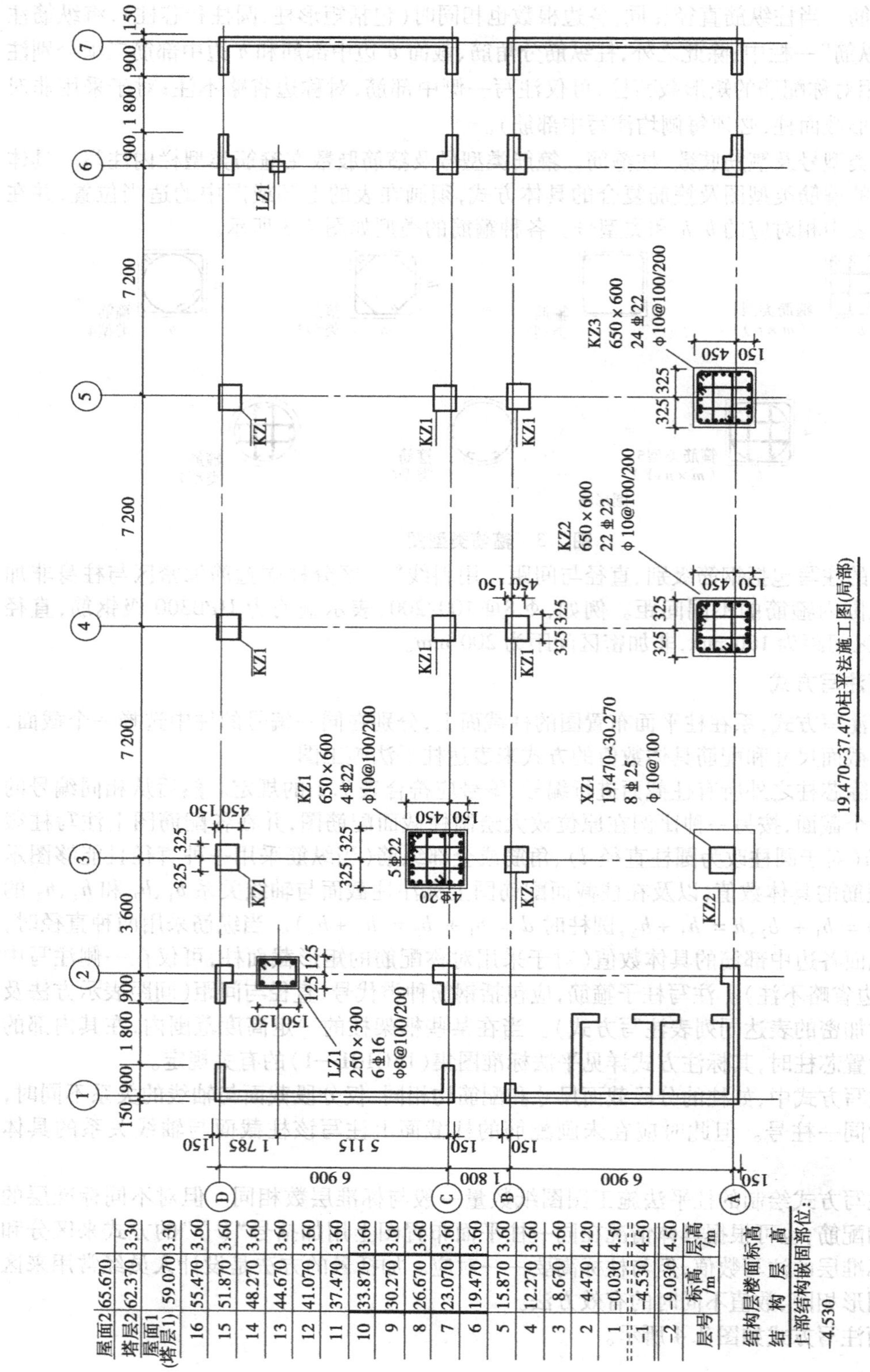

图7.4 柱平法施工图截面注写方式示例

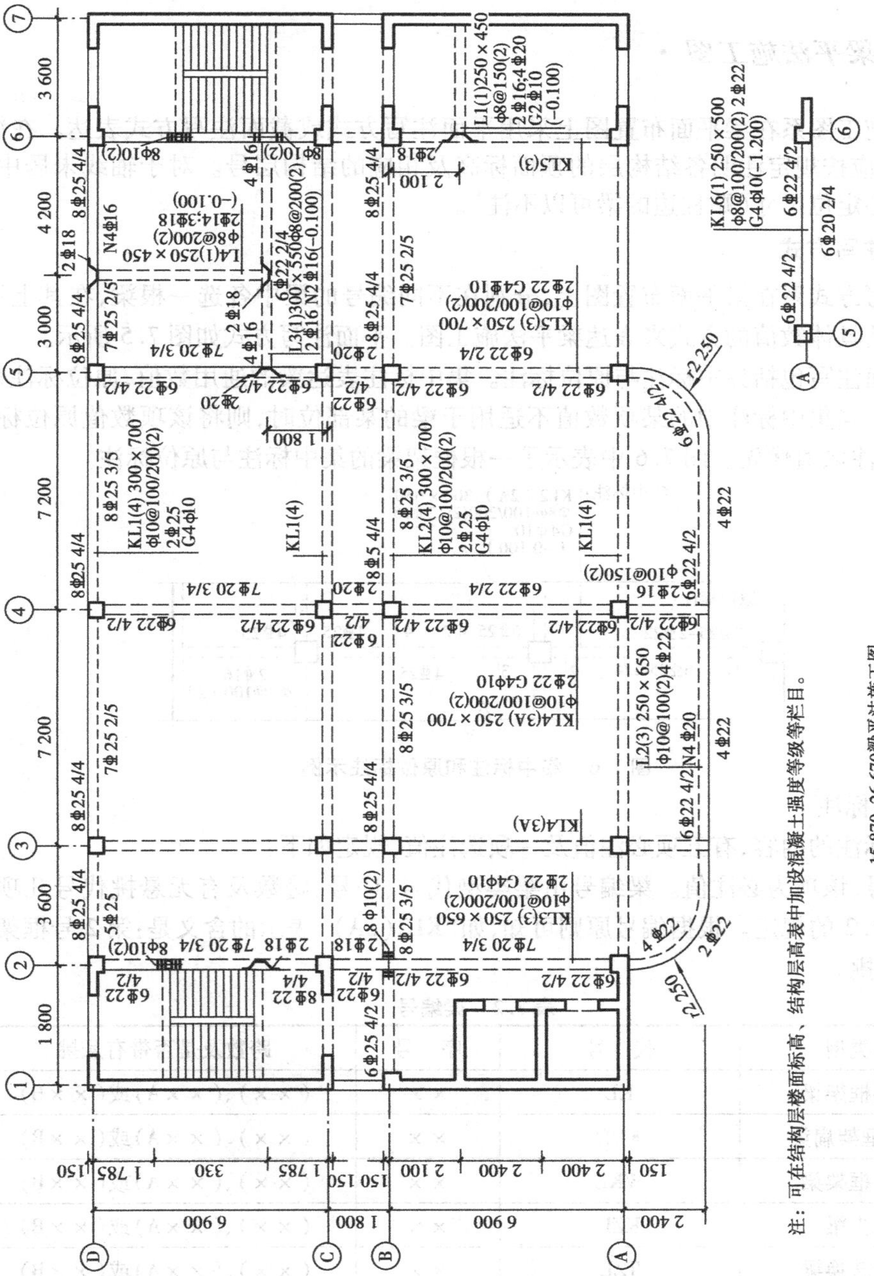

层号	标高/m	层高/m
屋面2	65.670	
塔层2	62.370	3.30
屋面1(塔层1)	59.070	3.30
16	55.470	3.60
15	51.870	3.60
14	48.270	3.60
13	44.670	3.60
12	41.070	3.60
11	37.470	3.60
10	33.870	3.60
9	30.270	3.60
8	26.670	3.60
7	23.070	3.60
6	19.470	3.60
5	15.870	3.60
4	12.270	3.60
3	8.670	3.60
2	4.470	4.20
1	−0.030	4.50
−1	−4.530	4.50
−2	−9.030	4.50

结构层楼面标高
结构层高

注：可在结构层楼面标高、结构层高表中加设混凝土强度等级等栏目。

15.870~26.670梁平法施工图

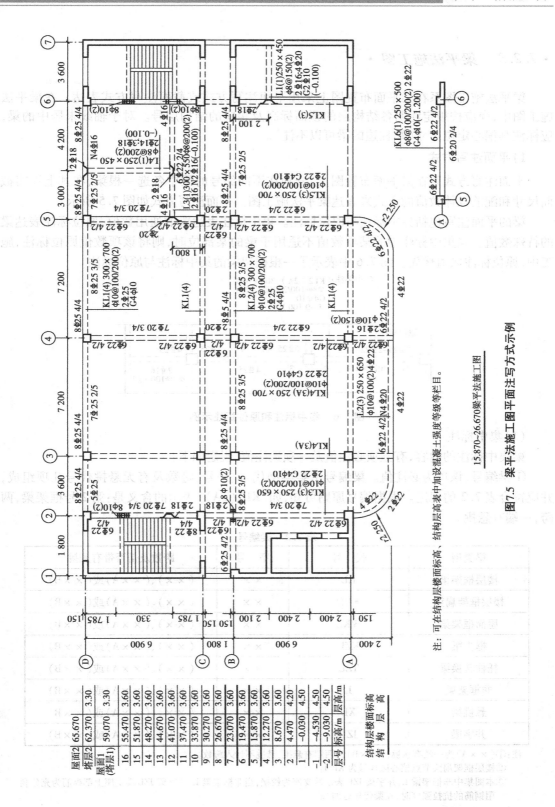

图7.5　梁平法施工图平面注写方式示例

· 7.2.3 梁平法施工图 ·

梁平法施工图系在梁平面布置图上采用平面注写方式或截面注写方式表达。在梁平法施工图中，尚应按规定注明各结构层的顶面标高及相应的结构层号。对于轴线未居中的梁，应标注其偏心定位尺寸（贴柱边的梁可以不注）。

1）平面注写方式

平面注写方式系在梁平面布置图上，分别在不同编号的梁中各选一根梁，在其上注写截面尺寸和配筋具体数值的方式来表达梁平法施工图。平面注写方式如图7.5所示。

梁的平面注写包括集中标注与原位标注。集中标注表达梁的通用数值，原位标注表达梁的特殊数值。当集中标注中的某项数值不适用于梁的某部位时，则将该项数值原位标注，施工中，原位标注取值优先。图7.6中表示了一根框架梁的集中标注与原位标注。

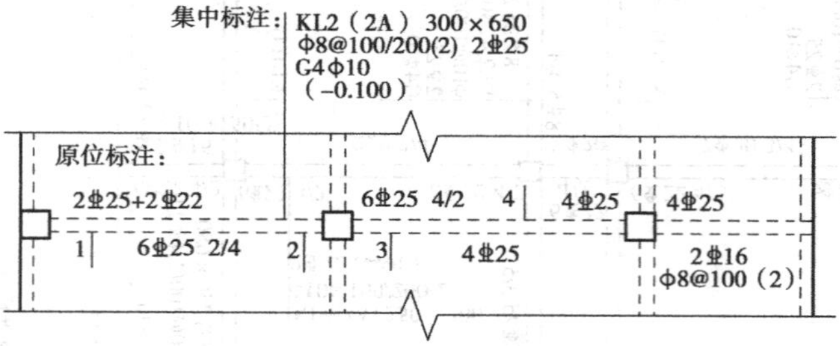

图7.6 集中标注和原位标注示例

（1）集中标注

梁集中标注的内容，有五项必注值及一项选注值，规定如下：

①梁编号，该项为必注值。梁编号由梁类型代号、序号、跨数及有无悬挑代号几项组成，并应符合表7.2的规定。根据编号原则可知，如“KL2（2A）”表示的含义是：第2号框架梁，两跨，一端有悬挑。

表7.2 梁编号

梁类型	代　号	序　号	跨数及是否带有悬挑
楼层框架梁	KL	××	（××）、（××A）或（××B）
楼层框架扁梁	KBL	××	（××）、（××A）或（××B）
屋面框架梁	WKL	××	（××）、（××A）或（××B）
框支梁	KZL	××	（××）、（××A）或（××B）
托柱转换梁	TZL	××	（××）、（××A）或（××B）
非框架梁	L	××	（××）、（××A）或（××B）
悬挑梁	XL	××	（××）、（××A）或（××B）
井字梁	JZL	××	（××）、（××A）或（××B）

注：①（××A）为一端有悬挑，（××B）为两端有悬挑，悬挑不计入跨数。

②楼层框架扁梁节点核心区代号为KBH。

③本图集中非框架梁L、井字梁JZL表示端支座为铰接；当非框架梁L、井字梁JZL端支座上部纵筋为充分利用钢筋的抗拉强度时，在梁代号后加“g”。

②梁截面尺寸，该项为必注值。当为等截面梁时，用 $b\times h$ 表示；当为竖向加腋梁（图7.7）时，用 $b\times h$　Y$c_1\times c_2$表示，其中 c_1 为腋长，c_2为腋高；当为水平加腋梁（图7.8）时，一侧加腋时用 $b\times h$　PY$c_1\times c_2$表示，其中 c_1为腋长，c_2为腋宽，加腋部位应在平面图中绘制；当有悬挑梁且根部和端部的高度不同（图7.9）时，用斜线分隔根部与端部的高度值，即为 $b\times h_1/h_2$，h_1 为根部高度，h_2 为端部较小高度。

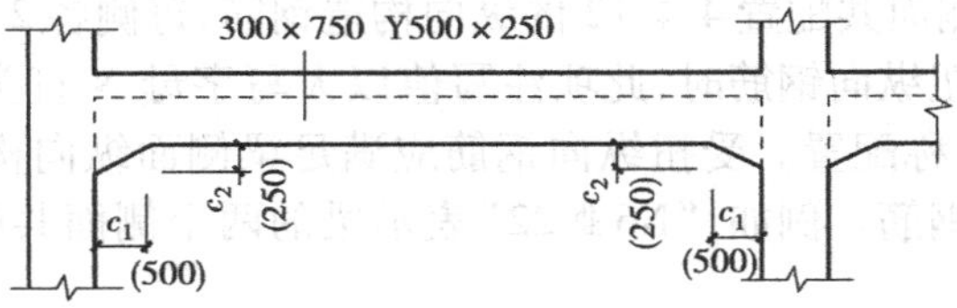

图7.7　竖向加腋截面注写示意图

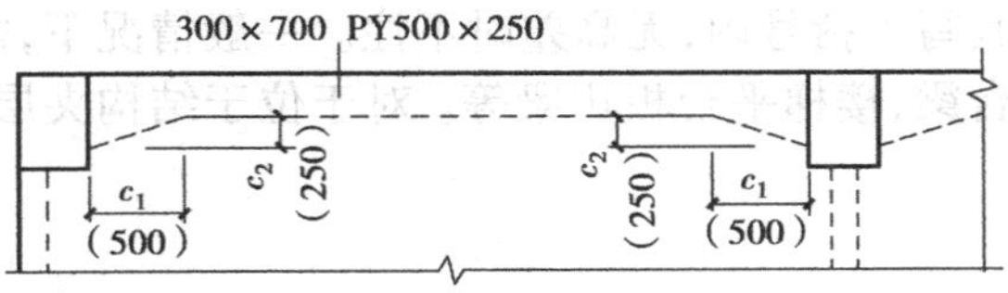

图7.8　水平加腋截面注写示意图

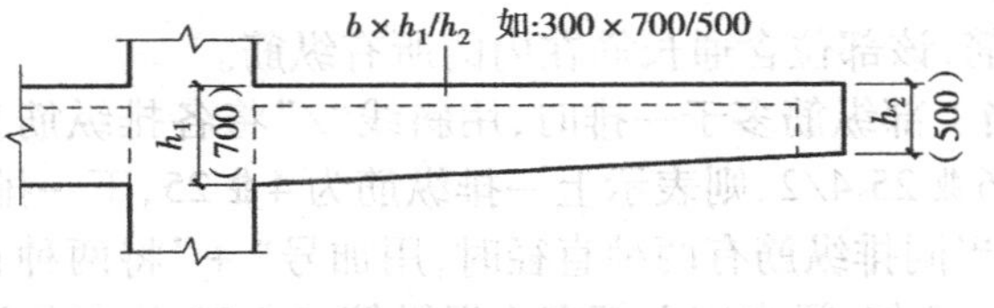

图7.9　悬挑梁不等高截面注写示意图

③梁箍筋，包括钢筋级别、直径、加密区与非加密区间距及肢数，该项为必注值。箍筋加密区与非加密区的不同间距及肢数需用斜线"/"分隔；当梁箍筋为同一种间距及肢数时，则不需用斜线；当加密区与非加密区的箍筋肢数相同时，则将肢数注写一次；箍筋肢数应写在括号内。例如，"ϕ8@100(4)/150(2)"，表示箍筋为HPB300级钢筋，直径8 mm，加密区间距为100 mm，四肢箍；非加密区间距为150 mm，双肢箍。

非框架梁、悬挑梁、井字梁采用不同的箍筋间距及肢数时，也用斜线"/"将其分隔开来。注写时，先注写梁支座端部的箍筋（包括箍筋的箍数、钢筋级别、直径、间距与肢数），在斜线后注写梁跨中部分的箍筋间距及肢数。例如，"13ϕ10@150/200(4)"，表示箍筋为HPB300级钢筋，直径为10 mm；梁的两端各有13个四肢箍，间距为150 mm；梁跨中部分间距为200 mm，四肢箍。

④梁上部通长筋或架立筋配置，该项为必注值。所注规格与根数应根据结构受力要求及箍筋肢数等构造要求而定。当同排纵筋中既有通长筋又有架立筋时，应采用加号"+"将通长筋和架立筋相联。注写时需将角部纵筋写在加号的前面，架立筋写在加号后面的括号内，以示不同直径及与通长筋的区别。当全部采用架立筋时，则将其写入括号内。例如，"2⏀22"表示用于双肢箍；"2⏀22+(4ϕ12)"表示用于六肢箍，其中2⏀22为通长筋，括号内4ϕ12为架立筋。

当梁的上部纵筋和下部纵筋为全跨相同，且多数跨配筋相同时，此项可加注下部纵筋的配筋值,用分号“;”将上部与下部纵筋的配筋值分隔开来。例如,“3 ⏀ 22;3 ⏀ 20”表示梁的上部配置 3 ⏀ 22 的通长筋,梁的下部配置 3 ⏀ 20 的通长筋。

⑤梁侧面纵向构造钢筋或受扭钢筋配置,该项为必注值。

当梁腹板高度 $h_w \geq 450$ mm 时,需配置纵向构造钢筋,所注规格与根数应符合规范规定。此项注写值以大写字母 G 打头,接续注写设置在梁两个侧面的总配筋值,且对称配置。例如,G4 Φ 12,表示梁的两个侧面共配置 4 Φ 12 的纵向构造钢筋,每侧各 2 Φ 12。

当梁侧面需配置受扭纵向钢筋时,此项注写值以大写字母 N 打头,接续注写配置在梁两个侧面的总配筋值,且对称配置。受扭纵向钢筋应满足梁侧面纵向构造钢筋的间距要求,且不再重复配置纵向构造钢筋。例如,“N6 ⏀ 22”表示梁的两个侧面共配置 6 ⏀ 22 的受扭纵向钢筋,每侧各配置 3 ⏀ 22。

⑥梁顶面标高高差,该项为选注值。梁顶面标高高差,系指相对于该结构层楼面标高的高差值,有高差时,需将其写入括号内,无高差时不注。一般情况下,需要注写梁顶面高差的梁有:洗手间梁、楼梯平台梁、楼梯平台板边梁等。对于位于结构夹层的梁,则指相对于结构夹层楼面标高的高差。

(2)原位标注

原位标注的内容包括:梁支座上部纵筋、梁下部纵筋、附加箍筋或吊筋、集中标注不适合于某跨时标注的数值。

①梁支座上部纵筋,该部位含通长筋在内的所有纵筋。

a.“/”分隔——当上部纵筋多于一排时,用斜线“/”将各排纵筋自上而下分开。例如,梁支座上部纵筋注写为 6 ⏀ 25 4/2,则表示上一排纵筋为 4 ⏀ 25,下一排纵筋为 2 ⏀ 25。

b.“+”相联——当同排纵筋有两种直径时,用加号“+”将两种直径的纵筋相联,注写时将角部纵筋写在前面。例如,梁支座上部有 4 根纵筋,2 ⏀ 25 放在角部,2 ⏀ 22 放在中部,在梁支座上部应注写为 2 ⏀ 25 +2 ⏀ 22。

c.缺省标注——当梁中间支座两边的上部纵筋不同时,须在支座两边分别标注;当梁中间支座两边的上部纵筋相同时,可仅在支座的一边标注配筋值,另一边省去不注。

②梁下部纵筋。

a.“/”分隔——当下部纵筋多于一排时,用斜线“/”将各排纵筋自上而下分开。例如,梁下部纵筋注写为 6 ⏀ 25 2/4,则表示上一排纵筋为 2 ⏀ 25,下一排纵筋为 4 ⏀ 25,全部伸入支座。

b.“+”相联——当同排纵筋有两种直径时,用加号“+”将两种直径的纵筋相联,注写时角筋写在前面。例如,梁下部纵筋注写为 2 ⏀ 25 +2 ⏀ 22,表示 2 ⏀ 25 放在角部,2 ⏀ 22 放在中部。

c.“—”不入支座——当梁下部纵筋不全部伸入支座时,将梁支座下部纵筋减少的数量写在括号内。例如,下部纵筋注写为 6 ⏀ 25 2(-2)/4,表示上一排纵筋为 2 ⏀ 25,且不伸入支座;下一排纵筋为 4 ⏀ 25,全部伸入支座。又如:梁下部纵筋注写为 2 ⏀ 25 +3 ⏀ 22 (-3)/5 ⏀ 25,表示上一排纵筋为 2 ⏀ 25 和 3 ⏀ 22,其中 3 ⏀ 22 不伸入支座;下一排纵筋为 5 ⏀ 25,全部伸入支座。

d.当梁的集中标注中已注写了梁上部和下部均为通长筋的纵筋值时,则不需要在梁的下部重复做原位标注。当梁设置竖向加腋时,加腋部位下部斜纵筋应在支座下部以 Y 打头注写在括号里(图 7.10)。当梁设置水平加腋时,水平加腋内上、下部斜纵筋应在加腋支座上部以 Y 打头注写在括号内,上下部斜纵筋之间用“/”分隔(图 7.11)。

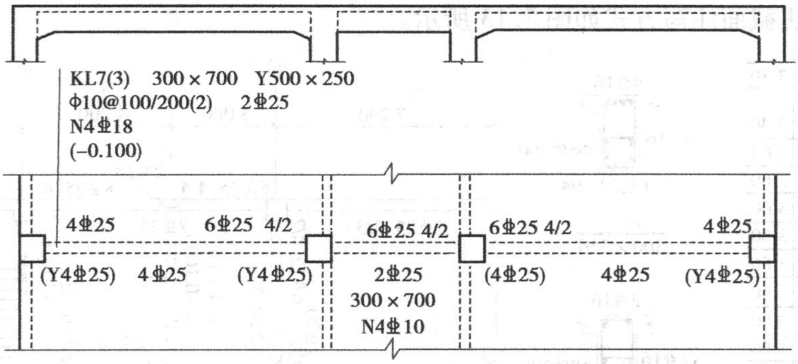

图 7.10 梁竖向加腋平面注写方式表达示例

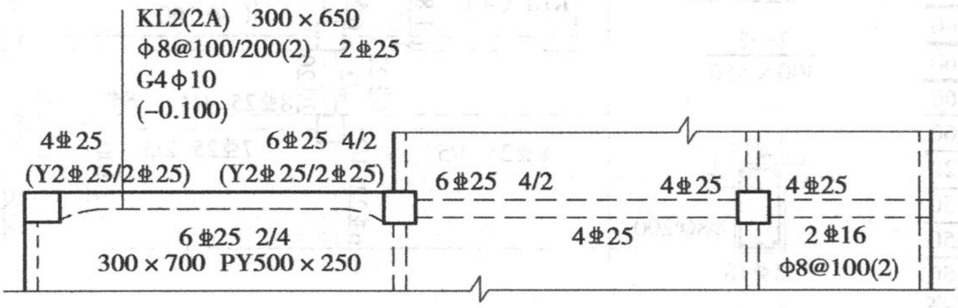

图 7.11 梁水平加腋平面注写方式表达示例

③当在梁上集中标注的内容(即梁截面尺寸、箍筋、上部通长筋或架立筋,梁侧面纵向构造钢筋或受扭纵向钢筋,以及梁顶面标高高差中的某一项或几项数值)不适用于某跨或某悬挑部分时,则将其不同数值原位标注在该跨或该悬挑部位,施工时应按原位标注数值取用。

④附加箍筋和吊筋,一般将其直接画在平面图中的主梁上,用线引注总配筋值(图7.12)。当多数附加箍筋或吊筋相同时,可在梁平法施工图上统一注明,少数与统一注明值不同时,再原位引注。

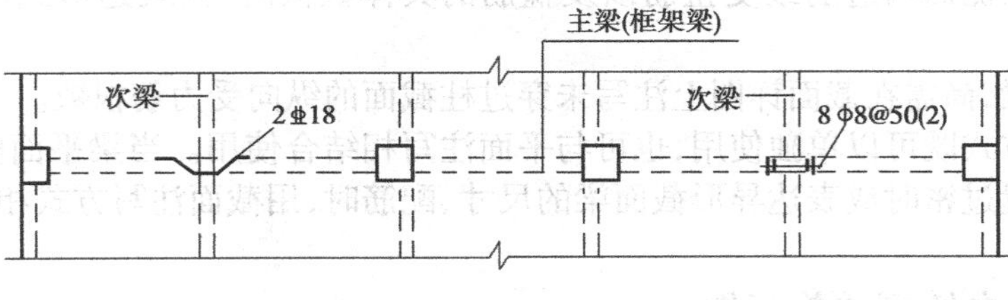

图 7.12 附加箍筋和吊筋的画法示例

框架扁梁注写规则同框架梁,对于上部纵筋和下部纵筋,尚需注明未穿过柱截面的纵向受力钢筋根数。

井字梁一般由非框架梁构成,井字梁编号时,无论几根同类梁相交,均应作为一跨处理。井字梁相交的交点处不作为支座,如需设置附加箍筋时,应在平面图上说明。柱上的框架梁作为井字梁的支座,此时的井字梁可用单粗虚线表示(当井字梁顶面高出板面时可用单粗实线表示);作为其支座的框架柱上梁可采用双细虚线表示(当梁顶面高出板面时可用双细实线表示)。

2)截面注写方式

截面注写方式,系指在分标准层绘制的梁平面布置图上,分别在不同编号的梁中各选择一根梁,用剖面号引出配筋图,并在其上注写截面尺寸和配筋具体数值的方式来表达梁平法施工图。梁平法截面注写方式如图 7.13 所示。

层号	标高/m	层高/m
屋面2	65.670	
塔层2	62.370	3.30
屋面1（塔层1）	59.070	3.30
16	55.470	3.60
15	51.870	3.60
14	48.270	3.60
13	44.670	3.60
12	41.070	3.60
11	37.470	3.60
10	33.870	3.60
9	30.270	3.60
8	26.670	3.60
7	23.070	3.60
6	19.470	3.60
5	15.870	3.60
4	12.270	3.60
3	8.670	3.60
2	4.470	4.20
1	-0.030	4.50
-1	-4.530	4.50
-2	-9.030	4.50

结构层楼面标高
结 构 层 高

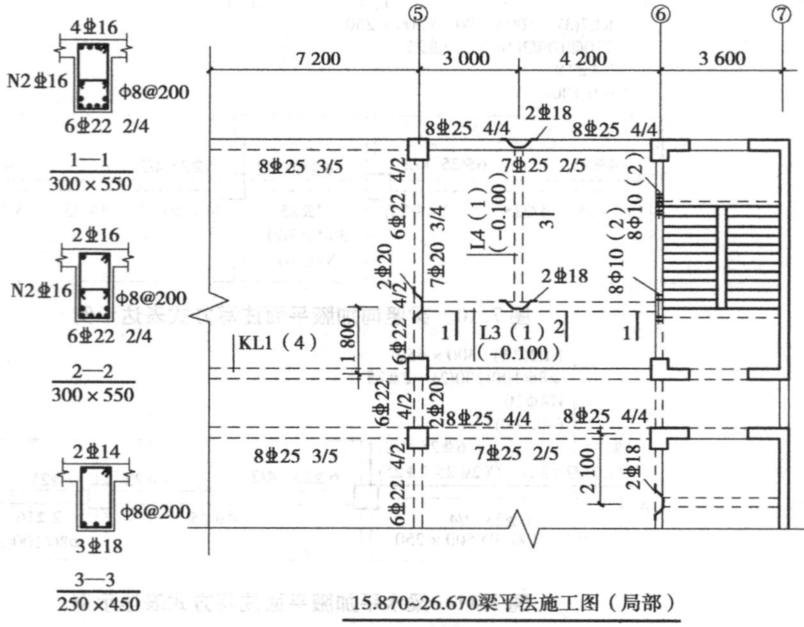

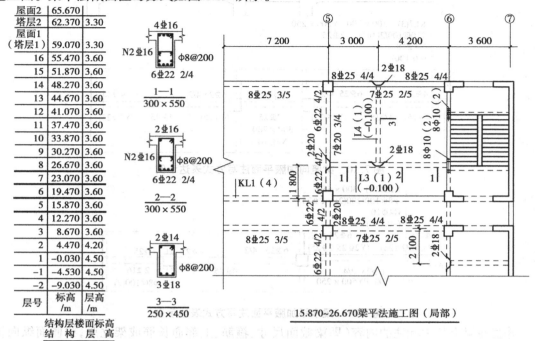

图 7.13 梁平法施工图截面注写方式示例

对所有梁进行编号，从相同编号的梁中选择一根梁，先将“单边截面号”画在该梁上，再将截面配筋详图画在本图或其他图上。当某梁的顶面标高与该结构层的楼面标高不同时，尚应继其梁编号后注写梁顶面标高高差（注写规定同前）。截面配筋详图上注写截面尺寸 $b \times h$、上部筋、下部筋、侧面构造筋或受扭筋以及箍筋的具体数值时，其表达形式与平面注写方式相同。

对框架扁梁，尚需在截面详图上注写未穿过柱截面的纵向受力筋根数。

截面注写方式既可以单独使用，也可与平面注写相结合使用。当梁平面整体配筋图中局部区域的梁布置过密时或表达异形截面梁的尺寸、配筋时，用截面注写方式相对比较方便。

· *7.2.4 剪力墙平法施工图* ·

剪力墙平法施工图系在剪力墙平面布置图上采用列表注写方式或截面注写方式表达。在剪力墙平法施工图中，尚应按规定注明各结构层的楼面标高、结构层高及相应的结构层号，尚应注明上部结构嵌固部位位置。对于轴线未居中的剪力墙（包括端柱），应标注其偏心定位尺寸。

1）列表注写方式

为表达清楚、简便，剪力墙可视为由剪力墙柱、剪力墙身和剪力墙梁三类构件组成。列表注写方式，由剪力墙平面布置图、对应的剪力墙柱表、剪力墙身表和剪力墙梁表组成。表中内容是三类构件的截面配筋图、几何尺寸与配筋具体数值，如图 7.14 所示。

屋面2	65.670	
塔层2	62.370	3.30
屋面1(塔层1)	59.070	3.30
16	55.470	3.60
15	51.870	3.60
14	48.270	3.60
13	44.670	3.60
12	41.070	3.60
11	37.470	3.60
10	33.870	3.60
9	30.270	3.60
8	26.670	3.60
7	23.070	3.60
6	19.470	3.60
5	15.870	3.60
4	12.270	3.60
3	8.670	3.60
2	4.470	4.20
1	-0.030	4.50
-1	-4.530	4.50
-2	-9.030	4.50
层号	标高/m	层高/m

底部加强部位（2、1层）

结构层楼面标高
结构层高
上部结构嵌固部位：
-0.030

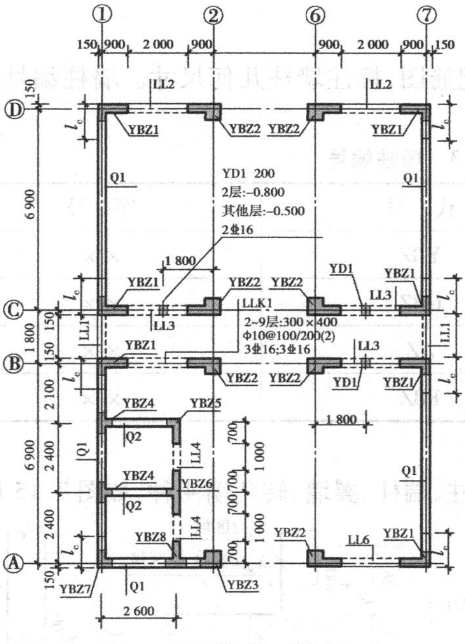

-0.030 ~12.270剪力墙平法施工图

剪力墙梁表

编号	所在楼层号	梁顶相对标高高差	梁截面 $b \times h$	上部纵筋	下部纵筋	箍筋
LL1	2~9	0.800	300×2 000	4⏀25	4⏀25	ϕ10@100(2)
	10~16	0.800	250×2 000	4⏀22	4⏀22	ϕ10@100(2)
	屋面1		250×1 200	4⏀20	4⏀20	ϕ10@100(2)
LL2	3	-1.200	300×2 520	4⏀25	4⏀25	ϕ10@150(2)
	4	-0.900	300×2 070	4⏀25	4⏀25	ϕ10@150(2)
	5~9	-0.900	300×1 770	4⏀25	4⏀25	ϕ10@150(2)
	10~屋面1	-0.900	250×1 770	4⏀22	4⏀22	ϕ10@150(2)
LL3	2		300×2 070	4⏀25	4⏀22	ϕ10@100(2)
	3		300×1 770	4⏀25	4⏀25	ϕ10@100(2)
	4~9		300×1 170	4⏀25	4⏀25	ϕ10@100(2)
	10~屋面1		250×1 170	4⏀22	4⏀22	ϕ10@100(2)
LL4	2		250×2 070	4⏀20	4⏀20	ϕ10@120(2)
	3		250×1 770	4⏀20	4⏀20	ϕ10@120(2)
	4~屋面1		250×1 170	4⏀20	4⏀20	ϕ10@120(2)
AL1	2~9		300×600	3⏀20	3⏀20	ϕ8@150(2)
	10~16		250×500	3⏀18	3⏀18	ϕ8@150(2)
BKL1	屋面1		500×750	4⏀22	4⏀22	ϕ10@150(2)

剪力墙身表

编号	标高	墙厚	水平分布筋	垂直分布筋	拉筋（矩形）
Q1	-0.030~30.270	300	⏀12@200	⏀12@200	ϕ6@600@600
	30.270~59.070	250	⏀10@200	⏀10@200	ϕ6@600@600
Q2	-0.030~30.270	250	⏀10@200	⏀10@200	ϕ6@600@600
	30.270~59.070	200	⏀10@200	⏀10@200	ϕ6@600@600

剪力墙柱表

截面	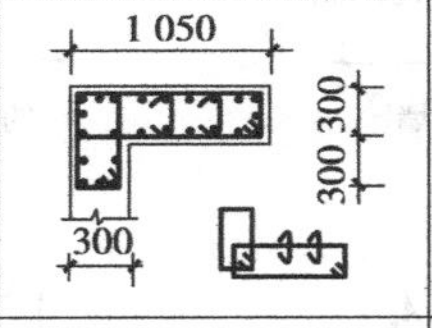	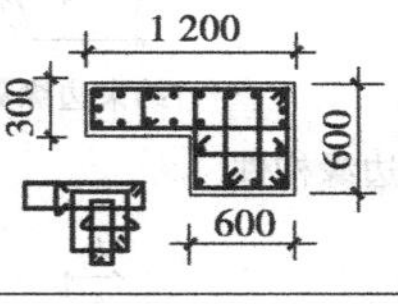	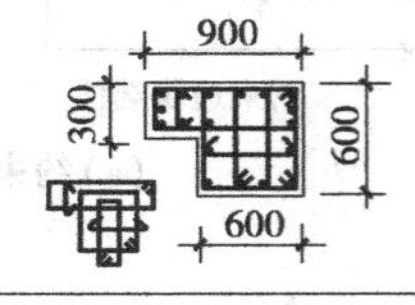	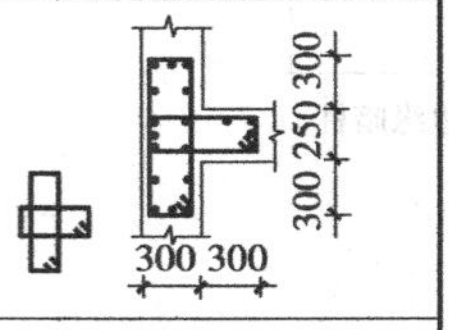
编号	YBZ1	YBZ2	YBZ3	YBZ4
标高	-0.030~12.270	-0.030~12.270	-0.030~12.270	-0.030~12.270
纵筋	24⏀20	22⏀20	18⏀22	20⏀20
箍筋	ϕ10@100	ϕ10@100	ϕ10@100	ϕ10@100
截面	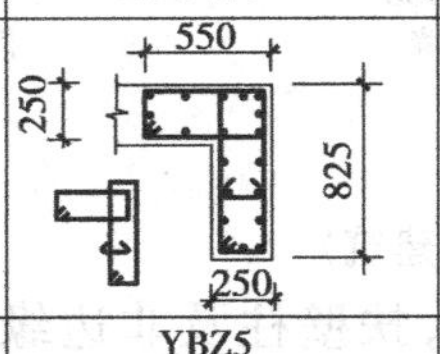	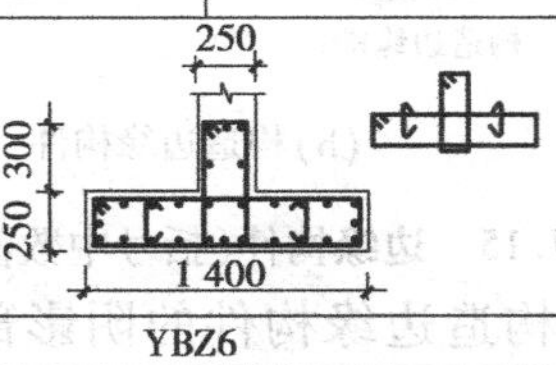	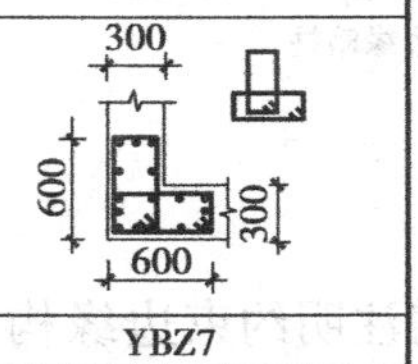	
编号	YBZ5	YBZ6	YBZ7	
标高	-0.030~12.270	-0.030~12.270	-0.030~12.270	
纵筋	20⏀20	28⏀20	16⏀20	
箍筋	ϕ10@100	ϕ10@100	ϕ10@100	

-0.030 ~12.270剪力墙平法施工图（部分剪力墙柱表）

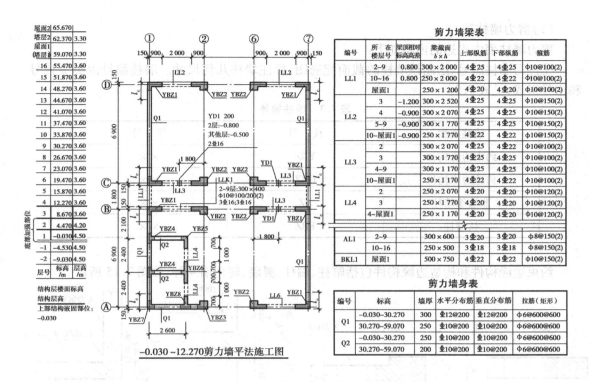

图7.14　剪力墙平法施工图列表注写方式示例

(1)剪力墙柱表

剪力墙柱表中表达的内容如下:

①注写墙柱编号,绘制该墙柱的截面配筋图,标注墙柱几何尺寸。墙柱编号由类型代号和序号组成,见表7.3。

表7.3 墙柱编号

墙柱类型	代 号	序 号
约束边缘构件	YBZ	××
构造边缘构件	GBZ	××
非边缘暗柱	AZ	××
扶壁柱	FBZ	××

约束边缘构件和构造边缘构件包括暗柱、端柱、翼墙、转角墙4种,如图7.15所示。

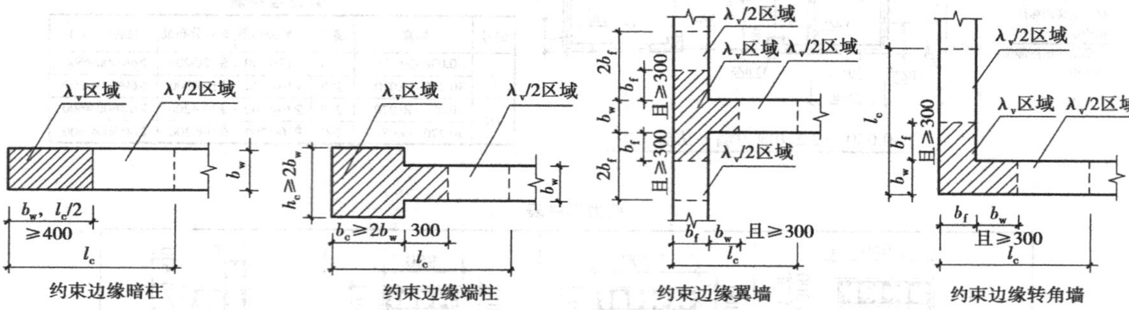

(a)约束边缘构件

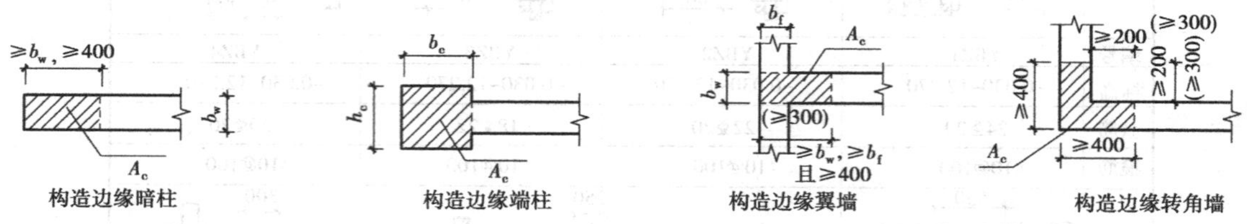

(b)构造边缘构件

图7.15 边缘构件(括号中数值用于高层建筑)

需注明约束边缘构件和构造边缘构件的阴影部分尺寸,扶壁柱及非边缘暗柱的几何尺寸。

②注写各段墙柱的起止标高,自墙柱根部往上以变截面位置或截面未变但配筋改变处为界分段注写。墙柱根部标高一般指基础顶面标高(部分框支剪力墙结构则为框支梁顶面标高)。

③注写各段墙柱的纵向钢筋和箍筋,注写值应与在表中绘制的截面配筋图对应一致。纵向钢筋注总配筋值;墙柱箍筋的注写方式与柱箍筋相同。约束边缘构件除注写阴影部位的箍筋外,尚需在剪力墙平面布置图中注写非阴影区内布置的拉筋或箍筋直径。

(2)剪力墙身表

剪力墙身表中表达的内容如下:

①注写墙身编号。墙身编号由墙身代号、序号以及墙身所配置的水平与竖向分布钢筋的排数组成,其中排数注写在括号内,表达形式为Q××(×排)。截面尺寸与配筋均相同,仅截面与轴线的关系不同,可将其编为同一墙柱号;厚度尺寸与配筋均相同,仅厚度与轴线关系不同或墙身长度不同时,也可将其编为同一墙身号,但应在图中注明与轴线的几何关系。当墙身所设置的水平与竖向分布钢筋的排数为2时可不注。对于分布钢筋网的排数规定:当剪力墙厚度不大于400 mm时,应配置双排;当剪力墙厚度大于400 mm,但不大于700 mm时,宜配置三排;当剪力墙厚度大于700 mm时,宜配置四排。

②注写各段墙身的起止标高,自墙身根部往上以变截面位置或截面未变但配筋改变处为界分段注写。墙身根部标高一般指基础顶面标高(部分框支剪力墙结构则为框支梁顶面标高)。

③注写水平分布钢筋、竖向分布钢筋和拉结筋的具体数值。注写数值为一排水平分布钢筋和竖向分布钢筋的规格和间距。拉结筋应注明布置的方式有"矩形"和"梅花"两种,如图7.16所示。

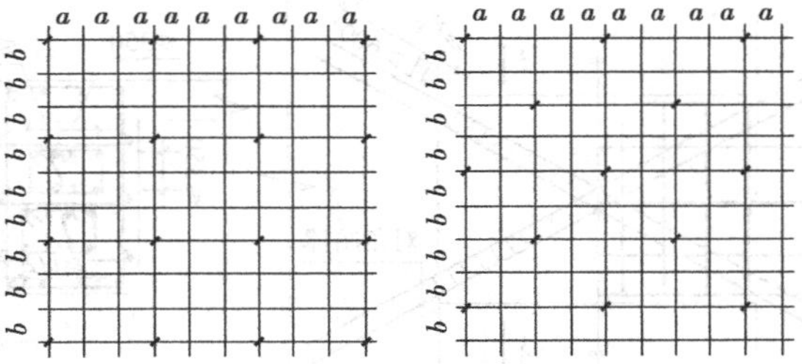

(a)拉结筋@3a3b矩形
(a≤200,b≤200)

(b)拉结筋@4a4b梅花
(a≤150,b≤150)

图7.16　拉结筋布置方式示意

(3)剪力墙梁表

剪力墙梁表中表达的内容如下:

①注写墙梁编号。墙梁编号由墙梁类型代号和序号组成,表达形式见表7.4。

表7.4　墙梁编号

墙梁类型	代　号	序　号
连梁	LL	××
连梁(对角暗撑配筋)	LL(JC)	××
连梁(交叉斜筋配筋)	LL(JX)	××
连梁(集中对角斜筋配筋)	LL(DX)	××
连梁(跨高比不小于5)	LLK	××
暗梁	AL	××
边框梁	BKL	××

注:①在具体工程中,当某些墙身需设置暗梁或边框梁时,宜在剪力墙平法施工图中绘制暗梁或边框梁的平面布置图并编号,以明确其具体位置。

②跨高比不小于5的连梁按框架梁设计时,代号为LLK。

其中，连梁、暗梁、边框梁如图 7.17 所示。

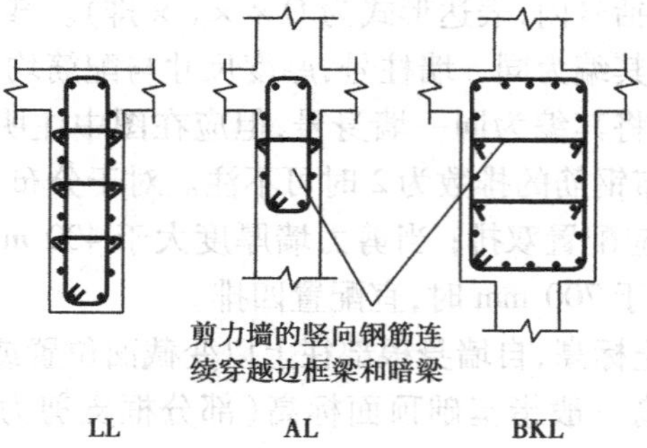

图 7.17　各类型墙梁示意

对角暗撑 LL(JC)、交叉斜筋 LL(JX)、集中对角斜筋 LL(DX)的具体形式如图 7.18 所示。

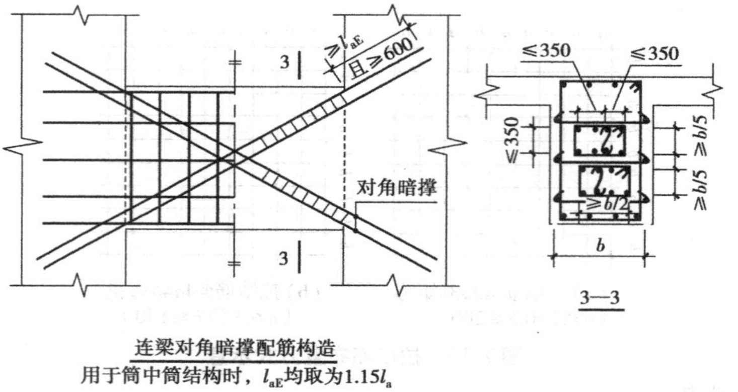

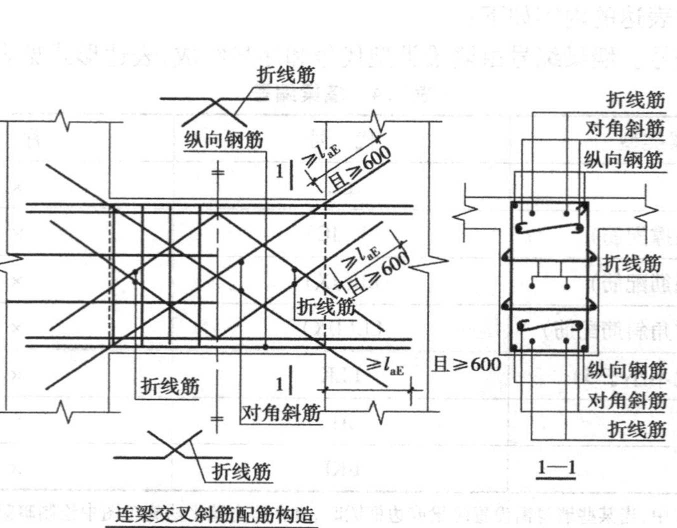

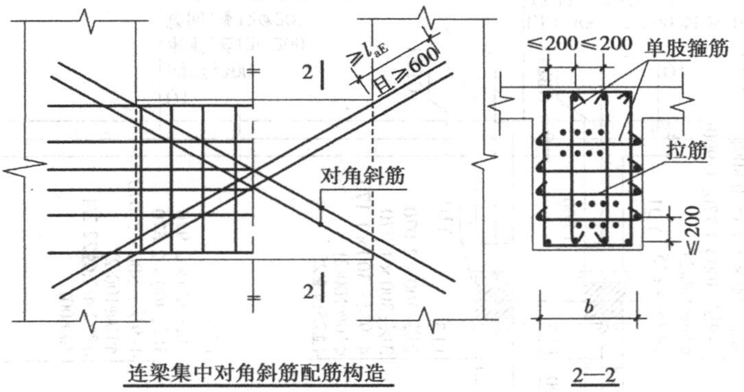

图7.18　连梁各种做法示意

②注写墙梁所在楼层号。

③注写墙梁顶面标高高差，指相对于墙梁所在结构层楼面标高的高差值。正值指高于结构楼层面，负值为低于结构楼层面，无高差时不注。

④注写墙梁截面尺寸 $b \times h$，上部纵筋、下部纵筋和箍筋的具体数值。

⑤当连梁设有对角暗撑时［代号为 LL(JC)××］，注写暗撑的截面尺（箍筋外皮尺寸）；注写一根暗撑的全部纵筋，并标注×2 表明有两根暗撑相互交叉；注写暗撑箍筋的具体数值。

⑥当连梁设有交叉斜筋时［代号为 LL(JX)××］，注写连梁一侧对角斜筋的配筋值，并标注×2 表明对称设置；注写对角斜筋在连梁端部设置的拉筋根数、强度级别及直径，并标注×4 表示四个角都设置；注写连梁一侧折线筋配筋值，并标注×2 表明对称位置。

⑦当连梁设有集中对角斜筋时［代号为 LL(DX)××］，注写一条对角线上的对角斜筋，并标注×2 表明对称设置。

⑧跨高比不小于 5 的连梁，按框架梁设计时（代号为 LLK××），采用平面注写方式，注写规则同框架梁，可采用适当比例单独绘制，也可与剪力墙平法施工图合并绘制。

墙梁侧面纵筋的配置，当墙身水平分布钢筋满足连梁、暗梁及边框梁的梁侧面纵向构造钢筋的要求时，该筋配置同墙身水平分布钢筋，表中不注，施工按标准构造详图的要求即可；当不满足时，应在表中补充注明梁侧面纵筋的具体数值；当为 LLK 时，平面注写方式以大写字母“N”打头。梁侧面纵向钢筋在支座内的锚固要求同连梁中受力钢筋。

2）截面注写方式

截面注写方式系指在分标准层绘制的剪力墙平面布置图上，以直接在墙柱、墙身、墙梁上注写截面尺寸和配筋具体数值的方式来表达剪力墙平法施工图。选用适当比例原位放大绘制剪力墙平面布置图，对于墙柱，绘制配筋截面图；对于所有墙柱、墙身、墙梁分别按照列表注写方式中的规则进行编号，然后在相同编号的墙柱、墙身、墙梁中选择一根墙柱、一道墙身、一根墙梁进行注写，标注的内容同列表注写方式中的要求。剪力墙平法施工图截面注写方式如图 7.19 所示。

当墙身水平分布钢筋不能满足连梁、暗梁及边框梁的梁侧面纵向构造钢筋的要求时，应补充注明梁侧面纵筋的具体数值；注写时，以大写字母 N 打头，接续注写直径与间距。其在支座内的锚固要求同连梁中受力钢筋。

层号	标高/m	层高/m
屋面2	65.670	
塔层2	62.370	3.30
屋面1（塔层1）	59.070	3.30
16	55.470	3.60
15	51.870	3.60
14	48.270	3.60
13	44.670	3.60
12	41.070	3.60
11	37.470	3.60
10	33.870	3.60
9	30.270	3.60
8	26.670	3.60
7	23.070	3.60
6	19.470	3.60
5	15.870	3.60
4	12.270	3.60
3	8.670	3.60
2	4.470	4.20
1	-0.030	4.50
-1	-4.530	4.50
-2	-9.030	4.50

底部加强部位（2层及1层）

结构层楼面标高
结构层高

上部结构嵌固部位
-0.030

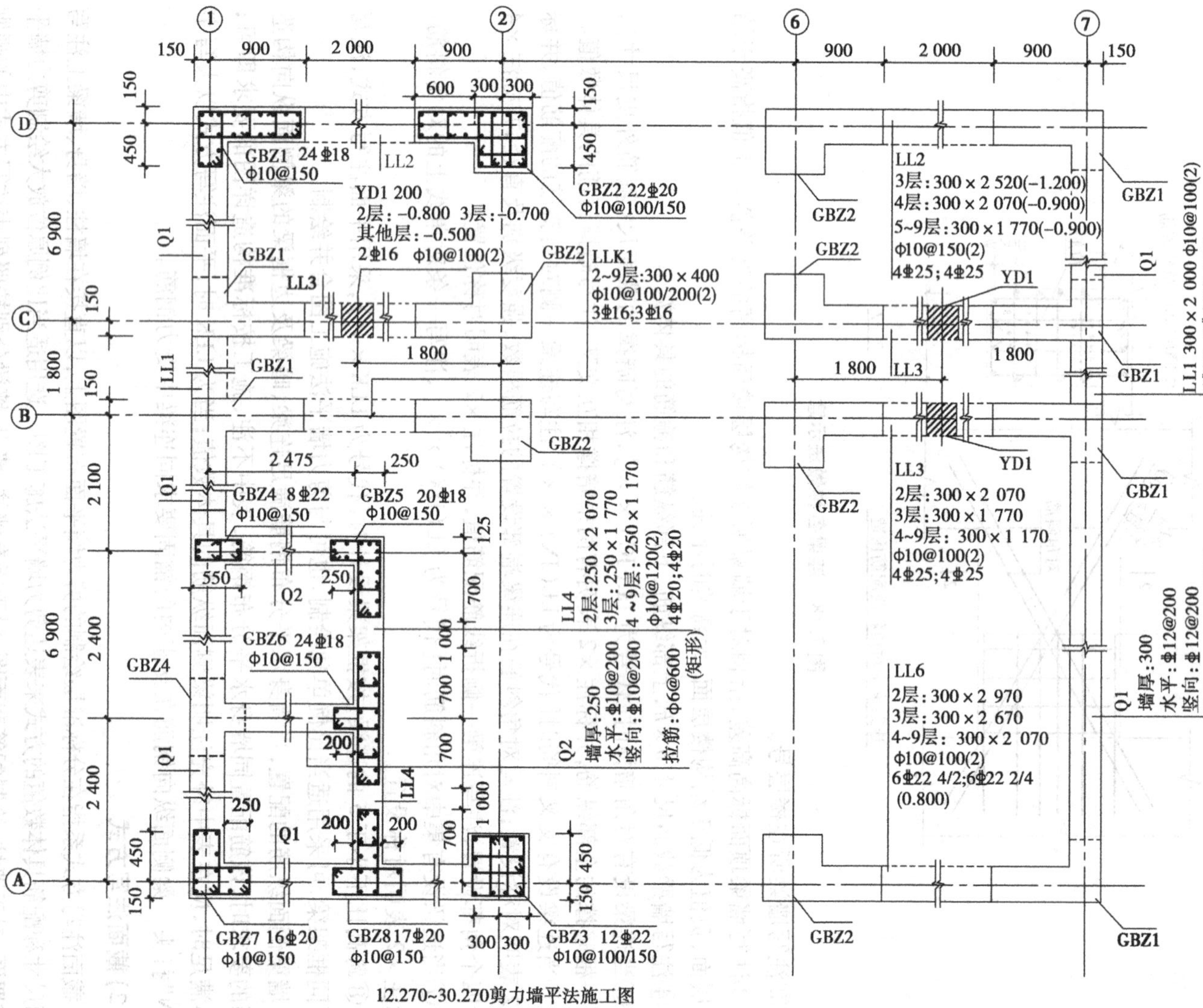

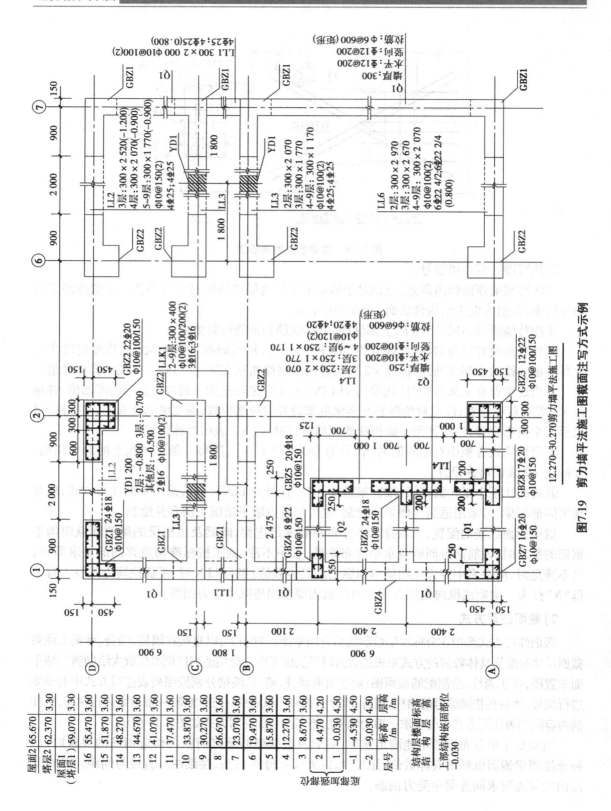

图7.19　剪力墙平法施工图截面注写方式示例

3)剪力墙洞口的表示方法

剪力墙的洞口在剪力墙平面布置图上原位表达。在剪力墙平面布置图上绘制洞口示意，并标注洞口中心的平面定位尺寸。然后在洞口中心位置引注:

①洞口编号:矩形洞口为 JD××(××为序号),圆形洞口为 YD××(××为序号)。

②洞口几何尺寸:矩形洞口为洞宽×洞高($b×h$),圆形洞口为洞口直径 D。

③洞口中心相对标高:相对结构层楼(地)面标高的洞口中心高度。正值为高于结构层楼面,负值为低于结构楼层面。

④洞口每边补强钢筋,根据洞口的大小配置不同形式的补强钢筋。

例:JD 2 400×300 +3.100 3 Φ 14,表示2号矩形洞口,洞宽400 mm,洞高300 mm,洞口中心距本结构层楼面3 100 mm,洞口每边补强钢筋为3 Φ 14。

·7.2.5 板平法施工图·

楼板分为有梁楼盖和无梁楼盖。

1)有梁楼盖

有梁楼盖板平法施工图系在楼面板和屋面板布置图上,采用平面注写的表达方式。板平面注写主要包括板块集中标注和板支座原位标注。有梁楼盖板平法施工图如图7.20所示。

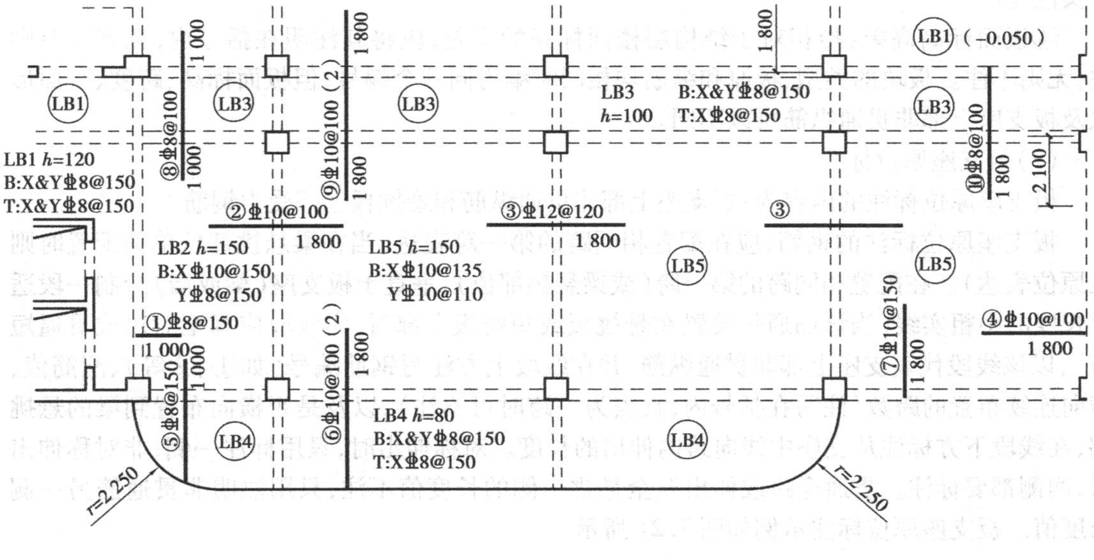

图7.20 有梁楼盖平法施工图示例

(1)板块集中标注

板块集中标注的内容为:

①板块编号:由类型代号和序号组成,见表7.5。

表 7.5　板块编号

板类型	代　号	序　号
楼面板	LB	××
屋面板	WB	××
悬挑板	XB	××

②板厚:注写为 h = ×××(为垂直于板面的厚度);当悬挑板的端部改变截面厚度时,注写为 h = 根部高度/端部高度;当设计已在图注中统一注明板厚时,此项可以不注。

③纵筋:按板块的下部纵筋和上部贯通纵筋分别注写(当板块上部不设贯通纵筋时则不注),并以 B 代表下部纵筋,以 T 代表上部贯通纵筋,B & T 代表下部与上部;X 向纵筋以 X 打头,Y 向纵筋以 Y 打头,两向纵筋配置相同时则以 X & Y 打头。

正交轴网,X 向指图面从左至右,Y 向指图面从下至上。轴网向心布置时,X 向为切向,Y 向为径向。

当 Y 向采用放射配筋时(切向为 X 向,径向为 Y 向),设计者应注明配筋间距的定位尺寸。

当在某些板内(例如在悬挑板 XB 的下部)配置有构造钢筋时,则 X 向以 Xc、Y 向以 Yc 打头注写。

④板面标高高差:指相对于结构层楼面标高的高差,应将其注明在括号内,且有高差则注,无则不注。板块的类型、板厚和纵筋均相同时编为同一个编号,但板面标高、跨度、平面形状及板支座上部非贯通纵筋可以不同。

(2)板支座原位标注

板支座原位标注的内容为:板支座上部非贯通纵筋和悬挑板上部受力钢筋。

板支座原位标注的钢筋,应在配置相同跨的第一跨表达(当在梁悬挑部位单独配置时则在原位表达)。在配置相同跨的第一跨(或梁悬挑部位),垂直于板支座(梁或墙)绘制一段适宜长度的中粗实线(当该筋通长设置在悬挑板或短跨板上部时,实线段应画至对边或贯通短跨),以该线段代表支座上部非贯通纵筋,并在线段上方注写钢筋编号(如①、②等)、配筋值、横向连续布置的跨数(注写在括号内,且当为一跨时可不注),以及是否横向布置到梁的悬挑端;在线段下方标注从支座中线向跨内伸出的长度。对称伸出时,只用标注一侧;非对称伸出时,两侧都要标注。贯通全跨或伸出至全悬挑一侧的长度值不注,只用注明非贯通筋另一侧长度值。板支座原位标注示例如图 7.21 所示。

2)无梁楼盖

无梁楼盖平法施工图,系在楼面板和屋面板布置图上,采用平面注写的表达方式。无梁楼盖分为 X 向板带和 Y 向板带。板平面注写主要有板带集中标注、板带支座原位标注两部分内容。

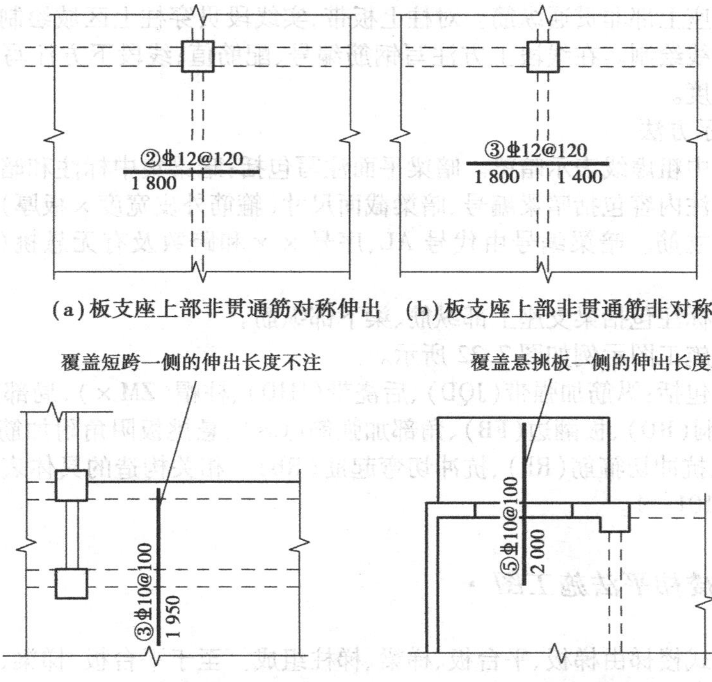

(a)板支座上部非贯通筋对称伸出　(b)板支座上部非贯通筋非对称伸出

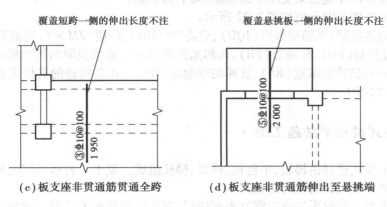

(c)板支座非贯通筋贯通全跨　(d)板支座非贯通筋伸出至悬挑端

图 7.21　板支座原位标注示例

(1)板带集中标注

集中标注应在板带贯通纵筋配置相同跨的第一跨(X 向为左端跨,Y 向为下端跨)注写。注写内容:板带编号、板带厚及板带宽、贯通纵筋。

①板带编号按表 7.6 的规定。

表 7.6　板带编号

板带类型	代　号	序　号	跨数及有无悬挑
柱上板带	ZSB	××	(××)、(××A)或(××B)
跨中板带	KZB	××	(××)、(××A)或(××B)

注:①跨数按柱网轴线计算(两相邻柱轴线之间为一跨);

②(××A)为一端有悬挑,(××B)为两端有悬挑,悬挑不计入跨数。

②板带厚注写为 $h=×××$,板带宽注写为 $b=×××$。当已在图中注明整体厚度和板带宽度时,此项可不注。

③贯通纵筋按板带下部和板带上部分别注写,同样以 B 代表下部,T 代表上部,B&T 代表下部和上部。当采用放射配筋时,设计者应注明配筋间距的度量位置,必要时补绘配筋平面图。

④板面标高高差:当局部区域的板面标高与整体不同时,应在无梁楼盖的板平法施工图上注明板面标高高差及分布范围。

(2)板带支座原位标注

板带支座原位标注的具体内容为:板带支座上部非贯通纵筋。以一段与板带同向的中粗实线段代表板带支座上部非贯通纵筋。对柱上板带,实线段贯穿柱上区域绘制;对跨中板带,实线段横贯柱网轴线绘制。在线段上方注写钢筋编号、配筋值;线段下方注写自支座中线向两侧跨内的伸出长度。

(3)暗梁的表示方法

在柱轴线处画中粗虚线表示暗梁。暗梁平面注写包括:暗梁集中标注和暗梁支座原位标注。暗梁的集中标注内容包括暗梁编号、暗梁截面尺寸(箍筋外皮宽度×板厚)、暗梁箍筋、暗梁上部通长筋或架立筋。暗梁编号由代号 AL、序号××和跨数及有无悬挑(××)、(××A)、(××B)组成。

暗梁支座原位标注包括梁支座上部纵筋、梁下部纵筋。

无梁楼盖平法施工图示例如图 7.22 所示。

楼板相关构造包括:纵筋加强带(JQD)、后浇带(HJD)、柱帽(ZM×)、局部升降板(SJB)、板加腋(JY)、板开洞(BD)、板翻边(FB)、角部加强筋(Crs)、悬挑板阴角附加筋(Cis)、悬挑板阳角放射筋(Ces)、抗冲切箍筋(Rh)、抗冲切弯起筋(Rb)。相关构造的具体表达方式及标注内容详见图集 16G101—1。

· *7.2.6 板式楼梯平法施工图* ·

现浇混凝土板式楼梯由梯板、平台板、梯梁、梯柱组成。至于平台板、梯梁、梯柱的注写方式见前述柱平法、梁平法和板平法内容。

现浇混凝土板式楼梯平法施工图有平面注写、剖面注写和列表注写三种表达方式。楼梯类型详见表 7.7。楼梯编号由梯板代号和序号组成,如 AT××、BT××、ATa××等。

表 7.7 楼梯类型

楼梯代号	适用范围		是否参与结构整体抗震计算
	抗震构造措施	适用结构	
AT	无	剪力墙、砌体结构	不参与
BT			
CT	无	剪力墙、砌体结构	不参与
DT			
ET	无	剪力墙、砌体结构	不参与
FT			
GT	无	剪力墙、砌体结构	不参与
ATa	有	框架结构、框剪结构中框架部分	不参与
ATb			不参与
ATc			参与
CTa	有	框架结构、框剪结构中框架部分	不参与
CTb			

注:ATa,CTa 低端设滑动支座支承在梯梁上;ATb,CTb 低端设滑动支座支承在挑板上。

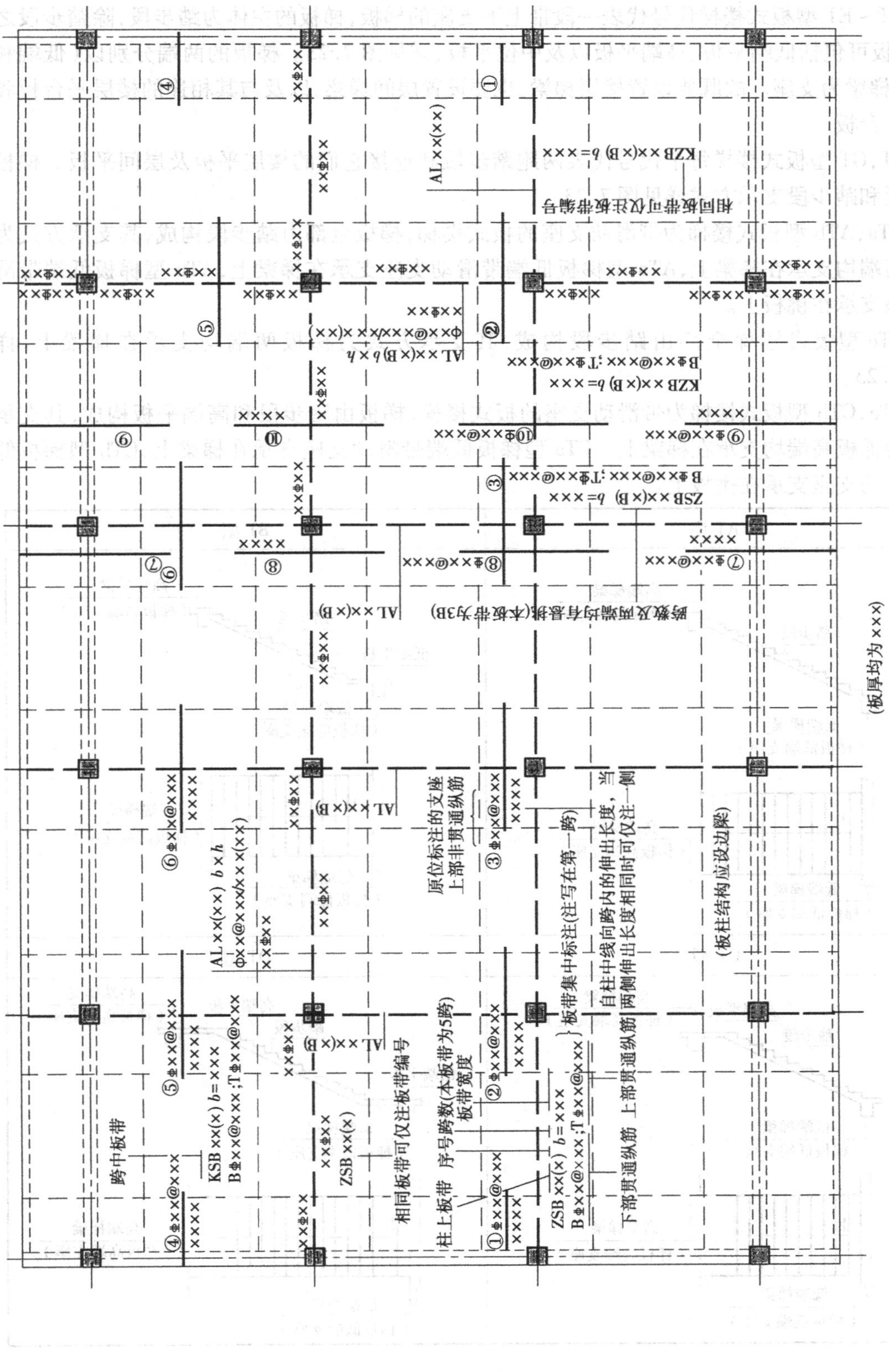

注：本图示按1:200比例绘制。

图7.22　无梁楼盖平法施工图示例

AT～ET型板式楼梯代号代表一段带上下支座的梯板，梯板的主体为踏步段，除踏步段之外，梯板可包括低端平板、高端平板以及中位平板，详见图7.23。梯板的两端分别以(低端和高端)梯梁为支座。故既要设置楼层梯梁，也要设置层间梯梁，以及与其相连的楼层平台板和层间平台板。

FT，GT型板式楼梯每个代号代表两跑踏步段和连接它们的楼层平板及层间平板。梯板的平板和踏步段支承方式详见图7.23。

ATa，ATb型板式楼梯为带滑动支座的板式楼梯，梯板全部由踏步段构成，其支承方式为梯板高端均支承在梯梁上，ATa型梯板低端带滑动支座支承在梯梁上，ATb型梯板低端带滑动支座支承在挑板上。

ATc型板式楼梯全部由踏步段构成，其支承方式为梯板两端均支承在梯梁上，详见图7.23。

CTa，CTb型板式楼梯为带滑动支座的板式楼梯，梯板由踏步段和高端平板构成，其支承方式为梯板高端均支承在梯梁上。CTa型梯板低端带滑动支座支承在梯梁上，CTb型梯板低端带滑动支座支承在挑板上。

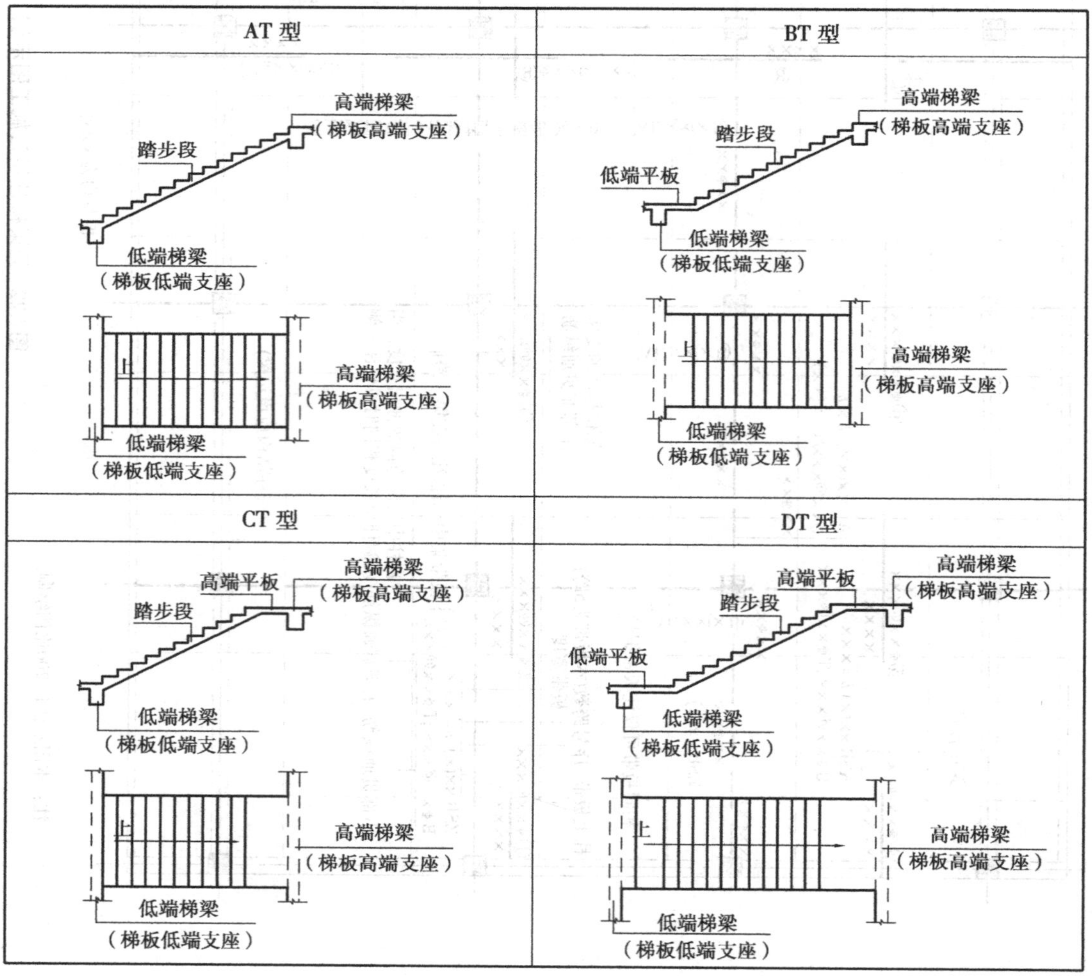

ET 型

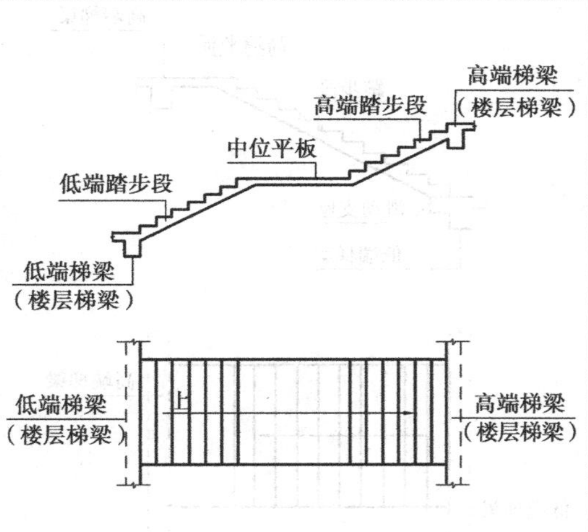

FT 型（有层间和楼层平台板的双跑楼梯）

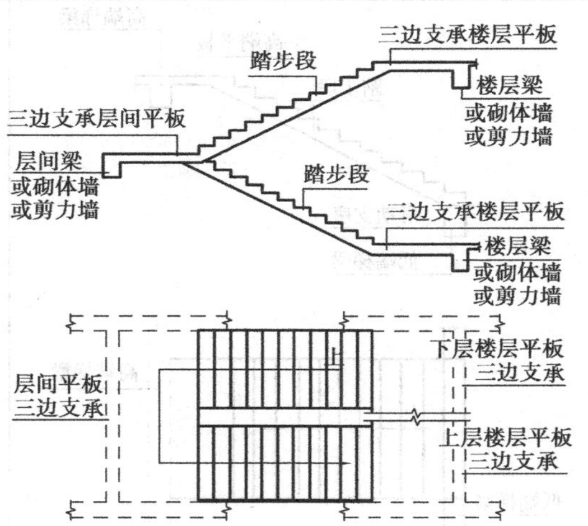

GT 型（有层间平台板的双跑楼梯）

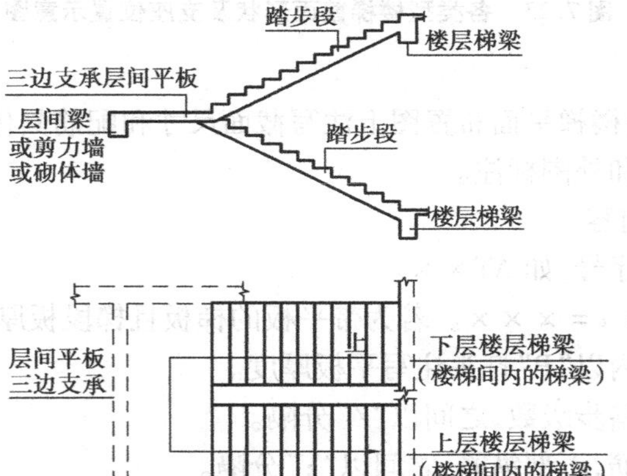

ATa 型

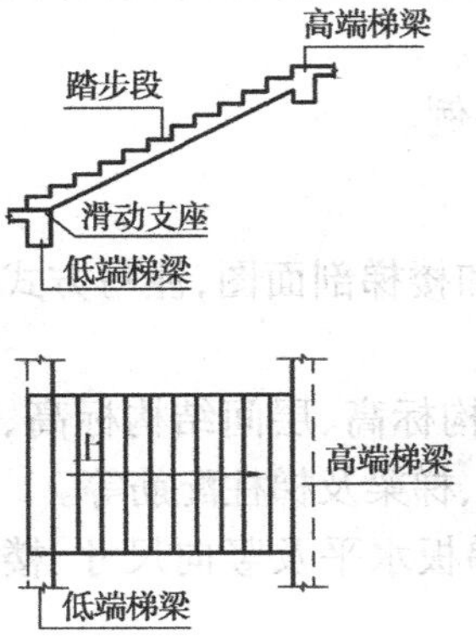

ATb 型

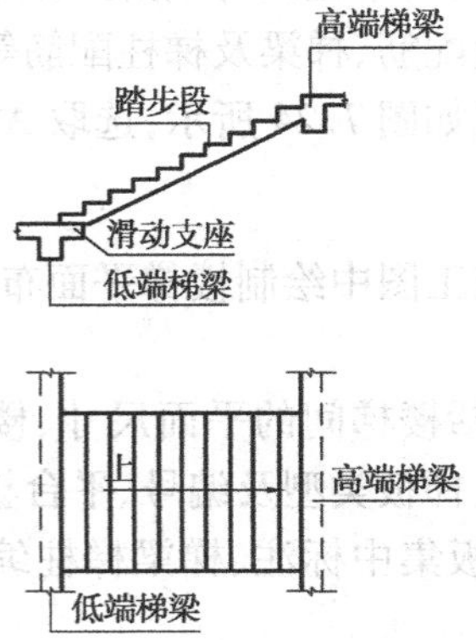

ATc 型

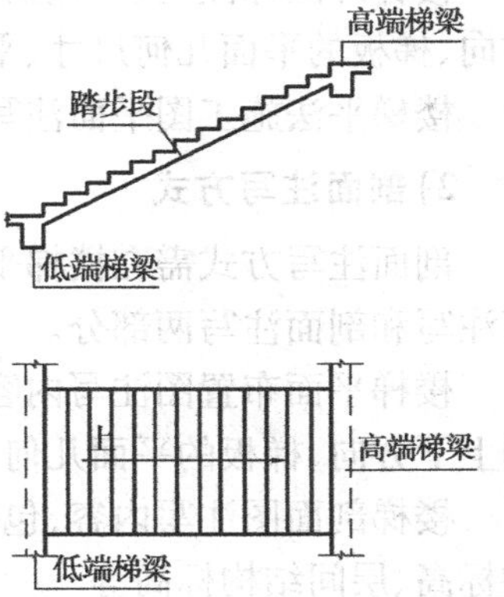

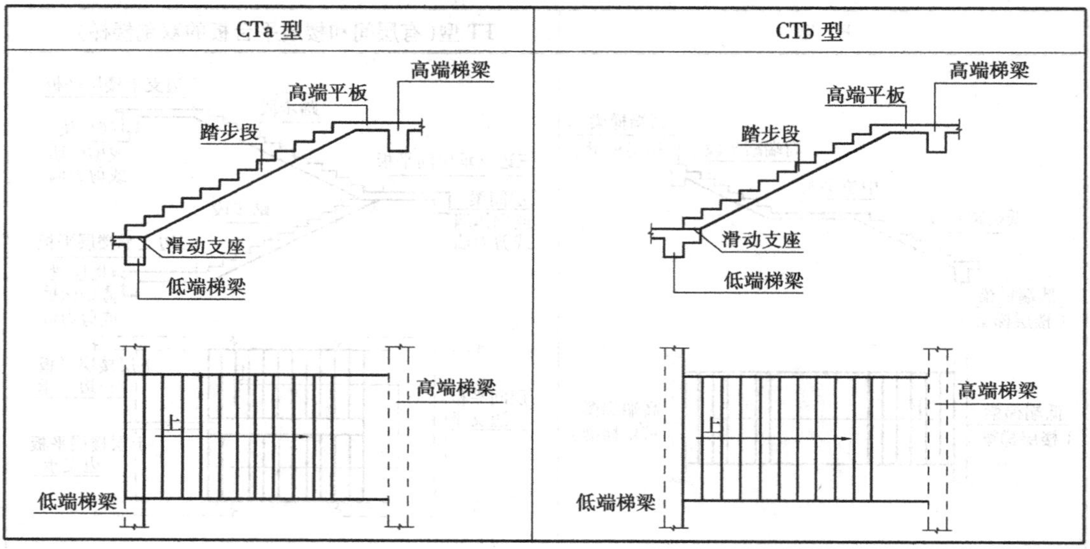

图 7.23 各类型楼梯截面形状及支座位置示意图

1)平面注写方式

平面注写方式,系在楼梯平面布置图上注写截面尺寸和配筋具体数值的方式来表达楼梯施工图。包括集中标注和外围标注。

(1)楼梯集中标注内容

①梯板类型代号与序号,如 AT××。

②梯板厚度,注写为 $h=\times\times\times$。若为带平板的梯板且梯段板厚度和平板厚度不同时,可在梯段板厚度后面括号内以"P"打头注写平板厚度。

③踏步段总高度和踏步级数,之间以"/"分隔。

④梯板支座上部纵筋,下部纵筋,之间以";"分隔。

⑤梯板分布筋,以"F"打头注写分布钢筋具体值,该项也可在图中统一说明。

(2)楼梯外围标注内容

楼梯外围标注内容,包括楼梯间的平面尺寸、楼层结构标高、层间结构标高、楼梯的上下方向、梯板的平面几何尺寸、平台板配筋、梯梁及梯柱配筋等。

楼梯平法施工图平面注写方式如图 7.24 所示,选取 AT 型举例。

2)剖面注写方式

剖面注写方式需在楼梯平法施工图中绘制楼梯平面布置图和楼梯剖面图,注写方式分平面注写和剖面注写两部分。

楼梯平面布置图注写内容,包括楼梯间的平面尺寸、楼层结构标高、层间结构标高、楼梯的上下方向、梯板的平面几何尺寸、梯板类型及编号、平台板配筋、梯梁及梯柱配筋等。

楼梯剖面图注写内容,包括梯板集中标注、梯梁梯柱编号、梯板水平及竖向尺寸、楼层结构标高、层间结构标高等。

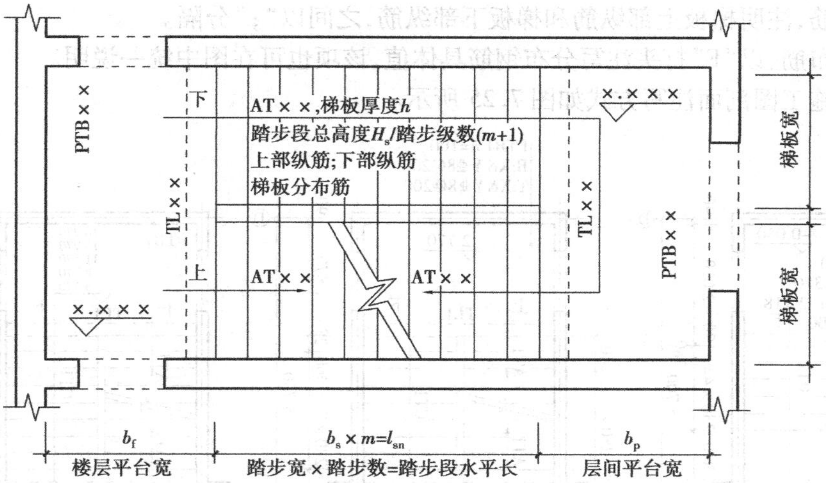

标高×.×××~标高×.×××楼梯平面图

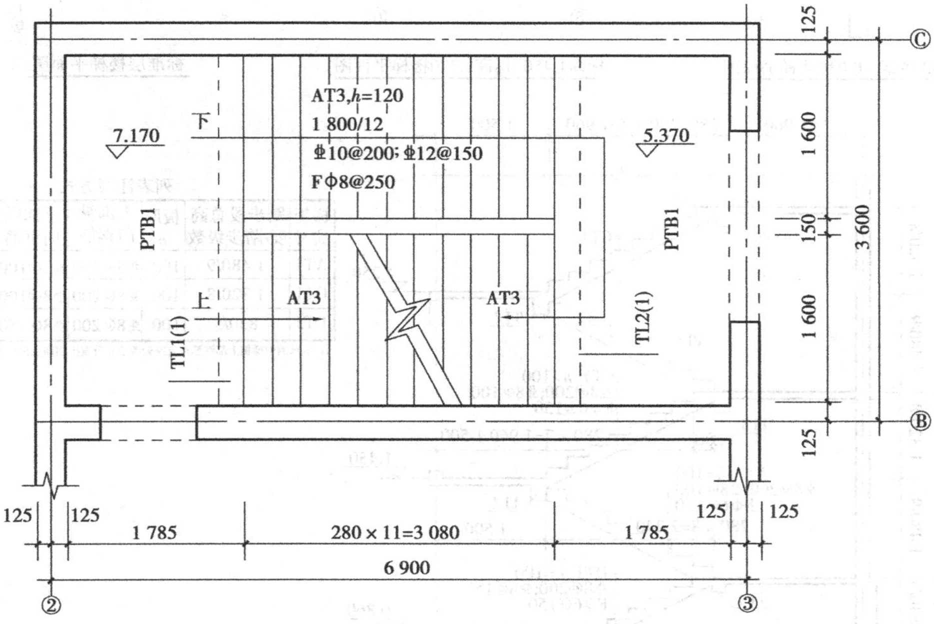

标高5.370~标高7.170楼梯平面图

图 7.24　AT 型楼梯平法施工图平面注写方式示例

梯板集中标注的内容：

①梯板类型代号与序号，如 AT××。

②梯板厚度，注写为 h = ×××。当梯板由踏步段和平板构成，且踏步段梯板厚度和平板厚度不同时，可在梯板厚度后面括号内以“P”打头注写平板厚度。

③梯板配筋，注明梯板上部纵筋和梯板下部纵筋，之间以“；”分隔。

④梯板分布筋，以“F”打头注写分布钢筋具体值，该项也可在图中统一说明。

楼梯平法施工图剖面注写方式如图 7.25 所示。

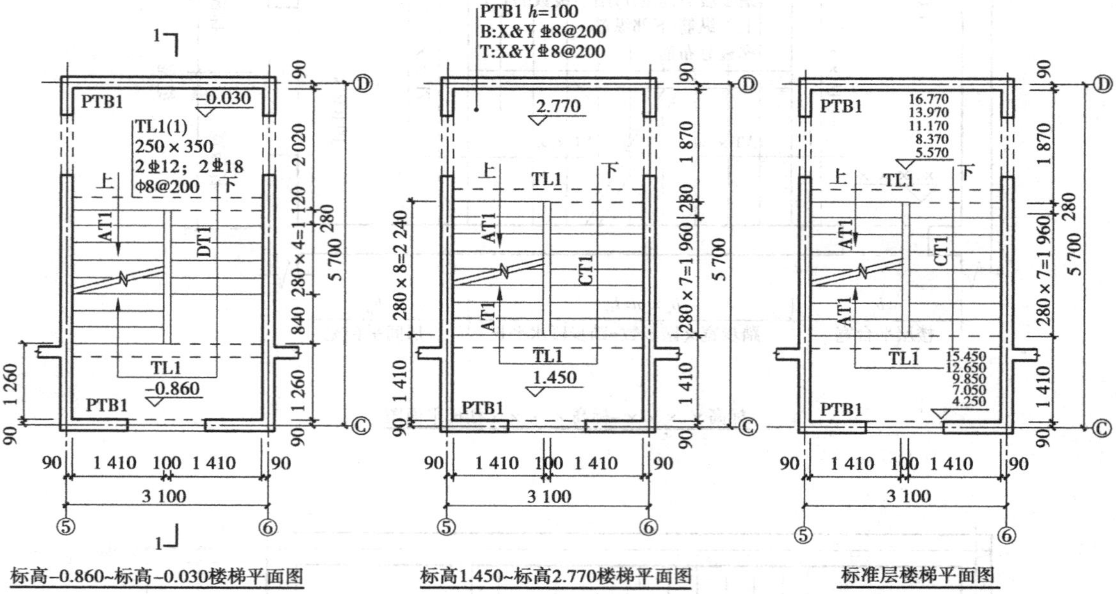

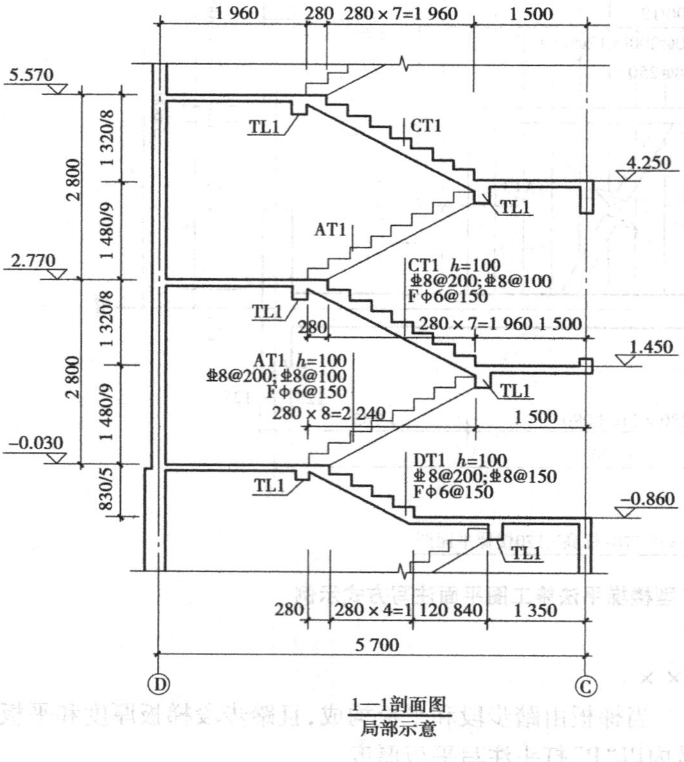

列表注写方式

梯板编号	踏步段总高度/踏步级数	板厚 h	上部纵向钢筋	下部纵向钢筋	分布筋
AT1	1 480/9	100	⌀8@200	⌀8@100	Φ6@150
CT1	1 320/8	100	⌀8@200	⌀8@100	Φ6@150
DT1	830/5	100	⌀8@200	⌀8@150	Φ6@150

注：本示例中梯板上部钢筋在支座处考虑充分发挥钢筋抗拉强度作用进行锚固。

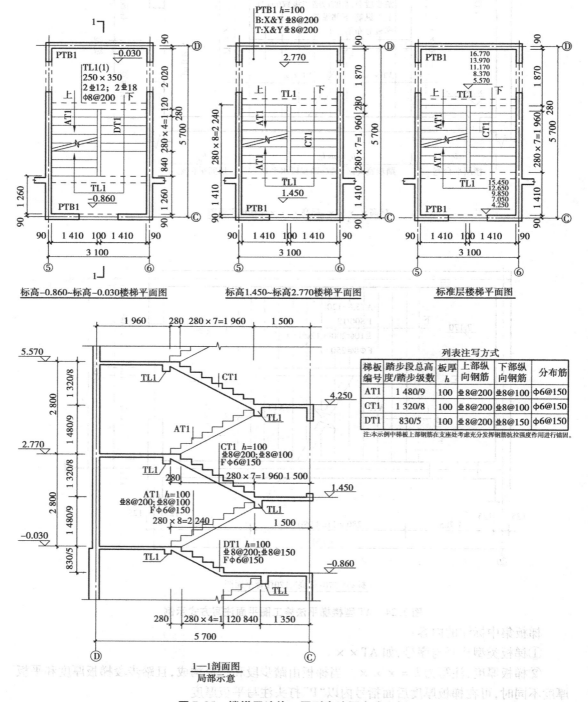

图 7.25　楼梯平法施工图列表注写方式示例

3)列表注写方式

列表注写方式,系用列表方式注写梯板截面尺寸和配筋具体数值的方式来表达楼梯施工图。列表注写方式具体要求同剖面注写方式,仅将剖面注写方式中的有关梯板配筋注写改为列表注写项即可。

楼梯平法施工图列表注写方式如图7.25所示。

·7.2.7　基础平法施工图·

常用的现浇混凝土基础包括独立基础、条形基础、筏形基础和桩基。按照平法设计绘制的现浇混凝土独立基础、条形基础、筏形基础和桩基承台施工图,以平面注写方式为主、截面注写方式为辅表达各类构件的尺寸和配筋。这里简单介绍一下独立基础的平法施工图。

在独立基础平面布置图上应标注基础定位尺寸,当独立基础的柱中心线或杯口中心线与建筑轴线不重合时,应标注其定位尺寸。绘制独立基础平面布置图时,应将独立基础平面与基础所支承的柱一起绘制,而基础联系梁就根据设置情况与图面疏密情况来考虑是否一起绘制。

1)平面注写方式

独立基础的平面注写方式分为集中标注和原位标注两部分内容。

(1)集中标注

集中标注包括基础编号、截面竖向尺寸、配筋三项必注内容,以及基础底面标高(与基础底面基准标高不同时)和必要的文字注解两项选注内容。素混凝土普通独立基础的集中标注,除无基础配筋内容外,均与钢筋混凝土普通独立基础相同。

①基础编号。基础编号见表7.8。

表7.8　独立基础编号

类　型	基础底板截面形状	代　号	序　号
普通独立基础	阶形	DJ_J	××
	坡形	DJ_P	××
杯口独立基础	阶形	BJ_J	××
	坡形	BJ_P	××

②截面竖向尺寸。

普通独立基础,当基础为阶形截面时注写为$h_1/h_2/,\cdots$;当基础为坡形截面时,注写为h_1/h_2,如图7.26所示。杯口独立基础,当基础为阶形截面时,其竖向尺寸分两组,分别表示杯口内外尺寸,以“,”分隔,注写为:$a_0/a_1,h_1/h_2/\cdots$;其中杯口深度a_0为柱插入杯口的尺寸加50 mm。当基础为坡形截面时,注写为:$a_0/a_1,h_1/h_2/h_3\cdots$,如图7.27所示。

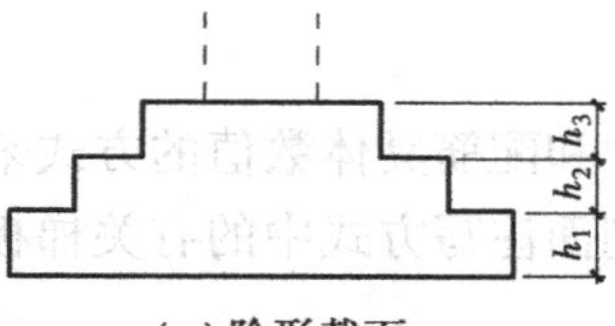
(a)阶形截面　(b)坡形截面

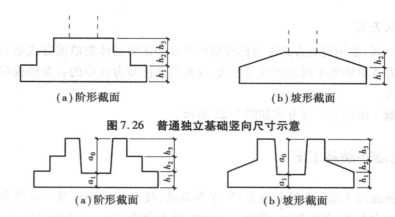

图 7.26　普通独立基础竖向尺寸示意

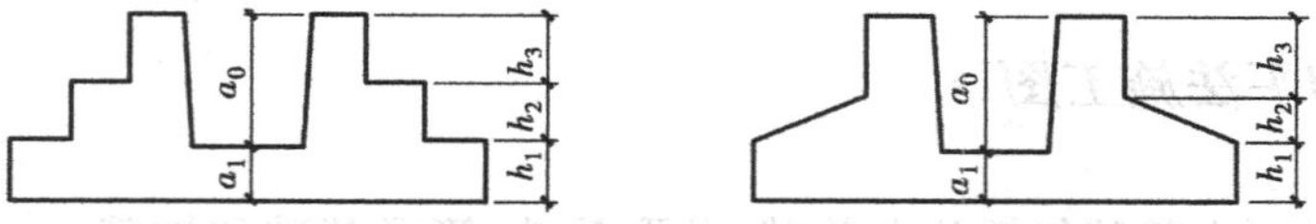
(a)阶形截面　(b)坡形截面

图 7.27　杯口独立基础竖向尺寸示意

③独立基础配筋。

a. 底板配筋,以 B 代表各种独立基础底板的底部配筋,X 向配筋以 X 打头、Y 向配筋以 Y 打头,X&Y 打头表示两向配筋相同。示例如图 7.28 所示。

b. 杯口独立基础顶部焊接钢筋网,以 Sn 打头引注杯口顶部焊接钢筋网的各边钢筋。示例如图 7.29 所示。

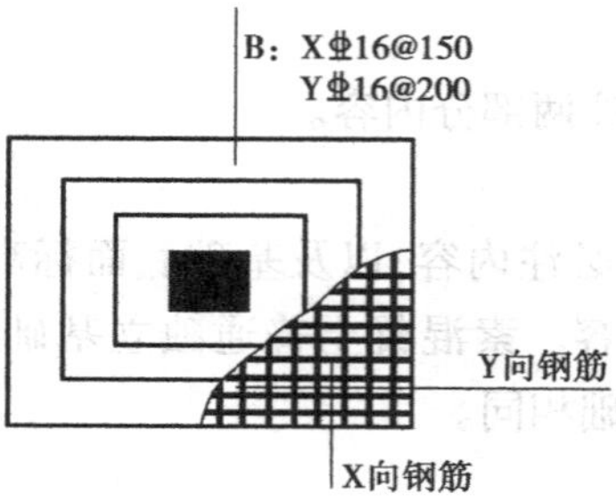

图 7.28　独立基础底板底部双向配筋示例

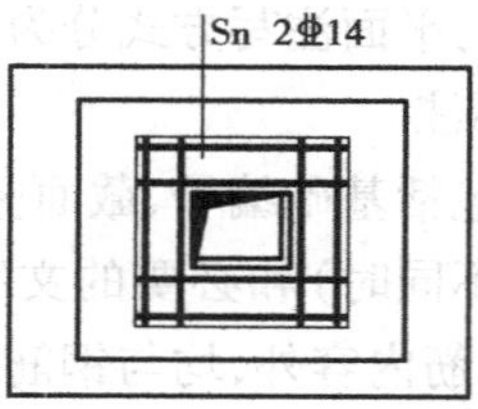

图 7.29　单杯口独立基础顶部焊接钢筋网示例

c. 普通独立深基础带短柱竖向尺寸及钢筋。当独立基础埋深较大,设置短柱时,短柱配筋应注写在独立基础中。以 DZ 代表普通独立基础短柱,注写短柱纵筋、箍筋、标高范围。纵筋注写顺序为:角筋/长边中部筋/短边中部筋;若是正方形截面,注写顺序为:角筋/x 边中部筋/y 边中部筋、箍筋、标高范围。示例如图 7.30 所示。

d. 基础底面标高和必要的文字注解为选注内容,根据实际情况注写。

(2)原位标注

钢筋混凝土和素混凝土独立基础的原位标注,系在基础平面布置图上标注独立基础的平面尺寸。编号相同的选择一个进行原位标注,平面图形太小可原位按一定比例放大再标注。

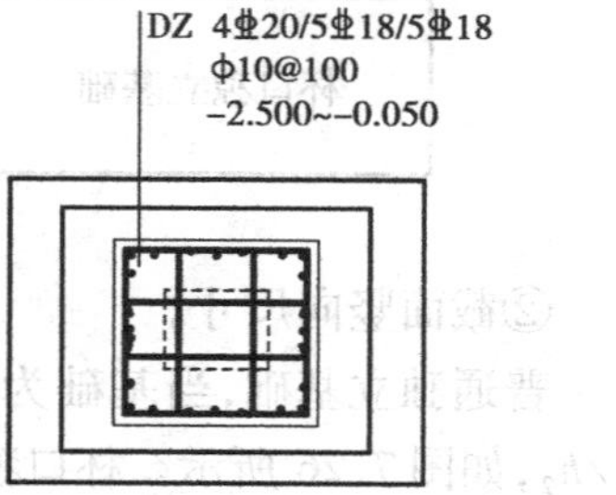

图 7.30　独立基础短柱配筋示例

普通独立基础原位标注 x、y，x_c、y_c（或圆柱直接 d_c），x_i、y_i，$i=1,2,3,\cdots$。其中，x、y 为普通独立基础两向边长，x_c、y_c 为柱截面尺寸，x_i、y_i 为阶宽或坡形平面尺寸（设有短柱时，应标注短柱的截面尺寸）。示例如图 7.31 所示。

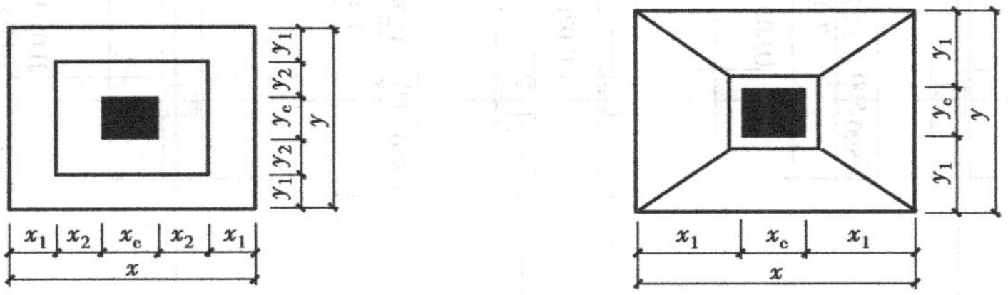

(a)对称阶形截面　　(b)对称坡形截面

图 7.31　普通独立基础原位标注示例

杯口独立基础原位标注 x、y，x_u、y_u，t_i，x_i、y_i，$i=1,2,3,\cdots$。其中，x、y 为杯口独立基础两向边长，x_u、y_u 为杯口上口尺寸，t_i为杯壁上口厚度，下口厚度为 t_i+25 mm，x_i、y_i 为阶宽或坡形截面尺寸。示例如图 7.32 所示。

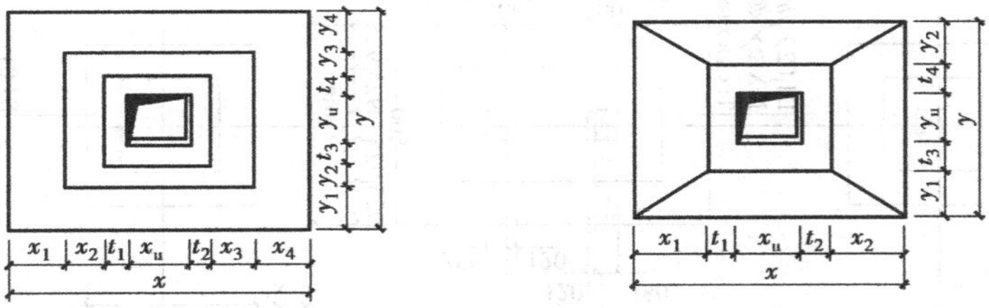

(a)阶形截面　　(b)坡形截面

图 7.32　杯口独立基础原位标注示例

集中标注和原位标注综合设计示例如图 7.33 所示。

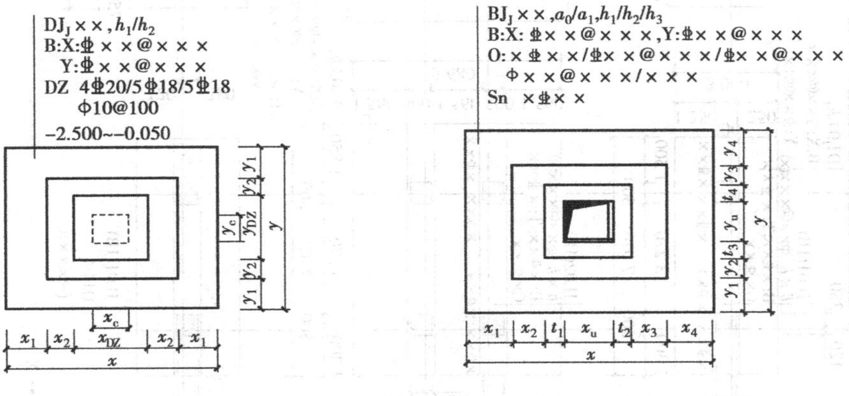

(a)普通独立基础　　(b)杯口独立基础

图 7.33　集中标注和原位标注综合设计示例

采用平面注写方式表达的独立基础设计施工图，如图 7.34 所示。

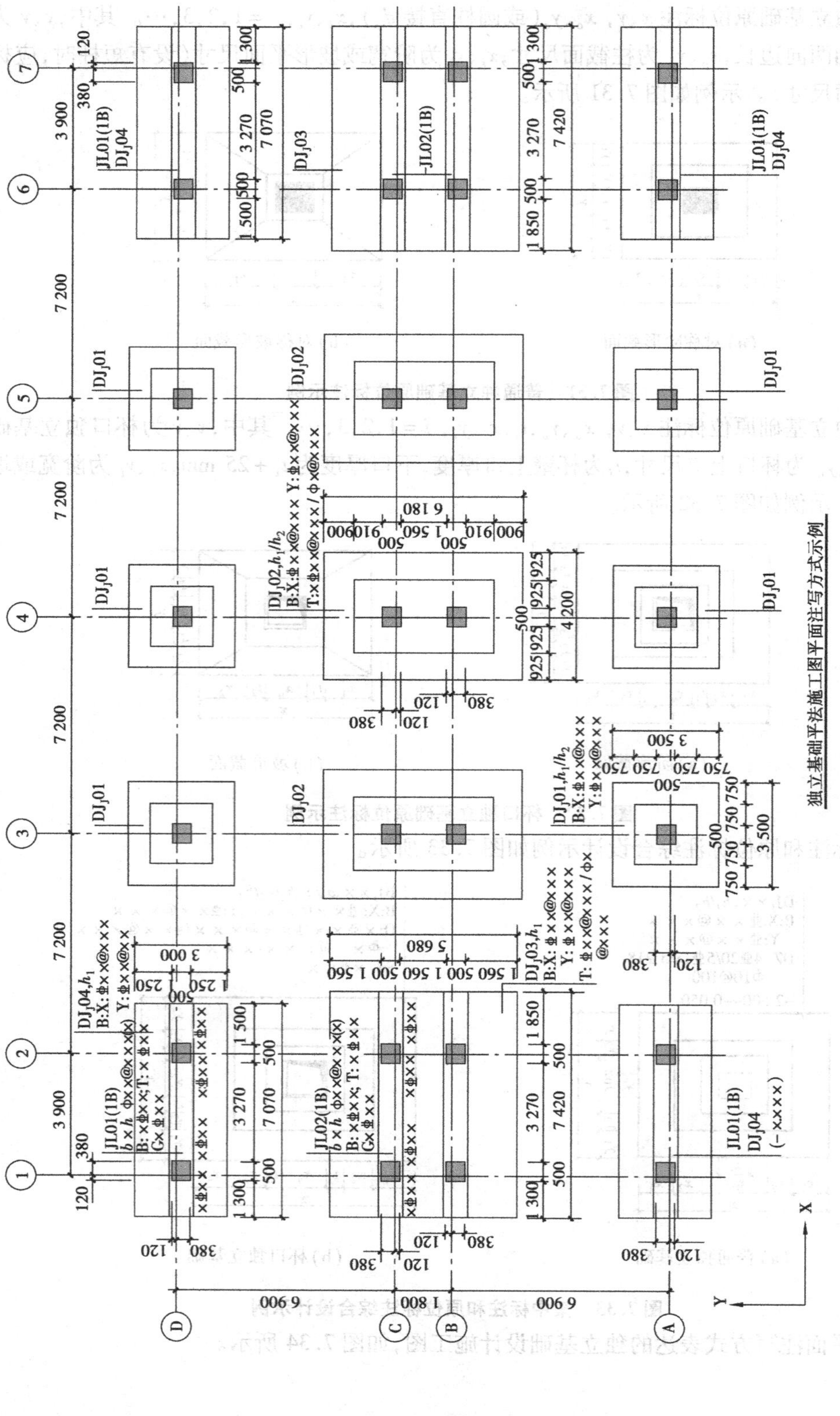

注:①X,Y为图面方向;
②±0.000的绝对标高(m):×××.×××;
基础底面基准标高(m):−×.×××。

图7.34 独立基础平法施工图平面注写方式示例

2)截面的注写方式

独立基础的截面注写方式可分为截面标注和列表注写(结合截面示意图)两种表达方式。采用截面注写方式,应在基础平面布置图上对所有基础进行编号。

(1)普通独立基础列表集中注写内容

①编号:阶形截面编号为 DJ_J××,坡形截面编号为 DJ_P××。

②几何尺寸:水平尺寸 x、y,x_c、y_c(或圆柱直径 d_c),x_i、y_i,$i=1,2,3,\cdots$;竖向尺寸 $h_1/h_2/\cdots$。

③配筋:B:X:Φ××@×××,Y:Φ××@×××。

普通独立基础列表格式见表7.9。

表7.9 普通独立基础几何尺寸和配筋表

基础编号/截面号	截面几何尺寸				底部配筋(B)	
	x、y	x_c、y_c	x_i、y_i	$h_1/h_2/\cdots$	X向	Y向

注:表中可根据实际情况增加栏目。例如:当基础底面标高与基础底面基准标高不同时,加注基础底面标高;当为双柱独立基础时,加注基础顶部配筋或基础梁几何尺寸和配筋;当设置短柱时增加短柱尺寸及配筋等。

(2)杯口独立基础列表集中注写内容

①编号:阶形截面编号为 BJ_J××,坡形截面编号为 BJ_P××。

②几何尺寸:水平尺寸 x、y,x_u、y_u,t_i,x_i、y_i,$i=1,2,3\cdots$;竖向尺寸 a_0,a_1,$h_1/h_2/h_3\cdots$。

③配筋:B:X:Φ××@×××,Y:Φ××@×××,Sn×Φ××,O:×Φ××/Φ××@×××/Φ××@×××,ф××@×××/×××。

杯口独立基础列表格式见表7.10。

表7.10 杯口独立基础几何尺寸和配筋表

基础编号/截面号	截面几何尺寸				底部配筋(B)		杯口顶部钢筋网(Sn)	杯壁外侧配筋(O)	
	x、y	x_c、y_c	x_i、y_i	a_0、a_1,$h_1/h_2/h_3/\cdots$	X向	Y向		角筋/长边中部筋/短边中部筋	杯口箍筋/其他部位箍筋

注:①表中可根据实际情况增加栏目。如当基础底面标高与基础底面基准标高不同时,加注基础底面标高或增加说明栏目等。

②短柱配筋适用于高杯口独立基础,并适用于杯口独立基础杯壁有配筋的情况。

7.3 砌体结构施工图

1)砌体结构施工图的组成

砌体结构施工图一般由结构设计说明、结构平面图(基础平面图、地下室结构平面图、标准层结构平面图、屋顶结构平面图)和结构详图(楼梯及其他构件详图)组成。

基础平面图一般表示基础的平面位置和宽度,承重墙的位置和截面尺寸,构造柱的平面位置,其他工种对基础的要求等,配合剖面图表示基础、圈梁、管沟的详细做法。

结构平面图的主要内容一般包括梁、板、构造柱、圈梁、过梁、阳台、雨篷、楼梯、预留洞的平面位置,主要表示板的布置或配筋,结合剖面图或断面图表示以上内容。当一张图不能表示所有内容时,将梁、过梁、雨篷等构件编号在另外的图上表示或选用标准图。

构件详图一般包括楼梯配筋图、梁和过梁配筋图,预制板及结构平面图没有表达清楚的部位均在构件详图上表示,还要有所表示构件的钢筋表。

2)砌体结构基础施工图

砌体结构常采用无筋扩展基础(包括砖基础、毛石基础、混凝土基础等)、扩展基础(柱下钢筋混凝土独立基础、墙下钢筋混凝土条形基础),当地基土较软弱时也常采用筏板基础。

基础施工图一般由基础平面图和剖面图组成。基础平面图主要表示每道墙或基础梁的平面位置,根据图示需要增加剖面图,表示基础部位各种构件的详细做法。

当采用条形基础时,将上部墙和土体看作透明体,重点突出基础的轮廓线,有管沟和洞口时在管沟和洞口的部位增加阴影线,如图 7.35 所示。

3)结构平面图

根据建筑图的布局,结构平面图可以拆分为地下室结构平面图、一层结构平面图、标准层结构平面图和屋顶结构平面图。当每层的构件都相同时,一般归类为标准层结构平面图;当每层的构件均有不同时,则必须分别表示每层的结构平面图。结构平面图一般是以某层的楼盖命名,比如一层结构平面图是以一层楼盖命名,也可以按楼盖结构标高命名,如一层楼盖结构层标高为 3.55 m 时,可命名为 3.55 m 结构平面图。

结构平面图主要表示本层楼各种构件的平面位置、平面形状、数量,结合剖面图,表示本层各种构件的标高和截面情况。对于同一类构件,但尺寸或配筋不同时,常以不同编号的形式加以区别,当图示的内容较多时,常采用构件编号的方法将其在详图上表示或选用标准图。

图 7.36 为某建筑二层结构平面图。在结构图中把板的配筋表示出来,楼面梁、圈梁和构造柱的尺寸和配筋在详图中表示。

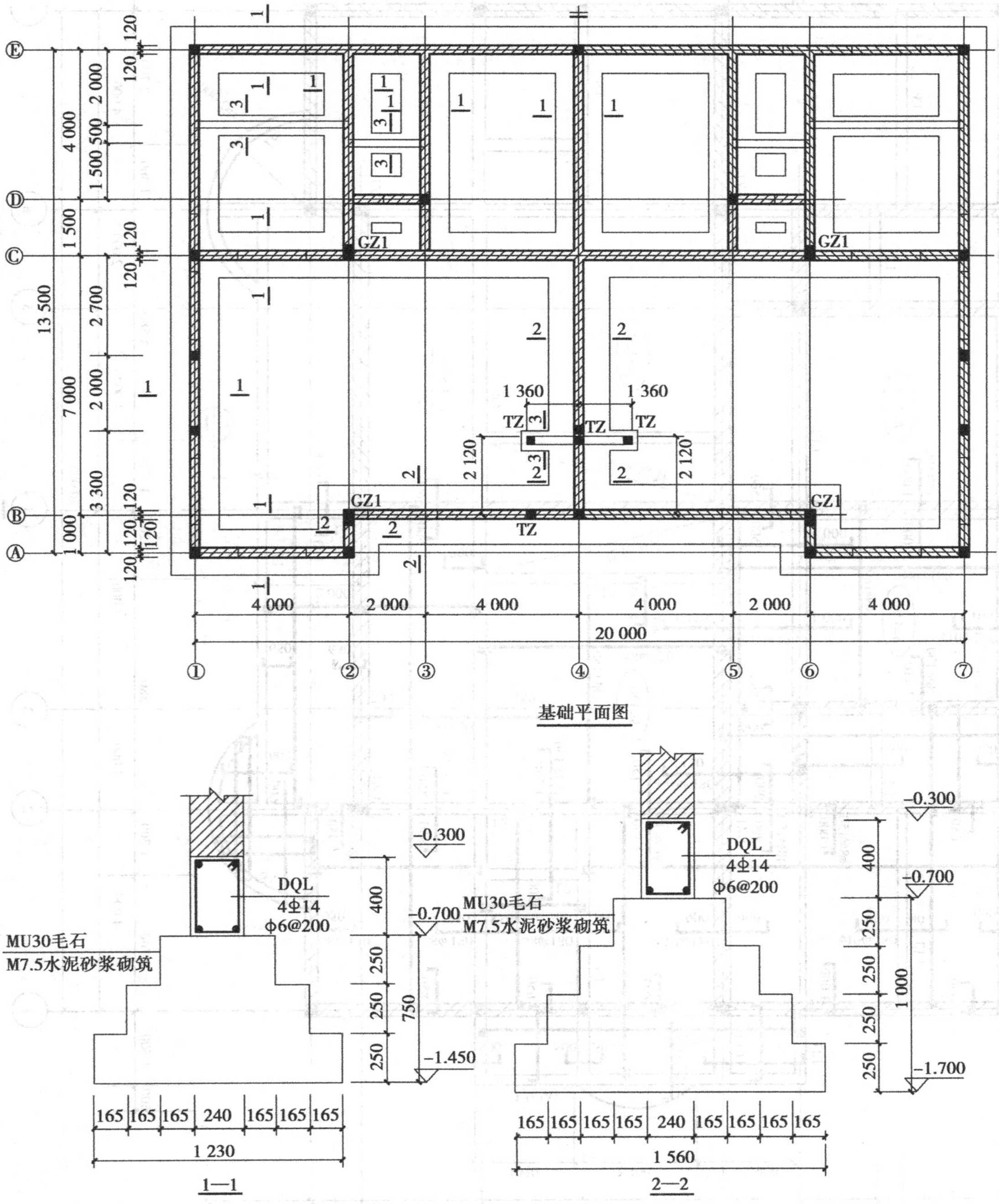
基础平面图
GZ1
TZ
1 360
2 120
4 000
2 000
20 000
13 500
7 000
1 500
3 300
2 700
1 000
120
DQL
4Φ14
ϕ6@200
MU30毛石
M7.5水泥砂浆砌筑
-0.300
-0.700
-1.450
-1.700
400
250
750
165
240
1 230
1 560
1—1
2—2

图 7.35　基础图示例

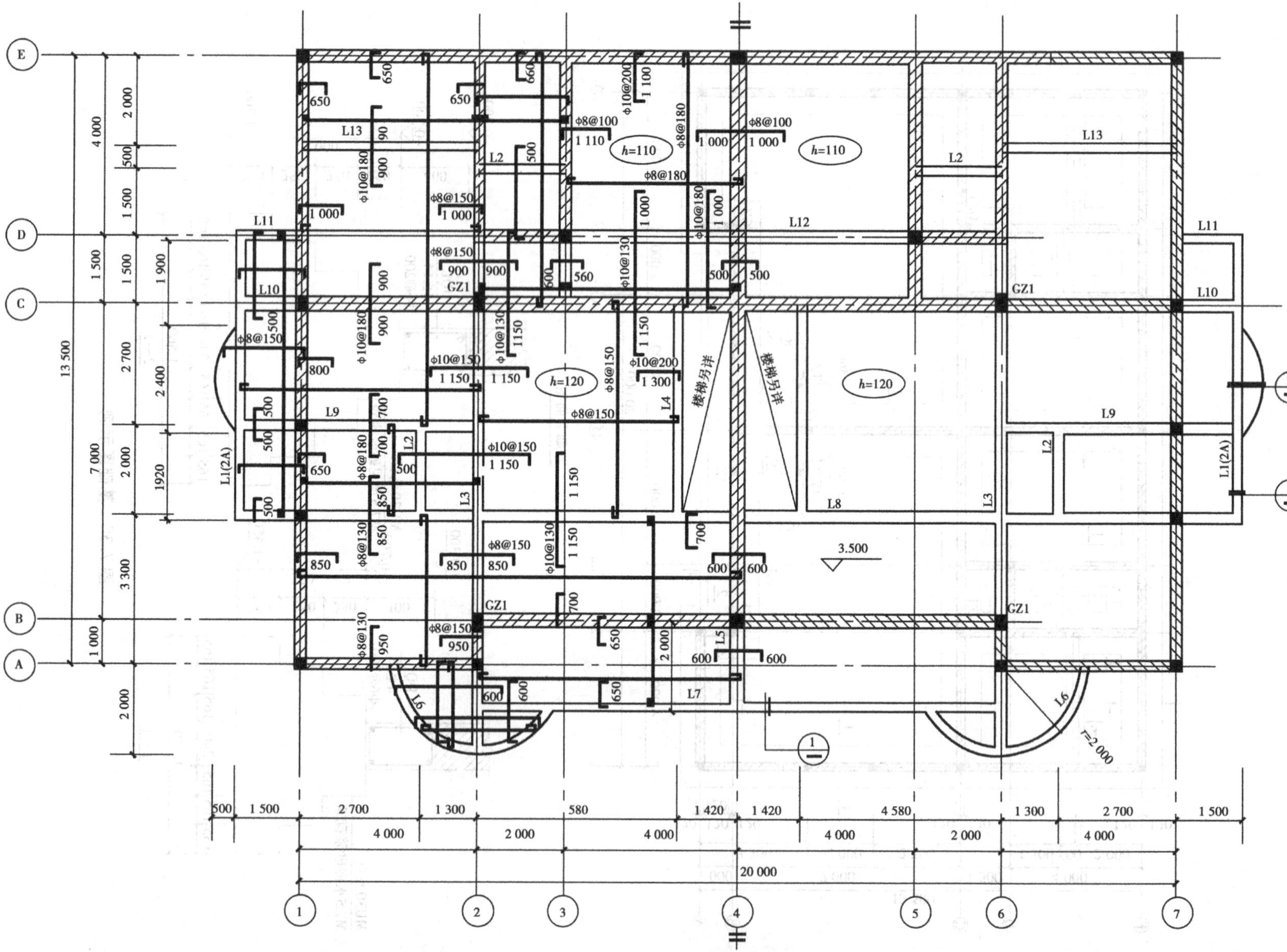

二层结构平面图

图7.36　结构平面图示例

4）构件详图

砌体结构的构件，一般包括现浇梁或预制梁、圈梁、过梁、构造柱、预制板或现浇板、雨篷、楼梯。现浇板一般在结构平面图上表示；预制板和过梁一般选用标准图；雨篷和阳台采用现浇的形式较多，也可以在结构平面图上增加剖面图或断面图进行表示；楼梯详图同钢筋混凝土房屋。下面分别介绍楼（屋）面梁、构造柱的配筋图。

楼（屋）面梁的配筋图包括立面图、断面图，有时还有钢筋表。当梁的类型不一致时，常分别画出梁的立面，在梁的立面图上根据变化情况设置剖切线，再根据剖切面画出梁截面的尺寸和配筋，并附有钢筋表或钢筋形状。当梁的类型一致，比如都是矩形梁，只是配筋和尺寸不同时，也常只画一个示意性的立面，分别标注不同梁的尺寸，画出不同梁的剖面并加文字注明所对应的梁号。如图 7.37 所示为现浇梁配筋图的一般表示方法。

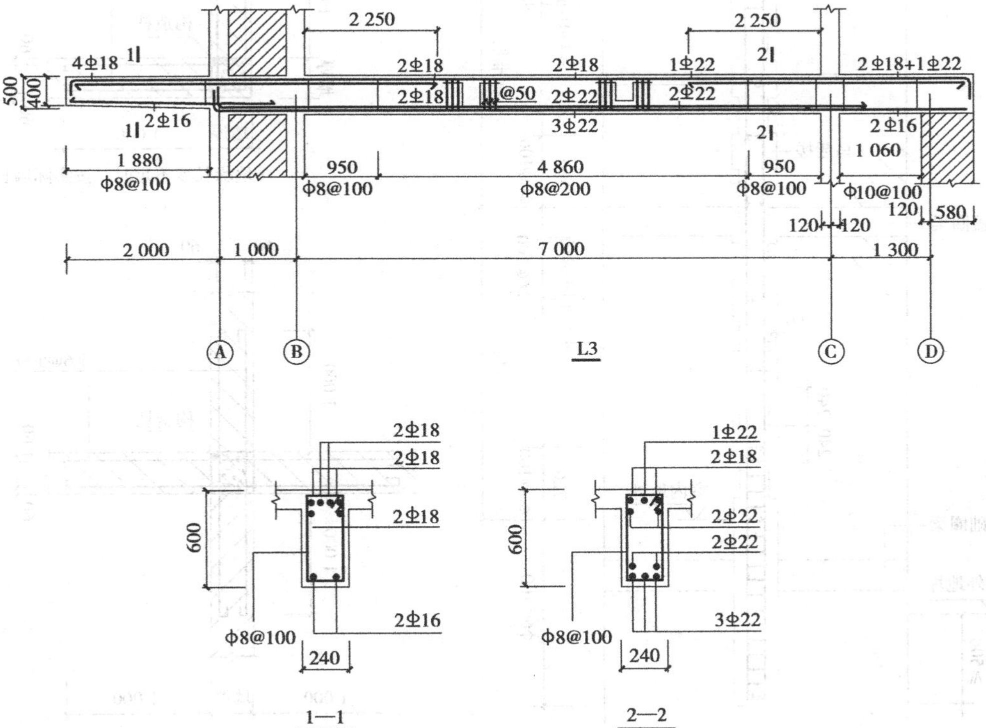

图 7.37　现浇楼面梁配筋图

圈梁和构造柱连接在一起，其配筋一般用大样详图的方式表现。构造柱与墙体的拉结筋，根据不同形式的纵横墙连接情况，拉结筋的构造不一样。如图 7.38 所示是构造柱与墙体的拉结筋大样图，图中只示意了“T”“一”字行墙体的大样。圈梁的厚度与墙同厚，不同形式的纵横墙连接，圈梁的配筋用详图示意，如图 7.39 所示。

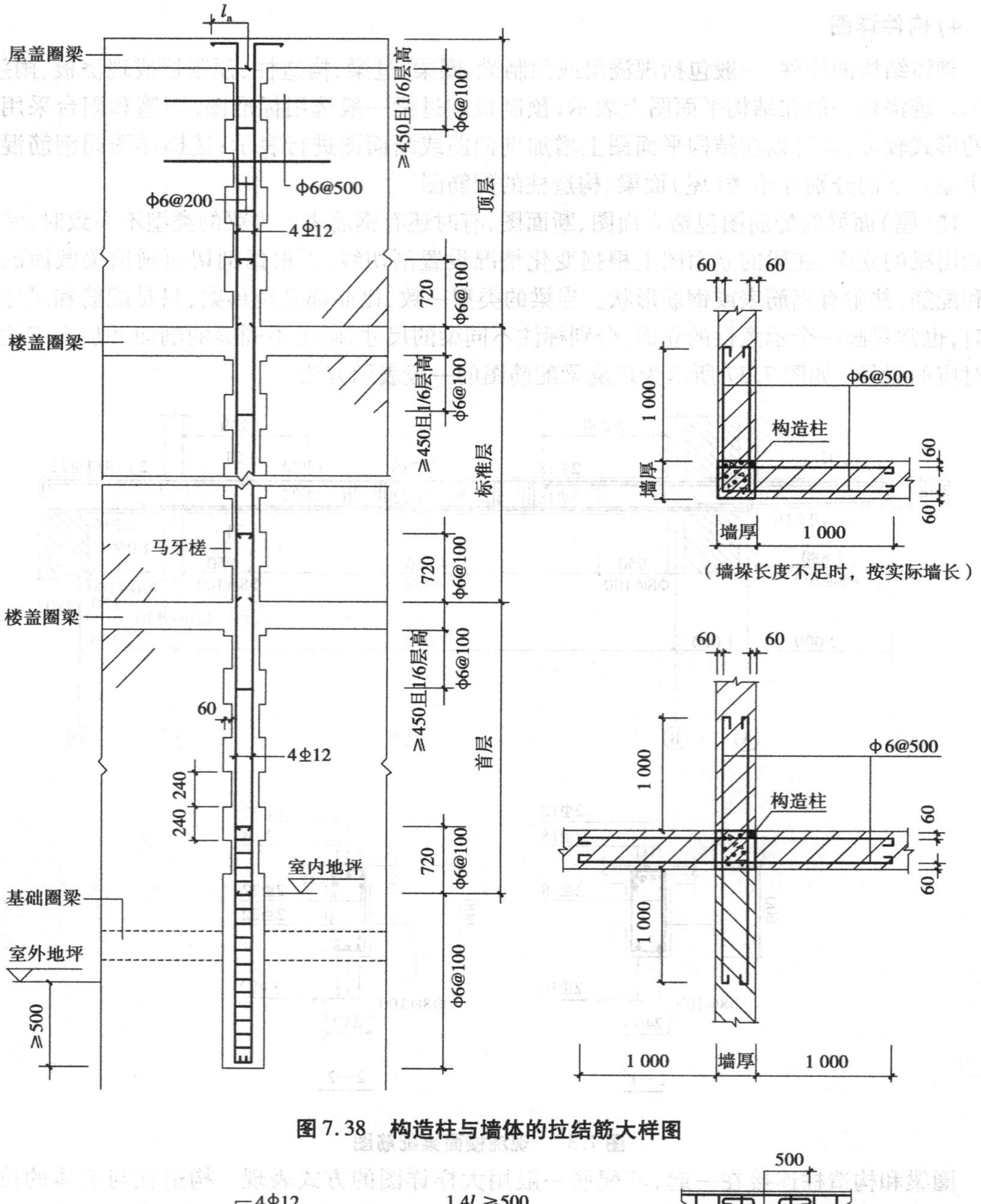

图 7.38　构造柱与墙体的拉结筋大样图

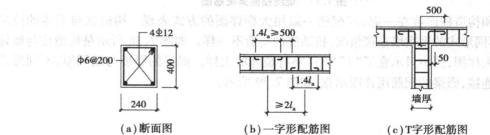

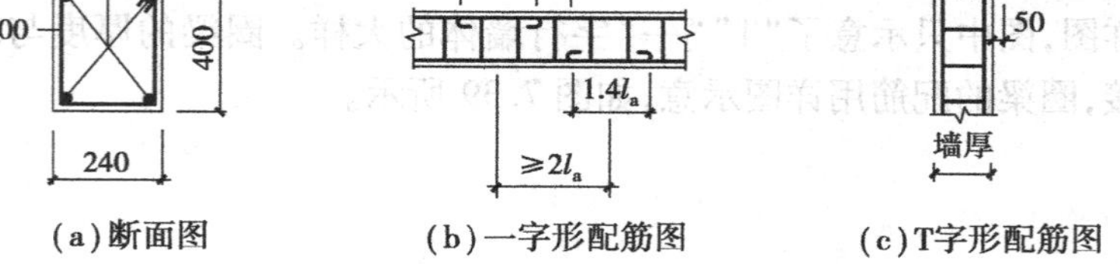

图 7.39　圈梁断面图与配筋大样图

7.4　钢结构施工图

·7.4.1　钢结构施工图基础知识·

钢结构主要包括门式刚架、钢框架结构、网架结构、桁架结构和索膜结构。钢结构施工图的图纸内容:图纸目录、钢结构设计总说明、布置图(平、立、剖)、构件详图、节点详图。

施工图中当两构件的两条重心线很接近时,在交汇处是各自向外错开,如图7.40所示;当构件弯曲时,是沿其弧度的曲线标注弧的轴线长度,如图7.41所示。

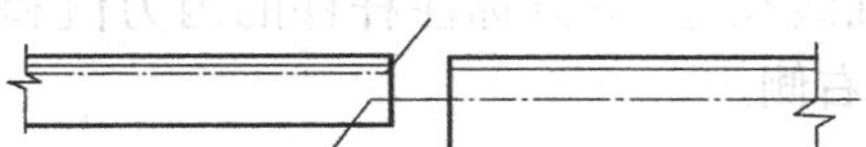

图7.40　两构件重心线不重合标准

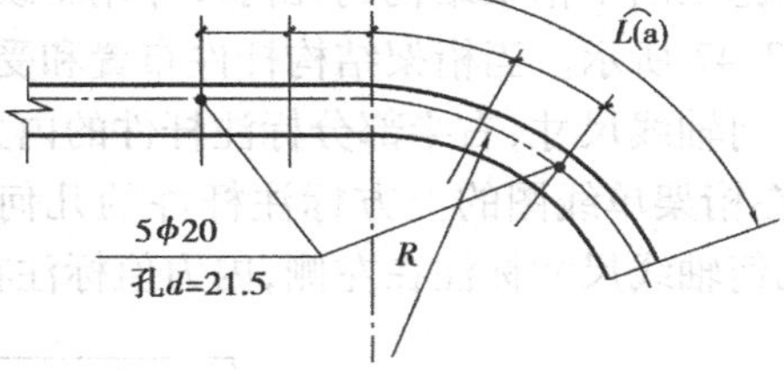

图7.41　弯曲构件尺寸的标注

当板材要切割时,应在图中标明切割板材各线段的长度和位置,如图7.42所示。

当角钢组成的构件,角钢两边不等时,需标注角钢一肢的尺寸,如图7.43所示;当角钢两边相等可不标注。节点板尺寸应注明节点板的尺寸和各杆件螺栓孔中心的距离,以及杆件端部至几何中心线交点的距离,如图7.44所示。

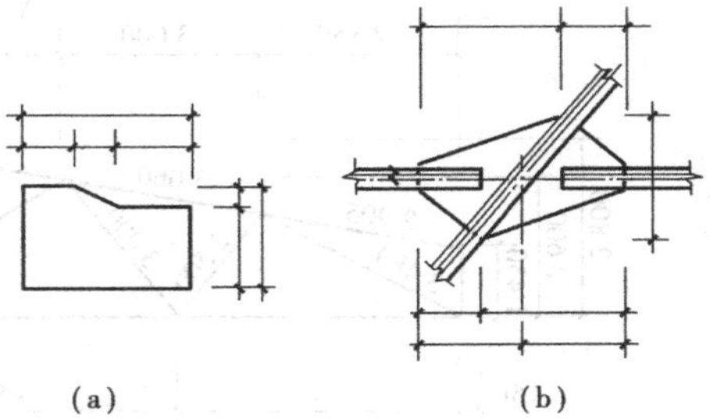

图7.42　切割板材尺寸的标注

当截面由双型钢组合时,构件应注明缀板的数量n及$b \times t$(图7.45),引出横线的上方标注缀板的数量、宽度和厚度,引出横线的下方标注缀板的长度。

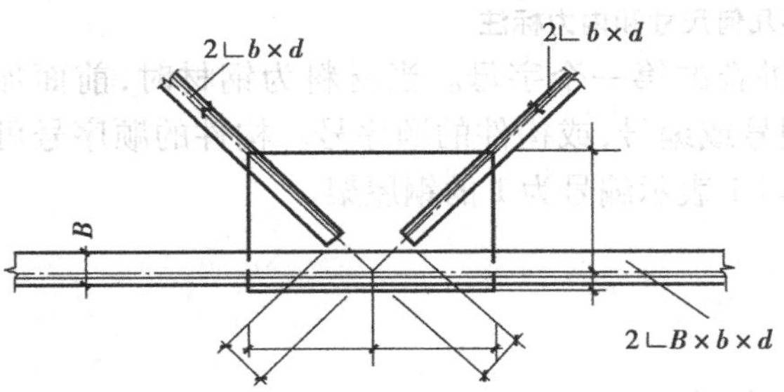

图7.43　节点尺寸及不等边角钢的标注

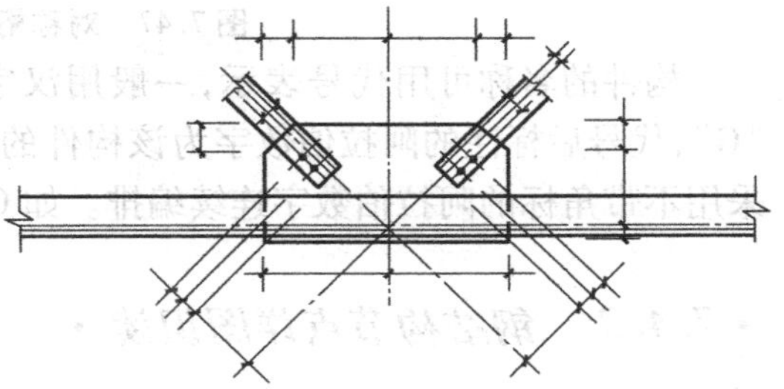

图7.44　节点尺寸的标注

当节点板为非焊接时,需注明节点板的尺寸及螺栓孔的中心与构件几何中心线交点的距离,如图7.46所示。

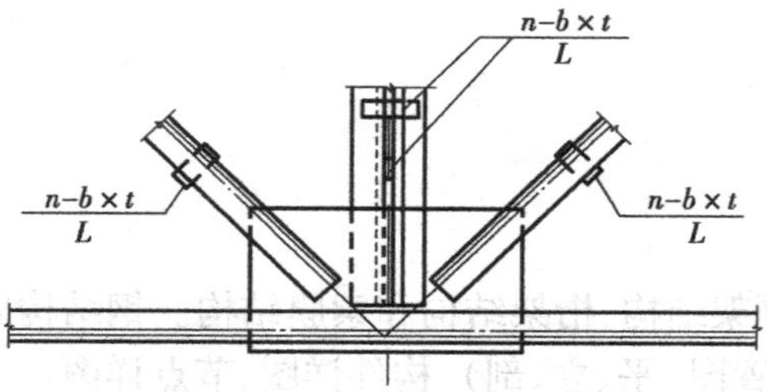

图 7.45 缀板的标注

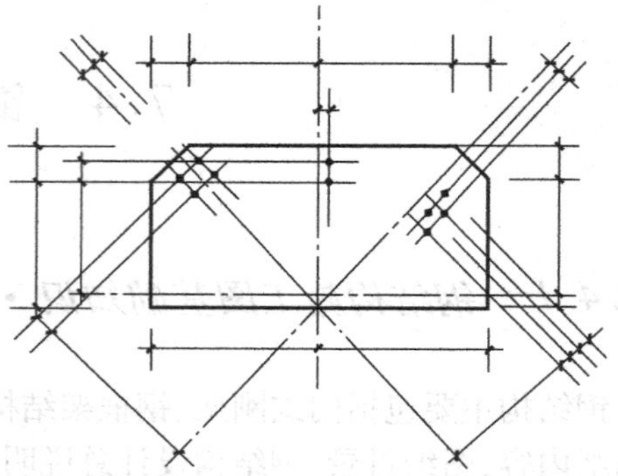

图 7.46 非焊接节点板尺寸的标注

结构施工图中桁架结构的几何尺寸用单线图表示，杆件的轴线长度尺寸标注在构件的上方，如图 7.47 所示。当桁架结构杆件布置和受力均为对称时，在桁架单线图的左半部分标注杆件的几何轴线尺寸，右半部分标注杆件的内力值和反力值。当桁架结构杆件布置和受力非对称时，在桁架单线图的上方标注杆件的几何轴线尺寸，下方标注杆件的内力值和反力值。竖杆的几何轴线尺寸标注在左侧，内力值标注在右侧。

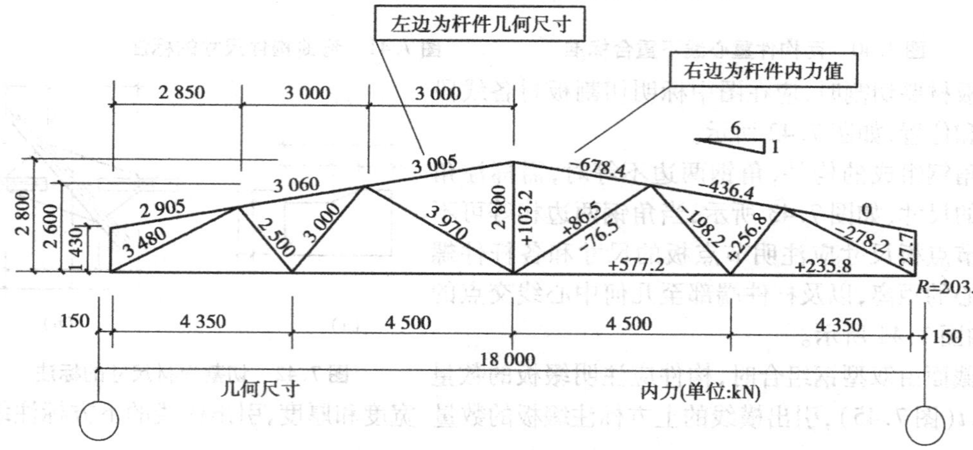

图 7.47 对称桁架几何尺寸和内力标注

构件的名称可用代号表示，一般用汉字拼音的第一个字母。当材料为钢材时，前面加“G”，代号后标注的阿拉伯数字为该构件的型号或编号，或构件的顺序号。构件的顺序号可采用不带角标的阿拉伯数字连续编排。如 GWJ-1 表示编号为 1 的钢屋架。

· 7.4.2 钢结构节点详图识读 ·

在识读节点施工详图时，先看图下方的连接详图名称，然后再看节点立面图、平面图和侧面图，此三图表示出节点部位的轮廓，对一些构造相对简单的节点，可以只有立面图。特别要注意连接件（螺栓、铆钉和焊缝）和辅助件（拼接板、节点板、垫块等）的型号、尺寸和位置的标注，螺栓（或铆钉）在节点详图上要了解其个数、类型、大小和排列；焊缝要了解其类型、尺寸和位置；拼接板要了解其尺寸和放置位置。因此，节点详图的识读相当重要，而且也较难理解，这一部分能看懂后，可以说对钢结构施工图的识读也就基本上掌握了，因为钢结构的结构布置和构件表示与混凝土结构的相似。

1）柱拼接连接详图

柱的拼接有多种形式，以连接方法分为螺栓和焊缝拼接，以构件截面分为等截面拼接和变截面拼接，以构件位置分为中心和偏心拼接。如图7.48所示为柱拼接连接详图。

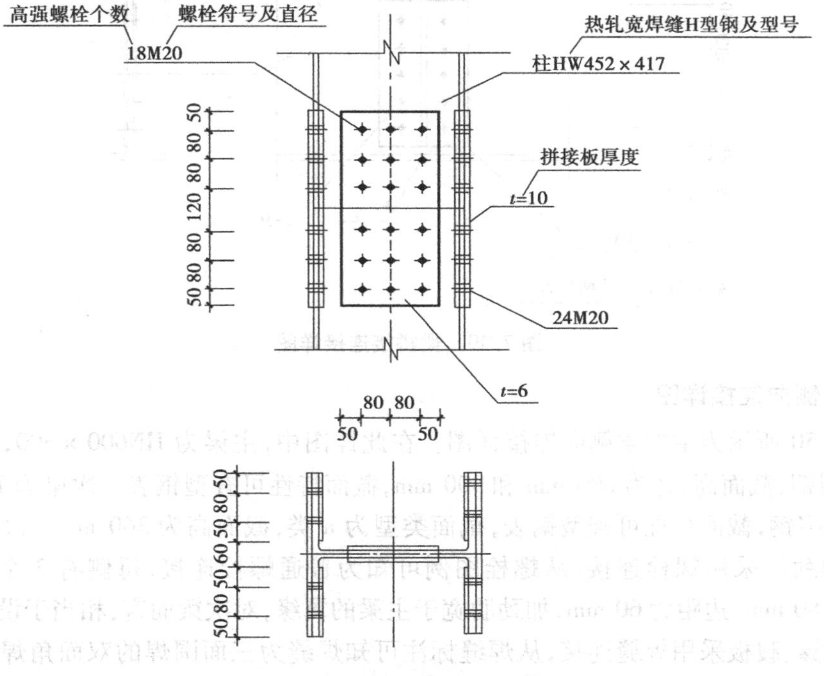

图7.48　柱拼接连接详图

从图7.48中可知此钢柱为等截面拼接，HW452×417表示立柱构件为热轧宽翼缘H型钢，高为452 mm、宽为417 mm，截面特性可查型钢表；采用螺栓连接，18M20表示腹板上排列18个直径为20 mm的螺栓，24M20表示每块翼板上排列24个直径为20 mm的螺栓，由螺栓的图例可知为高强度螺栓，从立面图可知腹板上螺栓的排列，从立面图和平面图可知翼缘上螺栓的排列，栓距为80 mm、边距为50 mm；拼接扳均采用双盖板连接，腹板上盖板长为540 mm、宽为260 mm、厚为6 mm，翼缘上外盖板长为540 mm，宽与柱翼宽相同，为417 mm，厚为10 mm，内盖板宽为180 mm。该连接为刚性连接，这是因为钢柱构件在节点连接处要能传递弯矩、扭矩、剪力和轴力。

2）梁拼接连接详图

如图7.49所示为梁拼接连接详图。在此详图中，可知此钢梁为等截面拼接，HN500×200表示梁为热轧窄翼缘H型钢，截面高、宽为500 mm和200 mm，采用螺栓和焊缝混合连接，其中梁翼缘为对接焊缝连接，小三角旗表示焊缝为现场施焊，从焊缝标注可知为带坡口有垫块的对接焊缝，焊缝标注无数字时表示焊缝按构造要求开口。从螺栓图例可知为高强度螺栓，个数有10个，直径为20 mm，栓距为80 mm，边距为50 mm。腹板上拼接板为双盖板，长为420 mm、宽为250 mm、厚为6 mm，该连接方法为刚性连接。

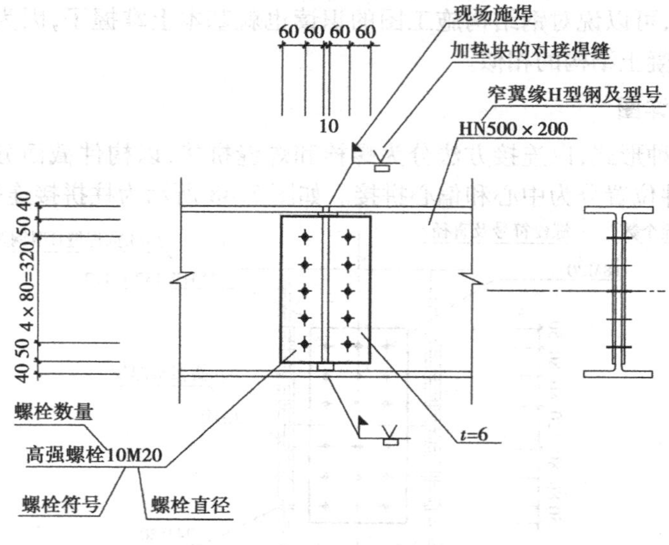

图7.49 梁拼接连接详图

3）次梁侧向连接详图

如图7.50所示为主次梁侧向连接详图。在此详图中，主梁为HN600×300，表示为热轧窄翼缘H型钢，截面高、宽为600 mm和300 mm，截面特性可查型钢表。次梁为I36a，表示为热轧普通工字钢，截面特性可查型钢表，截面类型为a类，截面高为360 mm。次梁腹板与主梁设置的加劲肋采用螺栓连接，从螺栓图例可知为普通螺栓连接，每侧有3个，直径为20 mm，栓距为80 mm，边距为60 mm，加劲肋宽于主梁的翼缘，对次梁而言，相当于设置隅撑。加劲肋与主梁翼、腹板采用焊缝连接，从焊缝标注可知焊缝为三面围焊的双面角焊缝。此连接为铰支连接。

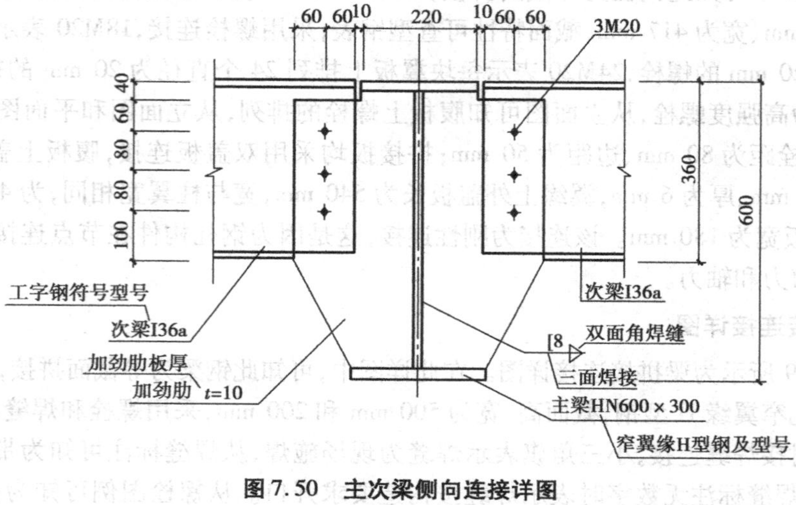

图7.50 主次梁侧向连接详图

4）梁柱连接详图

在梁柱连接中，柱构件应贯通而梁构件断开。如图7.51所示为梁柱刚性连接详图，钢梁为HN500×200，表示梁为热轧窄翼缘H型钢，截面高、宽500 mm和200 mm，钢柱为HW400×300，表示柱为热轧宽翼缘H型钢，截面高、宽为400 mm和300 mm，截面特性可查型钢表；采用螺栓和焊缝混合连接，梁翼缘与柱翼缘为对接焊缝连接，小三角旗表示焊缝为现场施焊，从焊缝标注可知为带坡口有垫块的对接焊缝，焊缝标注无数字时表示焊缝按构造要求开口。梁腹板通过大角钢与柱翼缘连接，2∟125×12表示角钢有两块，分置于梁腹板两侧，等肢角钢，肢宽为125 mm，肢厚为12 mm，角钢与柱翼缘为双面角焊缝连接，焊脚为10 mm，焊缝长度无数字表示沿肢尖满焊，角钢与梁腹板采用高强度螺栓连接，螺栓个数为5个，直径为20 mm。此连接为刚性连接。

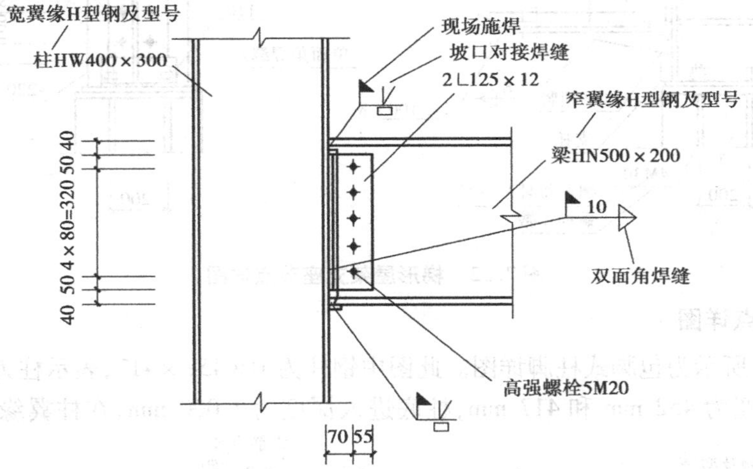

图7.51　梁柱刚性连接详图

5）屋架支座节点连接详图

如图7.52所示为梯形屋架支座节点详图，此图中将屋架上、下弦杆和斜腹杆与边柱螺栓连接。边柱为HW400×300，表示柱为热轧宽翼缘H型钢，截面高、翼缘宽为400 mm和300 mm。在与屋架上、下弦节点处，柱腹板成对设置构造加劲肋，长与柱腹板相等，宽为100 mm、厚为12 mm。上弦杆采用两不等边角钢2∟110×70×8组成，通过长为220 mm、宽为240 mm和厚为14 mm的节点板与柱连接。上弦杆与节点板用两条侧角焊缝连接，焊脚8 mm，焊缝长度150 mm，节点板长为220 mm、宽为180 mm和厚为20 mm的端板用双面角焊缝连接，焊脚8 mm，焊缝长度为满焊，端板与柱翼缘用4个直径20 mm的普通螺栓连接，在下节点，腹杆采用两不等边角钢2∟90×56×8组成，与长为360 mm、宽为240 mm和厚为14 mm的节点板用两条侧角焊缝连接，焊脚为8 mm，焊缝长度180 mm。下弦杆采用两等边角钢2∟100×8组成，与节点板用侧角焊缝连接，焊脚为8 mm，焊缝长度160 mm，节点板与长为360 mm、宽为240 mm和厚为20 mm的端板用双面角焊缝连接，焊脚8mm，焊缝长度为满焊，端板与柱翼缘用8个直径20 mm的普通螺栓连接，柱底板长为500 mm、宽为400 mm和厚为20 mm，通过4个直径30 mm的锚栓与基础连接。下节点端板刨平顶紧置于支托上，支托长为 220 mm、宽为 80 mm 和厚为 30 mm，用焊脚 10 mm 的角焊缝三面围焊。

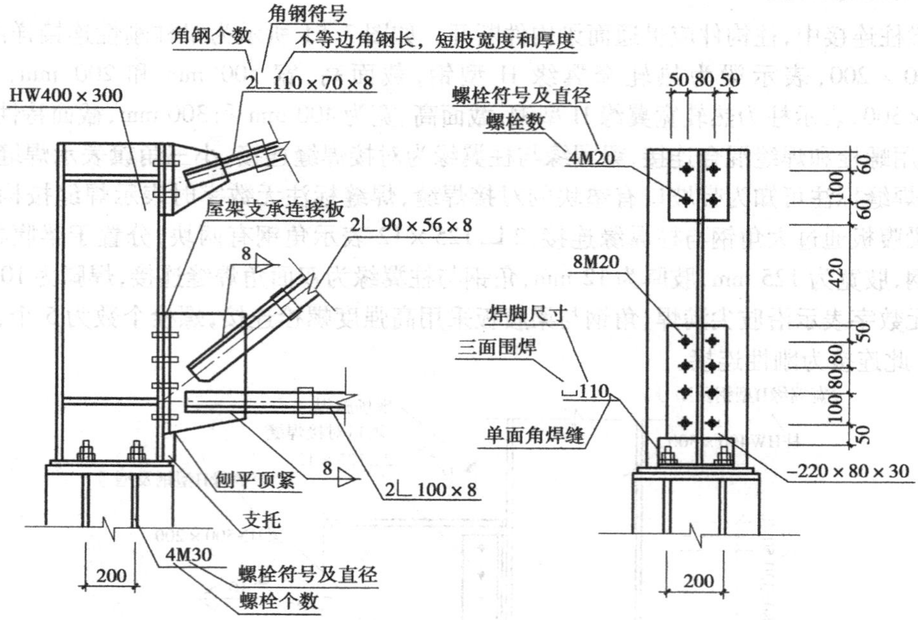

图 7.52 梯形屋架支座节点详图

6）柱脚节点详图

如图 7.53 所示为包脚式柱脚详图。此图中钢柱为 HW452×417，表示柱为热轧宽翼缘 H 型钢，截面高、宽为 452 mm 和 417 mm，柱底进入深度为 1 000 mm，在柱翼缘上设置间距为

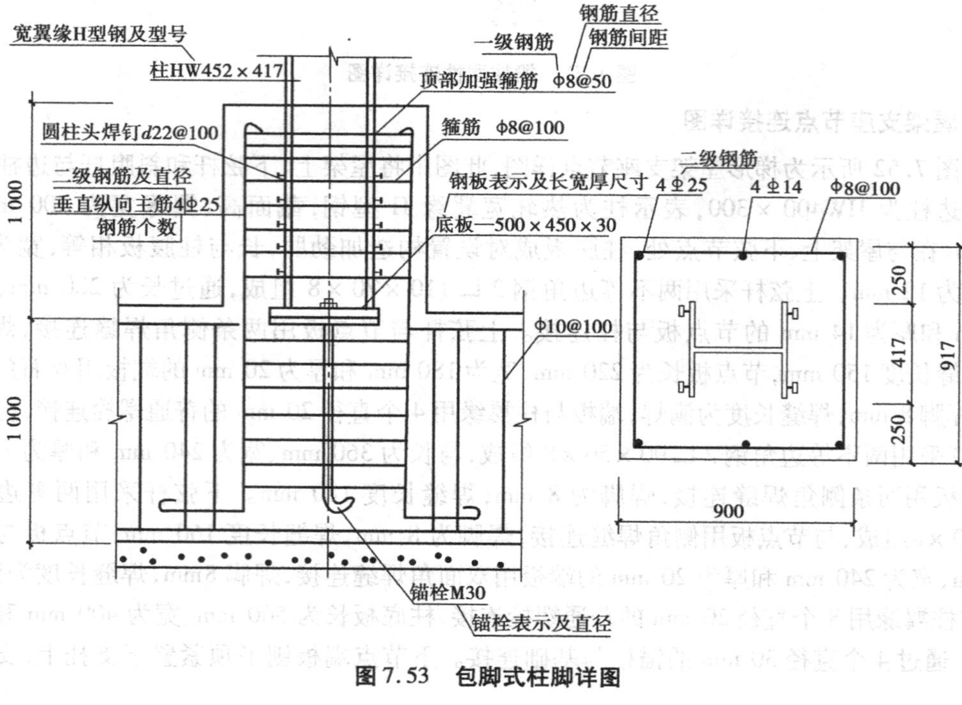

图 7.53 包脚式柱脚详图

100 mm、直径为 22 mm 圆柱头焊钉,柱底板长为 500 mm、宽为 450 mm 和厚为 30 mm,锚栓埋入深为 1 000 mm 厚的基础内。混凝土柱台截面为 917 ×900 mm,设置 4 根直径 25 mm 的纵向主筋(二级)和 4 根直径 14 mm(二级)的纵向构造筋,箍筋(一级)间距为 100 mm、直径为 8 mm,在柱台顶部加密区间距为 50 mm,混凝土基础箍筋(一级)间距 100 mm,直径 10 mm。

7)支撑节点详图

支撑多采用型钢制作,支撑与构件、支撑与支撑的连接处称为支撑连接节点。如图 7.54 所示为槽钢支撑节点详图,支撑构件为双槽钢 2[20a,截面高 200 mm,截面特性可查型钢表。槽钢连接于厚 12 mm 的节点板上,构件槽钢夹住节点板连接;贯通槽钢用双面角焊缝连接,焊脚为 6 mm,焊缝长度为满焊;分断槽钢用普通螺栓连接,每边螺栓有 6 个,直径 14 mm,螺栓间距为 80 mm。

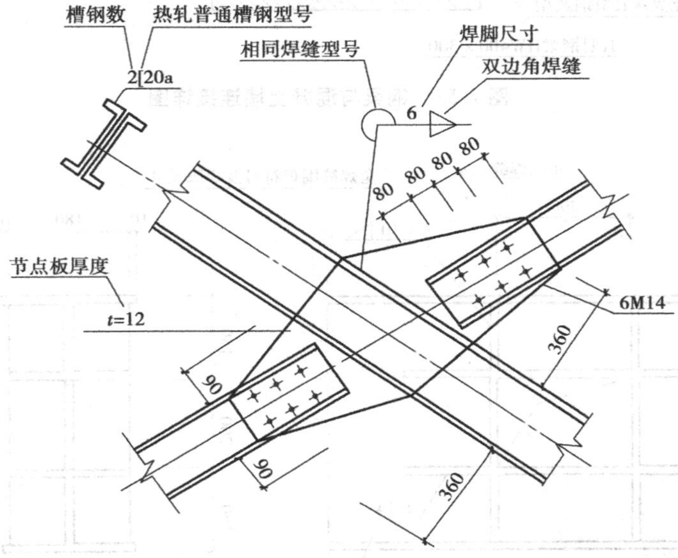

图 7.54　槽钢支撑节点详图

8)钢梁与混凝土的连接详图

如图 7.55 所示为一钢梁与混凝土板的连接详图。该钢梁为 HW400 ×300,表示梁为热轧宽翼缘 H 型钢,截面高、宽为 400 mm 和 300 mm;钢梁放置压型钢板 Y ×75 ×230,表示压型钢板肋高为 75 mm,波宽为 230 mm,作为现浇混凝土的模板,混凝土板净高为 75 mm,在梁上翼缘设置直径为 19 mm、间距为 200 mm 的圆柱头焊钉,以满足梁板工作协调高度。

9)钢梁腹板开洞补强详图

如图 7.56 所示为钢梁腹板开洞补强详图。在图中钢梁是 HN500 ×200,表示梁为热轧窄翼缘 H 型钢,截面高、宽为 500 mm 和 200 mm,截面特性可查型钢表。钢梁腹板居中开边长为 200 mm 的方洞,在方洞周边、梁腹板四边用井字形加劲肋加强,纵、横向加劲肋长与梁腹板高等同,宽为 85 mm、厚为 14 mm,加劲肋与梁腹板用角焊缝连接,焊脚为 10 mm,焊脚长度连续满焊。

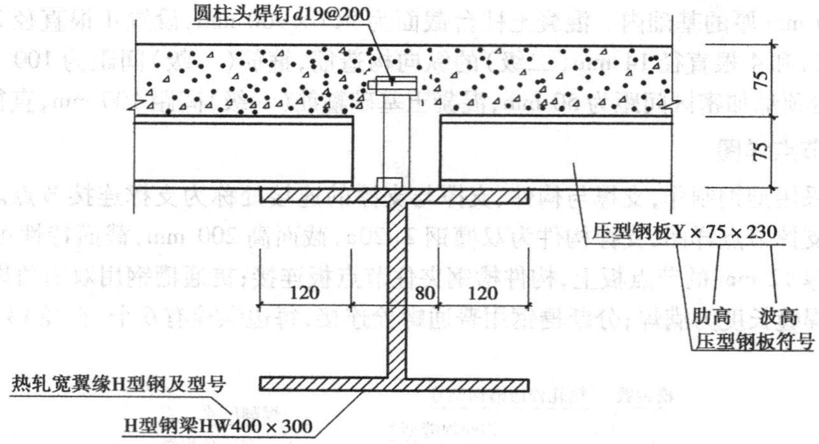

图 7.55　钢梁与混凝土墙连接详图

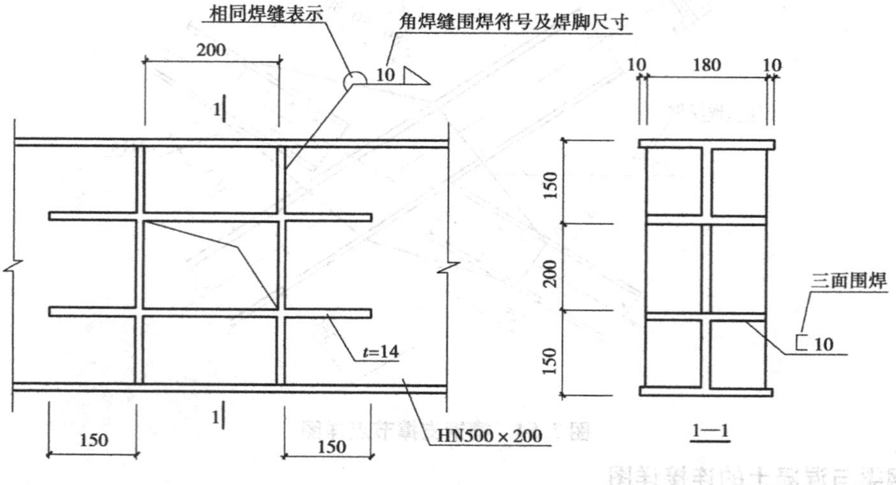

图 7.56　钢梁腹板开洞补强详图

· 7.4.3　门式刚架结构施工图 ·

本节主要介绍门式钢架的结构施工图。

如图 7.57 所示为一简单的门式刚架结构。一般门式刚架由刚架、山墙柱、角柱、檩条、墙梁、封墙梁、水平支撑、系杆、拉条、撑杆、隅撑、柱间支撑、钢吊车梁等构件组成。不同构件的编号由代号、构件号组成，以下分别介绍不同构件的编号。

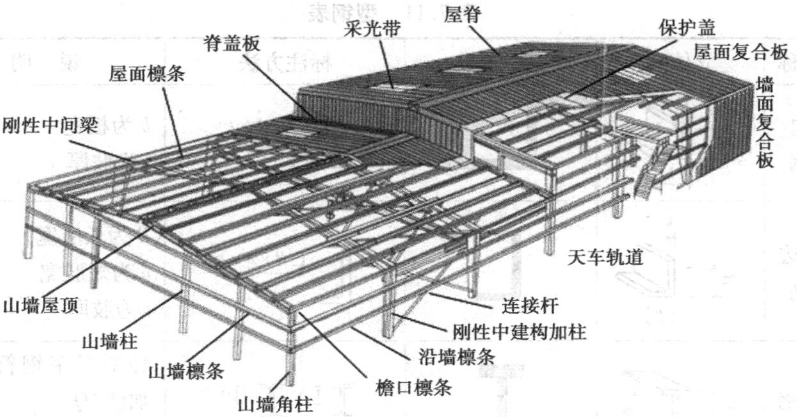

图 7.57　门式刚架结构

刚架

GJ××-××
- 刚架
- 跨度
- 吊车类型：L为梁式；Q为桥式
- 构件号1，2，3，…
- a，b，c，d 增加孔及连接板

a——有水平支撑、上下柱间支撑及系杆
b——有水平支撑、上柱柱间支撑及系杆
c——无任何支撑，仅有系杆
d——有水平支撑、上柱柱间支撑及一侧有系杆

墙梁

×QL×-××-孔位置a,b,c，…
- 截面形状 C型或H型
- 墙梁
- 跨度(m)
- 构件号1,2,3，…

封墙梁　　FQL(位于山墙顶，示于安装节点图页92中)

水平支撑

SC ×
- 支撑
- 构件号1,2,3，…

系杆

XG ×
- 系杆
- 构件号1,2,3，…

山墙柱

SQZ ×
- 山墙柱
- 构件号1，2，3，…

角柱

JZ ×
- 角柱
- 构件号1，2，3，…

檩条

×L×-××-孔位置 a，b，c，…
- 截面形状 C型或H型
- 檩条
- 跨度(m)
- 构件号1，2，3，…

拉条、斜拉条

T ×
- 拉条
- 构件号1,2,3，…

撑杆

C ×
- 撑杆
- 构件号1,2,3，…

隅撑

YC（示于安装节点图页89中）
- 隅撑

柱间支撑

Z C ×
- 柱撑
- 构件号1,2,3，…

钢吊车梁

G DL（见03SG520—1~2）
- 钢
- 吊车梁

门式刚架常用的图例及连接的标注方法，见表 7.11。

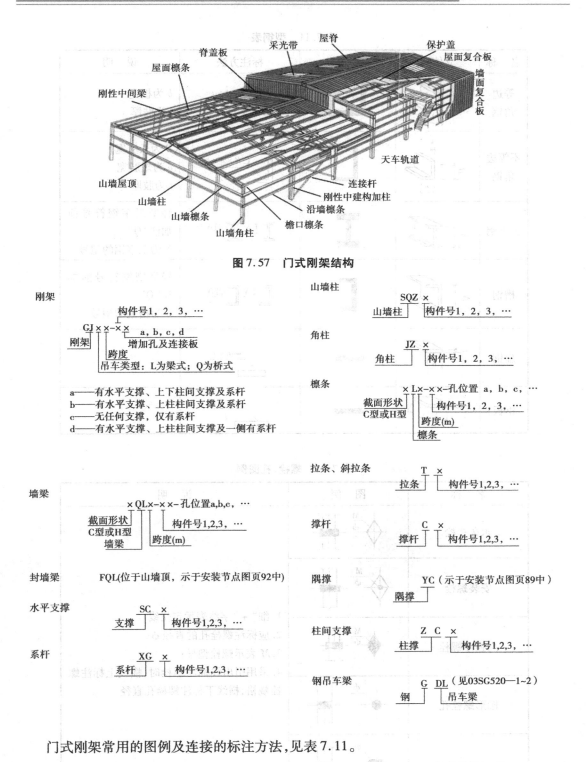

表 7.11　型钢表

名　称	立体图	截　面	标注方法	说　明
等边角钢	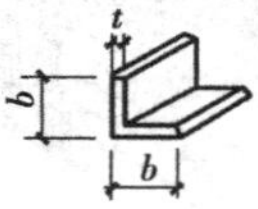		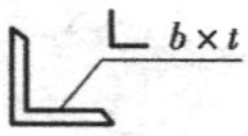	b 为板宽 t 为肢厚
不等边角钢	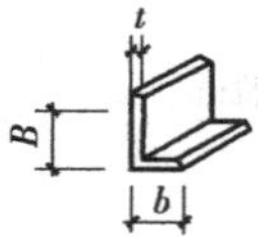		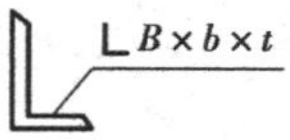	B 为长肢宽 b 为短肢宽 t 为肢厚
工字钢				轻型工字钢符号前加注“Q” N 为工字钢的型号
槽钢	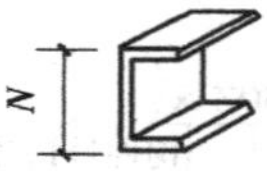			轻型槽钢符号前加注“Q” N 为槽钢的型号
扁钢	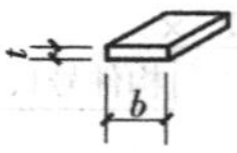		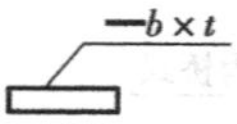	
钢板	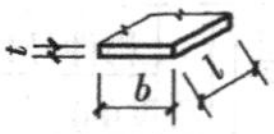		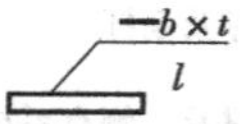	

表 7.12　螺栓、孔图例

名　称	图　例	说　明
永久螺栓	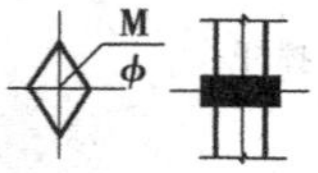	1. 细“＋”字线表示定位线； 2. 应标注螺栓孔的直径 φ； 3. M 表示螺栓型号； 4. 采用引出线标注螺栓时，横线上标注螺栓规格，横线下标注螺栓孔直径
安装螺栓	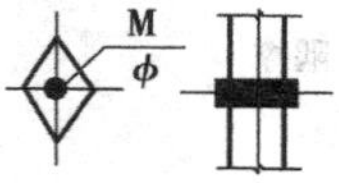	
高强度螺栓	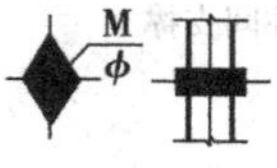	
圆形螺栓孔	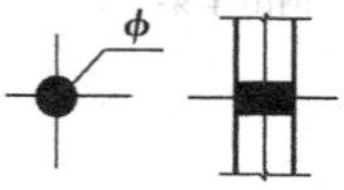	
长圆形螺栓孔	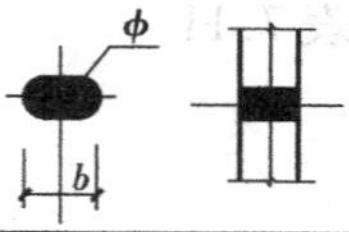	

表 7.13　建筑钢结构常用焊缝符号及符号尺寸

焊缝名称	形　式	标注法	符号尺寸/mm
V 形焊缝	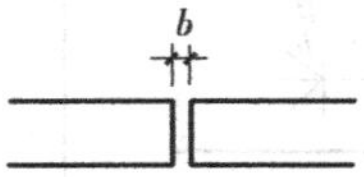	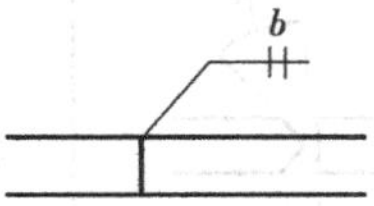	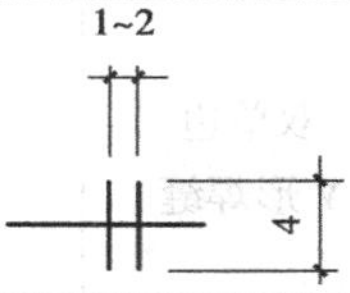
单边 V 形焊缝	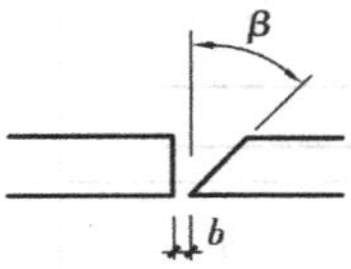	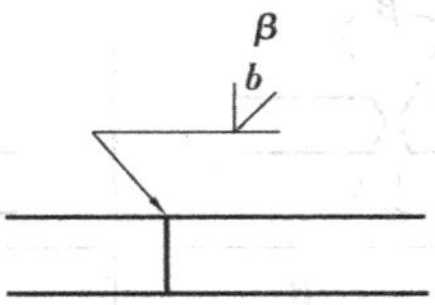 注:箭头指向剖口	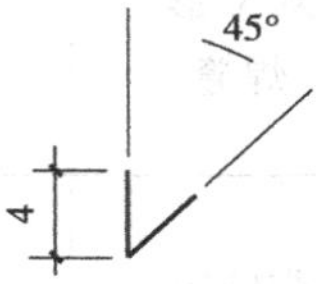
带钝边单边 V 形焊缝	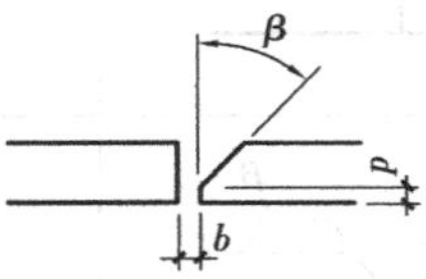	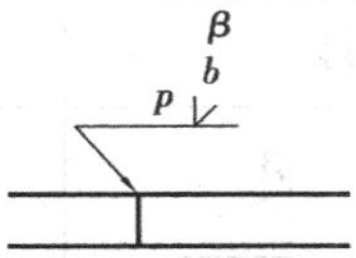	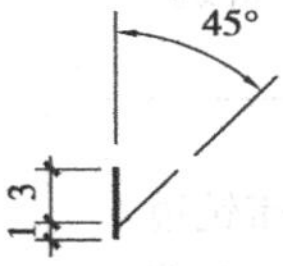
带垫板带钝边单边 V 形焊缝	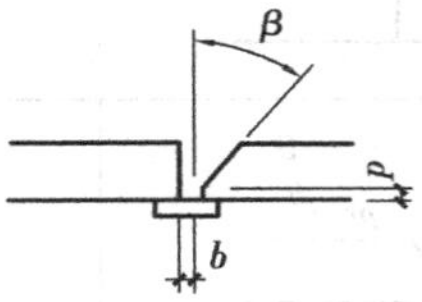	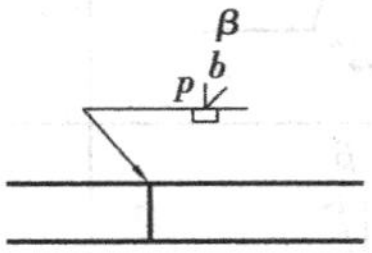 注:箭头指向坡口	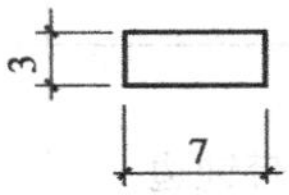
带垫板 V 形焊缝	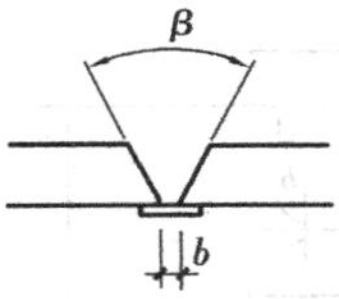	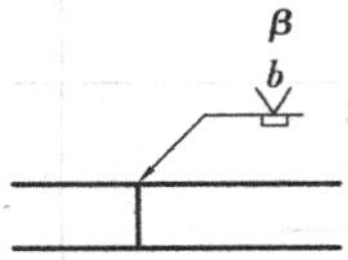	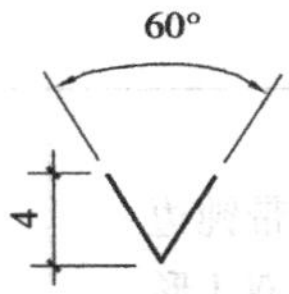
Y 形焊缝	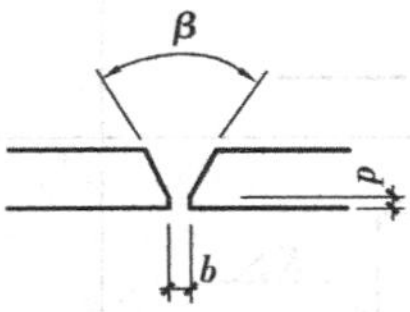	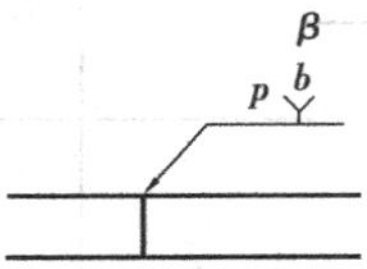	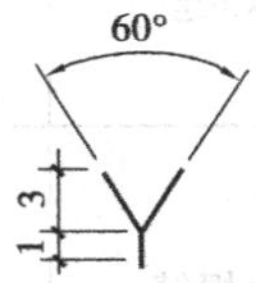
带垫板 Y 形焊缝	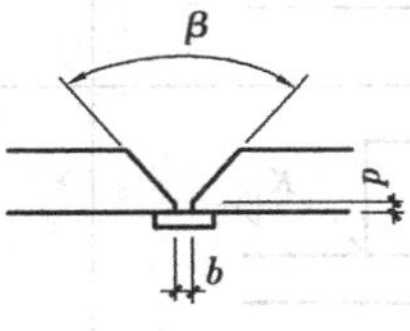	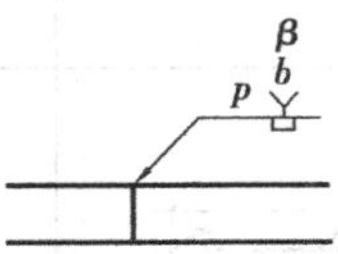	—

续表

焊缝名称	形　式	标注法	符号尺寸/mm
双单边 V形焊缝	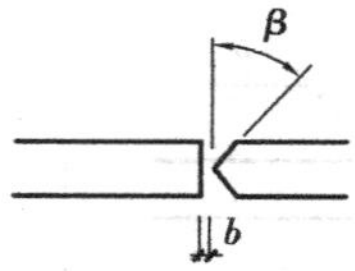	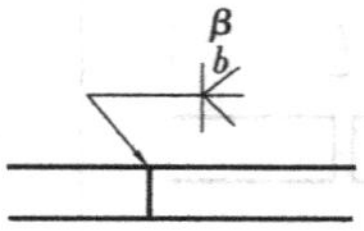	—
双V形 焊缝	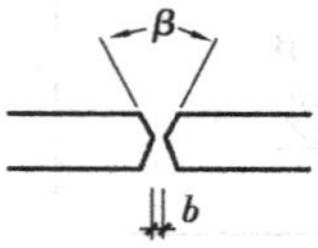	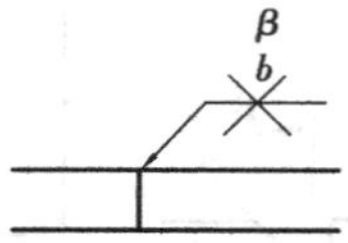	—
带钝边 U形 焊缝	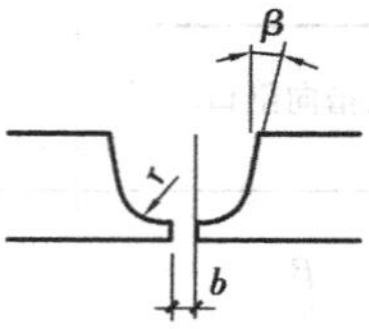	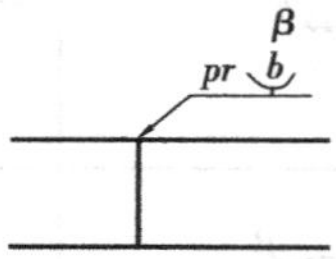	
带钝边 双U形 焊缝	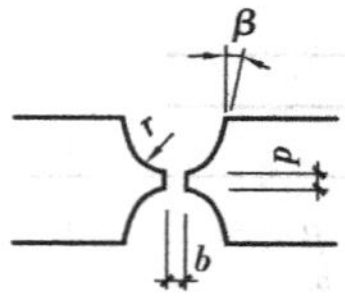	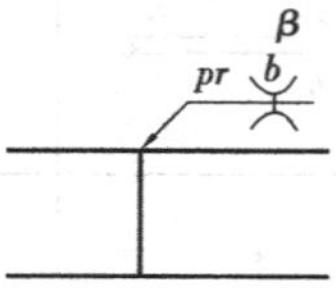	—
带钝边 J形 焊缝	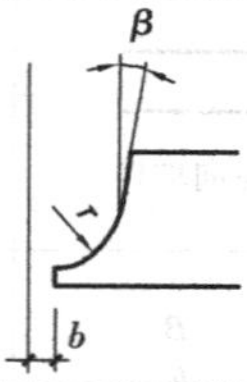	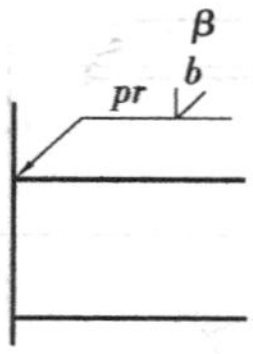	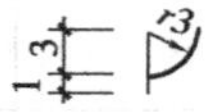
带钝边 双J形 焊缝	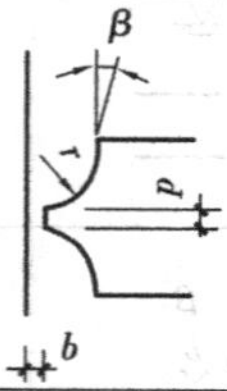	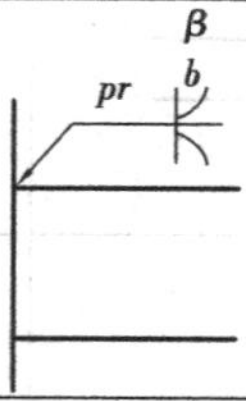	—
角焊缝	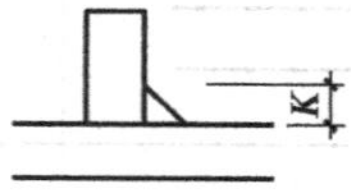	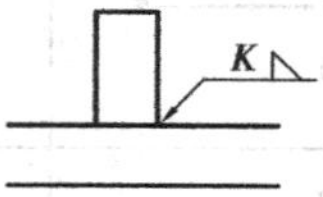	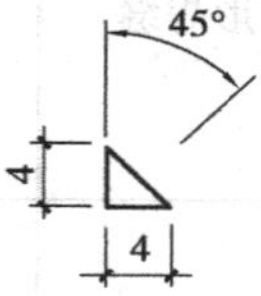
双面 角焊缝	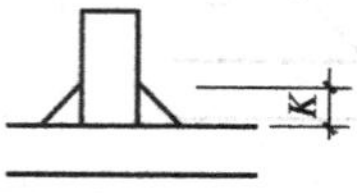	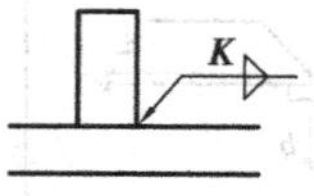	—

续表

焊缝名称	形　式	标注法	符号尺寸/mm
剖口角焊缝	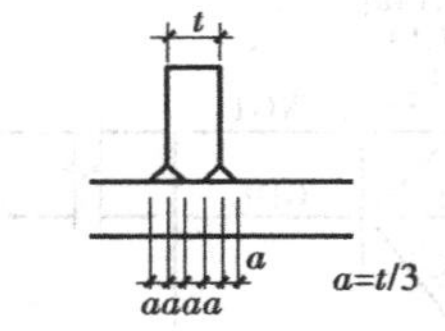	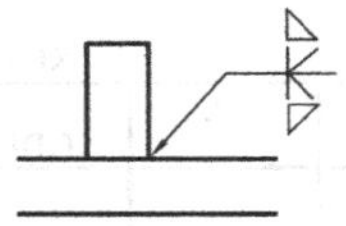	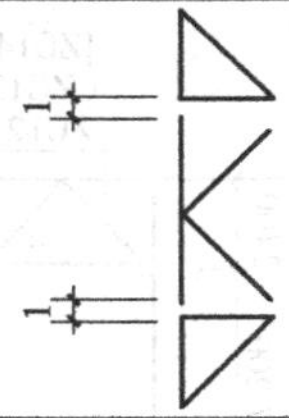
喇叭形焊缝	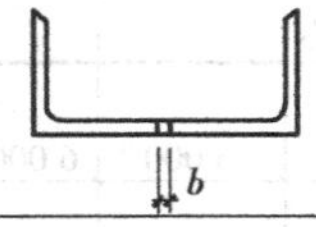	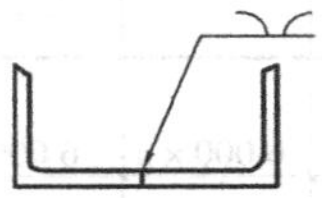	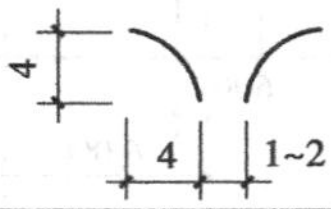
双面半喇叭形焊缝	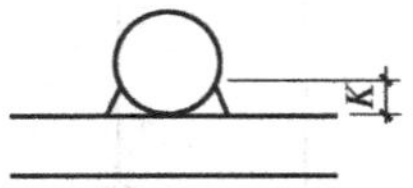	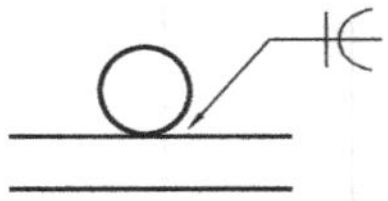	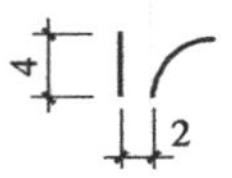
塞焊	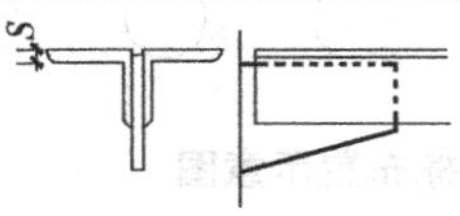	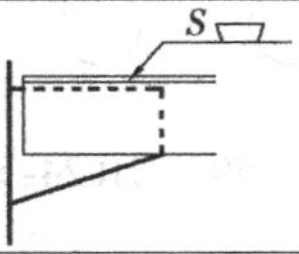	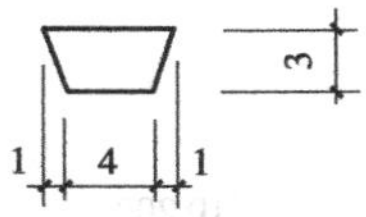
	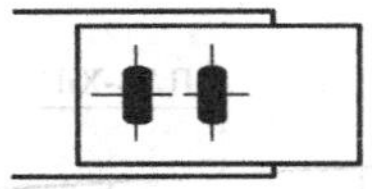	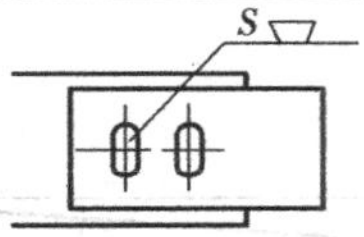	

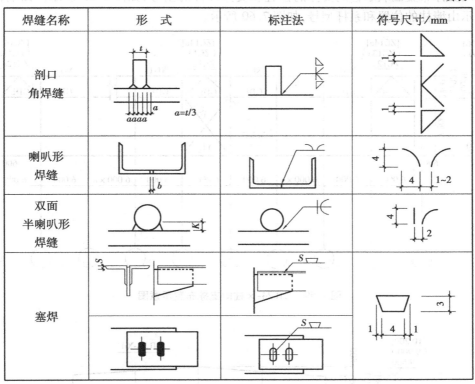

门式刚架的结构施工图由平面布置图、柱间支撑布置图、山墙构件布置图、屋面檩条及拉条布置图、墙梁及拉条布置图、构件表及详图组成。选取一个跨度为24 m的梁式刚架作为示例。

平面布置图表示结构构件在平面的相互关系和编号，如刚架以及系杆、水平支撑的布置情况，如图7.58所示。

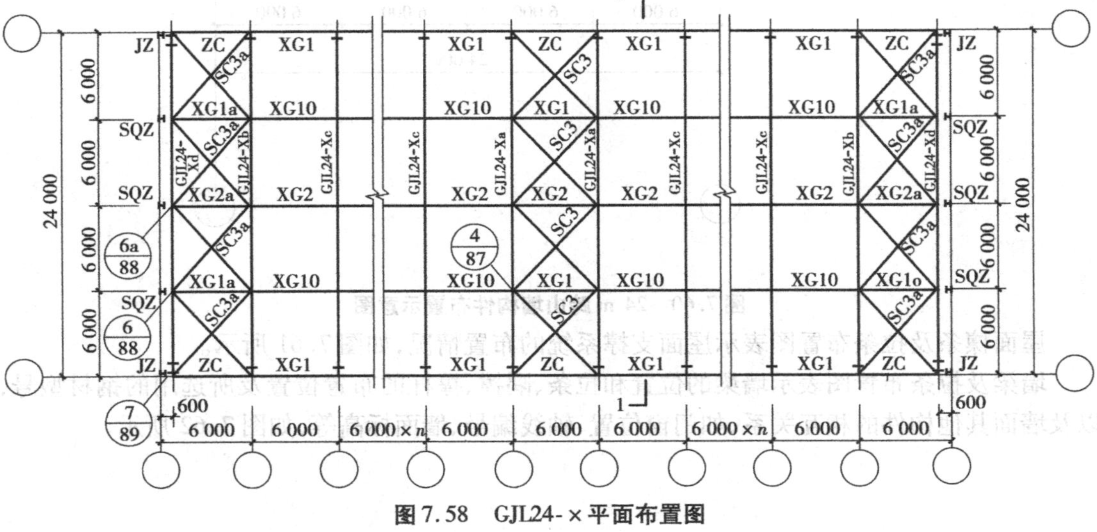

图7.58　GJL24-×平面布置图

柱间支撑布置图表示柱间支撑的位置和支撑杆件的型号,如图 7.59 所示。山墙构件布置图表示山墙柱的位置和系杆型号,如图 7.60 所示。

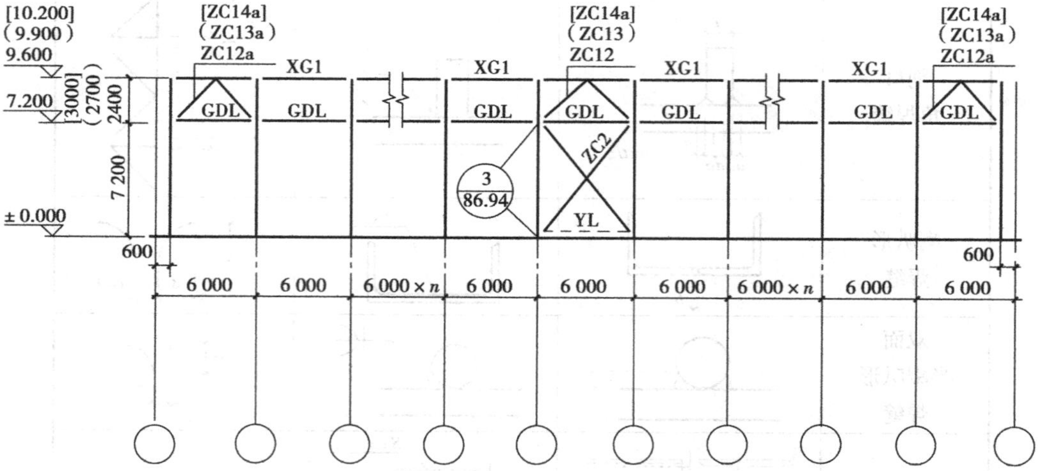

图 7.59　GJL24-×柱间支撑布置示意图

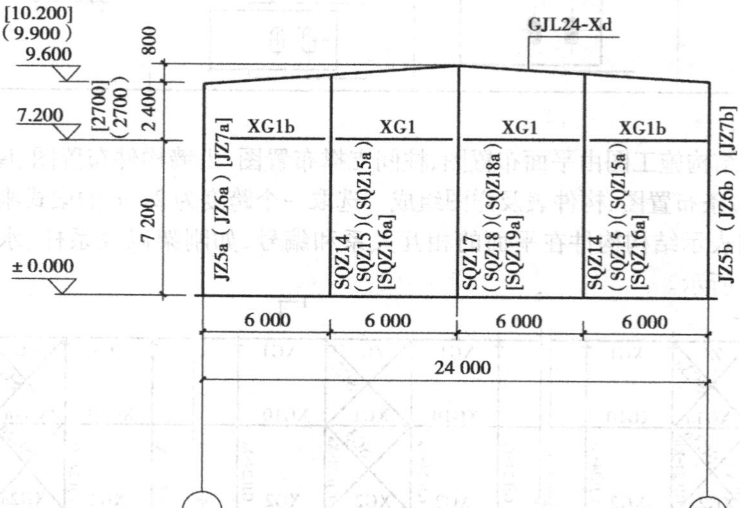

图 7.60　24 m 跨山墙构件布置示意图

屋面檩条及拉条布置图表示屋面支撑系统的布置情况,如图 7.61 所示。

墙梁及拉条布置图表示墙梁的位置和拉条、隅撑、撑杆的布置位置及所选用的钢材型号,以及墙面其他构件的相互关系,如门窗位置、轴线编号、墙面标高等,如图 7.62 所示。

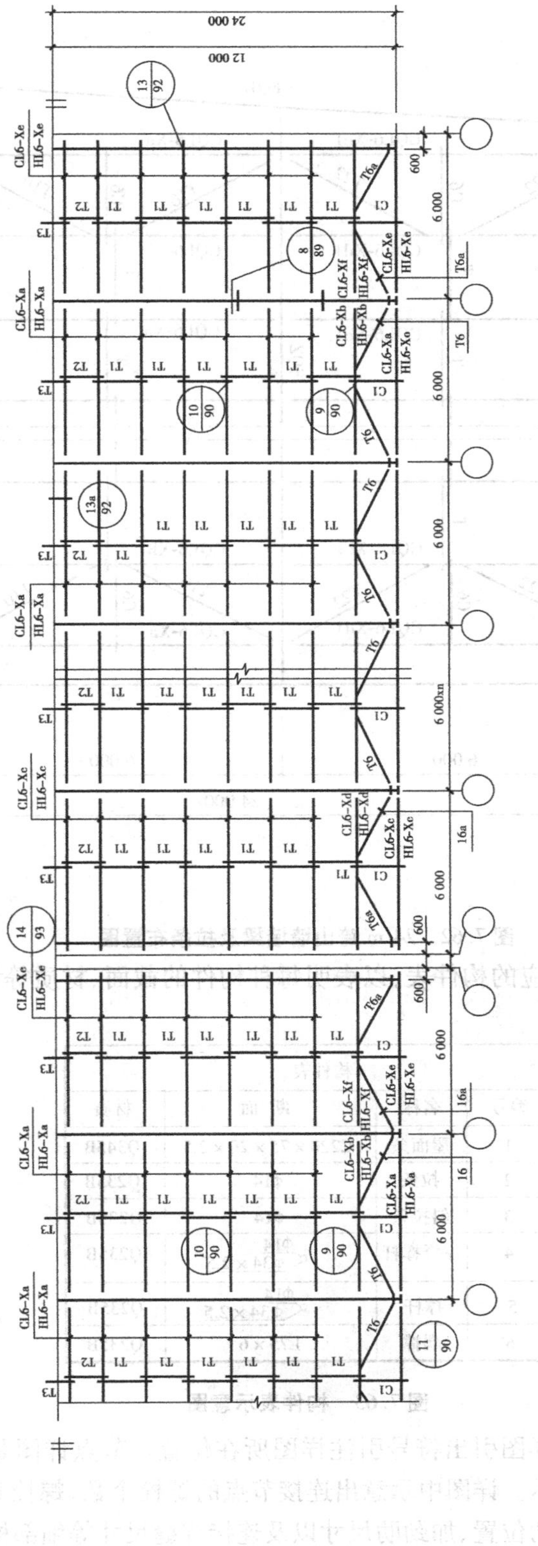

图7.61　24 m跨屋面檩条及拉条布置图

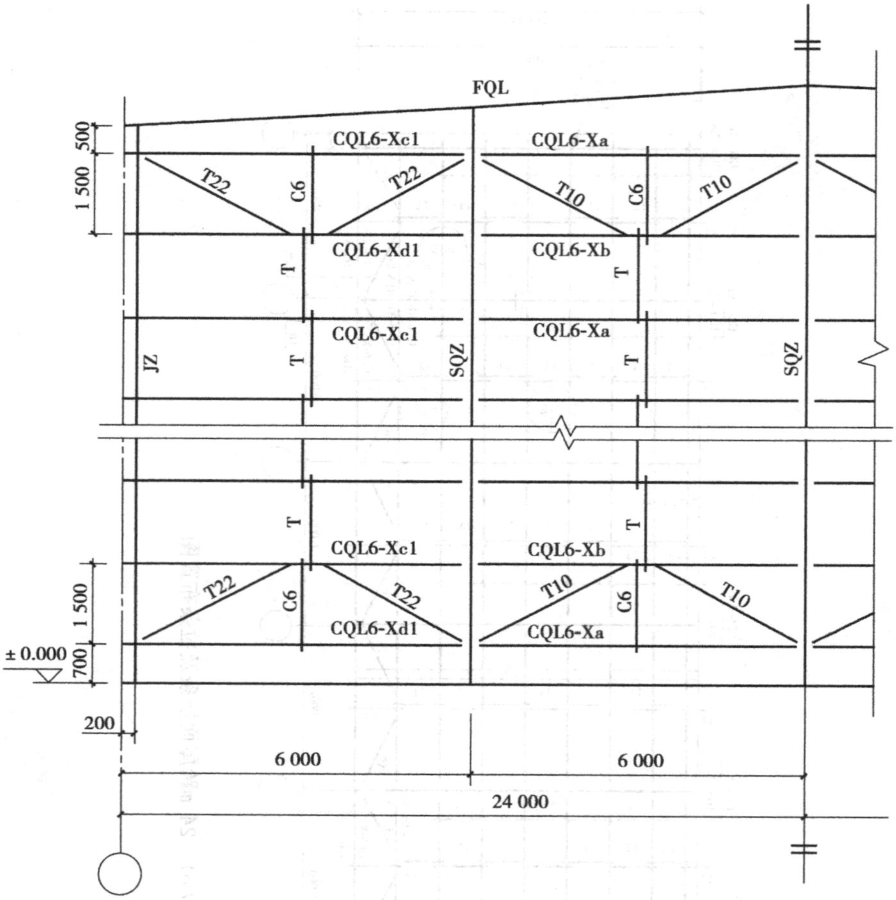

图 7.62　24 m 跨山墙墙梁及拉条布置图

每张布置图里都有相应的构件表，以表明每种构件的截面、材质等详细内容，如图 7.63 所示。

构件表			
编号	名称	断　面	材质
1	屋面条	C220×75×20×2.5	Q345B
2	拉条	ϕ14	Q235B
3	斜拉条	ϕ14	Q235B
4	屋脊撑杆	ϕ14 ϕ34×2.5	Q235B
5	撑杆	ϕ14 ϕ34×2.5	Q235B
6	隅撑	L75×6	Q235B

图 7.63　构件表示意图

每张布置图在节点用详图引出符号引注详图所在位置。节点详图是表示某些复杂节点的细部构造，如图 7.64 所示。详图中示意出连接节点的螺栓个数、螺栓直径、螺栓位置、螺栓孔直径，节点板尺寸、加劲肋位置、加劲肋尺寸以及连接焊缝尺寸等细部构造情况。

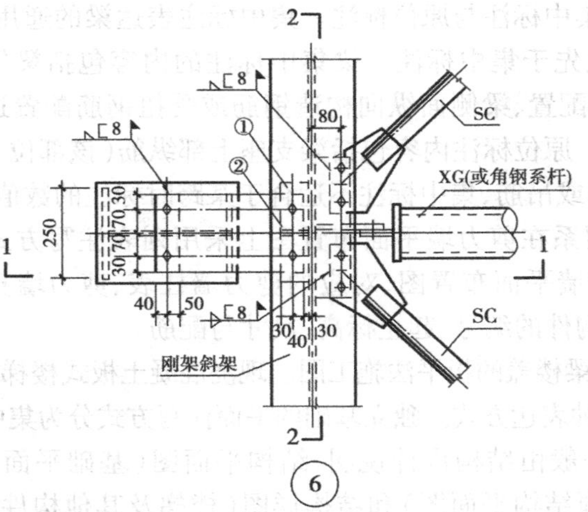

(a)山墙柱SQZ安装节点图

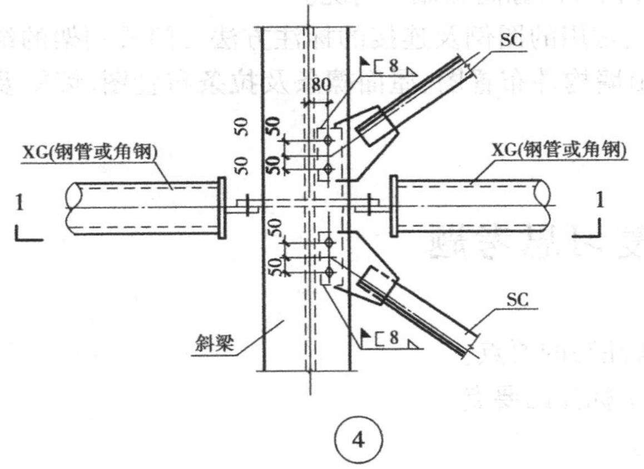

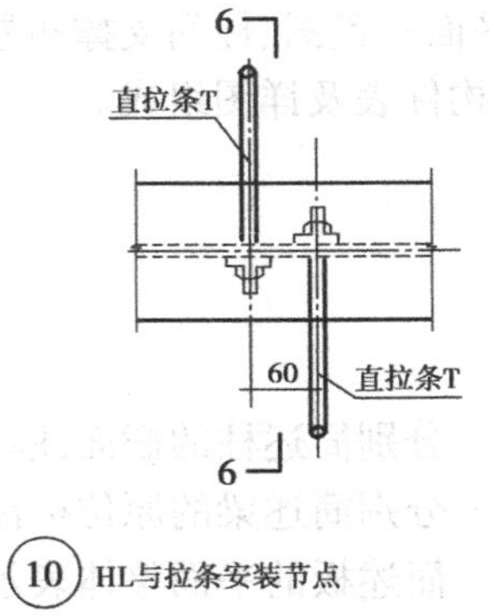

(b)水平支撑及刚性系杆(钢管)安装节点　　(c)HL与拉条安装节点

图7.64　节点详图

本章小结

(1)结构施工图主要用以表示房屋结构系统的结构类型、构件布置、构件种类和数量、构件的内部构造和外部形状、大小以及构件间的连接构造。具体包括结构设计说明、结构平面布置图、构件详图。

(2)混凝土结构采用平面整体设计方法来表达结构构件的尺寸和配筋。柱平法施工图系在柱平面布置图上采用列表注写方式或截面注写方式表达。两种表达方式的内容都包括柱编号、柱段起止标高、几何尺寸(含柱截面对轴线的偏心情况)与纵筋、箍筋配置的具体数值。

(3)混凝土结构的梁平法施工图系在梁平面布置图上采用平面注写方式或截面注写方式

表达。梁的平面注写包括集中标注与原位标注。集中标注表达梁的通用数值,原位标注表达梁的特殊数值,原位标注优先于集中标注。梁集中标注的内容包括梁编号、截面尺寸、梁箍筋、梁上部通长筋或架立筋配置、梁侧面纵向构造钢筋或受扭钢筋配置这五项必注值及梁顶面标高高差这一项选注值。原位标注内容包括梁支座上部纵筋(该部位含通长筋在内所有纵筋)、梁下部纵筋、附加箍筋或吊筋、集中标注不适合于某跨时标注的数值。

(4)剪力墙平法施工图系在剪力墙平面布置图上采用列表注写方式或截面注写方式表达。列表注写方式,由剪力墙平面布置图、对应的剪力墙柱表、剪力墙身表和剪力墙梁表组成。三个表的内容主要是构件的编号、起止标高、尺寸与配筋。

(5)了解有梁楼盖与无梁楼盖的板平法施工图。现浇混凝土板式楼梯平法施工图有平面注写、剖面注写和列表注写三种表达方式。独立基础的平面注写方式分为集中标注和原位标注。

(6)砌体结构施工图一般由结构设计说明、结构平面图(基础平面图、地下室结构平面图、标准层结构平面图、屋顶结构平面图)和结构详图(楼梯及其他构件详图)组成。基础施工图一般由基础平面图和剖面图组成。结构平面图主要表示本层楼各种构件的平面位置、平面形状、数量,结合剖面图表示本层各种构件的标高和截面情况。

(7)了解门式钢架不同构件的编号、常用的图例及连接的标注方法。门式刚架的结构施工图由平面布置图、柱间支撑布置图、山墙构件布置图、屋面檩条及拉条布置图、墙梁及拉条布置图、构件表及详图组成。

复习思考题

7.1　分别简述柱的截面注写、列表注写的要点。

7.2　分别简述梁的原位标注与集中标注的要点。

7.3　简述板的平面整体表示方法。

7.4　简述剪力墙平法施工图的平面整体表示方法。

第 8 章　抗震构造详图

教学内容：主要内容有地震的基本知识，混凝土结构抗震措施及构造详图，砌体结构抗震措施及构造详图，钢结构抗震措施及构造详图，非结构构件抗震构造措施，隔震技术等。

学习要求：

(1) 了解地震的基本知识；

(2) 熟悉混凝土结构抗震措施及构造详图、砌体结构抗震措施及构造详图、钢结构抗震措施及构造详图、非结构构件抗震构造措施；

(3) 能正确选用图集中的抗震构造详图，能够识读抗震构造详图并用于工程实践。

8.1　地震基本知识

·8.1.1　地震概念·

地震(Earthquake)又称地动、地振动，是地壳快速释放能量过程中造成振动，期间会产生地震波的一种自然现象。地震是我们栖居的星球——地球上的自然现象，它与地球本身的构造，尤其是它的表面结构密切相关。

地震按其成因可分为诱发地震和天然地震两类。

地球内部发生地震的地方称为震源，震源在地球表面的投影称为震中。地球上某一地点到震中的距离称为震中距，震中附近的地区称为震中区。破坏最为严重的地区称为极震区。震源到震中的垂直距离称为震源深度，如图 8.1 所示。

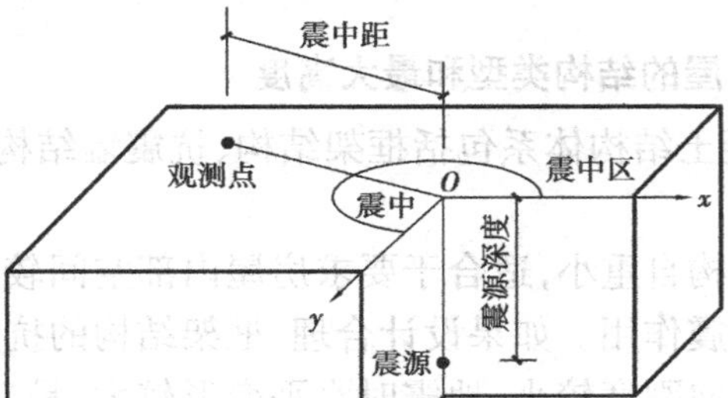

图 8.1　地震术语示意图

根据震中距的大小,地震又可分为地方震、近震和远震。震中距在 100 km 以内的地震称为地方震;震中距在 100 ~ 1 000 km 的地震称为近震;震中距大于 1 000 km 的地震称为远震。

· 8.1.2　震级和烈度 ·

地震震级是度量地震中震源所释放能量多少的指标,地震学家通常用震级这一名词来衡量地震的大小或规模,它与地震产生破坏力的能量有关。

地震烈度是指某一地区地面和各类建筑物遭受一次地震影响的强弱程度。对应于一次地震,表示地震大小的震级只有一个,然而由于同一次地震对不同地点的影响是不一样的,因此烈度也就随震中距离的远近而有差异。一般来说,距震中越远,地震影响越小,烈度就越低;反之,越靠近震中,烈度就越高。

· 8.1.3　抗震设防目标和标准 ·

工程结构抗震设防的基本目的就是在一定的经济条件下,最大限度地限制和减轻工程结构的地震破坏,避免人员伤亡,减少经济损失。为了实现这一目的,近年来许多国家和地区的抗震设计规范采用了"小震不坏,中震可修,大震不倒"作为工程结构抗震设计的基本准则。为了实现这一设计准则,我国《建筑抗震设计规范》(GB 50011—2010,2016 年版)明确提出三个水准的抗震设防要求,第一水准:当遭受低于本地区设防烈度的多遇地震影响时,建筑物一般不受损害或不需修理仍可继续使用;第二水准:当遭受相当于本地区设防烈度的地震影响时,建筑物可能损坏,但经一般修理即可恢复正常使用;第三水准:当遭受高于本地区设防烈度的罕遇地震影响时,建筑不致倒塌或发生危及生命安全的严重破坏。

8.2　钢筋混凝土结构抗震

· 8.2.1　钢筋混凝土结构抗震设计一般规定 ·

1)现浇钢筋混凝土房屋的结构类型和最大高度

多层和高层钢筋混凝土结构体系包括框架结构、抗震墙结构、框架-抗震墙结构、筒体结构和框架-筒体结构等。

框架结构的特点是结构自重小,适合于要求房屋内部空间较大、布置灵活的场合。整体重量的减轻能有效减小地震作用。如果设计合理,框架结构的抗震性能一般较好,能达到很好的延性。但同时由于侧向刚度较小,地震时水平变形较大,易造成非结构构件的破坏。结构较高时,过大的水平位移引起的 $P\text{-}\Delta$ 效应也较大,从而使结构的损伤更为严重,故框架结构的高度不宜过高。框架结构中的砖填充墙常常在框架仅有轻微损坏时就发生严重破坏,但设计合理的框架仍具有较好的抗震性能。在8度地震区,纯框架结构可用于12层(40 m高)以下、体型较简单、刚度较均匀的房屋,而对高度较大、设防烈度较高、体型较复杂的房屋,及对建筑装饰要求较高的房屋和高层建筑,应优先采用框架-抗震墙结构或抗震墙结构。

抗震墙结构是由钢筋混凝土墙体承受竖向荷载和水平荷载的结构体系,具有整体性能好、抗侧移刚度大和抗震性能好等优点,且该类结构无突出墙面的梁、柱,可降低建筑层高,充分利用空间,特别适合于20~30层的多高层住宅、旅馆等建筑。缺点是具有大面积的墙体,限制了建筑物内部平面布置的灵活性。

在抗震墙结构中,为满足在底层设商店等大空间的需要,常把底部一至几层改为框架结构或框架-抗震墙结构,称之为底部大空间抗震墙结构。这种结构的抗震性能较差,故须对其高度和底部抗侧移刚度进行限制。

框架-抗震墙结构在一定程度上克服了纯框架和纯抗震墙结构的缺点,发挥了各自的长处。刚度较大,自重较轻,平面布置较灵活,并且结构的变形较均匀,抗震性能较好,多用于10~20层办公楼和旅馆建筑。

此外,还有筒体结构、巨型框架结构和悬索结构等。

各种结构体系适用的最大高度见表8.1。对平面和竖向均不规则的结构或Ⅳ类场地上的结构,适用的最大高度应适当降低。

表8.1 钢筋混凝土高层建筑的最大适用高度

结构类型		烈度				
		6	7	8(0.2g)	8(0.3g)	9
框架		60	50	40	35	24
框架-抗震墙		130	120	100	80	50
抗震墙		140	120	100	80	60
部分框支抗震墙		120	100	80	50	不应采用
筒体	框架-核心筒	150	130	100	90	70
	筒中筒	180	150	120	100	80
板柱-抗震墙		80	70	55	40	不应采用

注:房屋高度指室外地面到主要屋面板板顶的高度(不包括局部突出屋顶部分);框架-核心筒结构指周边稀柱框架与核心筒组成的结构;部分框支抗震墙结构指首层或底部两层为框支层的结构,不包括仅个别框支墙的情况;表中框架,不包括异形柱框架;板柱-抗震墙结构指板柱、框架和抗震墙组成抗侧力体系的结构;乙类建筑可按本地区抗震设防烈度确定其适用的最大高度;超过表内高度的房屋,应进行专门研究和论证,采取有效的加强措施。

2)抗震等级

抗震等级是确定结构构件抗震计算(指内力调整)和抗震措施的标准,根据设防烈度、房屋高度、建筑类别、结构类型及构件在结构中的重要程度来确定。抗震等级的划分考虑了技术要求和经济条件,随着设计方法的改进和经济水平的提高,抗震等级亦将相应调整。抗震等级共分为四级,它体现了不同的抗震要求,其中一级抗震要求最高。

钢筋混凝土房屋应根据设防类别、烈度、结构类型和房屋高度采用不同的抗震等级，并应符合相应的计算和构造措施要求。丙类建筑的抗震等级应按表 8.2 确定。

表 8.2　抗震设计的一般要求

<table>
<tr><th colspan="3" rowspan="2">结构类型</th><th colspan="12">设防烈度</th></tr>
<tr><th colspan="2">6</th><th colspan="4">7</th><th colspan="4">8</th><th colspan="2">9</th></tr>
<tr><td rowspan="3">框架结构</td><td colspan="2">高度</td><td>≤24</td><td>>24</td><td colspan="2">≤24</td><td colspan="2">>24</td><td colspan="2">≤24</td><td colspan="2">>24</td><td colspan="2">≤24</td></tr>
<tr><td colspan="2">框架</td><td>四</td><td>三</td><td colspan="2">三</td><td colspan="2">二</td><td colspan="2">二</td><td colspan="2">一</td><td colspan="2">一</td></tr>
<tr><td colspan="2">大跨度框架</td><td colspan="2">三</td><td colspan="4">二</td><td colspan="4">一</td><td colspan="2">一</td></tr>
<tr><td rowspan="3">框架-抗震墙结构</td><td colspan="2">高度/m</td><td>≤60</td><td>>60</td><td>≤24</td><td colspan="2">25～60</td><td>>60</td><td>≤24</td><td colspan="2">25～60</td><td>>60</td><td>≤24</td><td>25～50</td></tr>
<tr><td colspan="2">框架</td><td>四</td><td>三</td><td>四</td><td colspan="2">三</td><td>二</td><td>三</td><td colspan="2">二</td><td>一</td><td>二</td><td>一</td></tr>
<tr><td colspan="2">抗震墙</td><td colspan="2">三</td><td>三</td><td colspan="3">二</td><td>二</td><td colspan="3">一</td><td colspan="2">一</td></tr>
<tr><td rowspan="2">抗震墙结构</td><td colspan="2">高度/m</td><td>≤80</td><td>>80</td><td>≤24</td><td colspan="2">25～80</td><td>>80</td><td>≤24</td><td colspan="2">25～80</td><td>>80</td><td>≤24</td><td>25～60</td></tr>
<tr><td colspan="2">抗震墙</td><td>四</td><td>三</td><td>四</td><td colspan="2">三</td><td>二</td><td>三</td><td colspan="2">二</td><td>一</td><td>二</td><td>一</td></tr>
<tr><td rowspan="4">部分框支
抗震墙结构</td><td colspan="2">高度/m</td><td>≤80</td><td>>80</td><td>≤24</td><td colspan="2">25～80</td><td>>80</td><td>≤24</td><td colspan="2">25～80</td><td rowspan="4"></td><td colspan="2" rowspan="4"></td></tr>
<tr><td rowspan="2">抗震
墙</td><td>一般部位</td><td>四</td><td>三</td><td>四</td><td colspan="2">三</td><td>二</td><td>三</td><td colspan="2">二</td></tr>
<tr><td>加强部位</td><td>三</td><td>二</td><td>三</td><td colspan="2">二</td><td>一</td><td>二</td><td colspan="2">一</td></tr>
<tr><td colspan="2">框支层框架</td><td colspan="2">二</td><td colspan="3">二</td><td>一</td><td colspan="3">一</td></tr>
<tr><td rowspan="2">框架-核心筒结构</td><td colspan="2">框架</td><td colspan="2">三</td><td colspan="4">二</td><td colspan="4">一</td><td colspan="2">一</td></tr>
<tr><td colspan="2">核心筒</td><td colspan="2">二</td><td colspan="4">二</td><td colspan="4">一</td><td colspan="2">一</td></tr>
<tr><td rowspan="2">筒中筒结构</td><td colspan="2">外筒</td><td colspan="2">三</td><td colspan="4">二</td><td colspan="4">一</td><td colspan="2">一</td></tr>
<tr><td colspan="2">内筒</td><td colspan="2">三</td><td colspan="4">二</td><td colspan="4">一</td><td colspan="2">一</td></tr>
<tr><td rowspan="3">板柱-抗震墙结构</td><td colspan="2">高度/m</td><td>≤35</td><td>>35</td><td colspan="2">≤35</td><td colspan="2">>35</td><td colspan="2">≤35</td><td colspan="2">>35</td><td colspan="2" rowspan="3"></td></tr>
<tr><td colspan="2">框架、板柱的柱</td><td>三</td><td>二</td><td colspan="2">二</td><td colspan="2">二</td><td colspan="4">一</td></tr>
<tr><td colspan="2">抗震墙</td><td>二</td><td>二</td><td colspan="2">二</td><td colspan="2">一</td><td colspan="2">二</td><td colspan="2">一</td></tr>
</table>

注：建筑场地为Ⅰ类时，除 6 度外应允许按表内降低 1 度所对应的抗震等级采取抗震构造措施，但相应的计算要求不应降低；接近或等于高度分界时，应允许结合房屋不规则程度及场地、地基条件确定抗震等级；大跨度框架指跨度不小于 18 m 的框架；高度不超过 60 m 的框架-核心筒结构按框架-抗震墙的要求设计时，应按表中框架-抗震墙结构的规定确定其抗震等级。

3）防震缝

平面形状复杂时，宜用防震缝划分成较规则、简单的单元。伸缩缝和沉降缝的宽度应符合防震缝的要求。但对高层建筑宜尽可能不设缝。

框架结构（包括设置少量抗震墙的框架结构）房屋的防震缝宽度，当高度不超过 15 m 时，不应小于 100 mm；高度超过 15 m 时，6 度、7 度、8 度和 9 度分别每增加高度 5m、4m、3m 和 2 m，宜加宽 20 mm。

4）楼梯间

钢筋混凝土结构楼梯间宜采用现浇钢筋混凝土楼梯。对于框架结构，楼梯间的布置不应导致结构平面特别不规则；楼梯构件与主体结构整浇时，应计入楼梯构件对地震作用及其效应的影响，应进行楼梯构件的抗震承载力验算；宜采取构造措施，减少楼梯构件对主体结构刚度的影响。楼梯间两侧填充墙与柱之间应加强拉结。

·8.2.2　框架结构抗震构造详图·

1）梁的构造措施

梁的截面尺寸宜符合下列各项要求：截面宽度不宜小于200 mm；截面高宽比不宜大于4；净跨与截面高度之比不宜小于4。梁宽大于柱宽的扁梁应符合下列要求：采用扁梁的楼、屋盖应现浇，梁中线宜与柱中线重合，扁梁应双向布置，扁梁不宜用于一级框架结构。框架梁箍筋构造做法见表8.3，框架梁端部箍筋加密区箍筋肢距的要求见表8.4。

表8.3　框架梁箍筋构造做法

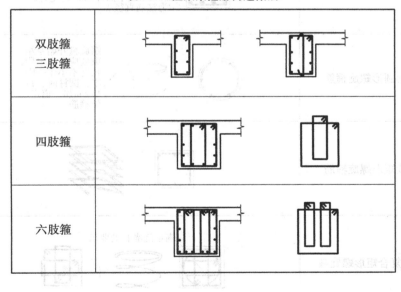

双肢箍 三肢箍	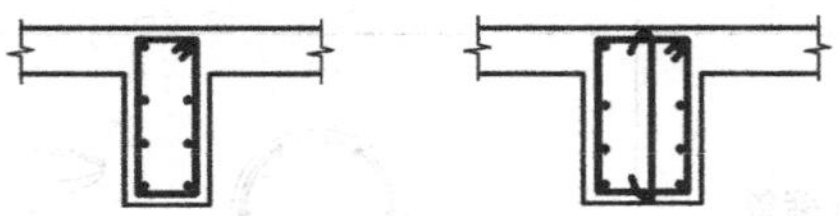
四肢箍	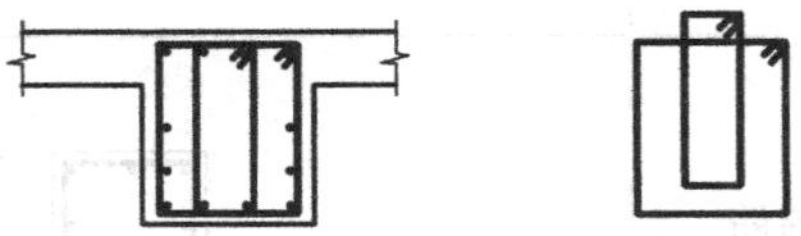
六肢箍	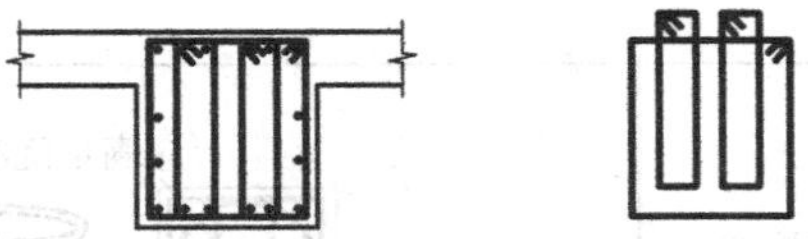

表8.4　框架梁端部箍筋加密区箍筋肢距的要求

抗震等级	箍筋最大肢距/mm
一级	不宜大于20 mm和20倍箍筋直径的较大值，且≤300
二、三级	不宜大于250 mm和20倍箍筋直径的较大值，且≤300
四级	不宜大于300 mm

2）柱的构造措施

柱的截面尺寸，截面的宽度和高度，四级或不超过2层时不宜小于300 mm，一、二、三级且超过2层时不宜小于400 mm；圆柱的直径，四级或不超过2层时不宜小于350 mm，一、二、三级且超过2层时不宜小于450 mm。剪跨比宜大于2。截面长边与短边的边长比不宜大于3。

框架柱箍筋构造要求见表8.5。

表8.5　框架柱箍筋构造

非焊接复合箍筋	
焊接封闭箍筋	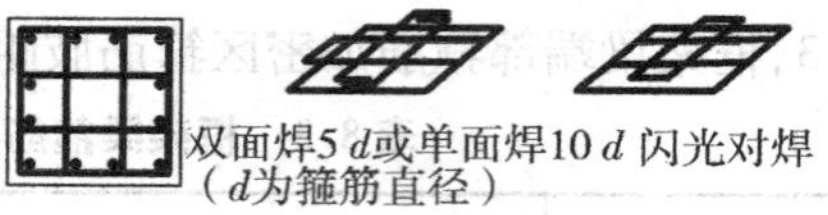双面焊5 d或单面焊10 d 闪光对焊 （d为箍筋直径）
连续圆形螺旋箍筋	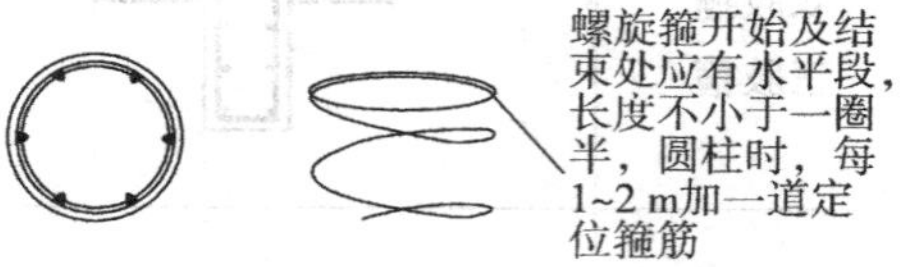螺旋箍开始及结束处应有水平段，长度不小于一圈半，圆柱时，每1~2 m加一道定位箍筋
连续矩形螺旋箍筋	
连续复合矩形螺旋箍	应满足浇灌孔的要求 +

3）框架结构抗震构造详图

框架结构抗震构造详图如图8.2至图8.10所示。

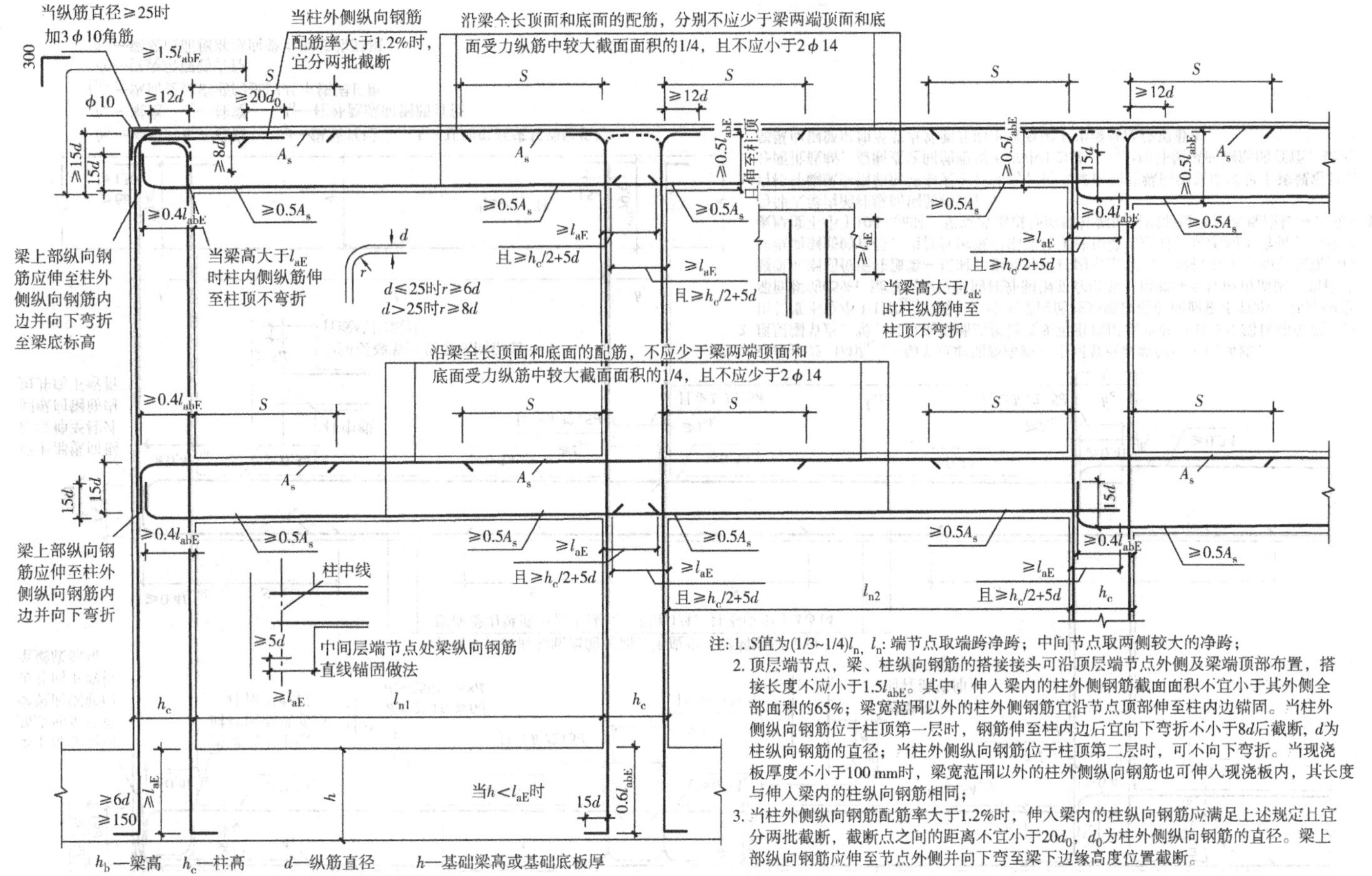

h_b—梁高　h_c—柱高　d—纵筋直径　h—基础梁高或基础底板厚

b_b—梁宽　b_c—柱宽　d_0—柱外侧纵向钢筋直径

l_{abE}—纵向受拉钢筋的抗震基本锚固长度

ϕ—仅表示钢筋直径

A_S—梁端截面顶部纵向受力钢筋的面积

注：1. S值为$(1/3\sim 1/4)l_n$，l_n：端节点取端跨净跨；中间节点取两侧较大的净跨；

2. 顶层端节点，梁、柱纵向钢筋的搭接接头可沿顶层端节点外侧及梁端顶部布置，搭接长度不应小于$1.5l_{abE}$。其中，伸入梁内的柱外侧钢筋截面面积不宜小于其外侧全部面积的65%；梁宽范围以外的柱外侧钢筋宜沿节点顶部伸至柱内边锚固。当柱外侧纵向钢筋位于柱顶第一层时，钢筋伸至柱内边后宜向下弯折不小于$8d$后截断，d为柱纵向钢筋的直径；当柱外侧纵向钢筋位于柱顶第二层时，可不向下弯折。当现浇板厚度不小于100 mm时，梁宽范围以外的柱外侧纵向钢筋也可伸入现浇板内，其长度与伸入梁内的柱纵向钢筋相同；

3. 当柱外侧纵向钢筋配筋率大于1.2%时，伸入梁内的柱纵向钢筋应满足上述规定且宜分两批截断，截断点之间的距离不宜小于$20d_0$，d_0为柱外侧纵向钢筋的直径。梁上部纵向钢筋应伸至节点外侧并向下弯至梁下边缘高度位置截断。

图8.2　一级抗震等级现浇框架梁、柱纵筋构造

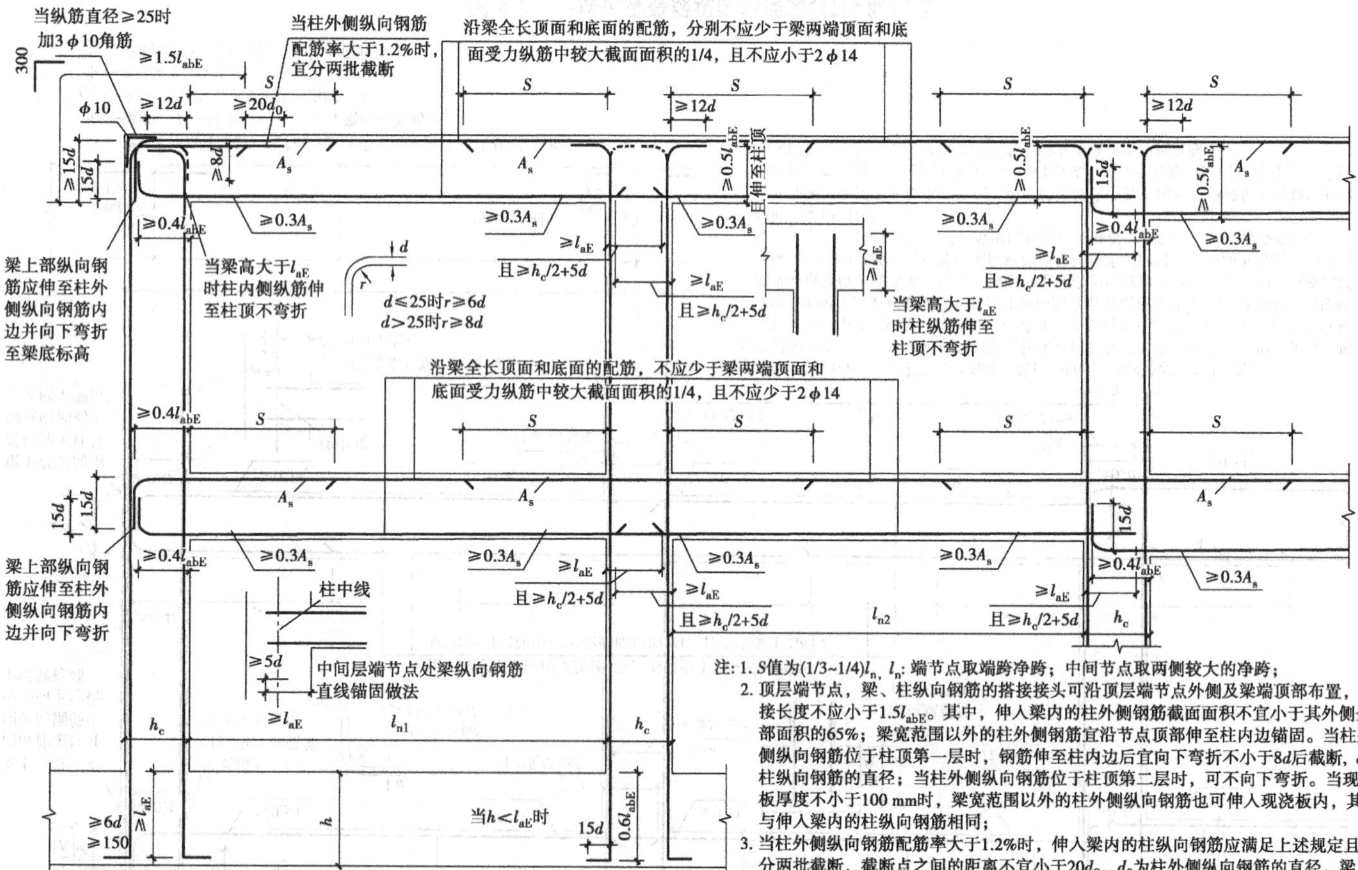

h_b—梁高　h_c—柱高　d—纵筋直径　h—基础梁高或基础底板厚

b_b—梁宽　b_c—柱宽　d_0—柱外侧纵向钢筋直径

l_{abE}—纵向受拉钢筋的抗震基本锚固长度

ϕ—仅表示钢筋直径

A_s—梁端截面顶部纵向受力钢筋的面积

注：1. S值为(1/3~1/4)l_n，l_n：端节点取端跨净跨；中间节点取两侧较大的净跨；

2. 顶层端节点，梁、柱纵向钢筋的搭接接头可沿顶层端节点外侧及梁端顶部布置，搭接长度不应小于1.5l_{abE}。其中，伸入梁内的柱外侧钢筋截面面积不宜小于其外侧全部面积的65%；梁宽范围以外的柱外侧钢筋宜沿节点顶部伸至柱内边锚固。当柱外侧纵向钢筋位于柱顶第一层时，钢筋伸至柱内边后宜向下弯折不小于8d后截断，d为柱纵向钢筋的直径；当柱外侧纵向钢筋位于柱顶第二层时，可不向下弯折。当现浇板厚度不小于100 mm时，梁宽范围以外的柱外侧纵向钢筋也可伸入现浇板内，其长度与伸入梁内的柱纵向钢筋相同；

3. 当柱外侧纵向钢筋配筋率大于1.2%时，伸入梁内的柱纵向钢筋应满足上述规定且宜分两批截断，截断点之间的距离不宜小于20d_0，d_0为柱外侧纵向钢筋的直径。梁上部纵向钢筋应伸至节点外侧并向下弯至梁下边缘高度位置截断。

图 8.3　二级抗震等级现浇框架梁、柱纵筋构造

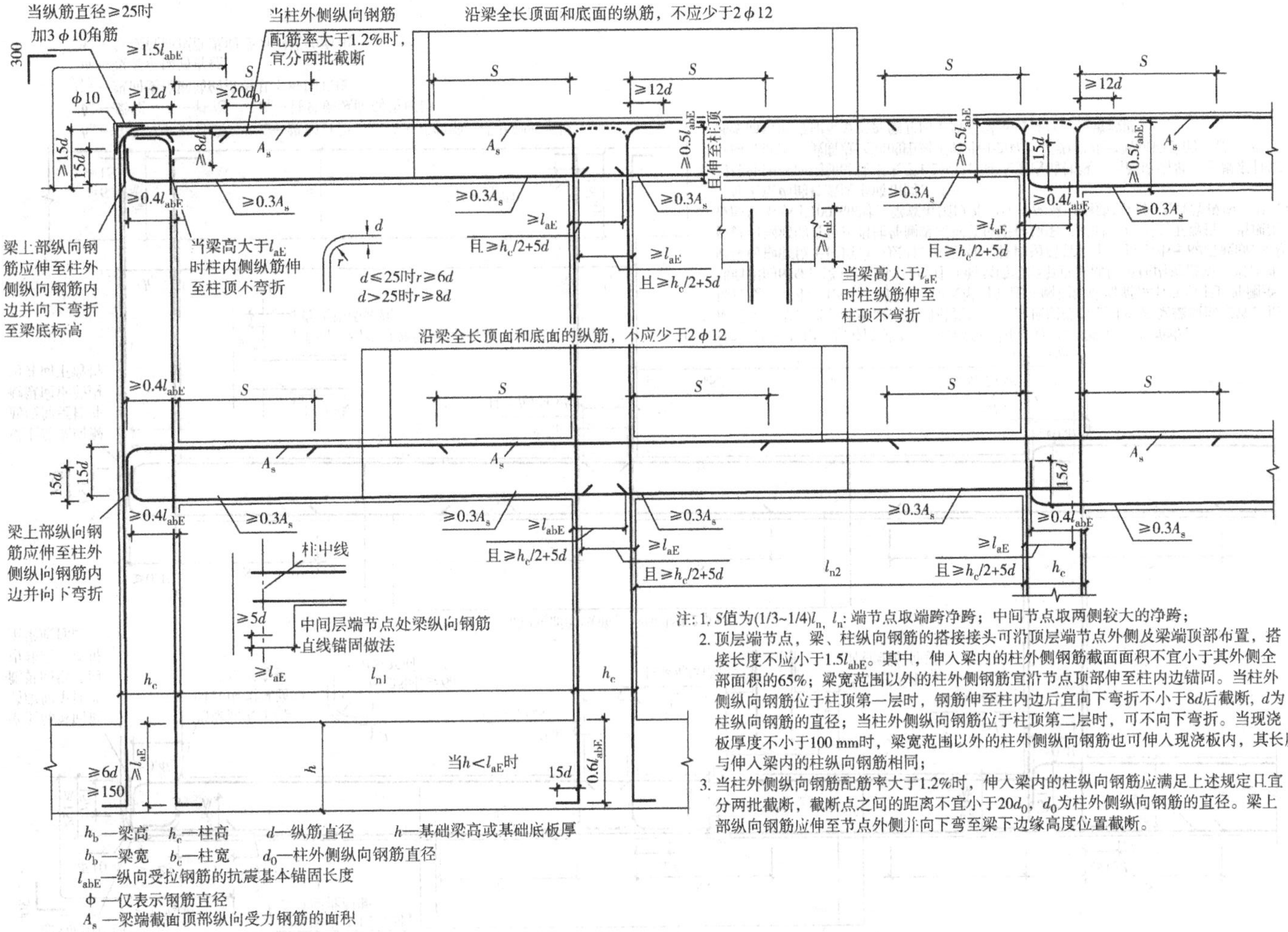

注：1. S值为(1/3~1/4)l_n，l_n：端节点取端跨净跨；中间节点取两侧较大的净跨；

2. 顶层端节点，梁、柱纵向钢筋的搭接接头可沿顶层端节点外侧及梁端顶部布置，搭接长度不应小于1.5l_{abE}。其中，伸入梁内的柱外侧钢筋截面面积不宜小于其外侧全部面积的65%；梁宽范围以外的柱外侧钢筋宜沿节点顶部伸至柱内边锚固。当柱外侧纵向钢筋位于柱顶第一层时，钢筋伸至柱内边后宜向下弯折不小于8d后截断，d为柱纵向钢筋的直径；当柱外侧纵向钢筋位于柱顶第二层时，可不向下弯折。当现浇板厚度不小于100 mm时，梁宽范围以外的柱外侧纵向钢筋也可伸入现浇板内，其长度与伸入梁内的柱纵向钢筋相同；

3. 当柱外侧纵向钢筋配筋率大于1.2%时，伸入梁内的柱纵向钢筋应满足上述规定且宜分两批截断，截断点之间的距离不宜小于20d_0，d_0为柱外侧纵向钢筋的直径。梁上部纵向钢筋应伸至节点外侧并向下弯至梁下边缘高度位置截断。

图 8.4　三级抗震等级现浇框架梁、柱纵筋构造

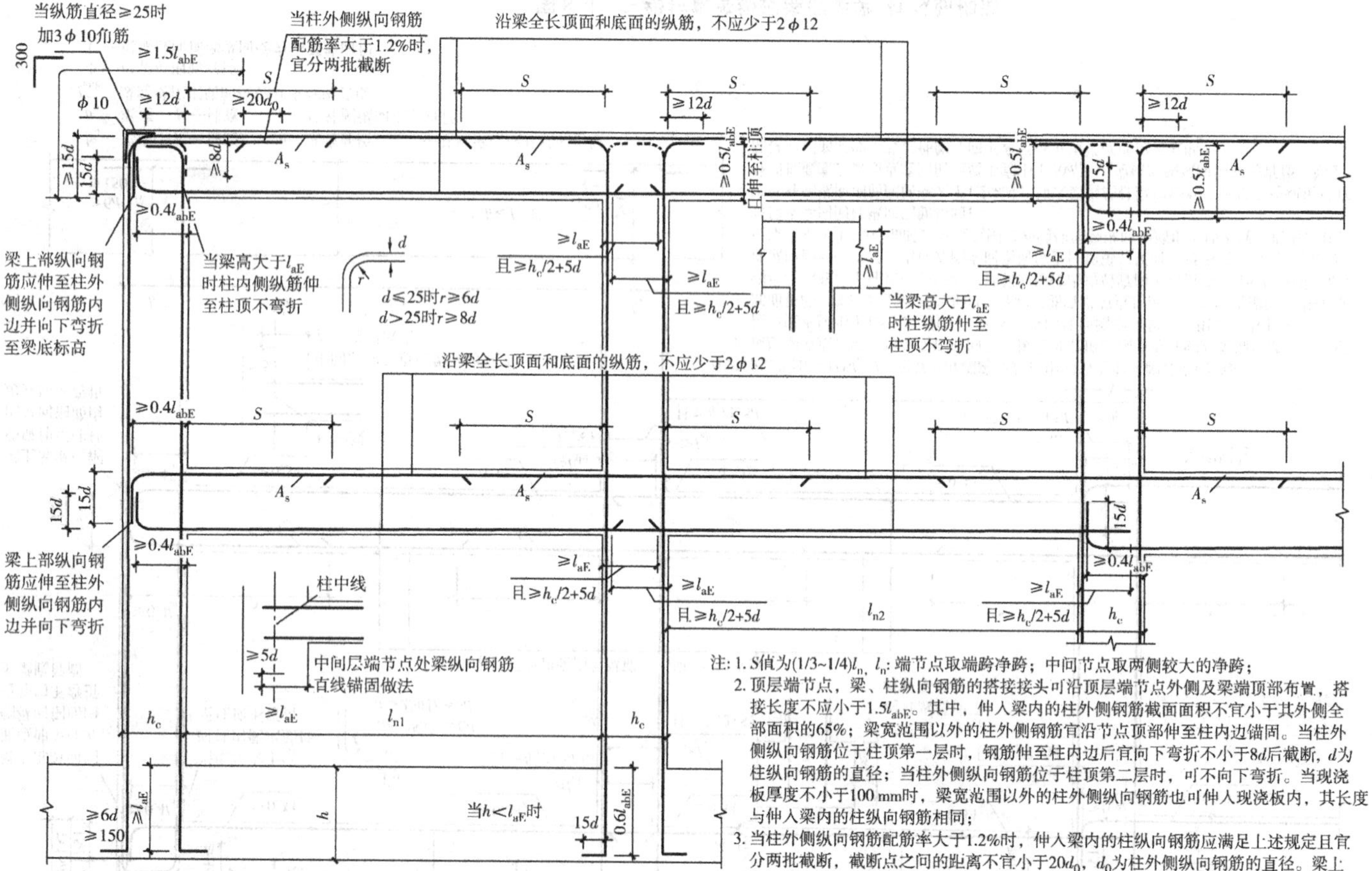

h_b—梁高　h_c—柱高　d—纵筋直径　h—基础梁高或基础底板厚

b_b—梁宽　b_c—柱宽　d_0—柱外侧纵向钢筋直径

l_{abE}—纵向受拉钢筋的抗震基本锚固长度

ϕ—仅表示钢筋直径

A_S—梁端截面顶部纵向受力钢筋的面积

注：1. S值为(1/3~1/4)l_n，l_n：端节点取端跨净跨；中间节点取两侧较大的净跨；

2. 顶层端节点，梁、柱纵向钢筋的搭接接头可沿顶层端节点外侧及梁端顶部布置，搭接长度不应小于1.5l_{abE}。其中，伸入梁内的柱外侧钢筋截面面积不宜小于其外侧全部面积的65%；梁宽范围以外的柱外侧钢筋宜沿节点顶部伸至柱内边锚固。当柱外侧纵向钢筋位于柱顶第一层时，钢筋伸至柱内边后宜向下弯折不小于8d后截断，d为柱纵向钢筋的直径；当柱外侧纵向钢筋位于柱顶第二层时，可不向下弯折。当现浇板厚度不小于100 mm时，梁宽范围以外的柱外侧纵向钢筋也可伸入现浇板内，其长度与伸入梁内的柱纵向钢筋相同；

3. 当柱外侧纵向钢筋配筋率大于1.2%时，伸入梁内的柱纵向钢筋应满足上述规定且宜分两批截断，截断点之间的距离不宜小于20d_0，d_0为柱外侧纵向钢筋的直径。梁上部纵向钢筋应伸至节点外侧并向下弯至梁下边缘高度位置截断。

图 8.5　四级抗震等级现浇框架梁、柱纵筋构造

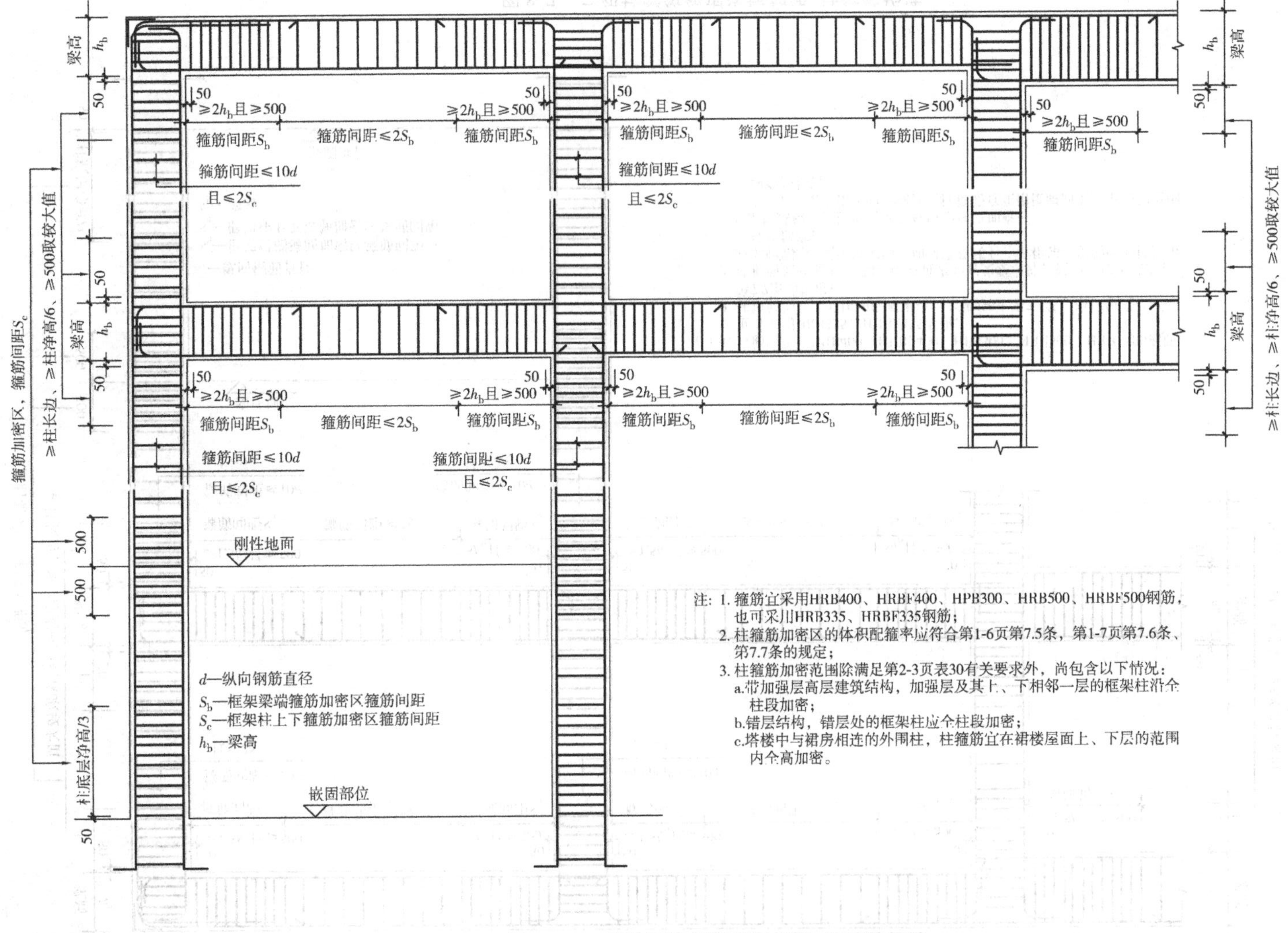

图 8.6 一级抗震等级现浇框架梁、柱箍筋构造

注：1. 箍筋宜采用HRB400、HRBF400、HPB300、HRB500、HRBF500钢筋，也可采用HRB335、HRBF335钢筋；
2. 柱箍筋加密区的体积配箍率应符合第1-6页第7.5条，第1-7页第7.6条、第7.7条的规定；
3. 柱箍筋加密范围除满足第2-3页表30有关要求外，尚包含以下情况：
a.带加强层高层建筑结构，加强层及其上、下相邻一层的框架柱沿全柱段加密；
b.错层结构，错层处的框架柱应全柱段加密；
c.塔楼中与裙房相连的外围柱，柱箍筋宜在裙楼屋面上、下层的范围内全高加密。

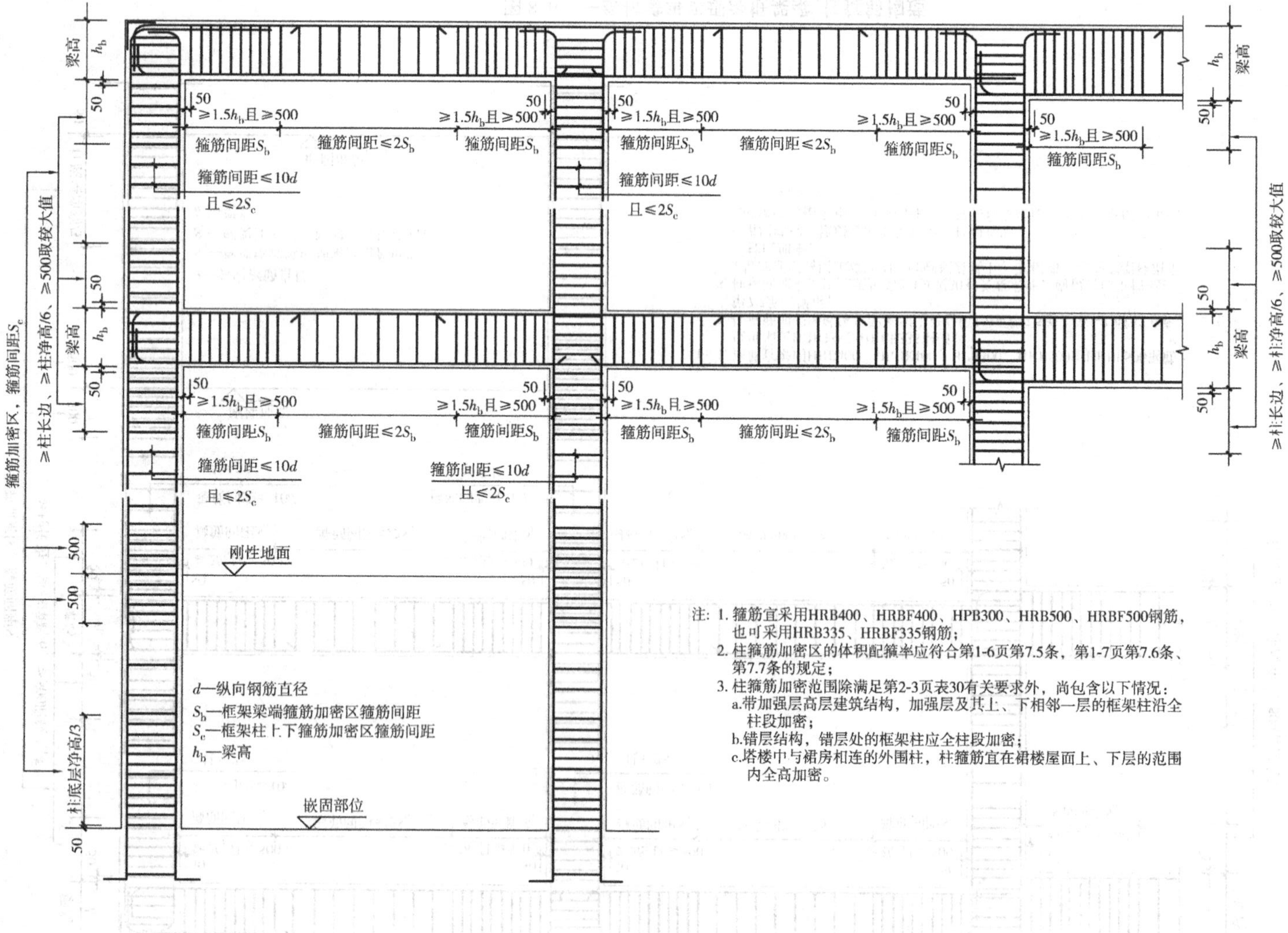

注：1. 箍筋宜采用HRB400、HRBF400、HPB300、HRB500、HRBF500钢筋，也可采用HRB335、HRBF335钢筋；

2. 柱箍筋加密区的体积配箍率应符合第1-6页第7.5条，第1-7页第7.6条、第7.7条的规定；

3. 柱箍筋加密范围除满足第2-3页表30有关要求外，尚包含以下情况：

a.带加强层高层建筑结构，加强层及其上、下相邻一层的框架柱沿全柱段加密；

b.错层结构，错层处的框架柱应全柱段加密；

c.塔楼中与裙房相连的外围柱，柱箍筋宜在裙楼屋面上、下层的范围内全高加密。

图 8.7　二级抗震等级现浇框架梁、柱箍筋构造

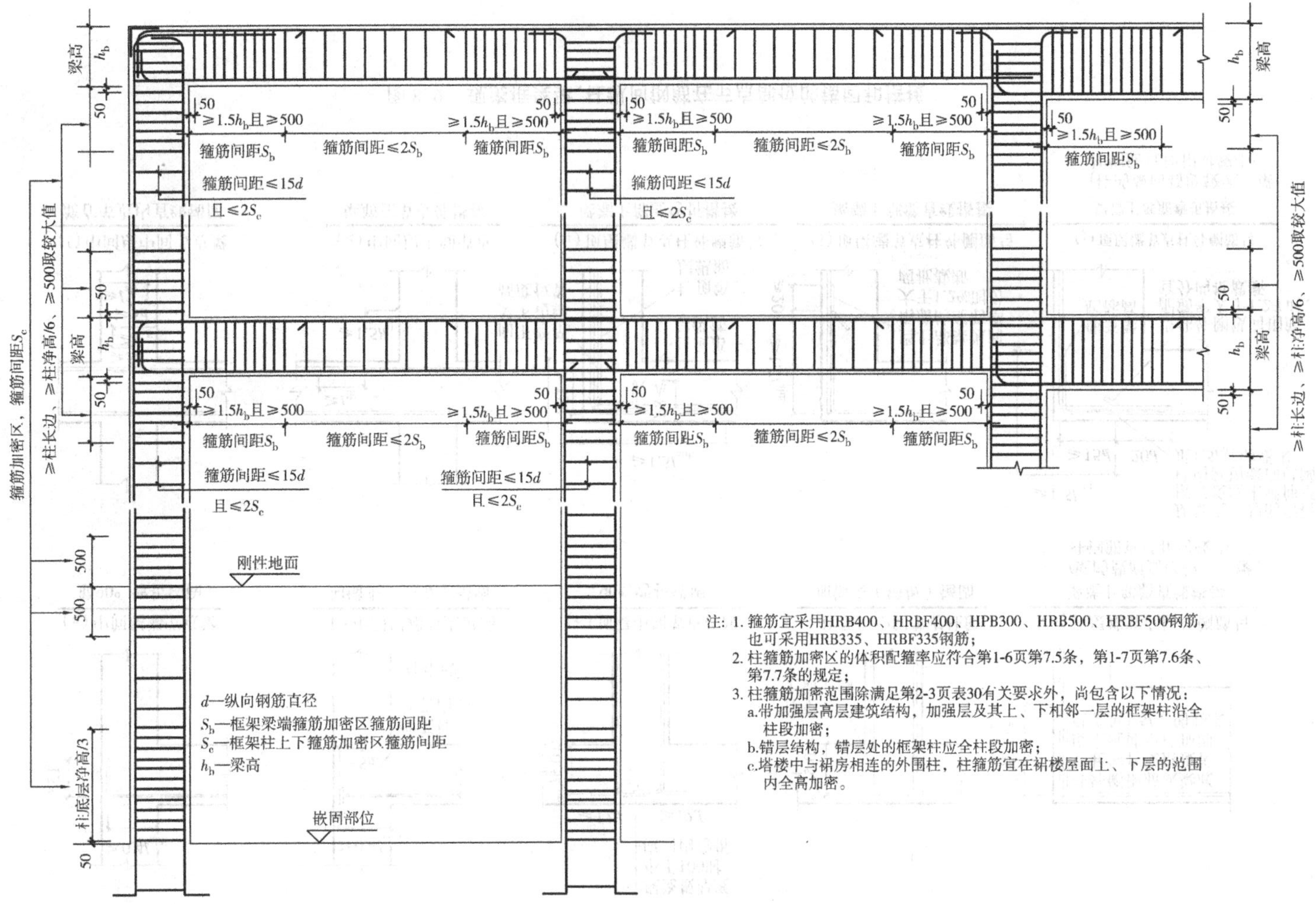

注：1. 箍筋宜采用HRB400、HRBF400、HPB300、HRB500、HRBF500钢筋，也可采用HRB335、HRBF335钢筋；

2. 柱箍筋加密区的体积配箍率应符合第1-6页第7.5条，第1-7页第7.6条、第7.7条的规定；

3. 柱箍筋加密范围除满足第2-3页表30有关要求外，尚包含以下情况：

a.带加强层高层建筑结构，加强层及其上、下相邻一层的框架柱沿全柱段加密；

b.错层结构，错层处的框架柱应全柱段加密；

c.塔楼中与裙房相连的外围柱，柱箍筋宜在裙楼屋面上、下层的范围内全高加密。

图 8.8　三级抗震等级现浇框架梁、柱箍筋构造

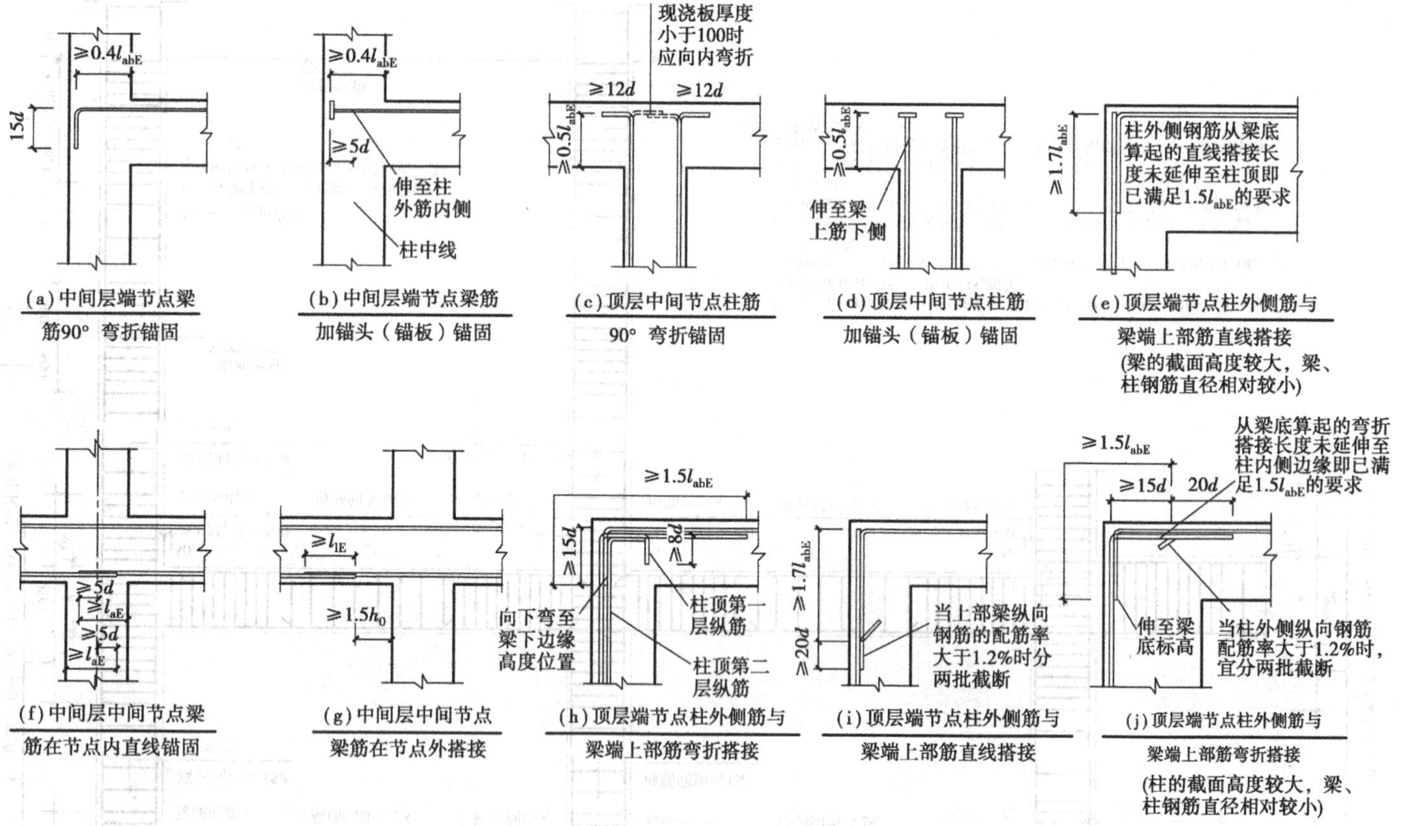

图 8.9 现浇框架梁、柱纵向钢筋在节点部位的锚固和搭接

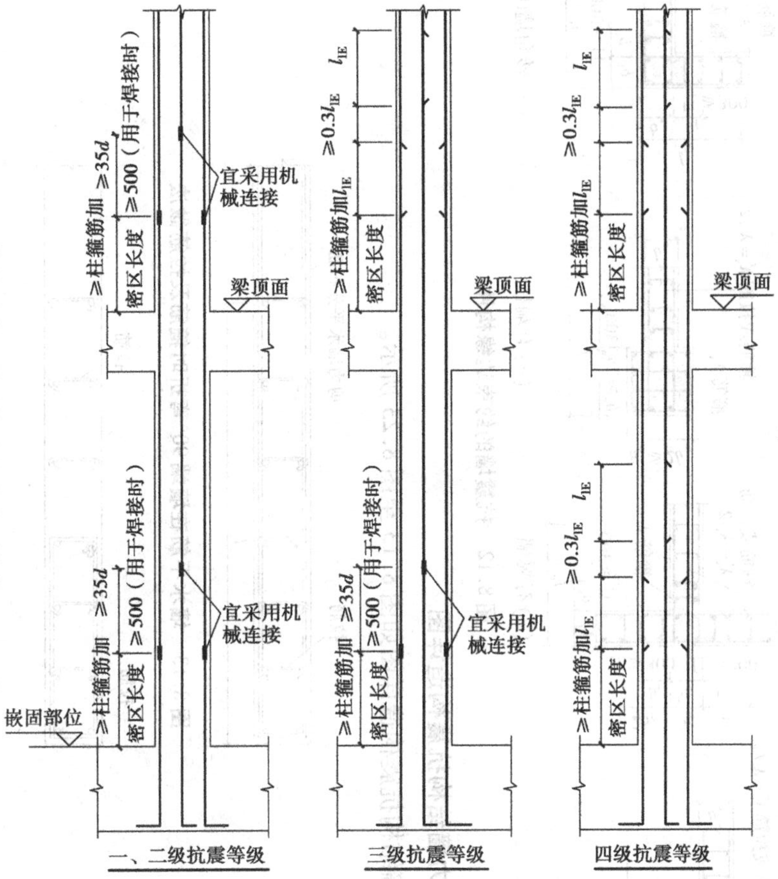

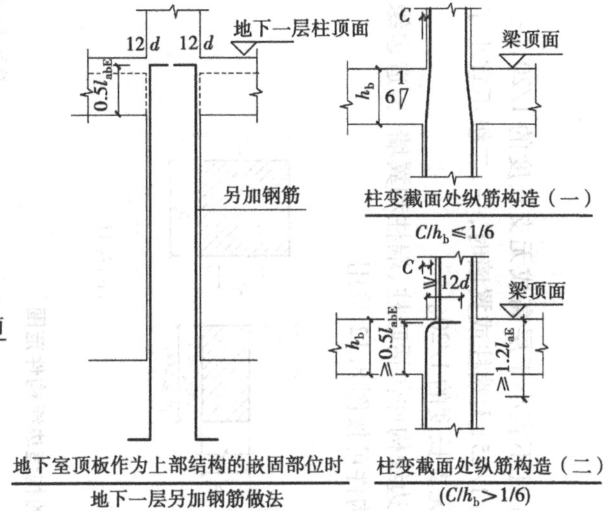

注：1. 纵筋连接做法详见第1-11页及第1-12页；
2. 柱纵向钢筋连接接头的位置应错开，同一连接区段内的受拉钢筋接头不宜超过全截面钢筋总面积的50%；
3. 轴心受拉柱及小偏心受拉柱不得采用绑扎搭接接头；
4. 柱纵向受力钢筋搭接长度范围内箍筋直径不应小于搭接钢筋较大直径的1/4。当钢筋受拉时，箍筋间距不应大于搭接钢筋较小直径的5倍，且不应大于100 mm；当钢筋受压时，箍筋间距不应大于搭接钢筋较小直径的10倍，且不应大于200 mm；当受压钢筋直径d>25 mm时；尚应在搭接接头两个端面外100 mm范围内各设置两道箍筋；
5. 一、二级抗震等级及三级抗震等级的底层，宜采用机械连接接头，也可采用绑扎搭接或焊接接头；三级抗震等级的其他部位和四级抗震等级，可采用绑扎搭接或焊接接头。

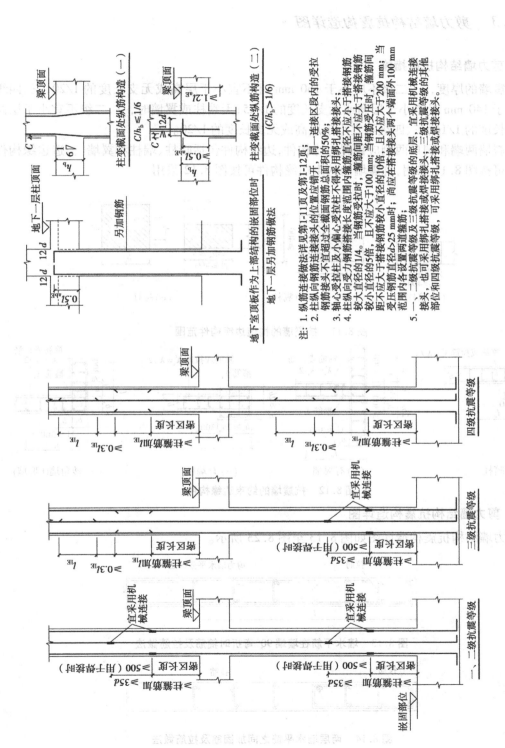

图 8.10　框架柱纵向钢筋连接构造

· 8.2.3 剪力墙结构抗震构造详图 ·

1) 剪力墙结构抗震措施

抗震墙的厚度,一、二级不应小于 160 mm 且不宜小于层高或无支长度的 1/20,三、四级不应小于 140 mm 且不小于层高或无支长度的 1/25;无端柱或翼墙时,一、二级不宜小于层高或无支长度的 1/16,三、四级不宜小于层高或无支长度的 1/20。

抗震墙两端和洞口两侧应设置边缘构件,边缘构件包括暗柱、端柱和翼墙,构造边缘构件的范围可按图 8.11 采用,抗震墙的约束边缘构件可按图 8.12 采用。

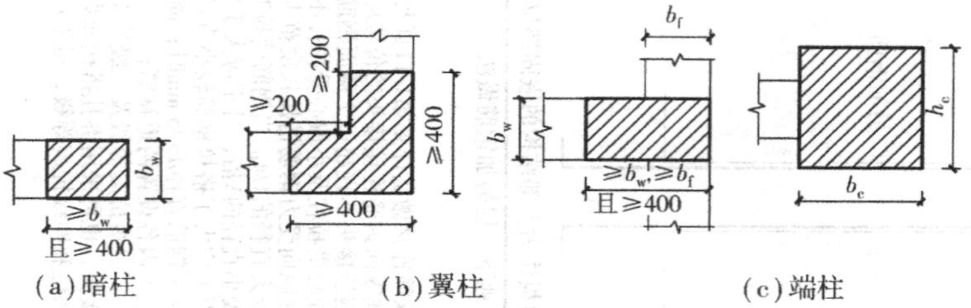

图 8.11 抗震墙的构造边缘构件范围

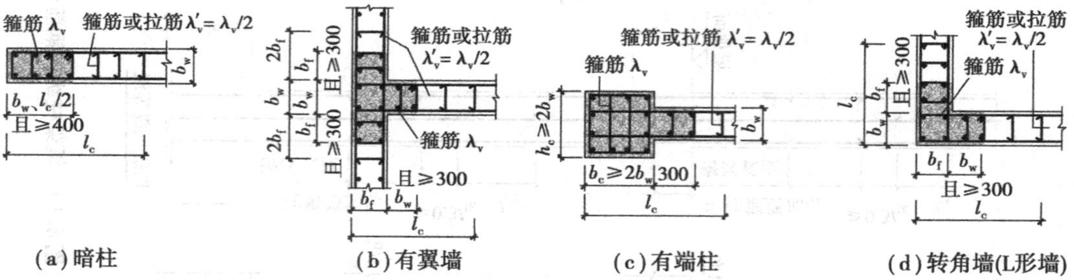

图 8.12 抗震墙的约束边缘构件

2) 剪力墙结构抗震构造详图

剪力墙结构抗震构造详图如图 8.13 至图 8.23 所示。

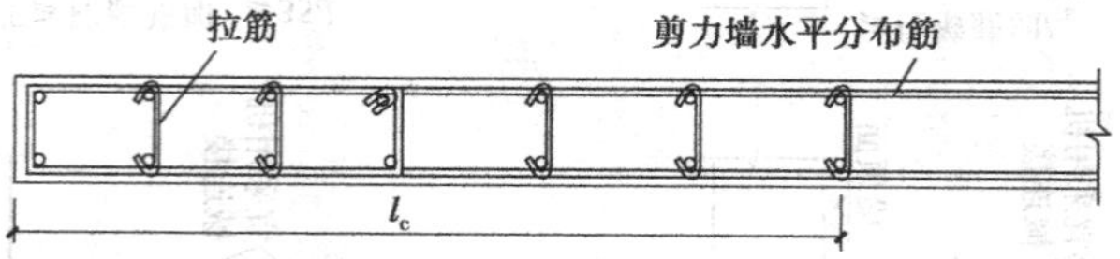

图 8.13 墙水平筋在墙端 90°弯折时箍筋及拉筋做法

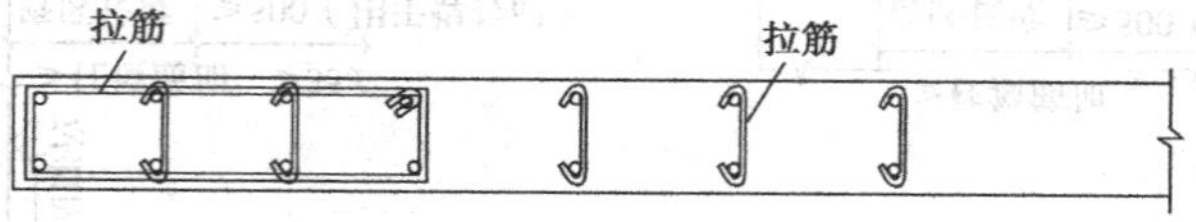

图 8.14 两层墙水平筋之间加固筋及拉筋做法

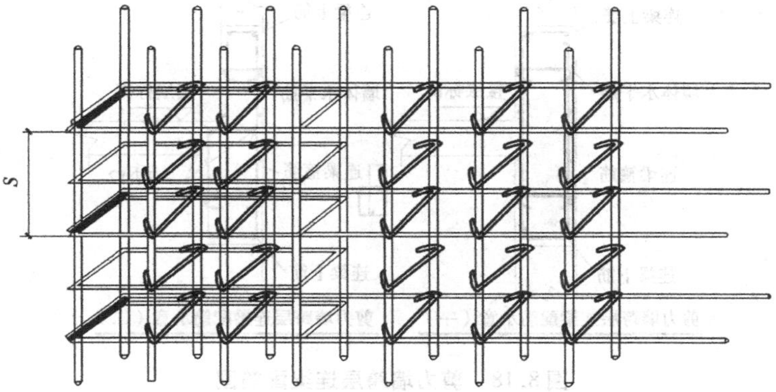

图 8.15 不利用墙的水平分布筋代替约束边缘构件的部分箍筋做法

（墙水平筋间距 200 mm，箍筋间距 100 mm）

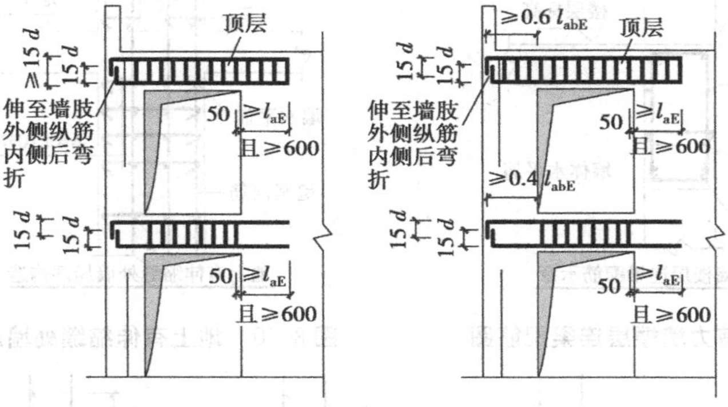

小墙垛处门洞连梁配筋示意（一）

连梁端部为简支时

小墙垛处门洞连梁配筋示意（二）

连梁端部为固端时

图 8.16 小墙垛处门洞连梁配筋图

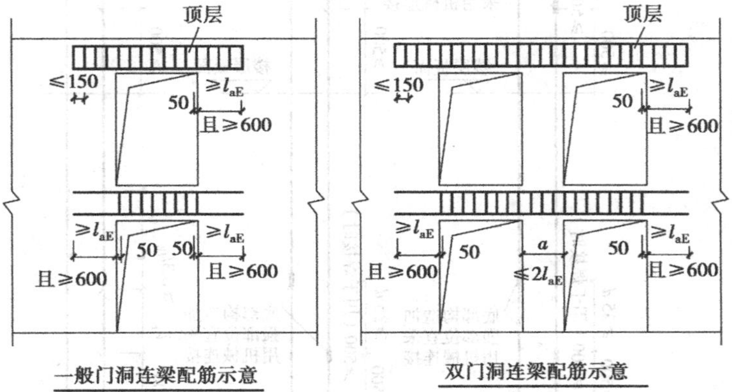

一般门洞连梁配筋示意

双门洞连梁配筋示意

注意：当$a \leq 2l_{aE}$时，两侧连梁配筋应拉通

图 8.17 门洞连梁配筋图

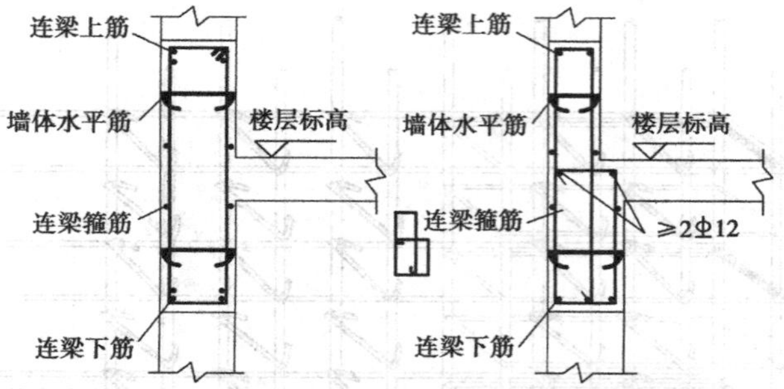

剪力墙跨层连梁配筋示意（一）　　剪力墙跨层连梁配筋示意（二）

图 8.18　剪力墙跨层连梁配筋图

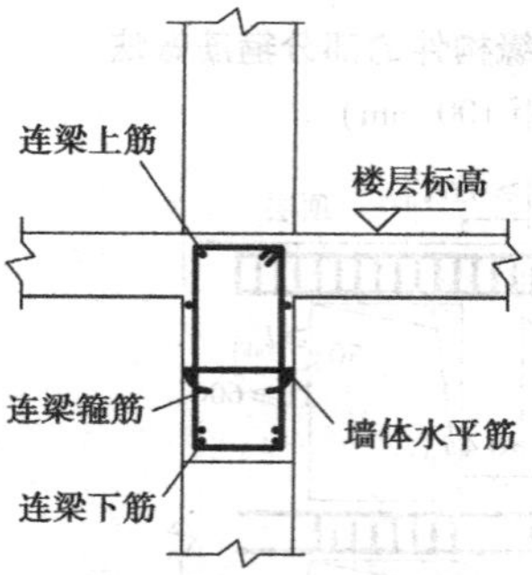

剪力墙楼层连梁配筋示意

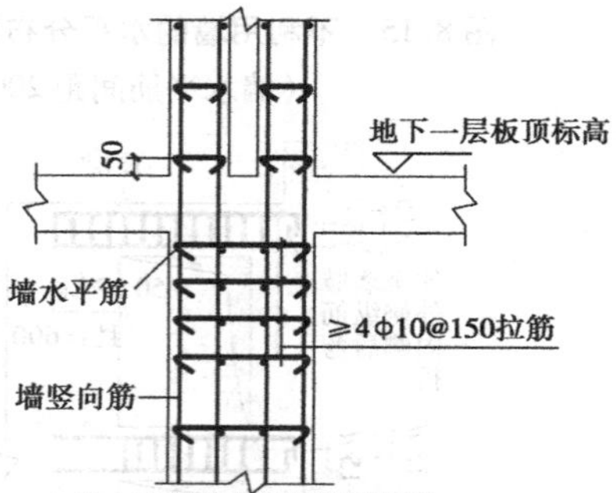

地上有伸缩缝处墙局部构造

图 8.19　剪力墙楼层连梁配筋图　　**图 8.20　地上有伸缩缝处墙局部构造**

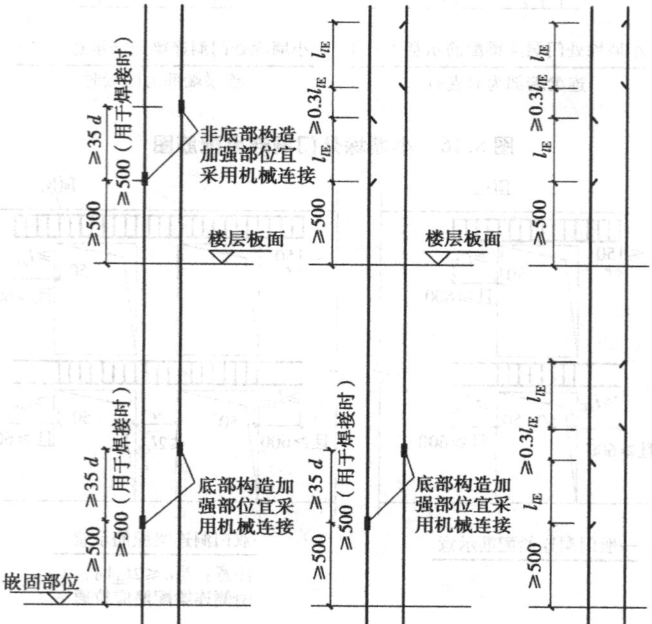

一、二级抗震等级　　三级抗震等级　　四级抗震等级

图 8.21　剪力墙边缘构件纵筋连接构造

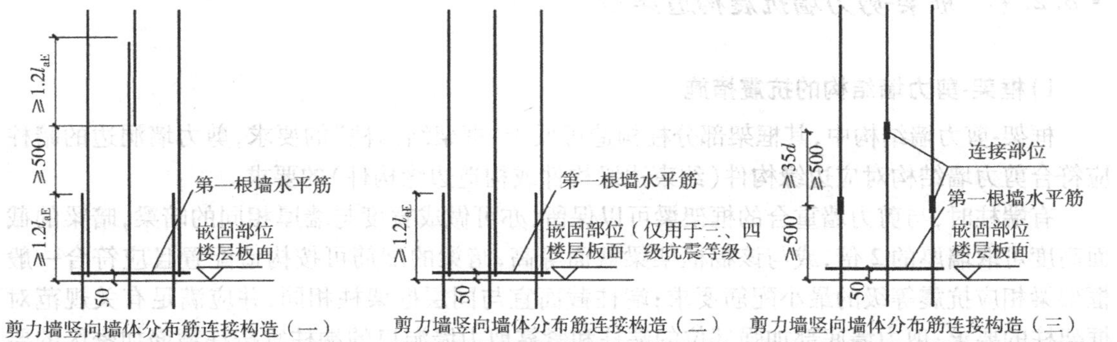

剪力墙竖向墙体分布筋连接构造（一）
（搭接连接）
一、二级抗震等级的底部加强部位光面钢筋应加弯钩且宜垂直于墙面

剪力墙竖向墙体分布筋连接构造（二）
（搭接连接）
一、二级抗震等级的非底部加强部位，三、四级抗震等级光面钢筋应加弯钩且宜垂直于墙面

剪力墙竖向墙体分布筋连接构造（三）
（机械连接或焊接）

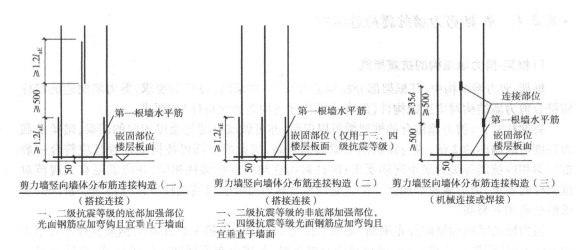

图 8.22 剪力墙竖向墙体分布筋连接构造

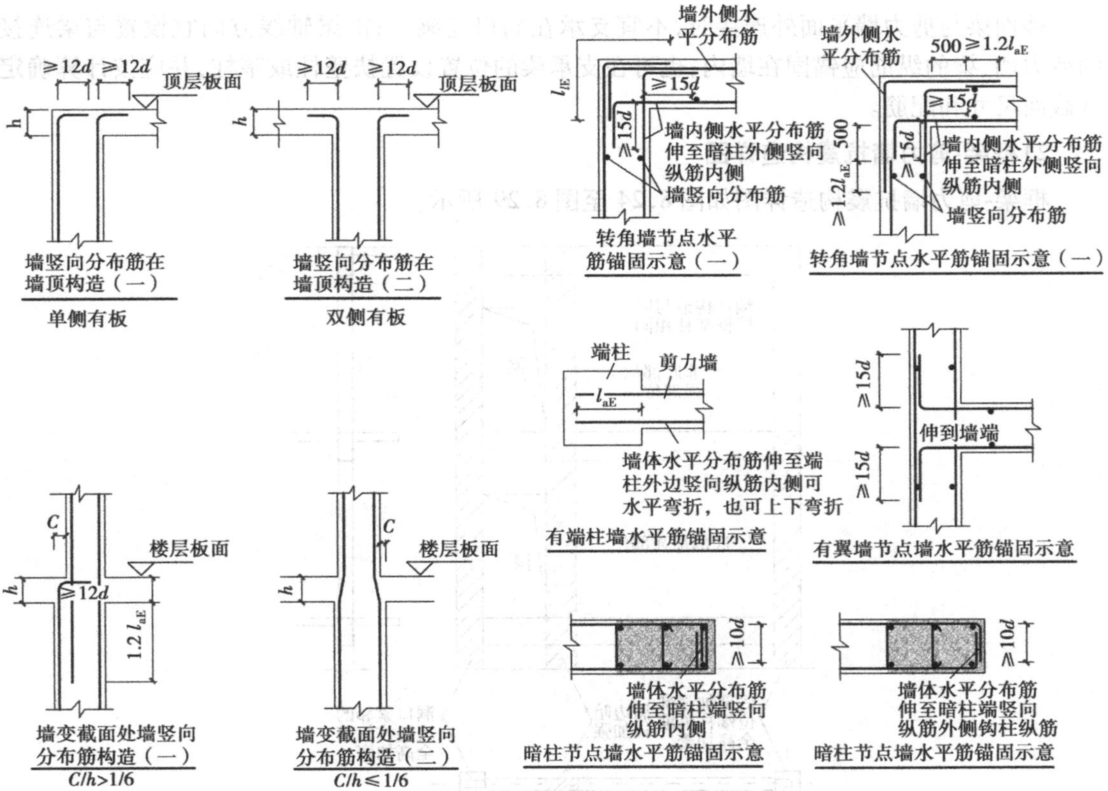

图 8.23 剪力墙竖向及水平分布筋锚固构造

·8.2.4 框架-剪力墙抗震构造详图·

1)框架-剪力墙结构的抗震措施

框架-剪力墙结构中,其框架部分柱构造可低于"框架结构柱"的要求,剪力墙洞边的暗柱应符合剪力墙结构对应边缘构件(约束边缘构件或构造边缘构件)的要求。

有端柱时,与剪力墙重合的框架梁可以保留,亦可做成宽度与墙厚相同的暗梁,暗梁的截面高度可取墙厚的2倍,或与该榀框架梁截面等高,暗梁的配筋可按构造配置且应符合一般框架梁相应抗震等级的最小配筋要求;端柱截面宜与同层框架柱相同,并应满足有关规范对框架柱的要求;剪力墙底部加强部位的端柱和紧靠剪力墙洞口的端柱宜按柱箍筋加密区的要求沿全高加密箍筋。

剪力墙的竖向和横向分布钢筋,配筋率详见11G329—1第1-6页表8,钢筋直径不宜小于10 mm,间距不宜大于300 mm,并应至少双排布置,各排分布钢筋间应设置拉筋,拉筋直径不应小于6 mm,间距不应大于600 mm。

剪力墙的水平钢筋应全部锚入边框柱内,锚固长度不应小于 l_{aE}。

楼面梁与剪力墙平面外连接时,不宜支承在洞口连梁上;沿梁轴线方向宜设置与梁连接的剪力墙,梁的纵筋应锚固在墙内;也可在支承梁的位置设置扶壁柱或暗柱,并应按计算确定其截面尺寸和配筋。

2)框架-剪力墙抗震构造详图

框架-剪力墙抗震构造详图如图8.24至图8.29所示。

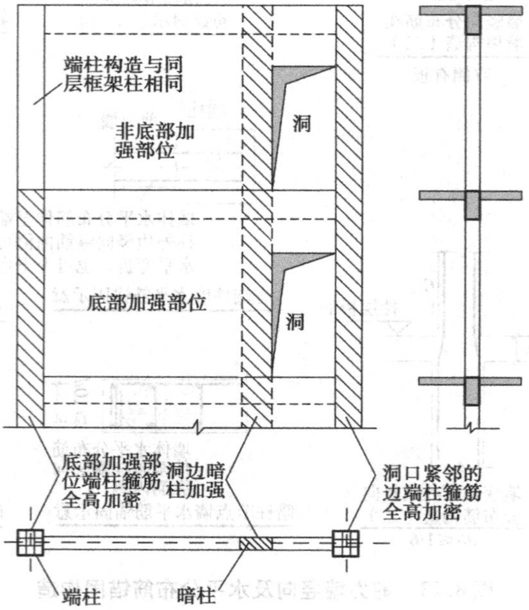

图8.24 框架-剪力墙结构中剪力墙端柱的构造

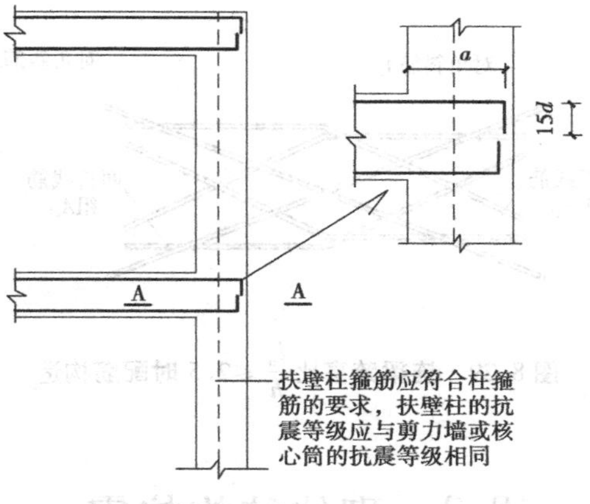

图 8.25　楼面梁与剪力墙平面外连接加扶壁柱做法

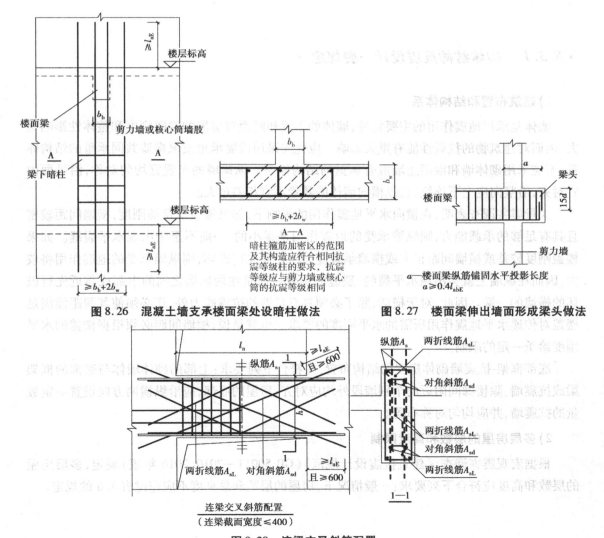

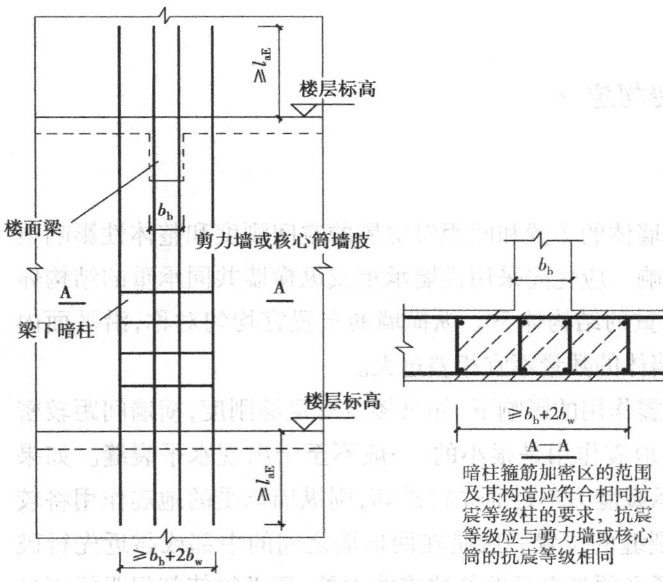

图 8.26　混凝土墙支承楼面梁处设暗柱做法

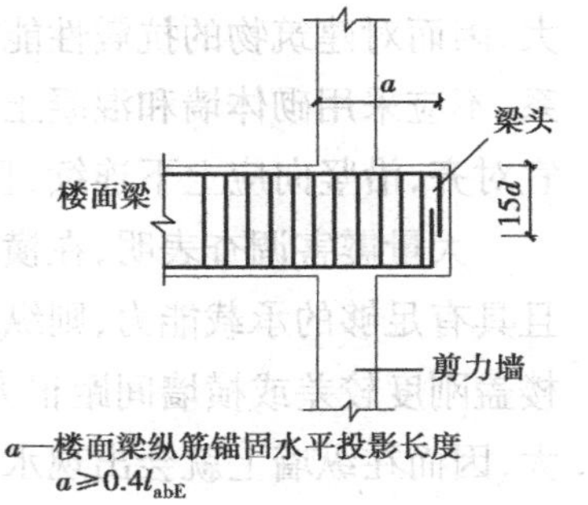

图 8.27　楼面梁伸出墙面形成梁头做法

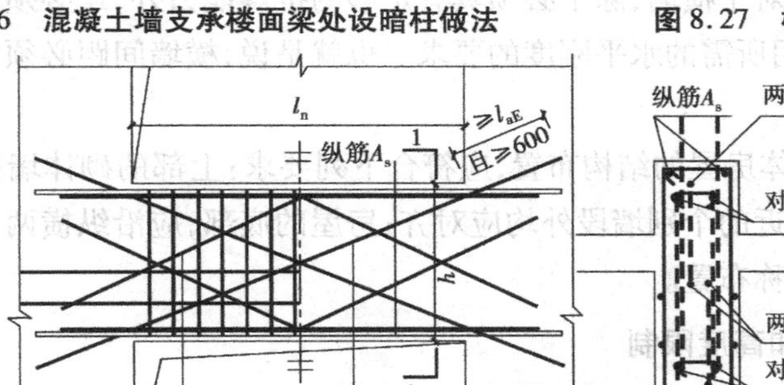

连梁交叉斜筋配置
（连梁截面宽度≤400）

图 8.28　连梁交叉斜筋配置

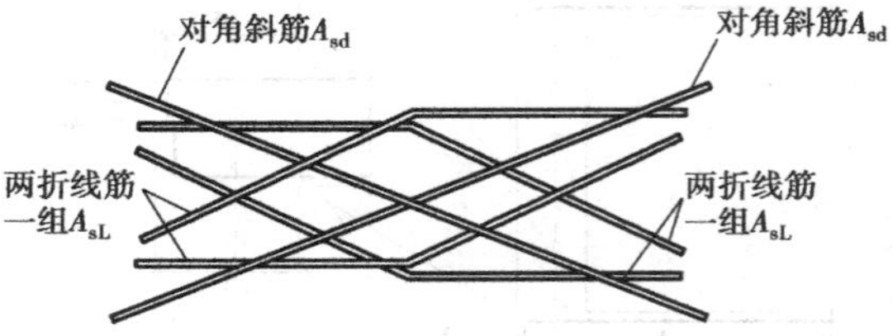

图 8.29 连梁跨高比$\frac{l_n}{h}\leq2.5$时配筋构造

8.3 砌体结构抗震

· 8.3.1 砌体结构抗震设计一般规定 ·

1) 建筑布置和结构体系

墙体是承担地震作用的主要构件,墙体的布置和间距对房屋的空间刚度和整体性影响很大,因而对建筑物的抗震性能有重大影响。应优先采用横墙承重或纵横墙共同承重的结构体系,不应采用砌体墙和混凝土墙混合承重的结构体系。纵横墙的布置宜均匀对称,沿平面内宜对齐,沿竖向应上下连续,且纵横向墙体的数量不宜相差过大。

大量震害调查表明,在横向水平地震作用的影响下,如果楼盖有足够刚度,横墙间距较密且具有足够的承载能力,则纵墙承受的地震作用是很小的,一般不至于出现水平裂缝。如果楼盖刚度较差或横墙间距很大或横墙承载能力不足而先行破坏,则纵墙承受的地震作用将较大,因而在纵墙上就会出现水平裂缝,裂缝的位置一般是在两横墙之间的中部或靠近先行破坏的横墙的一端。因此,对于横墙,除了必须具有足够的抗震能力外,还必须使其间距能满足楼盖对传递水平地震作用所需的水平刚度的要求。也就是说,横墙间距必须根据楼盖的水平刚度给予一定的限制。

底部框架-抗震墙砌体房屋的结构布置,应符合下列要求:上部的砌体墙体与底部的框架梁或抗震墙,除楼梯间附近的个别墙段外均应对齐;房屋的底部,应沿纵横两方向设置一定数量的抗震墙,并应均匀对称布置。

2) 多层房屋的层数和高度限制

根据宏观震害调查,《建筑抗震设计规范》(GB 50011—2010,2016 年版)规定,多层房屋的层数和高度应符合下列要求:一般情况下,房屋的层数和总高度不应超过表 8.6 的规定。

表 8.6 房屋的层数和总高度限值

单位:m

房屋类型		最小抗震墙厚度/mm	烈度和设计基本地震加速度											
			6		7				8				9	
			0.05g		0.10g		0.15g		0.20g		0.30g		0.40g	
			高度	层数	高度	层数	高度	层数	高度	层数	高度	层数	高度	层数
多层砌体房屋	普通砖	240	21	7	21	7	21	7	18	6	15	5	12	4
	多孔砖	240	21	7	21	7	18	6	18	6	15	5	9	3
	多孔砖	190	21	7	18	6	15	5	15	5	12	4	—	—
	小砌块	190	21	7	21	7	18	6	18	6	15	5	9	3
底部框架-抗震墙房屋	普通砖 多孔砖	240	22	7	22	7	19	6	16	5	—	—	—	—
	多孔砖	190	22	7	19	6	16	5	13	4	—	—	—	—
	小砌块	190	22	7	22	7	19	6	16	5	—	—	—	—

注:房屋的总高度指室外地面到主要屋面板板顶或檐口的高度,半地下室从地下室室内地面算起,全地下室和嵌固条件好的半地下室应允许从室外地面算起;对带阁楼的坡屋面应算到山尖墙的 1/2 高度处;室内外高差大于 0.6 m 时,房屋总高度应允许比表中的数据适当增加,但增加量应少于 1.0 m;乙类的多层砌体房屋仍按本地区设防烈度查表,其层数应减少一层且总高度应降低 3 m;不应采用底部框架-抗震墙砌体房屋;本表小砌块砌体房屋不包括配筋混凝土小型空心砌块砌体房屋。

3)防震缝与楼梯间

房屋有下列情况之一时宜设置防震缝,缝两侧均应设置墙体,缝宽应根据烈度和房屋高度确定,可采用 70 ~ 100 mm:房屋立面高差在 6 m 以上;房屋有错层,且楼板高差大于层高的 1/4;各部分结构刚度、质量截然不同。

楼梯间不宜设置在房屋的尽端或转角处。不应在房屋转角处设置转角窗。横墙较少、跨度较大的房屋,宜采用现浇钢筋混凝土楼、屋盖。

· *8.3.2 砖砌体结构抗震构造措施及详图* ·

1)构造柱设置

各类多层砖砌体房屋,应按下列要求设置现浇钢筋混凝土构造柱(以下简称构造柱):

①构造柱设置部位,一般情况下应符合表 8.7 的要求。外廊式和单面走廊式的多层房屋,应根据房屋增加一层的层数,按表 8.7 的要求设置构造柱,且单面走廊两侧的纵墙均应按外墙处理。

②横墙较少的房屋,应根据房屋增加一层的层数,按表 8.7 要求设置构造柱。

表 8.7　多层砖砌体房屋构造柱设置要求

<table>
<tr><th colspan="4">房屋层数</th><th colspan="2" rowspan="2">设置部位</th></tr>
<tr><th>6 度</th><th>7 度</th><th>8 度</th><th>9 度</th></tr>
<tr><td>四、五</td><td>三、四</td><td>二、三</td><td></td><td rowspan="3">楼、电梯间四角，楼梯斜梯段上下端对应的墙体处；
外墙四角和对应转角；
错层部位横墙与外纵墙交接处；
较大洞口两侧</td><td>隔 12 m 或单元横墙与外纵墙交接处；
楼梯间对应的另一侧内横墙与外纵墙交接处</td></tr>
<tr><td>六</td><td>五</td><td>四</td><td>二</td><td>隔开间横墙（轴线）与外墙交接处；
山墙与内纵墙交接处</td></tr>
<tr><td>七</td><td>≥六</td><td>≥五</td><td>≥三</td><td>内墙（轴线）与外墙交接处；
内横墙的局部较小墙垛处；
内纵墙与横墙（轴线）交接处</td></tr>
</table>

注：较大洞口，内墙指不小于 2.1 m 的洞口；外墙在内外墙交接处已设置构造柱时应允许适当放宽，但洞侧墙体应加强。

2）圈梁设置

多层砖砌体房屋的现浇钢筋混凝土圈梁设置应符合下列要求：装配式钢筋混凝土楼、屋盖或木屋盖的砖房，应按表 8.8 的要求设置圈梁；纵墙承重时，抗震横墙上的圈梁间距应比表内要求适当加密。现浇或装配整体式钢筋混凝土楼、屋盖与墙体有可靠连接的房屋，应允许不另设圈梁，但楼板沿抗震墙体周边均应加强配筋并应与相应的构造柱钢筋可靠连接。

表 8.8　多层砖砌体房屋现浇钢筋混凝土圈梁设置要求

<table>
<tr><th rowspan="2">墙类</th><th colspan="3">烈　度</th></tr>
<tr><th>6，7</th><th>8</th><th>9</th></tr>
<tr><td>外墙和内纵墙</td><td>屋盖处及每层楼盖处</td><td>屋盖处及每层楼盖处</td><td>屋盖处及每层楼盖处</td></tr>
<tr><td>内横墙</td><td>同上；
屋盖处间距不应大于 4.5 m；
楼盖处间距不应大于 7.2 m；
构造柱对应部位</td><td>同上；
各层所有横墙，且间距不应大于 4.5 m；
构造柱对应部位</td><td>同上；
各层所有横墙</td></tr>
</table>

多层砖砌体房屋现浇混凝土圈梁应闭合，遇有洞口圈梁应上下搭接；圈梁宜与预制板设在同一标高处或紧靠板底；圈梁的间距内无横墙时，应利用梁或板缝中配筋替代圈梁。

3）多层砖砌体房屋的楼、屋盖

现浇钢筋混凝土楼板或屋面板伸进纵、横墙内的长度，均不应小于 120 mm；装配式钢筋混凝土楼板或屋面板，当圈梁未设在板的同一标高时，板端伸进外墙的长度不应小于120 mm，伸进内墙的长度不应小于 100 mm 或采用硬架支模连接，在梁上不应小于 80 mm 或采用硬架支模连接。当板的跨度大于 4.8 m 并与外墙平行时，靠外墙的预制板侧边应与墙或圈梁拉结。房屋端部大房间的楼盖，6 度时房屋的屋盖和 7～9 度时房屋的楼、屋盖，当圈梁设在板底时，钢筋混凝土预制板应相互拉结，并应与梁、墙或圈梁拉结。

4）其他相关要求

坡屋顶房屋的屋架应与顶层圈梁可靠连接，檩条或屋面板应与墙、屋架可靠连接，房屋出入口处的檐口瓦应与屋面构件锚固。采用硬山搁檩时，顶层内纵墙顶宜增砌支承山墙的踏步式墙垛，并设置构造柱。

门窗洞处不应采用砖过梁；过梁支承长度，6～8 度时不应小于 240 mm，9 度时不应小于 360 mm。预制阳台，6 度、7 度时应与圈梁和楼板的现浇板带可靠连接，8 度、9 度时不应采用预制阳台。

同一结构单元的基础（或桩承台），宜采用同一类型的基础，底面宜埋置在同一标高上，否则应增设基础圈梁并应按 1∶2的台阶逐步放坡。

同一结构单元的楼、屋面板应设置在同一标高处。房屋底层和顶层的窗台标高处，宜设置沿纵横墙通长的水平现浇钢筋混凝土带，其截面高度不小于 60 mm，宽度不小于墙厚，纵向钢筋不少于 2 Φ10，横向分布筋的直径不小于Φ6 且其间距不大于 200 mm。

5）砖砌体结构抗震构造详图

砖砌体结构抗震构造详图如图 8.30 至图 8.40 所示。

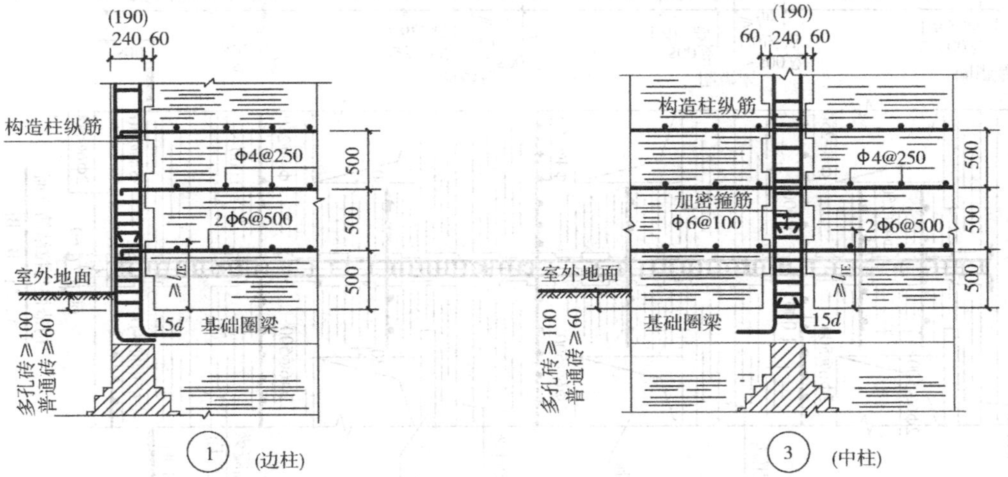

图 8.30　构造柱根部与基础圈梁 连接做法

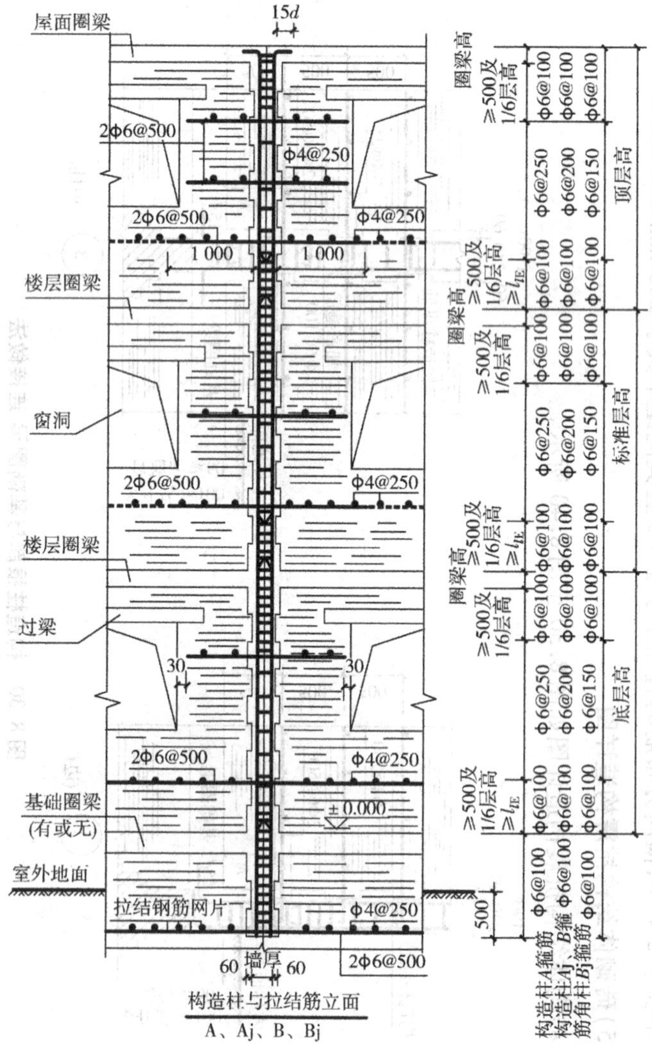

构造柱截面配筋表（一）

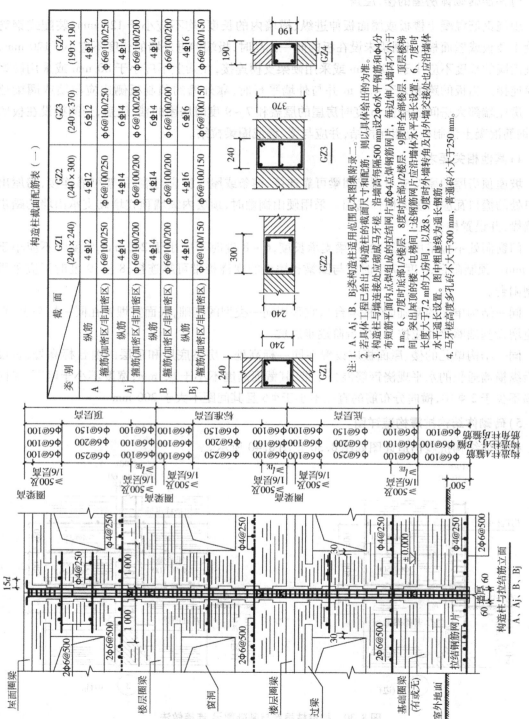

类别	截面	GZ1 (240×240)	GZ2 (240×300)	GZ3 (240×370)	GZ4 (190×190)
A	纵筋	4Φ12	4Φ12	6Φ12	4Φ12
	箍筋(加密区/非加密区)	Φ6@100/250	Φ6@100/250	Φ6@100/250	Φ6@100/250
Aj	纵筋	4Φ14	4Φ14	6Φ14	4Φ14
	箍筋(加密区/非加密区)	Φ6@100/200	Φ6@100/200	Φ6@100/200	Φ6@100/200
B	纵筋	4Φ14	4Φ14	6Φ14	4Φ14
	箍筋(加密区/非加密区)	Φ6@100/200	Φ6@100/200	Φ6@100/200	Φ6@100/200
Bj	纵筋	4Φ16	4Φ16	6Φ16	4Φ16
	箍筋(加密区/非加密区)	Φ6@100/150	Φ6@100/150	Φ6@100/150	Φ6@100/150

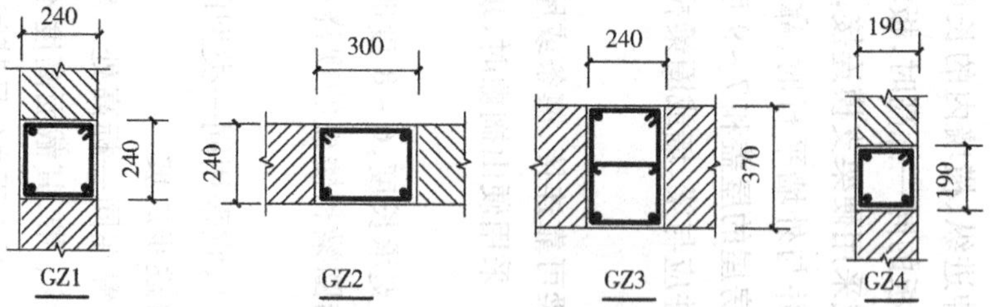

注：1. A、Aj、B、Bj类构造柱适用范围见本图集附录二。
2. 若具体工程已给出了构造柱的截面尺寸和配筋，则以具体给出的为准。
3. 构造柱与墙连接处应砌成马牙槎，沿墙高每隔500 mm设2Φ6水平钢筋和Φ4分布短筋平面内点焊组成的拉结网片或Φ4点焊钢筋网片，每边伸入墙内不小于1 m。6、7度时底部1/3楼层，8度时底部1/2楼层，9度时全部楼层，顶层楼梯间，突出屋顶的楼、电梯间上述钢筋网片应沿墙体水平通长设置；6、7度时长度大于7.2 m的大房间，以及8、9度时外墙转角及内外墙交接处也应沿墙体水平通长设置。图中粗虚线为通长钢筋。
4. 马牙槎高度多孔砖不大于300 mm，普通砖不大于250 mm。

图 8.31　构造柱与拉结筋立面

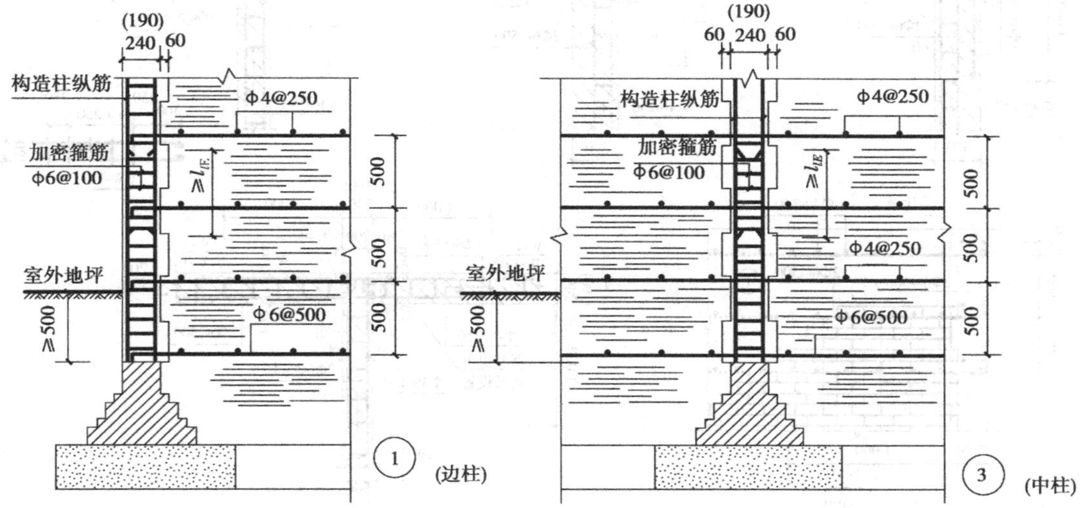

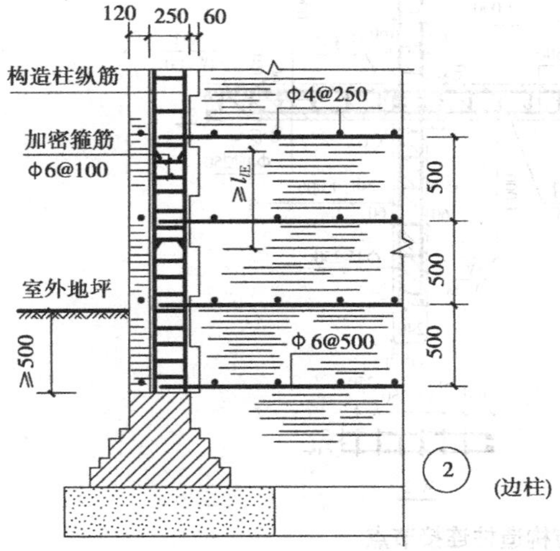

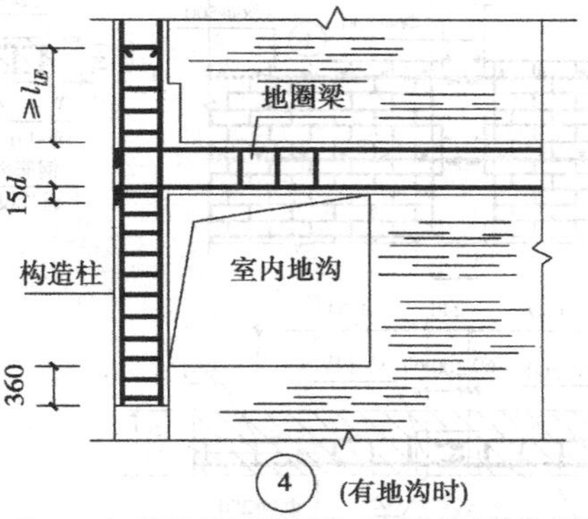

注：1. 本页图用于未设置基础圈梁的砖砌体房屋。
2. Φ6@500水平筋与Φ4@250分布短筋平面内应点焊组成钢筋网片。
3. 本图适用于构造柱伸入室外地面下500 mm的情况。
4. 有管道穿过时，该处的马牙槎上移或取消。

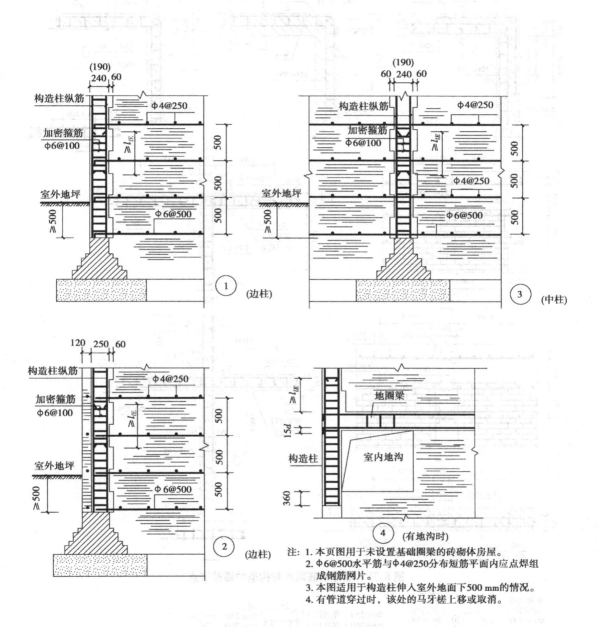

图 8.32　构造柱伸至室外地面下500 mm做法

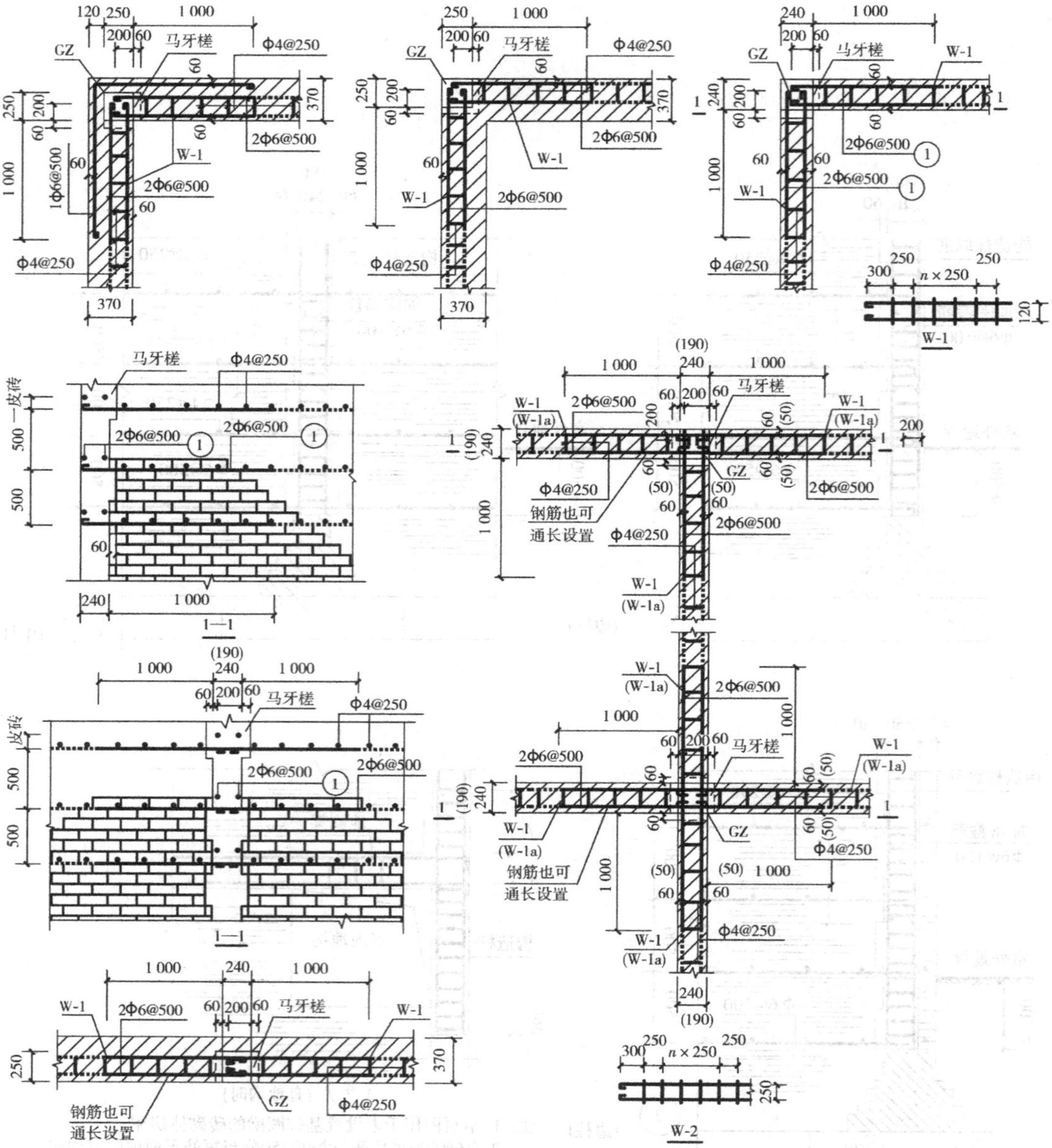

图 8.33　墙体钢筋网片与构造柱连接节点

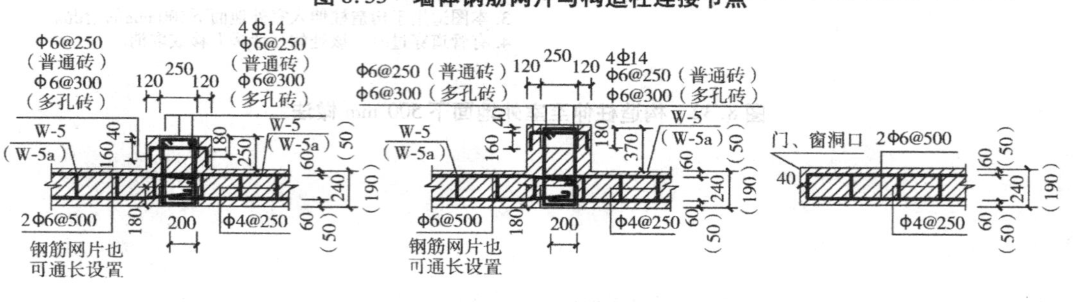

图 8.34　组合壁柱与拉结钢筋网片的连接

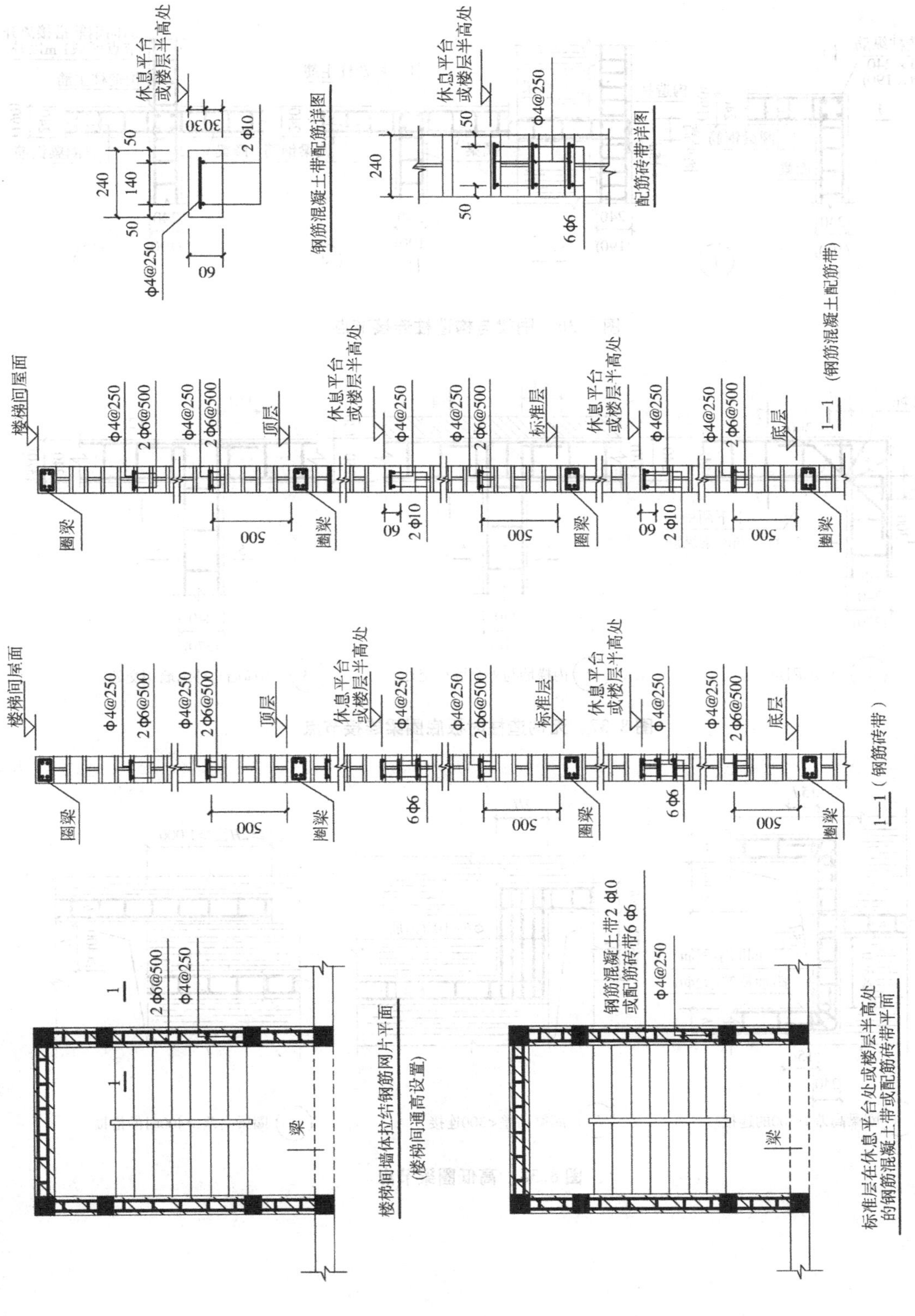

图 8.35　楼梯间墙体配筋构造

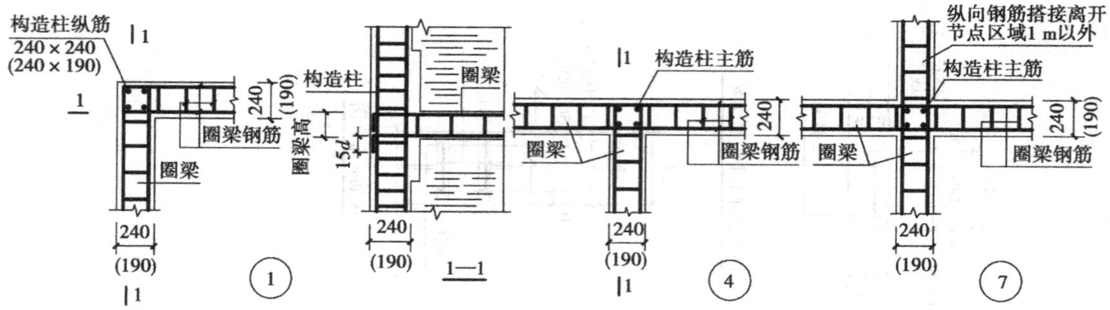

图 8.36　圈梁与构造柱连接节点

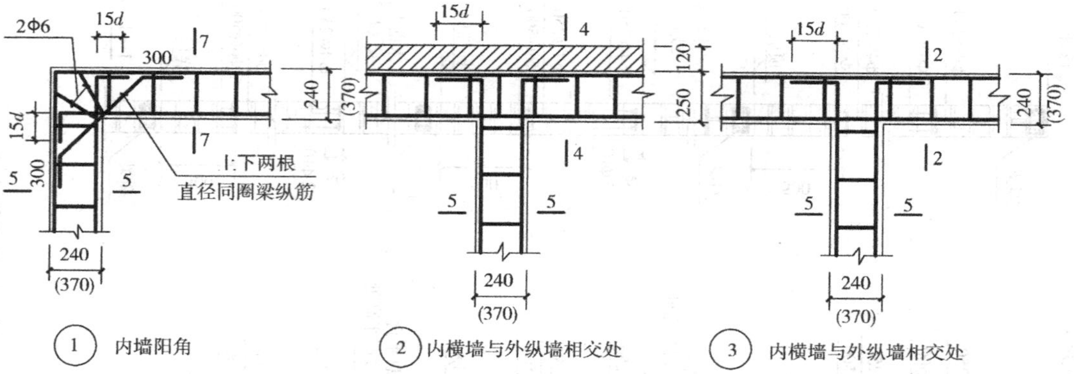

图 8.37　无构造柱时板底圈梁连接节点

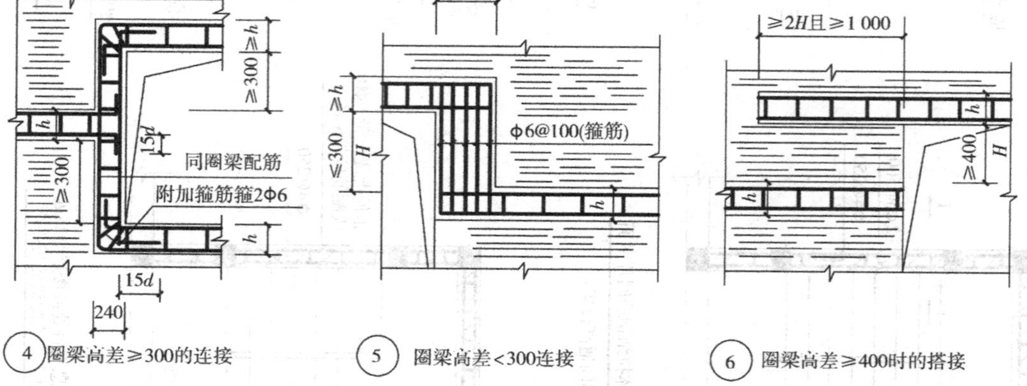

图 8.38　高低圈梁节点

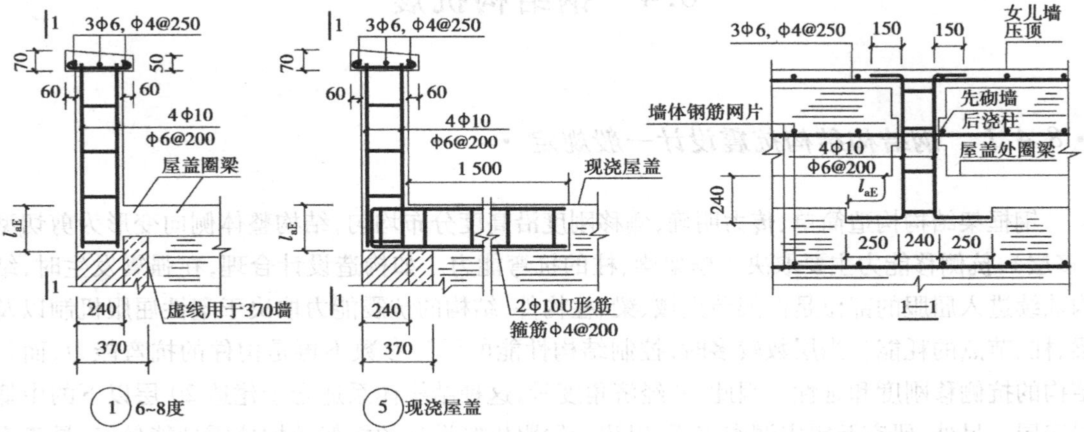

图 8.39 6~8 度区女儿墙配筋构造

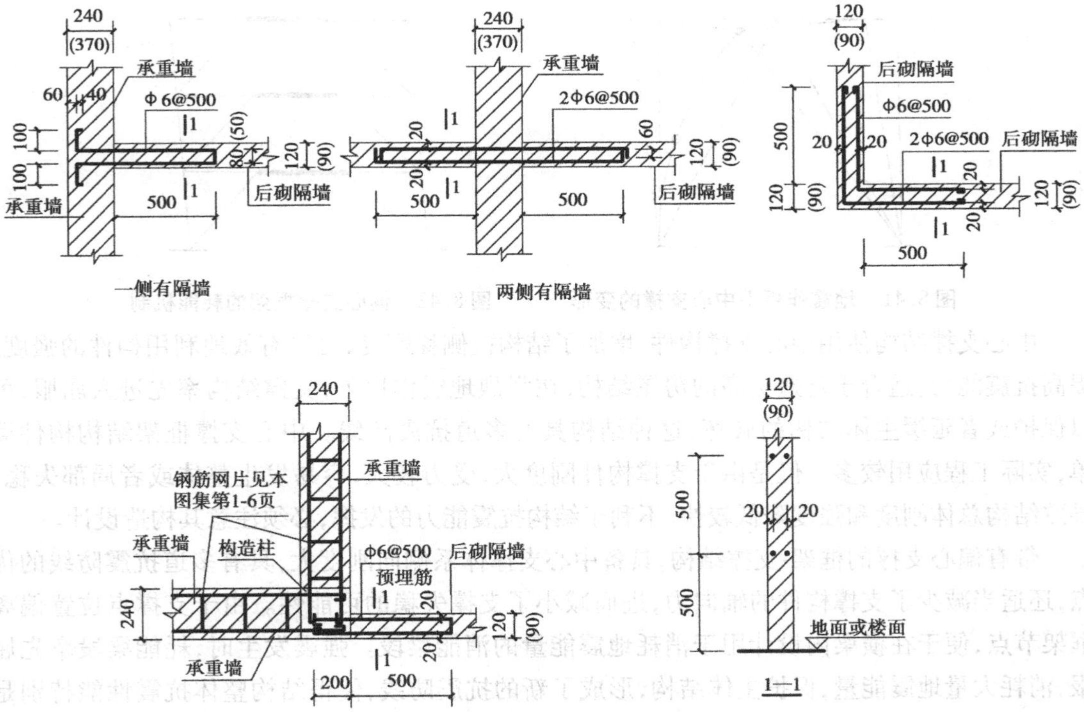

图 8.40 后砌隔墙与构造柱、承重墙的拉结

8.4 钢结构抗震

·8.4.1 钢结构结构抗震设计一般规定·

钢框架结构构造简单、传力明确，侧移刚度沿高度分布均匀，结构整体侧向变形为剪切型（多层），抗侧移能力主要取决于框架梁、柱的抗弯能力。如构造设计合理，在强震发生时，结构陆续进入屈服的部位是框架节点域、梁、柱构件，结构的抗震能力取决于塑性屈服机制以及梁、柱、节点的耗能。当层数较多时，控制结构性能的设计参数不再是构件的抗弯能力，而是结构的抗侧移刚度和延性。因此，从经济角度看，这种结构体系适合于建造 20 层以下的中低层房屋。另外，研究及震害调查表明，以梁铰屈服机制设计的框架结构抗震性能较好，易于实现“小震不坏，大震不倒”的经济型抗震设防目标。

钢框架-支撑体系可分为中心支撑类型（图 8.41）和偏心支撑类型（图 8.42）。

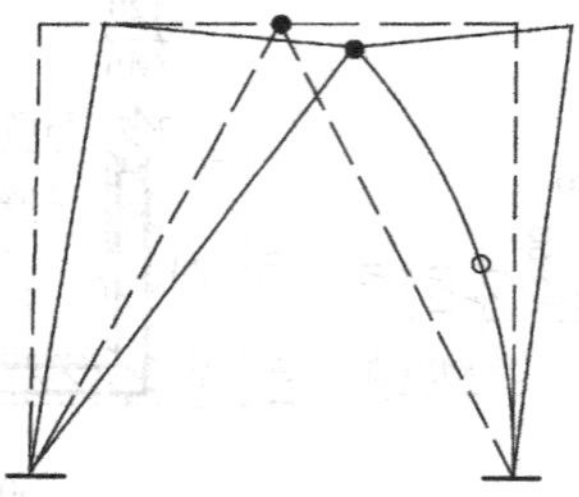

图 8.41　地震作用下中心支撑的变形

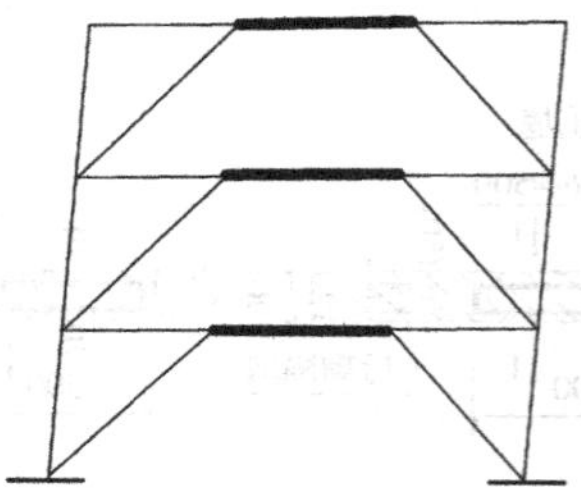

图 8.42　偏心支撑框架的耗能机制

中心支撑结构使用中心支撑构件，增加了结构抗侧移刚度，可更有效地利用构件的强度，提高抗震能力，适合于建造更高的房屋结构，在强烈地震作用下，支撑结构率先进入屈服，可以保护或者延缓主体结构的破坏，这种结构具有多道抗震防线。中心支撑框架结构构件简单，实际工程应用较多。但是由于支撑构件刚度大，受力较大，容易发生整体或者局部失稳，导致结构总体刚度和强度降低较快，不利于结构抗震能力的发挥，必须注意其构造设计。

带有偏心支撑的框架-支撑结构，具备中心支撑体系侧向刚度大，具有多道抗震防线的优点，还适当减少了支撑构件的轴向力，进而减小了支撑失稳的可能性。由于支撑点位置偏离框架节点，便于在横梁内设计用于消耗地震能量的消能梁段。强震发生时，耗能梁段率先屈服，消耗大量地震能量，保护主体结构，形成了新的抗震防线，使得结构整体抗震性能特别是结构延性大大加强。这种结构体系适合于在高烈度地区建造高层建筑。

钢框架-抗震墙板结构，使用带竖缝剪力墙板或带水平缝剪力墙板，内藏支撑混凝土墙板、钢抗震墙板等，提供需要的侧向刚度。其中，带缝剪力墙板在弹性状态下具有较大的抗侧移刚度，在强震下可进入屈服阶段并耗能。这种结构具有多道抗震防线，同实体剪力墙板相比，其特点是刚度退化过程平缓，整体延性好，在日本使用较多。

钢结构民用房屋的结构类型和最大高度应符合表8.9的规定。平面和竖向均不规则的钢结构,适用的最大高度宜适当降低。钢支撑-混凝土框架和钢框架-混凝土筒体结构的抗震设计,应符合《建筑抗震设计规范》(GB 50011—2010,2016年版)附录G的规定;多层钢结构厂房的抗震设计,应符合《建筑抗震设计规范》(GB 50011—2010,2016年版)附录H第H.2节的规定。

表8.9　钢结构房屋适用的最大高度

结构类型	6、7度	7度	8度		9度
	(0.10g)	(0.15g)	(0.20g)	(0.30g)	(0.40g)
框架	110	90	90	70	50
框架-中心支撑	220	200	180	150	120
框架-偏心支撑(延性墙板)	240	220	200	180	160
筒体(框筒,筒中筒,桁架筒,束筒)和巨型框架	300	280	260	240	180

注:房屋高度指室外地面到主要屋面板板顶的高度(不包括局部突出屋顶部分);超过表内高度的房屋,应进行专门研究和论证,采取有效的加强措施;表内的筒体不包括混凝土筒。

钢结构房屋的楼盖,宜采用压型钢板现浇钢筋混凝土组合楼板或钢筋混凝土楼板,并应与钢梁有可靠连接。对6度、7度时不超过50 m的钢结构,尚可采用装配整体式钢筋混凝土楼板,也可采用装配式楼板或其他轻型楼盖;但应将楼板预埋件与钢梁焊接,或采取其他保证楼盖整体性的措施。对转换层楼盖或楼板有大洞口等情况,必要时可设置水平支撑。

钢结构房屋需要设置防震缝时,缝宽应不小于相应钢筋混凝土结构房屋的1.5倍。

·8.4.2　多、高层钢结构抗震构造措施及详图·

1)框架梁、柱的一般要求

梁柱构件受压翼缘应根据需要设置侧向支撑。梁柱构件在出现塑性铰的截面、上下翼缘均应设置侧向支撑。梁与柱的连接宜采用柱贯通型。

框架梁采用悬臂梁段与柱刚性连接时(图8.43),悬臂梁段与柱应采用全焊接连接,此时上下翼缘焊接孔的形式宜相同;梁的现场拼接可采用翼缘焊接、腹板螺栓连接。

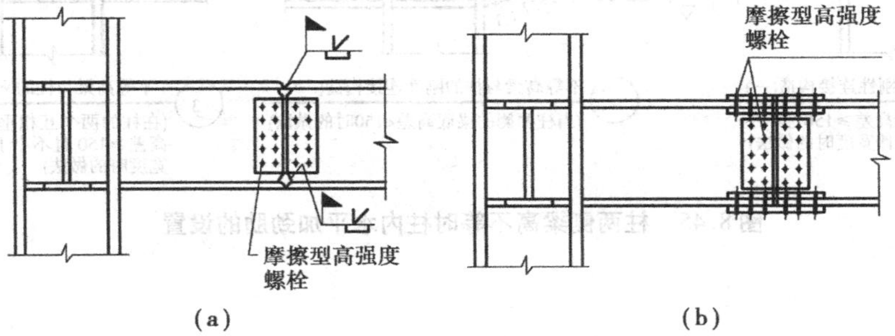

图8.43　框架柱与梁悬臂段的连接

箱形柱在与梁翼缘对应位置设置的隔板，应采用全熔透对接焊缝与壁板相连。工字形柱的横向加劲肋与柱翼缘，应采用全熔透对接焊缝连接，与腹板可采用角焊缝连接。

2）多、高层钢结构抗震构造详图

多、高层钢结构抗震构造详图如图 8.44 至图 8.55 所示。

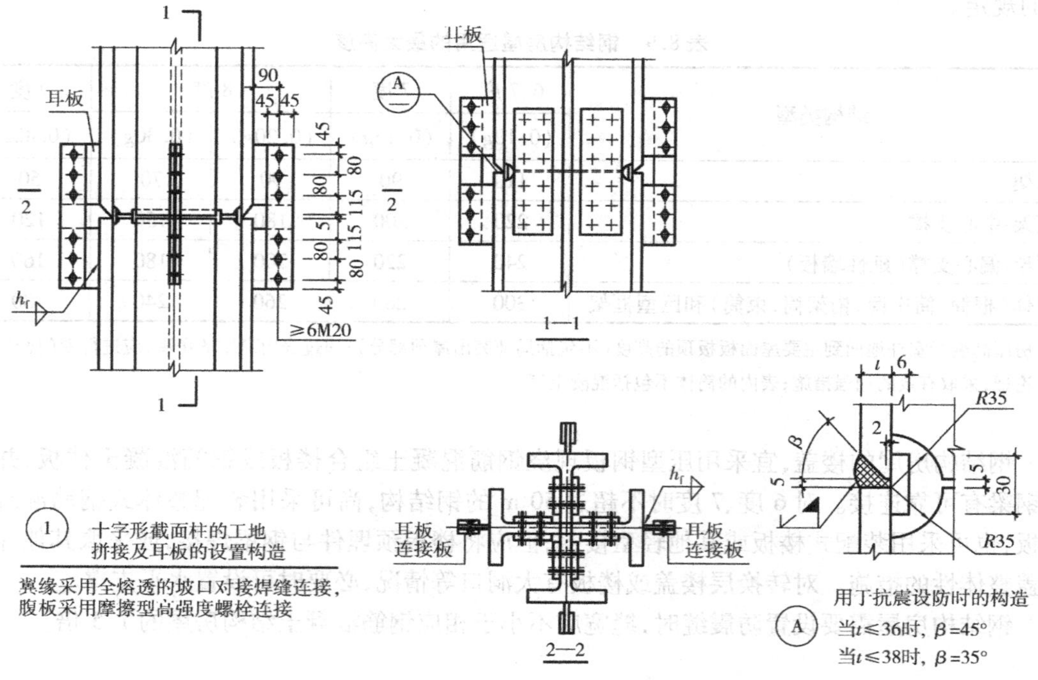

图 8.44　柱的工地拼接

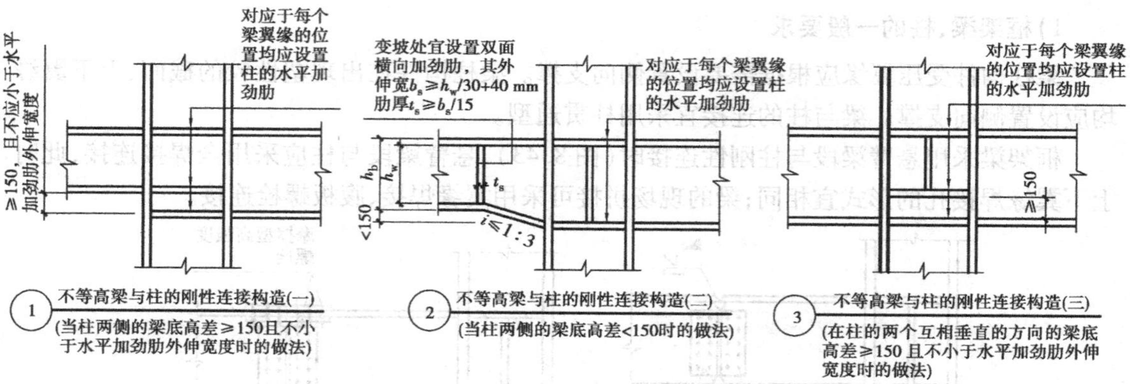

图 8.45　柱两侧梁高不等时柱内水平加劲肋的设置

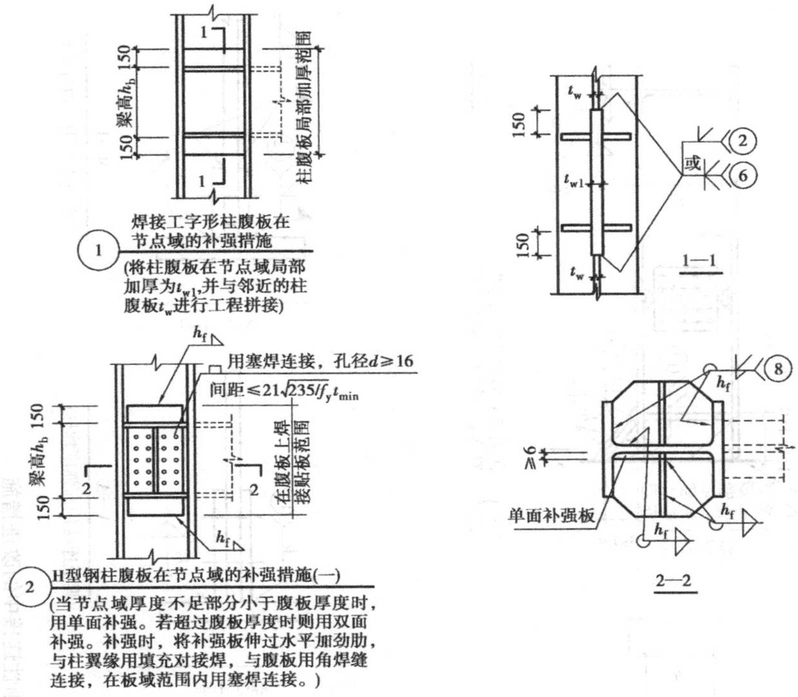

图 8.46　工字形柱腹板在节点域厚度不足时的补强措施

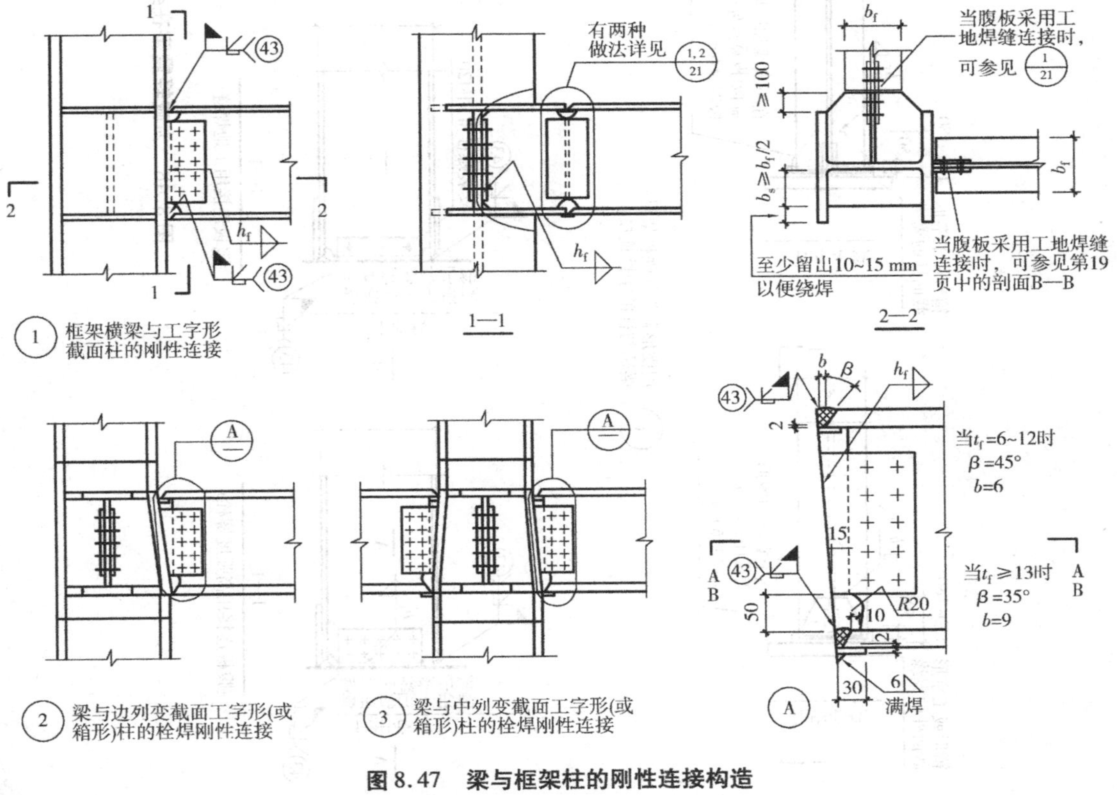

图 8.47　梁与框架柱的刚性连接构造

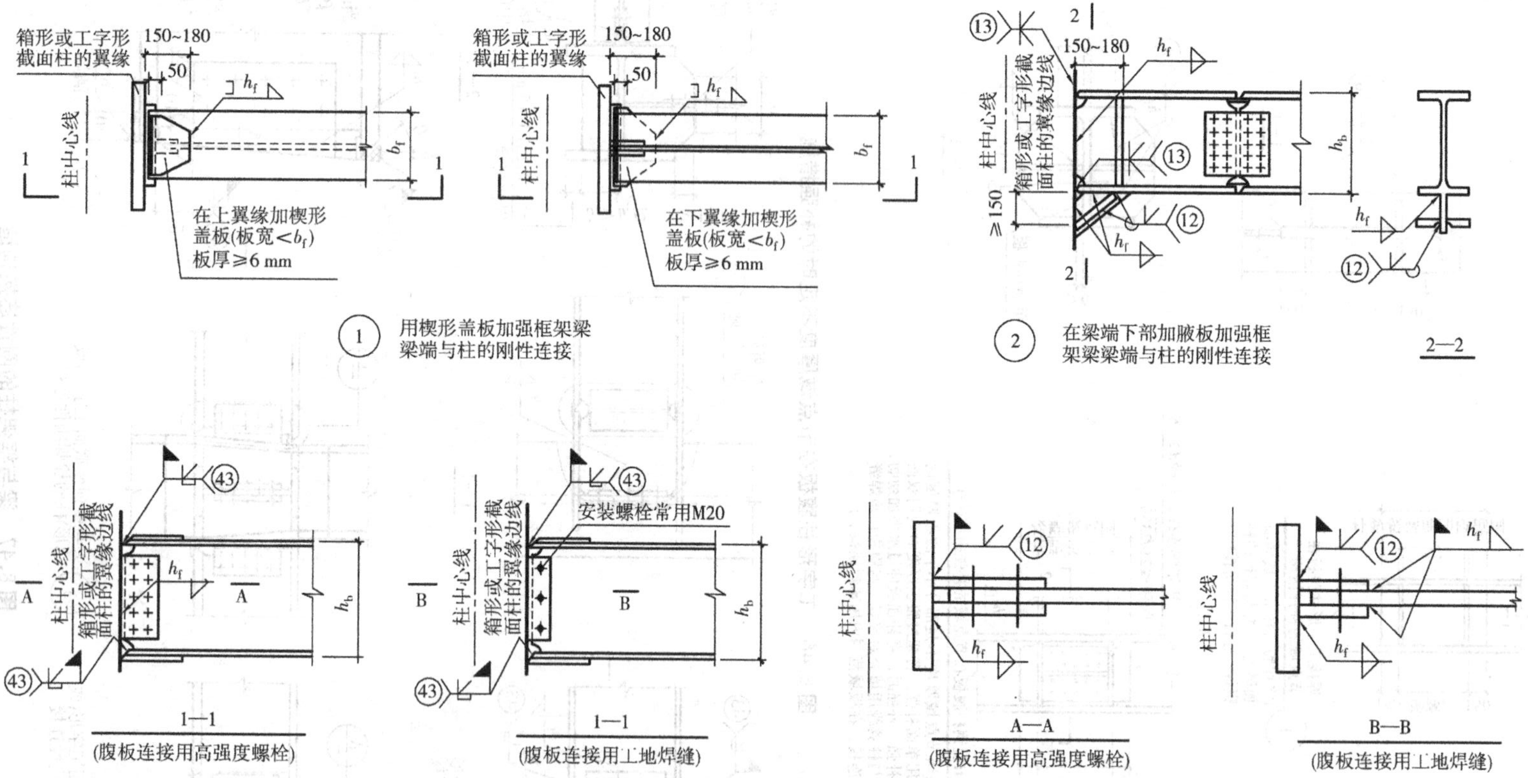

图 8.48　为减轻震害在梁柱刚性连接中的改进措施

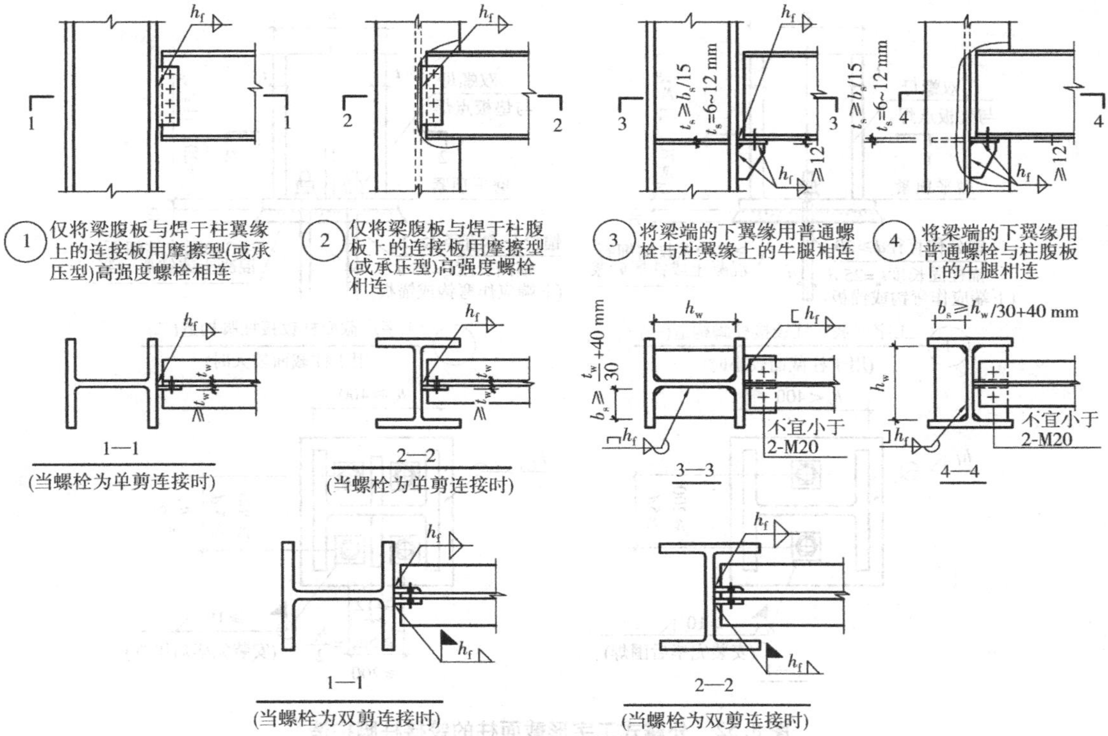

图 8.49　梁与柱的铰接连接构造

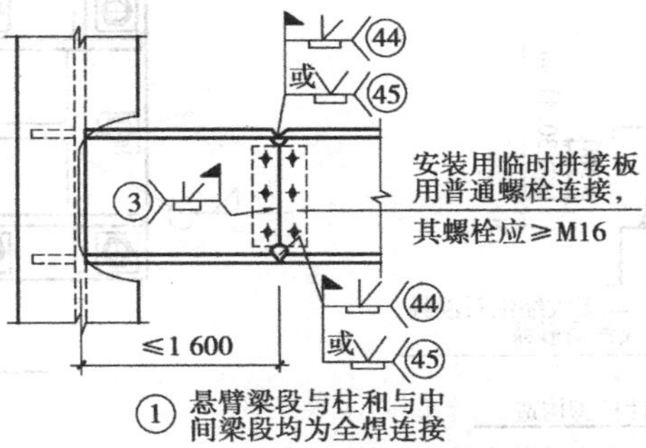

图 8.50　悬臂梁段与柱的中间梁段的工地拼接构造

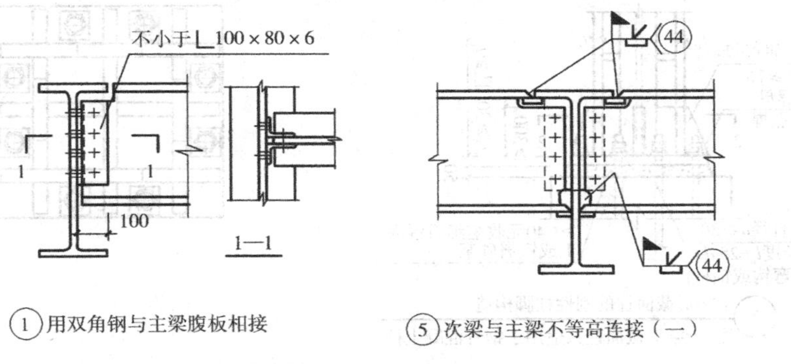

图 8.51　次梁与主梁的连接构造

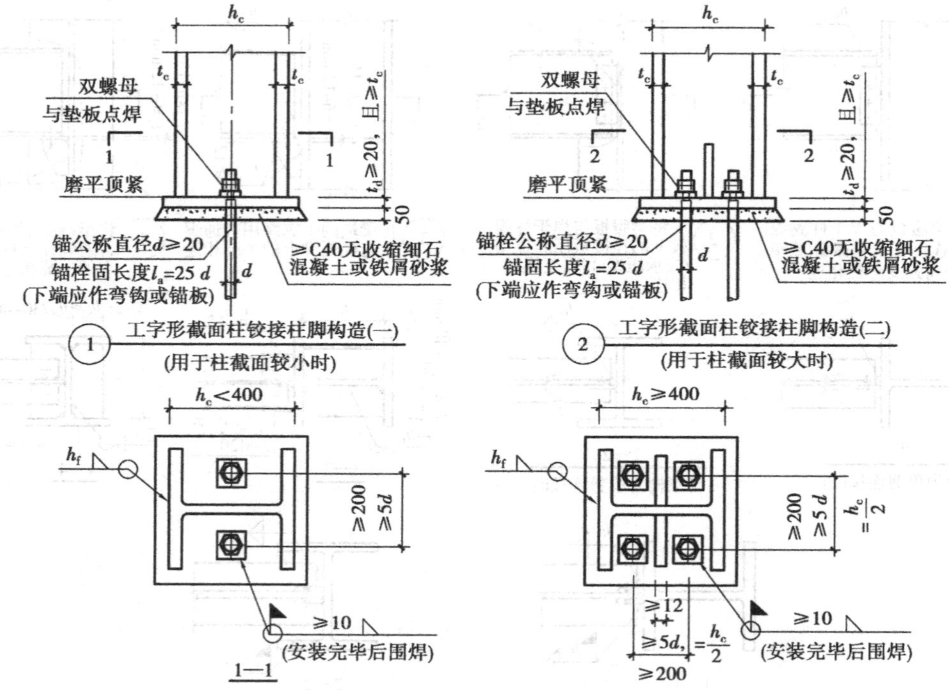

图 8.52　外露式工字形截面柱的铰接柱脚构造

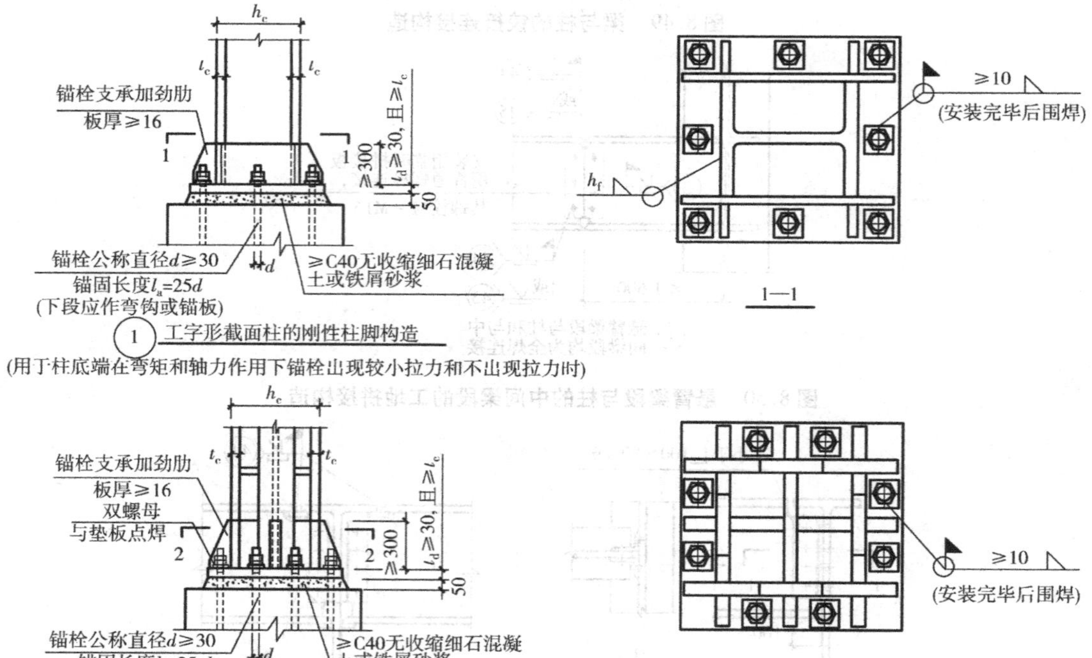

图 8.53　外露式工字形截面柱及十字形截面柱的的刚性柱脚构造

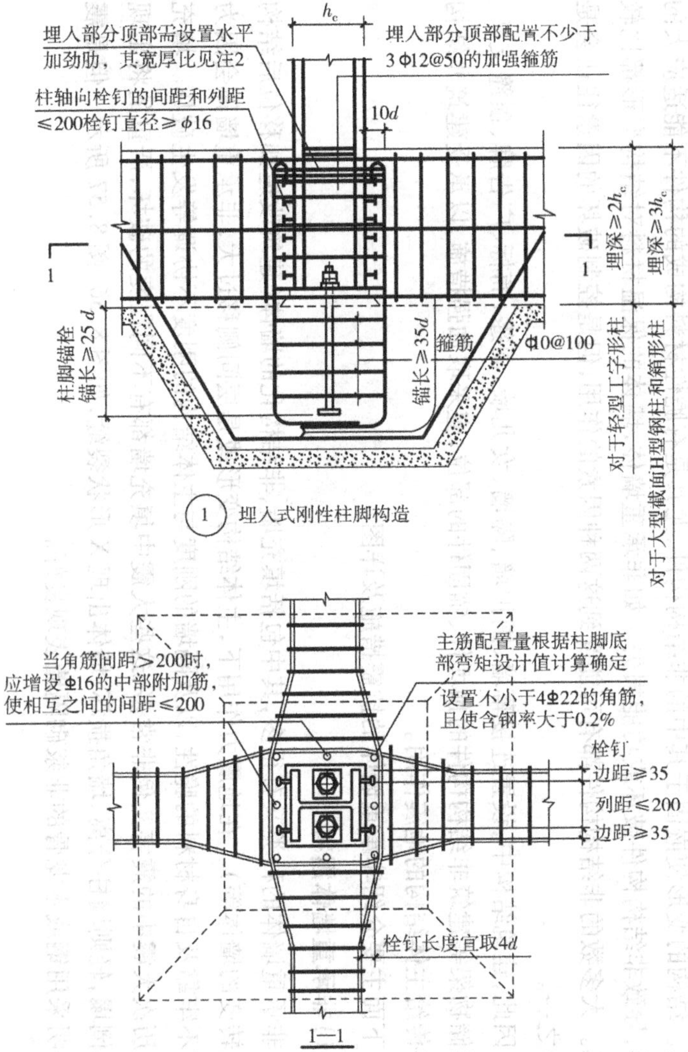

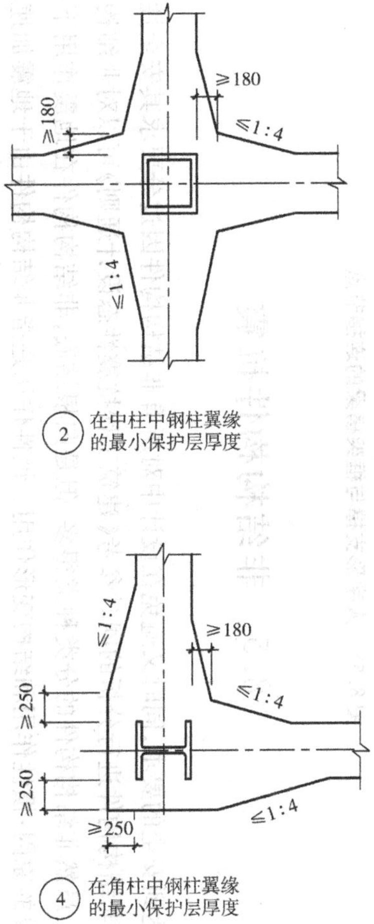

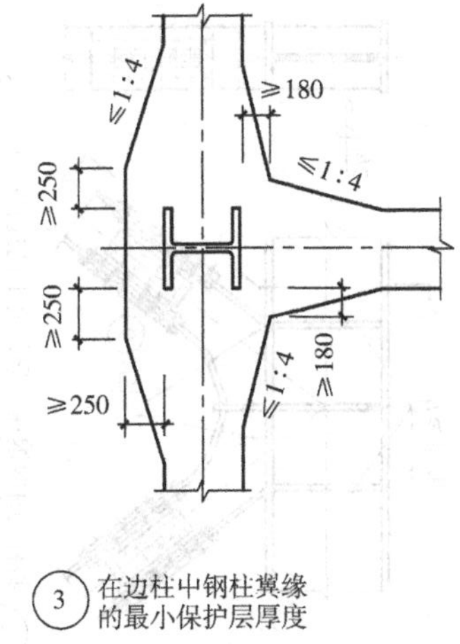

注：

1. 图中所示的柱脚构造，同样适用于箱形截面柱，管形截面柱和十字形截面柱。
2. 埋入部分顶部需设置水平加劲肋，其宽厚比应满足下列要求：

   对于工字形截面柱，其水平加劲肋外伸宽度的宽厚比 $\geq 9\sqrt{235/f_y}$

   对于箱形截面柱，其内横隔板的宽厚比 $\leq 30\sqrt{235/f_y}$

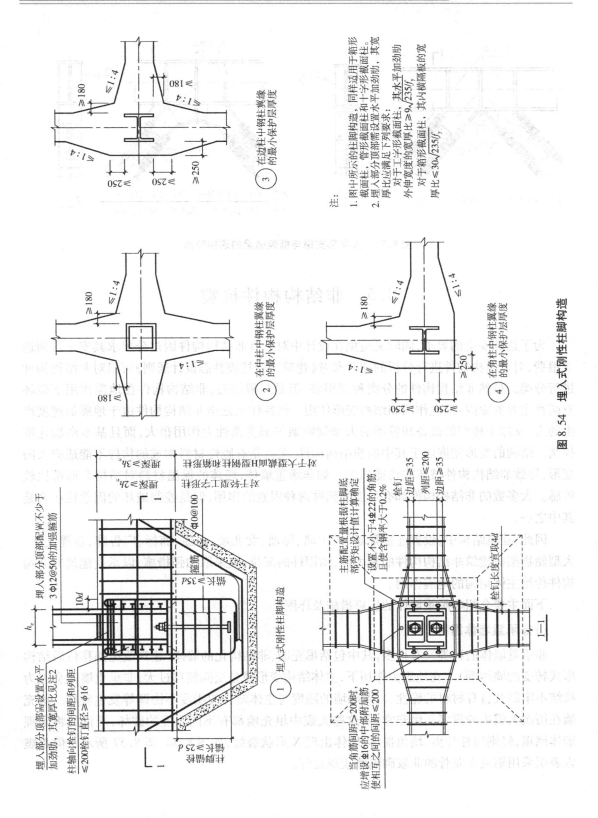

图 8.54 埋入式刚性柱脚构造

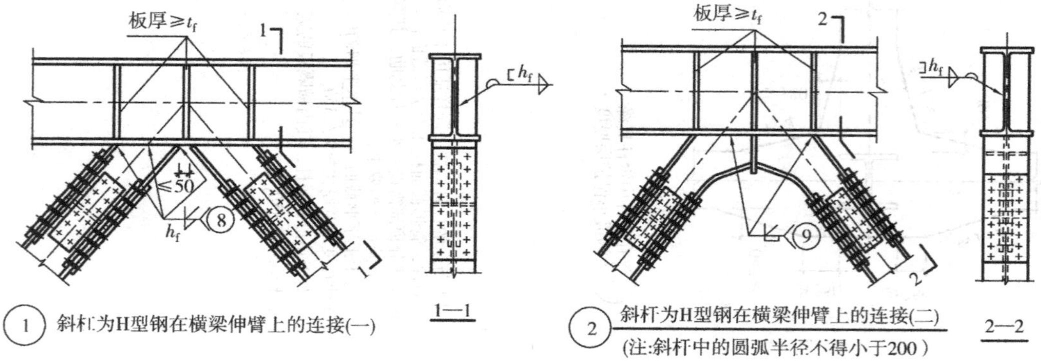

图 8.55　人字形支撑与框架横梁的连接节点

8.5　非结构构件抗震

为了达到安全的要求,同时又避免在设计中对所有非结构构件因过分要求其安全性而造成浪费,对非结构构件进行分析的同时参考《建筑工程抗震性态设计通则》可以对非结构构件进行分类。虽然非结构构件的分类种类很多,但是归根结底,非结构构件在地震作用下破坏有两种主要的原因:惯性作用和结构变形作用。惯性作用是指非结构构件由于地震加速度产生的力,支撑于楼面的设备和屋面的大型储物架等都受惯性力作用很大,而且基本由加速度控制。结构的变形使嵌固于其中的非结构构件,尤其是有脆性材料构成的构件不能适应大的变形,导致非结构构件破坏或功能损失。如非承重墙体,墙体的保温材料对结构变形都比较敏感。大多数的非结构构件都有可能受到这两种因素的作用,但是控制破坏的因素往往会是其中之一。

因此,建筑结构中,设置连接幕墙、围护墙、隔墙、女儿墙、雨篷、商标、广告牌、顶篷支架、大型储物架等建筑非结构构件的预埋件、锚固件的部位,应采取加强措施,以承受建筑非结构构件传给主体结构的地震作用。

下面主要介绍非承重墙体的抗震措施及详图。

1)非承重墙体震害

非承重墙体的种类又有很多,其中包括填充墙、非结构化的墙体(建筑改造如移位后结构形式转变的墙体等)。在地震力作用下,主体结构变形或是层间侧移过大,非承重墙体会因为拉结不牢靠及自身材料的脆性,以及隔墙的刚度与主体结构的刚度不协调等发生破坏。填充墙在历次大震中的震害实例非常多,这些大震中填充墙都有不同程度的破坏,严重的将出现墙体倒塌,轻则墙柱分离、墙角损坏、墙体出现 X 形状裂缝,如图 8.56、图 8.57 所示。但是震害表明采用钢或木龙骨的非浆砌隔墙表现良好。

图 8.56 砌块填充墙破坏

图 8.57 底层空心砖填充墙破坏

2）非承重墙体抗震措施

非承重墙体宜优先采用轻质墙体材料；采用砌体墙时，应采取措施减少对主体结构的不利影响，并应设置拉结筋、水平系梁、圈梁、构造柱等与主体结构可靠拉结。

刚性非承重墙体的布置，应避免使结构形成刚度和强度分布上的突变；当围护墙非对称均匀布置时，应考虑质量和刚度的差异对主体结构抗震不利的影响。

墙体与主体结构应有可靠的拉结，应能适应主体结构不同方向的层间位移；8 度、9 度时应具有满足层间变位的变形能力，与悬挑构件相连接时，尚应具有满足节点转动引起的竖向变形的能力。外墙板的连接件应具有足够的延性和适当的转动能力，宜满足在设防地震下主体结构层间变形的要求。

3）非承重墙体构造详图

非承重墙体构造详图如图 8.58 和图 8.59 所示。

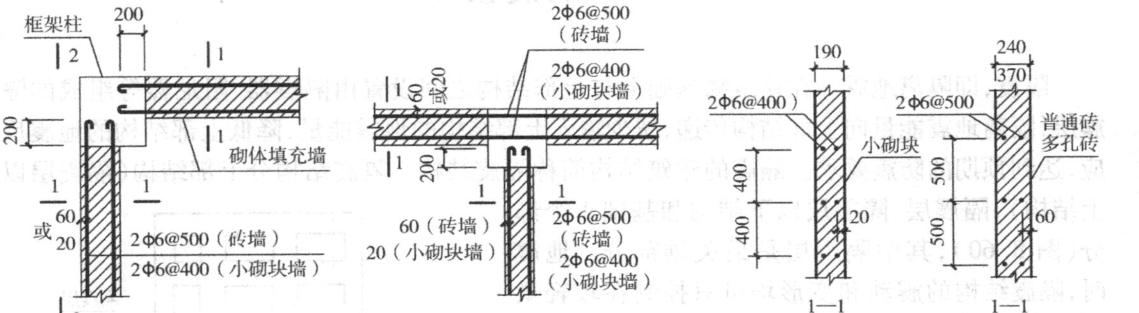

图 8.58 砌体填充墙与框架柱的拉结

墙体大于 5 m 时，墙体与梁、板宜有拉结；墙长超过 8 m 或层高 2 倍时，宜设置钢筋混凝土构造柱；墙高超过 4 m 时，墙体半高处宜设置与柱连接且沿墙全长贯通的钢筋混凝土水平系梁。

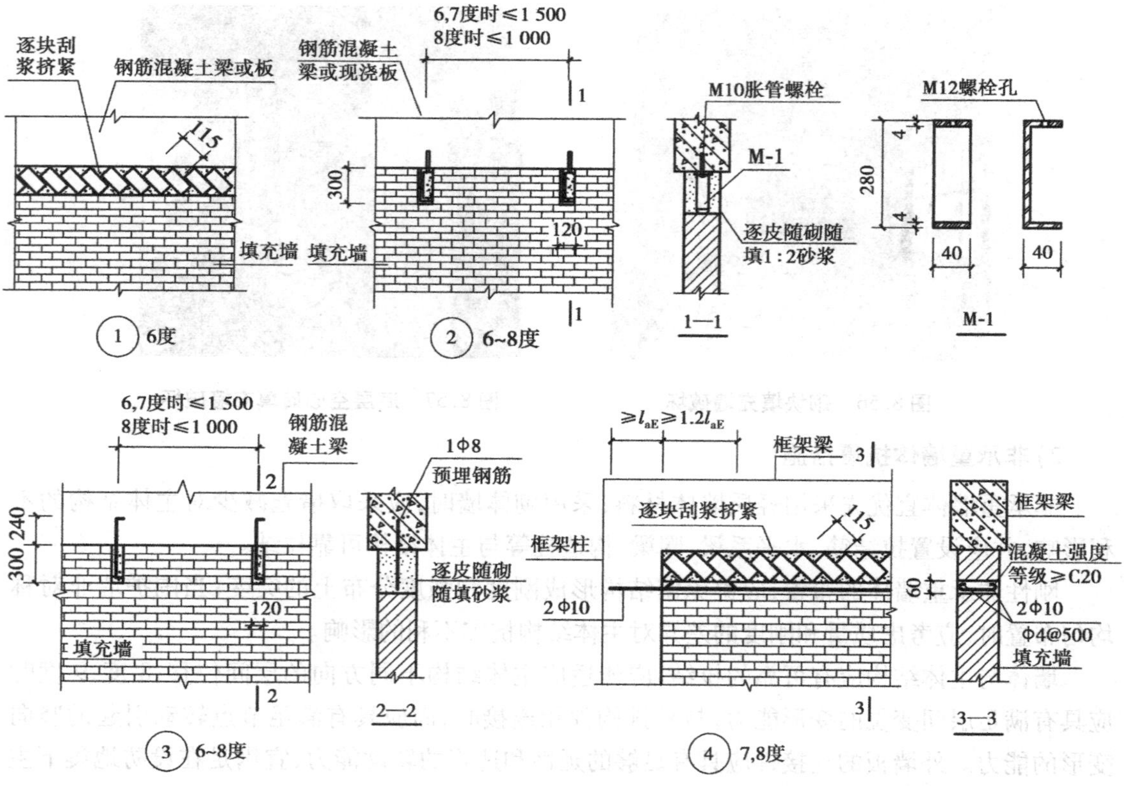

图 8.59　砌体填充墙的顶部拉结

8.6　隔震技术

隔震，即隔离地震。在建筑物基础上与上部结构之间设置由隔震器、阻尼器等组成的隔震层，隔离地震能量向上部结构传递，减少输入上部结构的地震能量，降低上部结构的地震反应，达到预期的防震要求。隔震的建筑结构简称隔震结构。隔震结构分上部结构（隔震层以上结构）、隔震层、隔震层以下结构和基础 4 个部分（图 8.60），其中隔震层是最关键部分。地震时，隔震结构的震动和变形均可只控制在较轻微的水平，从而使建筑物的安全得到更可靠的保证。进行隔震的建筑结构设计称为隔震设计，如图 8.61、图 8.62 所示。

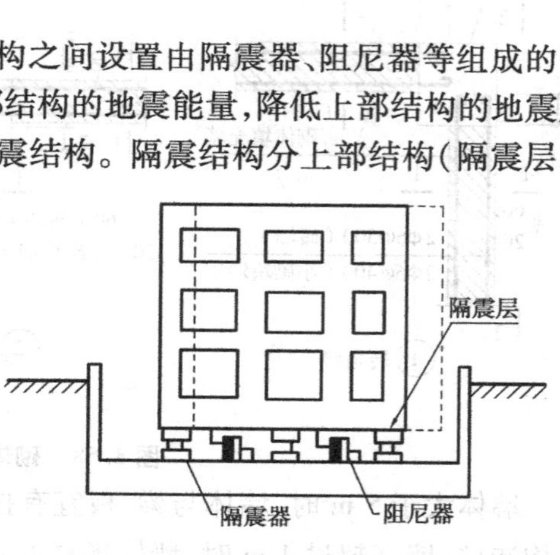

图 8.60　隔震结构

隔震层对整个结构系统起两大作用：

①由于隔震层的刚度很小，使整个隔震结构体系的自振周期大大增长，上部结构的地震加速度反应大大减小；

图 8.61 四川雅安芦山县医院

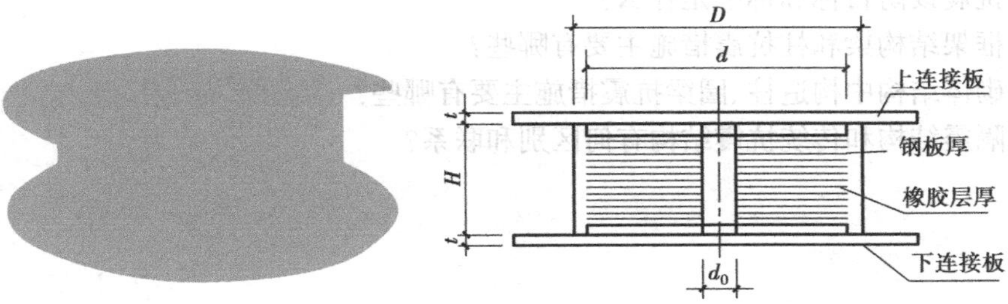

(a)橡胶支座的形状

(b)橡胶支座的构造

图 8.62 橡胶支座的形状与构造详图

②隔震层采用高阻尼的元件组成,使整个隔震结构体系的阻尼加大,有效地吸收地震波输入上部结构的能量,大大减小地震对上部结构的作用力。

这两项作用,可使上部结构的加速度反应一般仅相当于不隔震情况下的1/8~1/4。这样不仅能够达到减轻地震对上部结构损坏的目的,而且能使建筑物的装修及室内设备也得到有效保护,乃至不影响室内设备的正常运行。

隔震技术的出现,可使抗震设防超越“小震不坏,中震可修,大震不倒”的设计思想,达到更高的抗震安全可靠度水准,使建筑物在强烈地震中不发生较严重的损伤。另外,由于强震时地面运动固有的复杂性和预测工作的高难度,使人们逐渐认识到,在结构抗震设计中以人为确定的地面运动强度和反应谱特性为目标的传统抗震设计方法,包含着由于地面运动不确定性可能引起的风险,为了减低这种风险,除了应加强设计地震的研究以外,更为现实的途径是使结构具有抗御不同地面运动特性的能力,使类似于共振的现象在地震中不可能出现,隔震技术即可满足这种要求。

本章小结

(1)地震的基本知识,如地震的定义、地震术语,工程结构的抗震设防目标和方法。

(2)钢筋混凝土结构抗震设计一般规定,框架结构、剪力墙结构及框架剪力墙抗震构造措施及详图。

(3)砌体结构抗震设计一般规定,砖砌体、砌块砌体及底部框架-抗震墙抗震措施及构造详图。

(4)钢结构抗震设计一般规定,多、高层钢结构及单层钢结构厂房抗震措施及构造详图。

(5)非结构构件构造措施和结构隔震技术。

复习思考题

8.1　地震是如何定义的?何为震级和烈度?

8.2　抗震设防目标和标准是什么?

8.3　框架结构梁和柱抗震措施主要有哪些?

8.4　砌体结构中构造柱、圈梁抗震措施主要有哪些?

8.5　隔震结构和传统抗震结构有何区别和联系?

第 9 章　装配式结构基础

教学内容：主要介绍了装配式混凝土的概念、装配式建筑的几大组成系统、三种主要装配式结构的定义、装配式混凝土结构施工图的表示方法、装配式混凝土结构的节点构造要求等。

学习要求：

(1) 了解装配式混凝土结构的概念、装配式建筑的几大组成系统、装配式建筑的特点；

(2) 掌握装配式混凝土结构施工图的表示方法；

(3) 熟悉装配式混凝土结构连接节点的构造要求。

9.1　装配式结构概述

装配式建筑是一个系统工程，由结构系统、外围护系统、设备与管线系统、内装系统四大系统组成，是将预制部品部件通过模数协调、模块组合、接口连接、节点构造和施工工法等集成装配而成的，在工地高效、可靠装配并做到主体结构、建筑围护、机电装修一体化的建筑。它有以下几个方面的特点：以完整的建筑产品为对象，以系统集成为方法，体现加工和装配需要的标准化设计；以工厂精益化生产为主的部品部件；以装配和干式工法为主的工地现场；以提升建筑工程质量安全水平、提高劳动生产效率、节约资源能源、减少施工污染和建筑的可持续发展为目标；基于 BIM 技术的全链条信息化管理，实现设计、生产、施工、装修和运营维护的协同。

装配式建筑强调这 4 个系统之间的集成，以及各系统内部的集成过程。在系统集成的基础上，装配式建筑强调集成设计，突出在设计的过程中应将结构系统、外围护系统、设备与管线系统以及内装系统进行综合考虑、一体化设计。装配式建筑的协同设计工作是工厂化生产和装配化施工建造的前提。装配式建筑设计应统筹规划设计、生产运输、施工安装和使用维护，进行建筑、结构、设备、室内装修等专业一体化的设计，同时要运用建筑信息模型技术，建立信息协同平台，加强设计、生产、运输、施工各方之间的关系协同，并应加强建筑、结构、设备、装修等专业之间的配合。

装配式装修以工业化生产方式为基础，采用工厂制造的内装部品，部品安装采用干式工法。推行装配式装修是推动装配式建筑发展的重要方向。采用装配式装修的设计建造方式具有以下几个方面的优势：部品在工厂制作，现场采用干式作业，可以最大限度保证产品的质量和性能；提高劳动生产率，节省大量人工和管理费用，大大缩短建设周期，综合效益明显，从而降低生产成本；节能环保，减少原材料的浪费，施工现场大部分为干式工法，减少噪声、粉尘和建筑垃圾等污染;便于维护,降低了后期运营维护的难度,为部品更换创造了可能;工业化生产的方式有效解决了施工生产的尺寸误差和模数接口问题。

现场采用干作业施工工艺的干式工法是装配式建筑的核心内容。我国传统施工现场具有湿作业多、施工精度差、工序复杂、建造周期长、依赖现场工人水平和施工质量难以保证等问题,而干式工法作业可实现高精度、高效率和高品质。

模块是标准化设计中的基本单元,首先应具有一定的功能,具有通用性;同时,在接口标准化的基础上,同类模块也具有互换性。在装配式建筑中,接口主要是两个独立系统、模块或者部品部件之间的共享边界。接口的标准化,可以实现通用性以及互换性。

集成式厨房多指居住建筑中的厨房。集成式卫生间充分考虑了卫生间空间的多样组合或分隔,包括多器具的集成卫生间产品和仅有洗面、洗浴或便溺等单一功能模块的集成卫生间产品。集成式厨房、集成式卫生间是装配式建筑装饰装修的重要组成部分,其设计应按照标准化、系列化原则,并符合干式工法施工的要求,在制作和加工阶段全部实现装配化。整体收纳是工厂生产、现场装配的模块化集成收纳产品的统称,为装配式住宅建筑内装系统中的一部分,属于模块化部品,配置门扇、五金件和隔板等。通常设置在入户门厅、起居室、卧室、厨房、卫生间和阳台等功能空间部位。

发展装配式隔墙、吊顶和楼地面部品技术,是我国装配化装修和内装产业化发展的主要内容。以轻钢龙骨石膏板体系的装配式隔墙、吊顶为例,其主要特点如下:干式工法,实现建造周期缩短60%以上;减少室内墙体占用面积,提高建筑的得房率;防火、保温、隔音、环保及安全性能全面提升;资源再生,利用率在90%以上;空间重新分割方便;健康环保性能提高,可有效调整湿度,增加舒适感。

在我国,装配式建筑定量描述主要有两个简单指标:预制率与装配率。预制率是衡量主体结构和外围护结构采用预制构件的比率,只有最大限度地采用预制构件,才能充分体现工业化建筑的特点和优势。而过低的预制率则难以体现,经测算,低于20%的预制率基本上与传统现浇结构的生产方式没有区别,因此也不可能成为工业化建筑。预制构件类型包括预制外承重墙、内承重墙、柱、梁、楼板、外挂墙板、楼梯、空调板、阳台、女儿墙等结构构件,如图9.1和图9.2所示。装配率是衡量工业化建筑所采用工厂生产的建筑部品的装配化程度,最大限度地采用工厂生产的建筑部品进行装配施工,能够充分体现工业化建筑的特点和优势,而过低的装配率则难以体现。基于当前我国各类建筑部品的发展相对比较成熟,工业化建筑采用的各类建筑部品的装配率不应低于50%。建筑部品类型包括非承重内隔墙、集成式厨房、集成式卫生间、预制管道井、预制排烟道、护栏等。

目前常用的装配式结构有三种:装配式混凝土结构(precast concrete structure)是指由预制混凝土构件通过可靠的连接方式装配而成的混凝土结构,如图9.3和图9.4所示;装配式钢结构建筑(assembled building with steel-structure)是指建筑的结构系统由钢部(构)件构成的装配式建筑,如图9.5和图9.6所示;装配式木结构(prefabricated timber structure)是指采用工厂预制的木结构组件和部品,以现场装配为主要手段建造而成的结构,包括装配式纯木结构、装配式木混合结构等,如图9.7和图9.8所示。

图 9.1 预制楼梯

图 9.2 预制墙体

图 9.3 装配式混凝土结构生产线

图 9.4 装配式混凝土结构

图 9.5 装配式钢结构生产线

图 9.6 装配式钢结构

图 9.7 装配式木结构生产线

图 9.8 装配式木结构

9.2　装配式混凝土结构施工图识读

结构施工图平面表示法适用于规则的、标准化的工程项目，适合于参数化设计的表达。装配式混凝土结构施工图表示方法与11G101系列标准图集制图规则相同的内容包括：基础、地下室结构和现浇混凝土结构楼层、结构平面布置图和楼(屋)面板配筋图、结构层高和楼面标高标注方法和规则——列表注写法，现浇剪力墙边缘构件和预制构件间后浇段详图——列表注写法，现浇剪力墙体标注规则——列表注写法，现浇连梁和楼(屋)面梁——平面注写法。不同之处在于对预制构件的编号、位置、装配方式等相关信息的表示。

预制构件编号反映构件信息，工程编号反映构件的工程信息。在配套标准图集中，给出了各类型预制构件编号的方法和规则，例如《装配式混凝土结构预制构件选用目录》(16G116—1)。在结构平面布置图中，按预制构件类型和位置顺序给出工程编号；在结构平面布置图中，统一或分别给出预制构件明细表或索引，列表标注内容包括：工程编号(构件编号)、标志、尺寸、数量、重量、设计参数、设计状态、位置信息。

1)预制混凝土剪力墙平面布置图的表示方法

预制混凝土剪力墙(简称"预制剪力墙")平面布置图应按标准层绘制，内容包括预制剪力墙、现浇混凝土墙体、后浇段、现浇梁、楼面梁、水平后浇带或圈梁等。在平面布置图中，应标注结构楼层标高表，并注明上部结构嵌固部位位置；应标注未居中承重墙体与轴线的定位，预制剪力墙的门窗洞口、结构洞的尺寸和定位，预制剪力墙的装配方向，以及水平后浇带或圈梁的位置。

2)预制混凝土剪力墙编号规定

预制剪力墙编号由墙板代号、序号组成，如预制外墙YWQ××、预制内墙YNQ××。在编号中，如若干预制剪力墙的模板、配筋、各类预埋件完全一致，仅墙厚与轴线的关系不同，也可将其编为同一预制剪力墙编号，但应在图中注明与轴线的几何关系。序号可为数字，或数字加字母。例如，YWQ1：表示预制外墙，序号为1；YNQ5a：某工程有一块预制混凝土内墙板与已编号的YNQ5除线盒位置外，其他参数均相同，为方便起见，将该预制内墙板序号编为5a。

3)列表注写方式

为表达清楚、简便，装配式剪力墙墙体结构可视为由预制剪力墙、后浇段、现浇剪力墙身、现浇剪力墙柱、现浇剪力墙梁等构件构成。其中，现浇剪力墙身、现浇剪力墙柱和现浇剪力墙梁的注写方式应符合11G101—1的规定。对应于预制剪力墙平面布置图上的编号，在预制墙板表中，选用标准图集中的预制剪力墙或引用施工图中自行设计的预制剪力墙；在后浇段表中，绘制截面配筋图并注写几何尺寸与配筋具体数值。

4)预制墙板表中表达的内容

在预制墙板表中表达的内容包括：

①注写墙板编号。

②注写各段墙板位置信息,包括所在轴号和所在楼层号。所在轴号应先标注垂直于墙板的起止轴号,用“～”表示起止方向;再标注墙板所在轴线轴号,二者用“/”分隔,如图9.9所示。如果同一轴线、同一起止区域内有多块墙板,可在所在轴号后用“-1”、“-2”……顺序标注。同时,需要在平面图中注明预制剪力墙的装配方向,外墙板以内侧为装配方向,不需特殊标注;内墙板用▼表示装配方向,如图9.10所示。

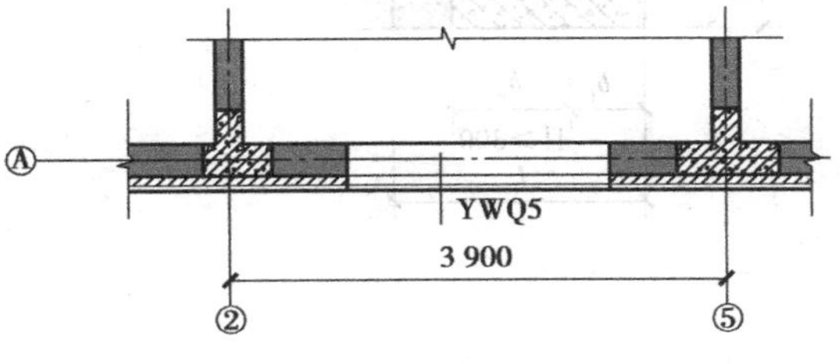

图9.9　外墙板YWQ5所在轴号为②～⑤/Ⓐ

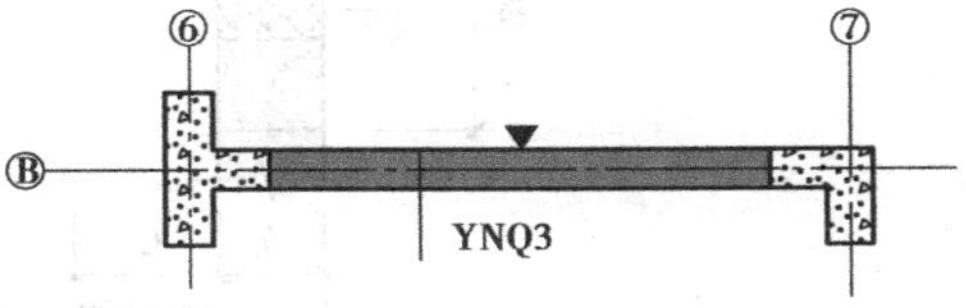

图9.10　内墙板YNQ3所在轴号为⑥～⑦/Ⓑ

③注写管线预埋位置信息,当选用标准图集时,高度方向可只注写低区、中区和高区,水平方向根据标准图集的参数进行选择;当不可选用标准图集时,高度方向和水平方向均应注写具体定位尺寸,其参数位置所在装配方向为X、Y,装配方向背面为X'、Y',可用下角标编号区分不同线盒,如图9.11所示。

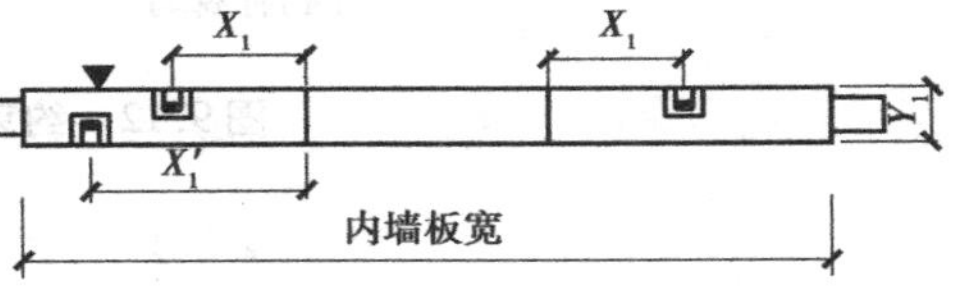

图9.11　线盒参数含义示例

④构件重量、构件数量。

⑤构件详图页码,当选用标准图集时,需标注图集号和相应页码;当自行设计时,应注写构件详图的图纸编号。

5)后浇段表示方法

(1)编号规定

后浇段编号由后浇段类型,代号和序号组成,表达形式:约束边缘构件后浇段为YHJ××、构造边缘构件后浇段为GHJ××、非边缘构件后浇段为AHJ××。例如,YHJ1:表示约束边缘构件后浇段,编号为1;GHJ5:表示构造边缘构件后浇段,编号为5;AHJ3:表示非边缘暗柱后浇段,编号为3。在编号中,如若干后浇段的截面尺寸与配筋均相同,仅截面与轴线的关系不同时,可将其编为同一后浇段号;约束边缘构件后浇段包括有翼墙和转角墙两种,如图9.12所示;构造边缘构件后浇段包括构造边缘翼墙、构造边缘转角墙、边缘暗柱3种,如图9.13所示;非边缘构件后浇段如图9.14所示。

(2)后浇段表中表达的内容

后浇段表中表达的内容包括:

①注写后浇段编号,绘制该后浇段的截面配筋图,标注后浇段几何尺寸。

②注写后浇段的起止标高,后浇段根部往上以变截面位置或截面未变但配筋改变处为界分段注写。

③注写后浇段的纵向钢筋和箍筋,注写值应与在表中绘制的截面配筋对应一致。纵向钢筋注纵筋直径和数量,后浇段箍筋、拉筋的注写方式与现浇剪力墙结构墙柱箍筋的注写方式相同。

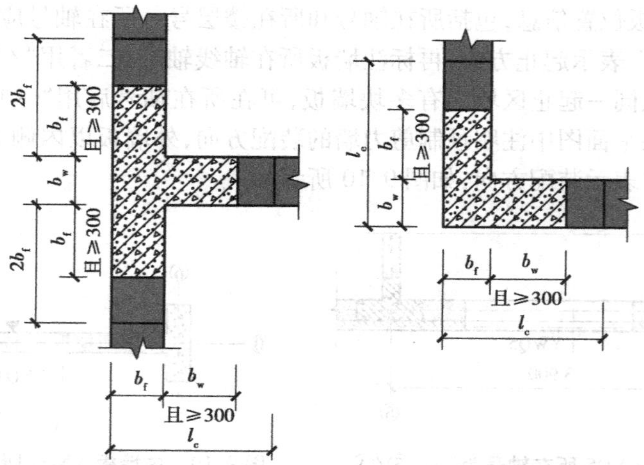

(a)有翼墙　　(b)转角墙

图 9.12　约束边缘构件后浇段 YHJ

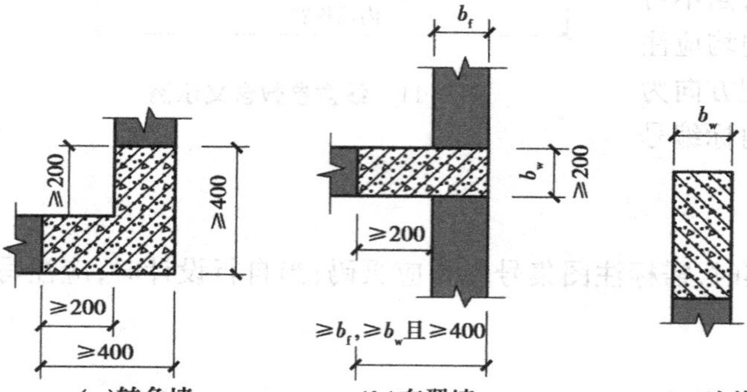

(a)转角墙　　(b)有翼墙　　(c)边缘暗柱

图 9.13　构造边缘构件后浇段 GHJ

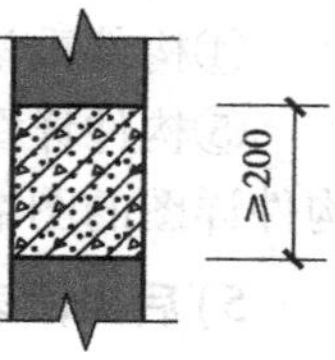

图 9.14　非边缘构件后浇段 AHJ

④预制墙板外露钢筋尺寸应标注至钢筋中线,保护层厚度应标注至箍筋外表面。

6)预制混凝土叠合梁编号

预制混凝土叠合梁编号由代号、序号组成,预制叠合梁为 DL ××,预制叠合连梁为 DLL ××。在编号中,如若干预制混凝土叠合梁的截面尺寸和配筋均相同,仅梁与轴线关系不同,也可将其编为同一叠合梁编号,但应在图中注明与轴线的几何关系。例如,DL1:表示预制叠合梁,编号为 1;DLL3:表示预制叠合连梁,编号为 3。

7)预制外墙模板编号

预制外墙模板编号由类型代号和序号组成,预制外墙模板为 JM ××。预制外墙模板表的内容包括:平面图中编号、所在层号、所在轴号、外墙板厚度、构件重量、数量、构件详图页码(图号)。例如,JM1 表示预制外墙模板,序号为 1。

装配式剪力墙平面布置图示例如图 9.15 所示。

层号	标高/m	层高/m
屋面2	61.900	
屋面1	58.800	3.100
21	55.900	2.900
20	53.100	2.800
19	50.300	2.800
18	47.500	2.800
17	44.700	2.800
16	41.900	2.800
15	39.100	2.800
14	36.300	2.800
13	33.500	2.800
12	30.700	2.800
11	27.900	2.800
10	25.100	2.800
9	22.300	2.800
8	19.500	2.800
7	16.700	2.800
6	13.900	2.800
5	11.100	2.800
4	8.300	2.800
3	5.500	2.800
2	2.700	2.800
1	-0.100	2.800
-1	-2.750	2.650
-2	-5.450	2.700
-3	-8.150	2.700

底部加强部位（-1~3层）；约束边缘构件区域（-1~4层）

结构层楼面标高
结构层高

上部结构嵌固部位：
-0.100

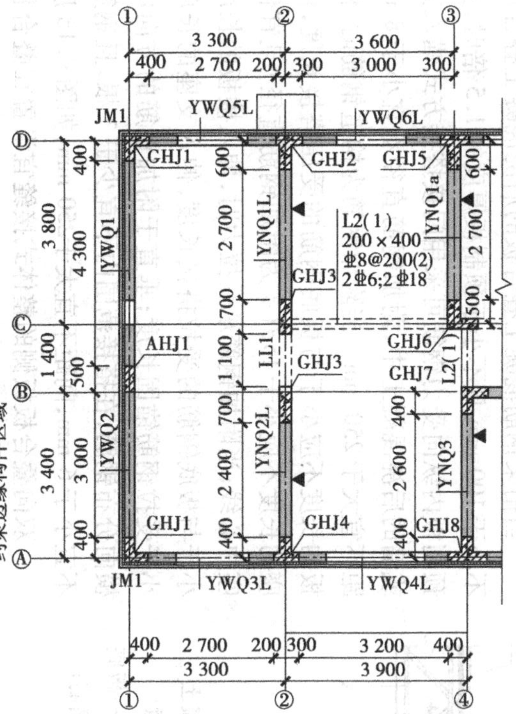

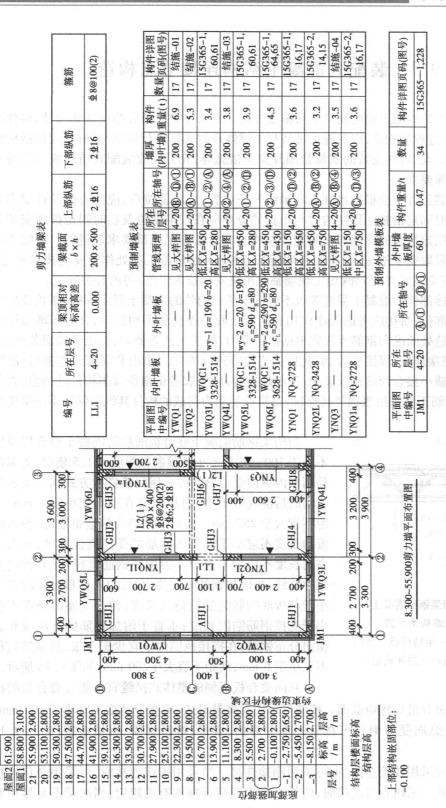

8.300~55.900剪力墙平面布置图

剪力墙梁表

编号	所在层号	梁顶相对标高高差	梁截面 $b \times h$	上部纵筋	下部纵筋	箍筋
LL1	4~20	0.000	200×500	2⏀16	2⏀16	⏀8@100(2)

预制墙板表

平面图中编号	内叶墙板	外叶墙板	管线预埋	所在层号	所在轴号	墙厚(内叶墙)	构件重量(t)	数量	构件详图页码(图号)
YWQ1	—	—	见大样图	4~20	Ⓑ~Ⓓ/①	200	6.9	17	结施-01
YWQ2	—	—	见大样图	4~20	Ⓐ~Ⓑ/①	200	5.3	17	结施-02
YWQ3L	WQC1-3328-1514	wy-1 a=190 b=20	低区X=450 高区X=280	4~20	①~②/Ⓐ	200	3.4	17	15G365-1,60,61
YWQ4L	—	—	见大样图	4~20	②~④/Ⓐ	200	3.8	17	结施-03
YWQ5L	WQC1-3328-1514	wy-2 a=20 b=190 c_R=590 d_R=80	低区X=450 高区X=280	4~20	①~②/Ⓓ	200	3.9	17	15G365-1,60,61
YWQ6L	WQC1-3628-1514	wy-2 a=290 b=290 c_L=590 d_L=80	低区X=450 高区X=430	4~20	②~③/Ⓓ	200	4.5	17	15G365-1,64,65
YNQ1	NQ-2728	—	低区X=150 高区X=450	4~20	Ⓒ~Ⓓ/②	200	3.6	17	15G365-1,16,17
YNQ2L	NQ-2428	—	低区X=450 高区X=750	4~20	Ⓐ~Ⓑ/②	200	3.2	17	15G365-2,14,15
YNQ3	—	—	见大样图	4~20	Ⓐ~Ⓑ/④	200	3.5	17	结施-04
YNQ1a	NQ-2728	—	低区X=150 中区X=750	4~20	Ⓒ~Ⓓ/③	200	3.6	17	15G365-2,16,17

预制外墙模板表

平面图中编号	所在层号	所在轴号		外叶墙板厚度	构件重量/t	数量	构件详图页码(图号)
JM1	4~20	Ⓐ/①	Ⓓ/①	60	0.47	34	15G365—1,228

注：1.水平后浇带配筋详见装配式结构专项说明及预制墙板详图。
2.本图中各配筋仅为示例，实际工程中详具体设计。
3.未注明墙体均为轴线居中，墙体厚度为200 mm。

图9.15 装配式剪力墙平面布置图示例

9.3 装配式混凝土结构连接节点构造

装配式混凝土结构施工前应制订专项施工方案。施工方案应结合结构深化设计,构件制作、运输和安装全过程的验算,以及施工吊装与支撑体系的验算进行策划与制订,应包括构件安装及节点施工方案、构件安装的质量管理及安全措施等,充分反应装配式结构施工的特点和工艺流程的特殊要求。

预制构件安装过程中应根据水准点和轴线校正位置,安装就位后,应及时按设计要求和施工方案采取临时固定措施。预制构件与吊具的分离应在校准就位及临时固定措施安装完成后进行。临时固定措施的拆除应在装配式结构达到后续施工承载要求后进行。装配式结构施工过程中应采取安全措施,并应符合现行行业标准《建筑施工高处作业安全技术规范》《建筑机械使用安全技术规程》和《施工现场临时用电安全技术规范》等的有关规定。

预制构件拼接部位的混凝土强度等级不应低于预制构件的混凝土强度等级;拼接位置宜设置在受力较小部位;拼接应考虑温度作用和混凝土收缩徐变的不利影响,宜适当增加构造配筋。节点及接缝处的纵向钢筋连接宜根据接头受力、施工工艺等要求,选用套筒灌浆连接、机械连接、浆锚搭接连接、焊接连接、绑扎搭接连接等连接方式。采用套筒灌浆连接时,灌浆接缝的封堵不应减小接合面的设计面积;采用焊接时,应采取避免损伤预制构件的措施;直径大于 20 mm 的钢筋不宜采用浆锚搭接连接,直接承受动力荷载的构件其纵向钢筋不应采用浆锚搭接连接。

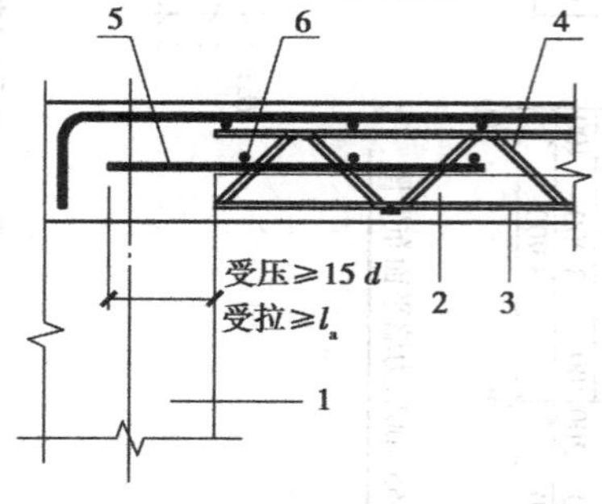

图 9.16 桁架钢筋混凝土叠合板板端构造示意

1—支承梁或墙;2—预制板;3—板底钢筋;4—桁架钢筋;5—附加钢筋;6—横向分布钢筋

当桁架钢筋混凝土叠合板的后浇混凝土叠合层厚度不小于 100 mm 且不小于预制板厚度的 1.5 倍时,支承端预制板内纵向受力钢筋可采用间接搭接方式锚入支承梁或墙的后浇混凝土中,附加钢筋直径不宜小于 8 mm,间距不宜大于 250 mm。当附加钢筋为构造钢筋时,伸入楼板的长度不应小于与板底钢筋的受压搭接长度,伸入支座的长度不应小于 $15d$(d 为附加钢筋直径)且宜伸过支座中心线;当附加钢筋承受拉力时,伸入楼板的长度不应小于与板底钢筋的受拉搭接长度,伸入支座的长度不应小于受拉钢筋锚固长度;垂直于附加钢筋的方向应布置横向分布钢筋,在搭接范围内不宜少于 3 根,且钢筋直径不宜小于 6 mm,间距不宜大于250 mm,如图 9.16 所示。

双向叠合板板侧的整体式接缝宜设置在叠合板的次要受力方向且宜避开最大弯矩截面。接缝可采用后浇带形式,后浇带宽度不宜小于 200 mm;后浇带两侧板底纵向受力钢筋可在后浇带中焊接、搭接、弯折锚固、机械连接,如图 9.17 所示。

次梁与主梁宜采用铰接连接,也可采用刚接连接。当采用铰接连接时,可采用企口连接或钢企口连接形式。采用企口连接时,应符合国家现行标准的有关规定;当次梁不直接承受动力荷载且跨度不大于 9 m 时，可采用钢企口连接，钢企口接头示意如图 9.18 所示。

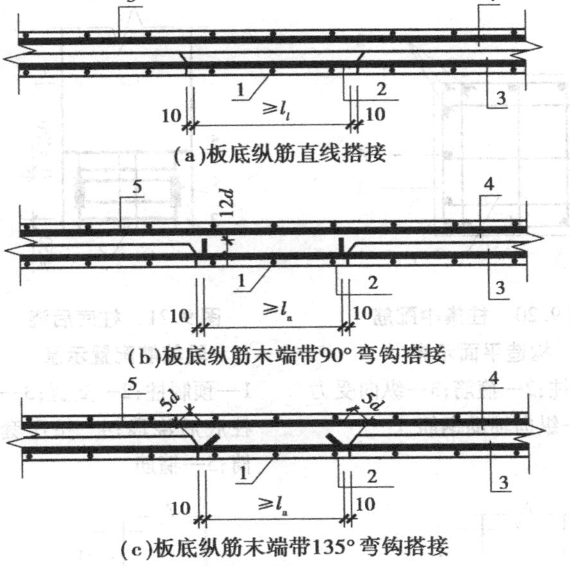

图 9.17　双向叠合板整体式接缝构造示意

1—通长钢筋；2—纵向受力钢筋；3—预制板；4—后浇混凝土叠合层；5—后浇层内钢筋

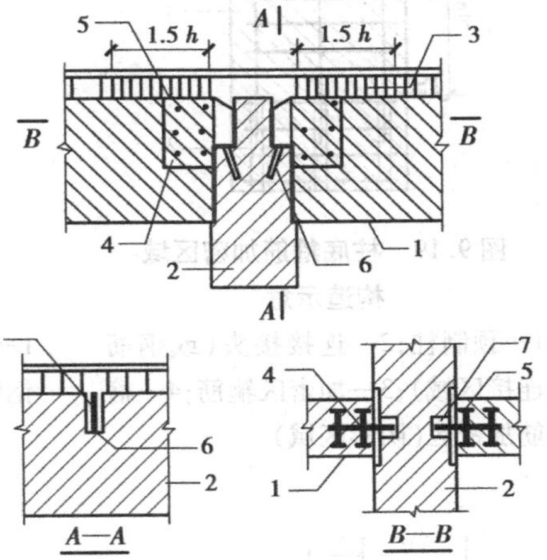

图 9.18　钢企口接头示意

1—预制次梁；2—预制主梁；3—次梁端部加密箍筋；4—钢板；5—栓钉；6—预埋件；7—灌浆料

装配整体式框架预制柱，矩形柱截面边长不宜小于 400 mm，圆形柱截面直径不宜小于 450 mm 且不宜小于同方向梁宽的 1.5 倍；柱纵向受力钢筋在柱底连接时，柱箍筋加密区长度不应小于纵向受力钢筋连接区域长度与 500 mm 之和；当采用套筒灌浆连接或浆锚搭接连接等方式时，套筒或搭接段上端第一道箍筋距离套筒或搭接段顶部不应大于 50 mm，如图 9.19 所示。柱纵向受力钢筋直径不宜小于 20 mm，纵向受力钢筋的间距不宜大于 200 mm 且不应大于 400 mm；柱的纵向受力钢筋可集中于四角配置且宜对称布置。柱中可设置纵向辅助钢筋且直径不宜小于 12 mm 和箍筋直径；当正截面承载力计算不计入纵向辅助钢筋时，纵向辅助钢筋可不伸入框架节点，如图 9.20 所示。

装配整体式框架上、下层相邻预制柱纵向受力钢筋采用挤压套筒连接时（图 9.21），套筒上端第一道箍筋距离套筒顶部不应大于 20 mm，柱底部第一道箍筋距柱底面不应大于 50 mm，箍筋间距不宜大于 75 mm；抗震等级为一、二级时箍筋直径不应小于 10 mm，抗震等级为三、四级时箍筋直径不应小于 8 mm。

装配整体式框架采用预制柱及叠合梁的装配整体式框架节点。对框架中间层端节点，梁纵向受力钢筋应伸入后浇节点区内锚固或连接，框架梁预制部分的腰筋不承受扭矩时，可不伸入梁柱节点核心区，如图 9.22 所示。对框架中间层中节点，节点两侧的梁下部纵向受力钢筋宜锚固在后浇节点核心区内，也可采用机械连接或焊接的方式连接；梁的上部纵向受力钢筋应贯穿后浇节点核心区，如图 9.23 所示。

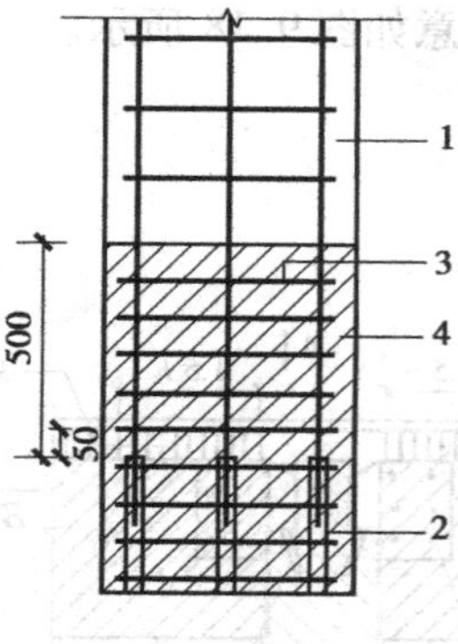

图 9.19　柱底箍筋加密区域构造示意

1—预制柱；2—连接接头（或钢筋连接区域）；3—加密区箍筋；4—箍筋加密区（阴影区域）

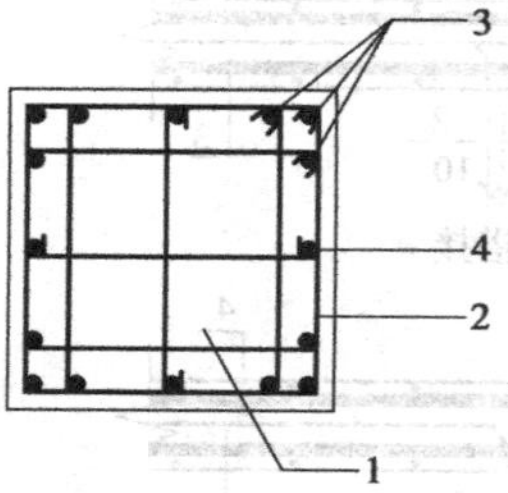

图 9.20　柱集中配筋构造平面示意

1—预制柱；2—箍筋；3—纵向受力钢筋；4—纵向辅助钢筋

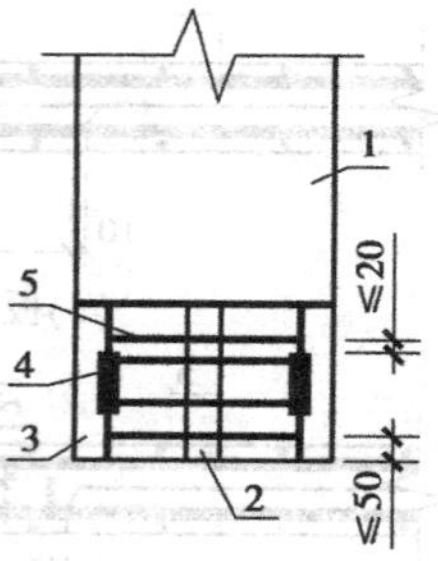

图 9.21　柱底后浇段箍筋配置示意

1—预制柱；2—支腿；3—柱底后浇段；4—挤压套筒；5—箍筋

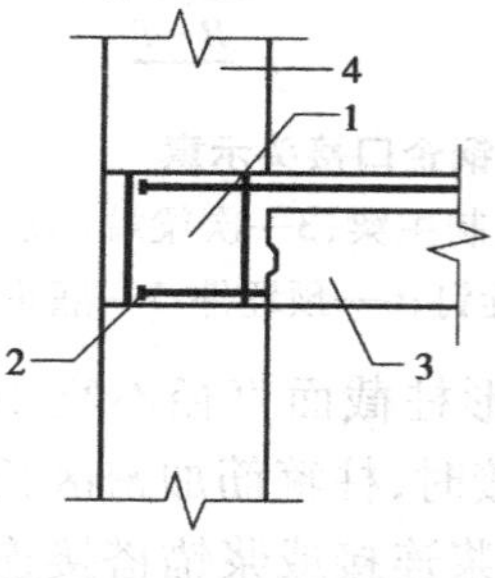

图 9.22　预制柱及叠合梁框架中间层端节点构造示意

1—后浇节点核心区；2—梁纵向钢筋锚固；3—预制梁；4—预制柱

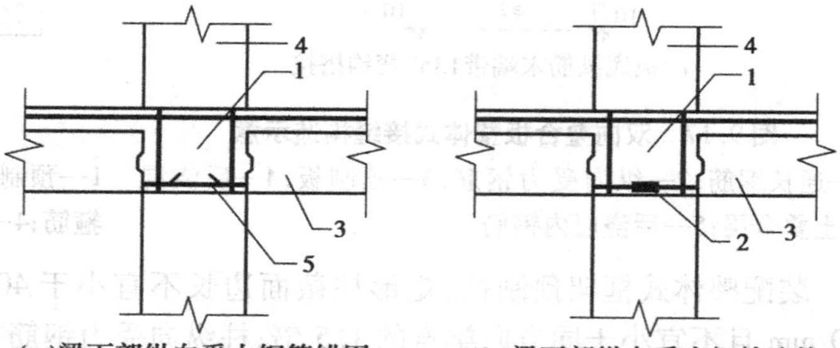

(a)梁下部纵向受力钢筋锚固　(b)梁下部纵向受力钢筋连接

图 9.23　预制柱及叠合梁框架中间层中节点构造示意

1—后浇节点核心区；2—梁下部纵向受力钢筋连接；3—预制梁；4—预制柱；5—梁下部纵向受力钢筋锚固

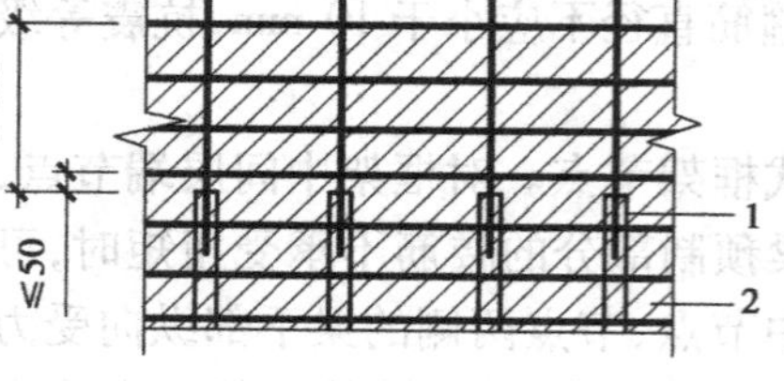

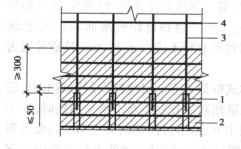

图 9.24　钢筋套筒灌浆连接部位水平分布钢筋加密构造示意

1—灌浆套筒；2—水平分布钢筋加密区域（阴影区域）；3—竖向钢筋；4—水平分布钢筋

装配整体式剪力墙结构应沿两个方向布置剪力墙；剪力墙平面布置宜简单、规则，自下而上宜连续布置，避免层间侧向刚度突变；剪力墙门窗洞口宜上下对齐、成列布置，形成明确的墙肢和连梁；抗震等级为一、二、三级的剪力墙底部加强部位不应采用错洞墙，结构全高均不应采用叠合错洞墙。预制剪力墙竖向钢筋采用套筒灌浆连接时，自套筒底部至套筒顶部并向上延伸 300 mm 范围内，预制剪力墙的水平分布钢筋应加密，套筒上端第一道水平分布钢筋距离套筒顶部不应大于 50 mm，如图 9.24 所示。

装配整体式剪力墙结构的预制剪力墙竖向钢筋

采用浆锚搭接连接，墙体底部预留灌浆孔道直线段长度应大于下层预制剪力墙连接钢筋伸入孔道内的长度 30 mm，孔道上部应根据灌浆要求设置合理弧度。孔道直径不宜小于 40 mm 和 2.5d(d 为伸入孔道的连接钢筋直径）的较大值，孔道之间的水平净间距不宜小于 50 mm；孔道外壁至剪力墙外表面的净间距不宜小于 30 mm。竖向钢筋连接长度范围内的水平分布钢筋应加密，加密范围自剪力墙底部至预留灌浆孔道顶部，且不应小于 300 mm，如图 9.25 所示。

装配整体式剪力墙结构的上下层预制剪力墙竖向钢筋采用套筒灌浆连接时，当竖向分布钢筋采用"梅花形"部分连接时，连接钢筋的直径不应小于 12 mm，同侧间距不应大于 600 mm，且在剪力墙构件承载力设计和分布钢筋配筋率计算中不得计入未连接的分布钢筋；未连接的竖向分布钢筋直径不应小于 6 mm，如图 9.26 所示。

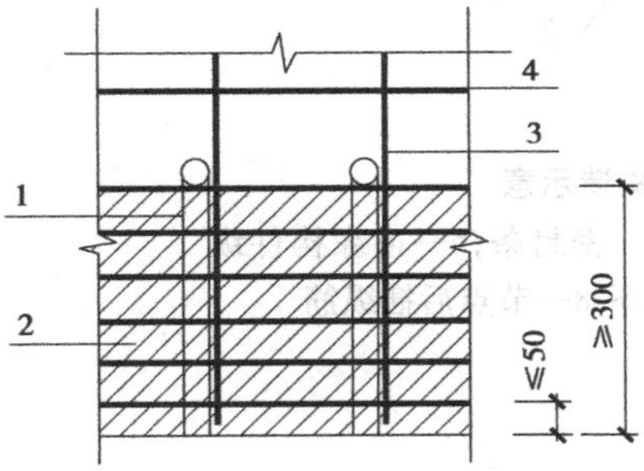

图 9.25　钢筋浆锚搭接连接部位水平分布钢筋加密构造示意

1—预留灌浆孔道；2—水平分布钢筋加密区域（阴影区域）；3—竖向钢筋；4—水平分布钢筋

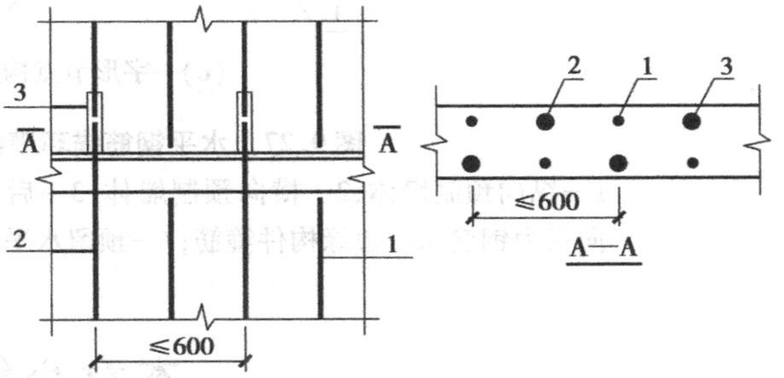

图 9.26　竖向分布钢筋"梅花形"套筒灌浆连接构造示意

1—未连接的竖向分布钢筋；2—连接的竖向分布钢筋；3—灌浆套筒

多层装配式墙板结构设计，结构抗震等级在设防烈度为 8 度时取三级，设防烈度 6、7 度时取四级；预制墙板厚度不宜小于 140 mm，且不宜小于层高的 1/25；预制墙板的轴压比，三级时不应大于 0.15，四级时不应大于 0.2；轴压比计算时，墙体混凝土强度等级超过 C40，按 C40 计算。多层装配式墙板结构纵横墙板交接处及楼层内相邻承重墙板之间可采用水平钢筋锚环灌浆连接，如图 9.27 所示。

装配式混凝土建筑的设备和管线设计应与建筑设计同步进行，预留预埋应满足结构专业相关要求，不得在安装完成后的预制构件上剔凿沟槽、打孔开洞等。穿越楼板管线较多且集中的区域可采用现浇楼板。设备与管线宜在架空层或吊顶内设置。

装配式混凝土结构工程应按混凝土结构子分部工程进行验收，施工用的原材料、部品、构配件均应按检验批进行进场验收。装配式混凝土结构连接节点及叠合构件浇筑混凝土前，应进行隐蔽工程验收。隐蔽工程验收的主要内容有：混凝土粗糙面的质量，键槽的尺寸、数量、位置；钢筋的等级、规格、数量、位置、间距，箍筋弯钩的弯折角度及平直段长度；钢筋的连接方式、接头位置、接头数量、接头面积百分率、搭接长度、锚固方式及锚固长度；预埋件、预留管线的规格、数量、位置；预制混凝土构件接缝处防水、防火等构造做法；保温及其节点施工；其他隐蔽项目。

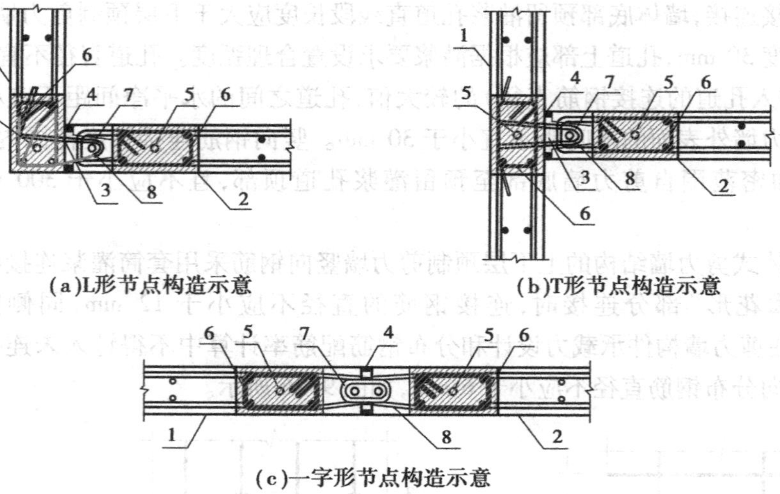

图 9.27　水平钢筋锚环灌浆连接构造示意

1—纵向预制墙体；2—横向预制墙体；3—后浇段；4—密封条；5—边缘构件纵向受力钢筋；6—边缘构件箍筋；7—预留水平钢筋锚环；8—节点后插纵筋

本章小结

(1)装配式建筑是一个系统工程，由结构系统、外围护系统、设备与管线系统、内装系统四大系统组成，强调这四大系统之间的集成，以及各系统内部的集成过程。我国装配式建筑定量描述主要有两个简单指标，即预制率与装配率。目前常用的装配式结构有装配式混凝土结构、装配式钢结构和装配式木结构。

(2)装配式混凝土结构施工图表示方法与 11G101 系列标准图集制图规则相同的内容主要有：基础、地下室结构和现浇混凝土结构楼层、结构平面布置图和楼(屋)面板配筋图、结构层高和楼面标高标注方法及规则——列表注写法，现浇剪力墙边缘构件和预制构件间后浇段详图——列表注写法，现浇剪力墙体标注规则——列表注写法，现浇连梁和楼(屋)面梁——平面注写法。不同之处在于对预制构件的编号、位置、装配方式等相关信息的表示。

(3)装配式混凝土结构施工前应制订专项施工方案。节点及接缝处的纵向钢筋连接宜根据接头受力、施工工艺等要求选用套筒灌浆连接、机械连接、浆锚搭接连接、焊接连接、绑扎搭接连接等连接方式。预制构件拼接部位的混凝土强度等级不应低于预制构件的混凝土强度等级；拼接位置宜设置在受力较小部位；拼接应考虑温度作用和混凝土收缩徐变的不利影响，宜适当增加构造配筋。

复习思考题

9.1　简述装配式混凝土结构的概念。

9.2　装配式建筑有哪些特点？

9.3　装配式建筑由哪几大系统组成？

9.4　简述预制率与装配率的关系。

9.5　简述3种主要装配式结构的定义。

9.6　装配式混凝土结构施工图与普通混凝土结构施工图制图规则（11G101）有何差异？

9.7　装配式混凝土结构的节点构造关键是什么？

参考文献

[1] 东南大学,同济大学,天津大学. 混凝土结构设计原理[M]. 北京:中国建筑工业出版社,2008.

[2] 叶列平. 混凝土结构[M]. 北京:中国建筑工业出版社,2012.

[3] 陈绍蕃. 钢结构[M]. 北京:中国建筑工业出版社,2007.

[4] 胡兴福. 建筑结构[M]. 北京:高等教育出版社,2012.

[5] 中国建筑标准设计研究院. 16G101—1 混凝土结构施工图平面整体表示方法制图规则和构造详图(现浇混凝土框架、剪力墙、梁、板)[S]. 北京:中国计划出版社,2011.

[6] 中国建筑标准设计研究院. 16G101—2 混凝土结构施工图平面整体表示方法制图规则和构造详图(现浇混凝土板式楼梯)[S]. 北京:中国计划出版社,2011.

[7] 中国建筑标准设计研究院. 16G101—3 混凝土结构施工图平面整体表示方法制图规则和构造详图(独立基础、条形基础、筏形基础及桩基承台)[S]. 北京:中国计划出版社,2011.

[8] 中华人民共和国住房和城乡建设部. GB 50010—2010(2015 年版) 混凝土结构设计规范[S]. 北京:中国建筑工业出版社,2015.

[9] 中华人民共和国住房和城乡建设部. GB 50011—2010(2016 年版) 建筑抗震设计规范[S]. 北京:中国建筑工业出版社,2016.

[10] 中华人民共和国住房和城乡建设部. GB 50017—2003 钢结构设计规范[S]. 北京:中国建筑工业出版社,2003.

[11] 中华人民共和国住房和城乡建设部. GB 50003—2011 砌体结构设计规范[S]. 北京:中国建筑工业出版社,2012.

[12] 中国建筑标准设计研究院. 11G329—1,2,3 建筑物抗震构造详图[S]. 北京:中国计划出版社,2011.

[13] 中华人民共和国建设部. 01SG519 多、高层民用建筑钢结构节点构造详图[S]. 北京:中国计划出版社,2009.

[14] 中国建筑标准设计研究院. 15G107—1 装配式混凝土结构表示方法及示例(剪力墙结构)[S]. 北京:中国计划出版社,2015.

[15] 中国建筑标准设计研究院. G310—1 ~2 装配式混凝土结构连接节点构造(2015 年合订本)[S]. 北京:中国计划出版社,2015.